全国高校土木工程专业应用型本科规划推荐教材

混凝土结构基本原理

吕晓寅　主编

刘　林　贾英杰

袁　泉　卢文良　副主编

中国建筑工业出版社

图书在版编目（CIP）数据

混凝土结构基本原理/吕晓寅主编. —北京：中国建
筑工业出版社，2012.6（2022.9重印）
（全国高校土木工程专业应用型本科规划推荐教材）
ISBN 978-7-112-14257-6

Ⅰ.①混…　Ⅱ.①吕…　Ⅲ.①混凝土结构-高等学
校-教材　Ⅳ.①TU37

中国版本图书馆 CIP 数据核字（2012）第 080479 号

本书参照高校土木工程专业教学大纲的基本要求编写。全书共 12 章，
第 1 章～第 10 章主要按照建筑行业现行规范《混凝土结构设计规范》GB
50010—2010 编写，第 11 章主要按照公路行业现行规范《公路钢筋混凝
土及预应力混凝土桥涵设计规范》JTG D62—2004 编写，第 12 章主要按
照铁路行业现行规范《铁路桥涵钢筋混凝土和预应力混凝土结构设计规
范》TB 10002.3—2005 编写。书后还附有术语及符号、规范中规定的材
料力学指标、钢筋的计算截面面积及公称质量等常用图表，方便高校师生
学习参考。

本书既可作为高校土建类专业教材，也可作为广大土建科研人员、技
术人员的参考图书。

*　　　*　　　*

责任编辑：郭　栋　王砾瑶
责任设计：李志立
责任校对：党　蕾　关　健

全国高校土木工程专业应用型本科规划推荐教材
混凝土结构基本原理
吕晓寅　主编
刘　林　贾英杰　袁　泉　卢文良　副主编
*
中国建筑工业出版社出版、发行（北京西郊百万庄）
各地新华书店、建筑书店经销
北京红光制版公司制版
北京建筑工业印刷厂印刷
*
开本：787×1092 毫米　1/16　印张：20　字数：482 千字
2012 年 8 月第一版　　2022 年 9 月第四次印刷
定价：**38.00** 元
ISBN 978-7-112-14257-6
（22341）

前　言

本书是根据"服务铁路，面向社会，办出特色"的学校办学理念，配合土木工程的各个重点学科，结合编者多年来的教学实践经验编写而成的，是土木工程专业本科生的专业基础主干课所用教材。本书共依据了我国现行的 3 套规范：用于建筑结构工程的《混凝土结构设计规范》GB 50010—2010、用于铁路行业的《铁路桥涵钢筋混凝土和预应力混凝土结构设计规范》TB 10002.3—2005 和用于公路桥涵的《公路钢筋混凝土及预应力混凝土桥涵设计规范》JTG D62—2004，涵盖了土木工程的主要专业内容。

本书共 12 章，包括：绪论、材料的物理力学性能、混凝土结构的设计方法、受弯构件的正截面承载力、受压构件的正截面承载力、受拉构件的正截面承载力、构件的斜截面承载力、受扭构件的承载力、正常使用极限状态验算及耐久性设计、预应力混凝土构件、公路混凝土结构设计原理、铁路混凝土结构设计原理。

本教材的特点，教材系统性：包含了 3 种结构设计方法，涵盖了土木工程的主要专业内容；专业特色性：适应高校本科生的培养目标，满足社会需求；学科前沿性：将新规范及学科发展的最新成果编入其中，并提倡绿色建筑；内容实用性；例题、习题及思考题的题目均来自实际工程，使学生能够学以致用；使用广泛性：本教材不仅适合本科生使用，还适用于远程教育学院的学生、夜大生，同时还可作为广大工程技术人员学习和自修的参考书。

本书由吕晓寅担任主编。具体编写分工如下：第 1、3、4 章由吕晓寅编写，第 2、5、6 章由刘林编写，第 7、8 章由贾英杰编写，第 9、10 章由袁泉编写，第 11、12 章由卢文良编写，许克宾、孙静对本书的校对做了大量工作，在此深表感谢。

由于编者的水平有限，书中存在的缺点甚至错误，还请读者批评指正，以便及时改进。

吕晓寅

2012 年 5 月于北京交通大学

目　　录

第1章 绪 论

土木工程所包含的**结构**范围很广，有建筑工程、铁路工程、道路工程、桥梁工程、特种工程、给水排水工程、港口工程、水利工程、环境工程等。每一项工程都是由组成复杂且形式多样的结构体系所组成，而它们又是由各种清晰、简明的结构构架所建立。

1.1 结构和结构构件

建筑工程中结构是建筑物的骨架，结构的基本功能是承受自然的与人为的作用力，以保证建筑功能的正常实现。

结构构件是指组成结构并具有独立功能的结构材料单元或部件，如楼面板、桥面板、梁、柱、桥墩、挡土墙、基础等。

合理的结构体系必须受力明确、传力直接、结构先进、安全可靠。

1.2 混凝土结构的一般概念

用配有钢筋增强的混凝土制成的结构称为**钢筋混凝土结构（以下简称混凝土结构）**。混凝土抗压强度高，抗拉强度低（混凝土的抗拉强度一般仅为抗压强度的 1/10 左右），同时混凝土破坏时具有明显的**脆性**性质。而钢筋的抗拉能力很强，且破坏时有较好的**延性**。将钢筋和混凝土两种材料结合在一起共同工作，组成性能良好的结构材料，能充分发挥两者各自的优点。

对于图 1-1 所示的素混凝土梁（仅由混凝土组成），由于混凝土抗拉强度很低，当荷载 P 很小时，梁下部受拉区边缘的混凝土就会开裂，开裂时荷载为 P_{cr}，而一旦开裂，梁在瞬间就会脆断而破坏。

图 1-2 是一根在受拉区配置了适量钢筋的钢筋混凝土梁。当混凝土开裂后，钢筋可以

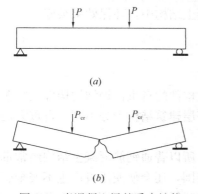

图 1-1 素混凝土梁的受力性能

（a）素混凝土梁；（b）素混凝土梁的断裂

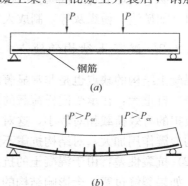

图 1-2 钢筋混凝土梁的受力性能

（a）钢筋混凝土梁；（b）钢筋混凝土梁的开裂情况

1

帮助混凝土承受拉力，此时梁没有破坏，仍可以继续承受荷载。钢筋不但提高了梁的承载能力，还提高了梁的变形能力，使得梁在破坏前能给人以明显的预告。

钢筋和混凝土这两种物理和力学性能差别很大的材料，之所以能够有机地结合在一起共同工作，主要有如下原因：

（1）钢筋和混凝土之间存在有良好的粘结力，在荷载作用下，可以保证两种材料协调变形，共同受力。

（2）钢材与混凝土具有基本相同的温度线膨胀系数（钢材为 1.2×10^{-5}，混凝土为 $1.0 \times 10^{-5} \sim 1.5 \times 10^{-5}$），因此当温度变化时，两种材料不会产生过大的变形差而导致两者间粘结力的破坏。

（3）混凝土包裹在钢筋的外面，可以使钢筋免于腐蚀和高温软化。

1.3　混凝土结构的优缺点

1.3.1　混凝土结构的优点

混凝土结构在土建工程中的应用十分广泛，主要是因为有以下优点：

（1）材料利用合理：钢筋和混凝土两种材料的强度均可得到充分发挥，结构的承载力与其刚度比例合适，基本无局部稳定问题。对于一般的工程结构，经济指标优于钢结构。

（2）可模性好：混凝土可根据需要浇筑成各种形状和尺寸的结构，适用于各种形状复杂的结构，如空间薄壳、箱形结构等。

（3）耐久性和耐火性好：由于混凝土包裹在钢筋外面，一般环境下不会产生锈蚀，不需要保养和维修；混凝土是不良导体，使钢筋不致因发生火灾时升温过快而丧失强度造成结构整体破坏。

（4）现浇混凝土结构的整体性好：各构件之间连接牢固，且通过合适的配筋，获得较好的延性，适用于抗震、抗爆结构。

（5）刚度大、阻尼大：有利于结构的变形控制。

（6）防振性和防辐射性能较好：可适用于防护结构。

（7）易于就地取材：混凝土结构中用量最多的砂、石等材料可就地取材。还可以将工业废料（如矿渣、粉煤灰等）制成人工骨料用于混凝土结构中，环保效果很好。

1.3.2　混凝土结构的缺点

混凝土结构的缺点也是非常显著的，主要有：

（1）自重大：在承受同样荷载的情况下，混凝土构件的自重比钢结构构件大很多，它所能负担的有效荷载相对较小，这对大跨度结构、高层建筑结构十分不利。自重大还会造成结构地震作用加大，对结构抗震不利。

（2）抗裂性差：由于混凝土的抗拉强度非常低，所以普通钢筋混凝土结构经常带裂缝工作。如果裂缝过宽，会影响结构的耐久性和应用范围，还会使使用者产生不安全感。

（3）承载力低：用于承受重载结构和高层建筑底部结构时，往往会导致构件尺寸过大，占据较多的使用空间。

（4）模板用量大：混凝土结构制作时需要大量模板，如果采用木模板，会破坏环境，不利于环保。

但随着科学技术的不断发展，这些缺点正在被不断克服和改善。

1.4 混凝土结构的发展简况及其应用

混凝土结构诞生于 19 世纪中期，与砖石结构、钢木结构相比，混凝土结构的历史并不长，但由于它具有突出的特点，使其在各个领域里的发展都很快，现已成为世界各国占主导地位的结构形式。

1.4.1 混凝土结构的发展简况

在钢筋混凝土发明之前，古人就已经知道将两种不同性能的材料组合在一起使用可获得与一种材料不同的性能。例如，对古希腊建筑的研究表明，建造者当时已懂得通过对砌体进行配筋来增加其强度。与钢筋混凝土相比，概念是相同的，只是材料不同而已。钢筋混凝土是随着水泥和钢铁工业的发展而发展起来的，至今也就 150 多年的历史。

1854 年，英国的 W. B. Wilkinson 发明了一项钢筋混凝土楼板的专利。在 19 世纪中期，法国的 Lambot 建造了一艘小船，并在 1855 年的巴黎博览会上展出，同年获得专利。另一位法国人 Francois Coignet 1861 年出版了一本专著，记述了钢筋混凝土的一些应用。然而，巴黎一个著名托儿所的老板 Joseph Monier 1867 年被公认是第一个将钢筋混凝土应用于工程实践的人，他当时意识到了钢筋混凝土的潜在应用价值。

Monier 于 1867 年因发明钢筋混凝土浴盆得到他第一个法国专利。随后，他又拥有了一些其他专利，例如 1868 年发明的钢筋混凝土管和水箱、1869 年的楼板、1873 年的桥和1875 年的楼梯。在 1880 年和 1881 年，Monier 又先后获得了铁路轨枕、水槽、圆花盆、灌溉水渠等德国专利。Monier 按结构构件外形将钢筋捆扎在一起使用。显然，他对钢筋混凝土的使用只是直观的概念，对其增强原理并不十分了解。

美国律师 Thaddeus Hyatt 于 19 世纪 50 年代最早进行了钢筋混凝土梁的试验。在梁中，钢筋布置在受拉区，支座附近向上弯起，并且锚固在受压区。此外，支座附近使用了横向钢筋（箍筋）。显然，Hyatt 清楚地掌握了钢筋混凝土的工作原理，然而他的试验却鲜为人知，直到 1877 年他的著作出版，人们才了解了他在这方面做的工作。旧金山一个钢材公司的老板 E. L. Ransome 于 19 世纪 70 年代建造了多个钢筋混凝土结构。随后他继续推广钢丝绳和带钩的钢材在混凝土结构中的使用，且第一次使用了扭转变形钢筋，并在1884 年获得专利。1890 年，Ransome 在旧金山建造了斯坦福博物馆，这是一栋两层高、约 95m 长的钢筋混凝土美术馆。1903 年，首栋钢筋混凝土高层建筑 Ingalls Building（15层，64m 高）在美国辛辛那提市建成。从此以后，钢筋混凝土在美国获得了迅速的发展。

在计算理论和结构设计方面，1886 年德国的工程师 Koenen 在他出版的著作中提出了受弯构件的中性轴位于截面中心的假说，为钢筋混凝土受弯构件正截面的应力分析建立了最原始的力学模型。1894 年，Coignet（Francois Coignet 之子）和 de Tedeskko 在他们提供给法国土木工程师协会的论文中拓展了 Koenen 的理论，提出钢筋混凝土构件的容许应力设计法。由于该方法以弹性力学为基础，在数学处理上比较简单，一经提出便很快被工程界所接受。尽管在目前混凝土的弹塑性性能以及钢筋混凝土结构的极限强度理论早已被人们所接受，却很难动摇容许应力设计法在工程设计中的应用。直到 1976 年，美国和英国的房屋结构设计规范仍以容许应力法为主。1995 年出版的美国混凝土房屋规范（ACI318-95）还将容许应力法作为可供选择的设计方法之一列入附录中。

1932 年，前苏联的混凝土结构专家格沃兹捷夫（A. A. Гвозлев）提出了考虑混凝土塑性性能的破损阶段的设计法。随后随着对荷载和材料变异性的研究，认识到结构在使用期限内作用力（荷载及其产生的效应）以及结构的承载能力均非定值，进而前苏联专家在 50 年代又提出来更为合理的极限状态设计法，奠定了现代钢筋混凝土结构的计算理论。

世界各国所使用的混凝土平均强度，在 20 世纪 30 年代约为 10MPa，到 20 世纪 50 年代提高到了 20MPa，20 世纪 60 年代约为 30MPa，20 世纪 70 年代已提高到了 40MPa。20 世纪 80 年代初，在发达国家使用 C60 混凝土已非常普遍了。高效能减水剂的应用更加促进了混凝土强度的提高。近年来，国内外采用附加减水剂的方法已制成强度为 200MPa 以上的混凝土。高强混凝土的出现更加扩大了混凝土结构的应用范围，为钢筋混凝土在防护工程、压力容器、海洋工程等领域的应用创造了条件。

到了 20 世纪 50 年代，研究的重点放在了预应力混凝土结构上，预应力混凝土使混凝土结构的抗裂性得到根本的改善，使高强钢筋在混凝土结构中得到有效的利用，使混凝土结构能够用于大跨结构、压力贮罐、核电站容器等领域中。

自 20 世纪 60 年代以来，随着建设速度的加快，对材料性能和施工技术提出了更高的要求，出现了装配式钢筋混凝土结构、泵送商品混凝土等工业化生产的混凝土结构。随着高强混凝土和高强钢筋的发展、计算机技术的采用和先进施工机械设备的发明，建造了一大批超高层建筑、大跨度桥梁、特长跨海隧道、高耸结构等大型结构工程。计算理论方面，人们正在利用非线性分析方法对各种复杂混凝土结构进行全过程受力模拟，而新型混凝土材料及其复合结构形式的出现又不断提出新的课题，并不断促进混凝土结构的发展。

混凝土结构是土木工程应用最多的结构形式，各国的工程建设标准中，均以混凝土结构设计规范作为其土木工程发展水平的标志。

20 世纪初，美国成立了"国家水泥用户协会"（NACU），目的是促进和交流混凝土的应用经验。1910 年 4 月，NACU 颁布了《钢筋混凝土建筑规程》，到 1912 年 NACU 已经发布了 14 个标准，这些标准得到了广泛的认可。1913 年 2 月 NACU 更名为美国混凝土协会（ACI），经过几年的工作之后，《钢筋混凝土建筑规范》成为 ACI 的试用标准。即便是在美国经济大萧条的年代，ACI 的成员仍在努力工作，使规范不断更新。在第二次世界大战期间，ACI 建立了紧急标准制订方案。战争也促进了钢筋混凝土设计方法的发展。政府为节省材料鼓励使用变形钢筋。在这种情况下，ACI 协会提出来测定钢筋与混凝土粘结强度的方法。1952 年，ACI 主办了极限荷载和极限强度设计的会议。会议讨论了有关的研究项目和基本概念，提出设计实例，讨论了荷载系数。当时比利时、捷克斯洛伐克允许极限荷载设计作为可选的方法使用，前苏联则强制采用极限荷载设计方法。与会者认为极限荷载设计更接近实际，与弹性方法比较，设计简便。而 ACI 是在 1963 年采用极限强度设计法对规范进行了全面的修订。多年来，ACI 建筑规范每 6 年修订一次。

欧洲各国的规范在大量的试验和理论研究的基础上也经历了一次次的修订和完善，同样体现了各个时期的研究成果。现行的欧洲混凝土规范 EN 1992-1-1：2004，是欧共体国家实现统一结构设计的规范。

我国规范编制工作起步较晚，以混凝土结构设计规范为例，在 20 世纪 60 年代后期，原建设工程部照搬前苏联的规范 HNTY 123—55 发布了《钢筋混凝土结构设计规范》BJG 21—66，其中只有个别术语的译名重新进行了定义和命名，其他内容没有任何改动。在借鉴和吸收了一些英美国家先进标准规范的内容后，1974 年颁布了新的《钢筋混凝土结构设计规范》TJ 10—74，但大部分内容仍然是参照前苏联的设计规范 CH 10—57，此规范采用了极限状态设计法。改革开放后，我国混凝土结构设计规范进入了跨越式的发展阶段。在大量的试验和理论研究后，《钢筋混凝土结构设计规范》GBJ 10—89 于 1989 年应运而生。20 世纪 90 年代末，由于出现了大量的新技术和新材料，又对规范 GBJ 10—89 进行了系统修订，于 2002 年颁布了《混凝土结构设计规范》GB 50010—2002。2010 年又颁布了新的《混凝土结构设计规范》GB 50010—2010，新规范反映了我国近十年来在工程建设中的新经验和混凝土结构学科新的科研成果，以及对可持续发展国策的落实，标志着我国混凝土结构的计算理论和设计水平又有了新的提高。

混凝土结构的设计方法包含了土木工程结构的基本哲学思想，随着工程建设需求和形式的发展，其内容和知识也在不断更新，掌握混凝土结构的基本设计原理已经成为土木工程师的必要条件。

1.4.2 混凝土结构的应用

现代混凝土结构中有代表性的土木工程有：

（1）台北的 101 大厦，高 508m，采用巨型结构，由八根钢管混凝土柱支撑。见图 1-3。

（2）马来西亚吉隆坡市中心的双塔大厦，高 450m，为钢骨混凝土结构。见图 1-4。

（3）广州的中信广场大厦，80 层，高 391m，是我国最高的钢筋混凝土建筑。见图 1-5。

（4）美国的休斯敦贝壳广场大厦，51 层，212m，采用轻质混凝土（$\gamma = 18.42$kN/m³），若用一般混凝土，大约仅能建 35 层。见图 1-6。

图 1-3　101 大厦 　　　　　　　　　　图 1-4　双塔大厦

（5）1997年，一座长856m、主跨420m、跨过长江的劲性骨架钢筋混凝土拱桥——万州长江大桥建成，成为世界上同类型跨度最大的拱桥。见图1-7。

图1-5 中信广场大厦

图1-6 贝壳广场大厦

（6）贵州北盘江大桥为我国第一座铁路钢管混凝土拱桥，主跨236m，是目前我国最大跨度铁路拱桥，也是目前世界上最大跨度铁路钢管混凝土拱桥。见图1-8。

（7）三峡大坝是世界上最大的混凝土重力坝，坝高181m，坝长2309m，混凝土浇筑量达1600多万立方米。见图1-9。

（8）建在瑞士的正大狄克逊坝是世界最高的重力坝，坝高285m，坝长695m。

（9）青岛胶州湾隧道是中国现今最长的海底隧道，全长9.47km。见图1-10。而全长57km的世界最长铁路隧道建在瑞士中部阿尔卑斯山区。

图1-7 万州长江大桥

图1-8 北盘江大桥

图1-9 三峡大坝

图 1-10   胶州湾海底隧道

1.5   本课程的研究对象及研究内容

混凝土结构设计原理是一门理论与应用并重的专业基础课,是土木工程专业的必修课,也是学习结构设计的基础。

以图 1-11 框架结构为例,结构构件有柱、梁、楼板、基础等。此时楼板主要是受弯构件,同时还承受剪力;框架梁受弯矩和剪力的共同作用,边框架梁除受弯、受剪外还承受扭矩;框架柱主要承受压力,同时还受弯、受剪,边框架柱还是双向受压弯构件。本课程的研究对象就是这些处于复杂受力状态中的结构构件。

图 1-11   构件类型

混凝土结构设计原理主要介绍混凝土和钢筋的力学性能、结构设计的基本方法、各类基本构件(包括预应力混凝土构件)的受力性能、计算理论、计算方法、配筋构造等。通过本课程的学习,可以获得解决实际工程问题的能力,为后续课程的学习打下良好的基础。

1.6   学习中应注意的问题

1. 注重建立工程概念:构件和结构的设计是一个综合性问题。设计过程包括确定结构方案、构件选型、材料选择、配筋构造、施工方案等，同时还需要考虑安全适用和经济合理。设计中许多数据可能有多种选择方案，设计结果不会唯一，但有合理和不合理之分。最终的设计结果经多种方案比较后，综合考虑使用功能、材料选择、造价分析、施工技术等各项指标的可行性和经济性确定。因此，要做到能深刻理解一些重要的工程概念，就要多参加各种实践活动，如认识实习、课程设计等，积累感性认识。同时，还要勤思考，阅读参考资料。切不可死记硬背，事实上不理解的东西也很难记住。

2. 注意学科的特殊性：由于混凝土材料物理力学性能的复杂性，混凝土结构理论大都建立在试验研究的基础上，目前还缺乏完善的理论体系。很多公式和系数不是由缜密的数学模型推导得出，只能由实验并经过工程实践的检验而得到，而且很多构造要求也不能通过计算得出，是根据力学概念和工程实践总结而得。学习和应用时要注意思维方式的转变，学习方法与以均质材料为研究对象的《材料力学》、《结构力学》和《弹性力学》等课程有相同之处，但也有根本的区别。

3. 关注混凝土学科的发展方向：随着新材料、新的结构体系、新的施工技术的不断涌现，混凝土学科的发展一直没有停止。混凝土材料的主要发展方向是高强、轻质、耐久、提高抗裂性和易于成型，钢筋的发展方向是高强、较好的延性和较好的粘结锚固性能。而钢和混凝土的组合结构近年来应用范围越来越广，在约束混凝土概念的指导下，钢管混凝土柱、外包钢混凝土柱已在高层建筑、地下铁道、桥梁、火电厂厂房以及石油化工企业构筑物中大量应用。钢一混凝土组合梁、钢骨混凝土（劲性钢筋混凝土）构件，由于其具有强度高、截面小、延性好以及施工简化等优点，也在广泛地应用。施工机械和技术大大影响着混凝土结构的发展，预应力技术的发明使混凝土结构的跨度有很大增加，商品混凝土的应用和泵送混凝土技术的出现使高层建筑、大跨桥梁可以快速整体浇筑，喷射混凝土、碾压混凝土等施工技术也广泛应用于公路、水利工程中。学习中要多注意发展新动向和新成就，以扩大自己的知识面。

思 考 题

1. 钢筋和混凝土共同工作的条件是什么？
2. 与其他结构材料相比，混凝土结构有哪些特点？
3. 学习本课程应注意哪些问题？

第2章 材料的物理力学性能

钢筋和混凝土的物理力学性能以及共同工作的性能直接影响混凝土结构和构件的性能，也是混凝土结构计算理论和设计方法的基础。

本章介绍了钢筋的品种、级别及其强度和变形性能，混凝土在不同受力状态下的强度和变形性能，以及钢筋和混凝土共同工作的原理。

2.1 钢 筋

2.1.1 钢筋的种类和选用原则

普通混凝土结构中使用的普通钢筋多为热轧钢筋。预应力混凝土结构中使用的预应力筋宜采用钢绞线、消除应力钢丝、中强度预应力钢丝、预应力螺纹钢筋。

（1）热轧钢筋

热轧钢筋是低碳钢、普通低合金钢或细晶粒钢在高温状态下轧制而成。热轧钢筋的应力应变曲线有明显的屈服点和流幅，断裂时有颈缩现象，伸长率比较大。热轧钢筋根据其强度的高低，分为四个级别，每个级别又有一个或多个牌号。各钢筋级别为：① Ⅰ级筋：HPB300 级（符号Φ）；② Ⅱ级筋：HRB335 级（符号Φ）；③ Ⅲ级筋：HRB400 级（符号Φ）、HRBF400 级（符号ΦF）和 RRB400 级（符号ΦR，余热处理Ⅲ级筋）；④ Ⅳ级筋：HRB500 级（符号Φ）和 HRBF500 级（符号ΦF）。HPB 表示热轧光圆钢筋（Hot-rolled Plain Bars）；HRB 表示热轧带肋钢筋（Hot-rolled Ribbed Bars）；HRBF 表示细晶粒热轧带肋钢筋（Hot-rolled Ribbed Bars of Fine Grains）；RRB 表示余热处理的带肋钢筋（Remained-heated Ribbed Bars）。另外，各牌号中的数字代表钢筋强度的标准值，单位为"MPa"，如 HRB400 中的 400 代表钢筋强度的标准值为 400MPa。HRB 系列的钢筋因其表面带肋也称为变形钢筋，我国目前生产的变形钢筋大多为月牙肋钢筋，其横肋高度向肋的两端逐渐降至零，呈月牙形，这样可缓解横肋相交处的应力集中现象。

目前我国混凝土工程中广泛采用的是 HRB 系列的钢筋，其具有较好的延性、可焊性、机械连接性能及施工适应性。其中，构件纵向受力钢筋建议优先选用 400MPa、500MPa 级钢筋；限制并将逐步淘汰 335MPa 级钢筋；RRB 系列的钢筋一般可用于对变形性能和加工性能要求不高的构件，如基础、大体积混凝土、楼板和墙体以及次要的中小结构构件等，但不宜用于直接承受疲劳荷载的构件；HRBF 系列的钢筋因其具有强韧化、降低碳当量、改善焊接性能、节约合金资源、循环利用以降低对环境的损害等优点，被作为新产品纳入到规范中。

（2）预应力筋

预应力筋有钢绞线、消除应力钢丝、中强度预应力钢丝、预应力螺纹钢筋。预应力筋的应力应变曲线无明显的屈服点，其中，钢绞线（符号Φ^S）抗拉强度为1570～1960MPa，是由多根高强钢丝扭结而成，常用的有1×7（7股）和1×3（3股）等；消除应力钢丝的抗拉强度为1470～1860MPa，外形也有光面（符号Φ^P）和螺旋肋（符号Φ^H）两种；中强度预应力钢丝的抗拉强度为800～1270MPa，外形有光面（符号Φ^{PM}）和螺旋肋（符号Φ^{HM}）两种，主要用于中、小跨度的预应力构件；预应力螺纹钢筋（符号Φ^T）又称精轧螺纹粗钢筋，抗拉强度为980～1230MPa，是用于预应力混凝土结构的大直径高强钢筋。

常用的热轧钢筋和预应力筋的外形如图2-1所示。

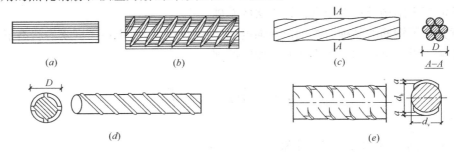

图 2-1　常用钢筋、预应力筋的外形

（a）光面钢筋；（b）月牙肋钢筋；（c）钢绞线（7股）；（d）螺旋肋钢丝；（e）预应力螺纹钢筋

2.1.2　钢筋强度和变形性能

2.1.2.1　钢筋的应力-应变关系

根据钢筋单调受拉时应力-应变关系特点的不同，可分为有明显屈服点钢筋和无明显屈服点钢筋两种，习惯上也分别称为软钢和硬钢。一般热轧钢筋属于有明显屈服点的钢筋，而预应力筋多属于无明显屈服点的钢筋。

（1）有明显屈服点钢筋

有明显屈服点钢筋拉伸时的典型应力-应变曲线（$\sigma-\varepsilon$曲线）如图2-2所示。图中a点称为比例极限，在达到比例极限点之前，材料处于弹性阶段，应力与应变的比值为常数，即为钢筋的弹性模量E_s。b_h点称为屈服上限，当应力超过b_h点后，钢筋开始屈服，随之应力下降到点b_l（称为屈服下限），b_l点以后钢筋开始塑性流动，即应力不变而应变增加很快，曲线为一水平段，称为屈服台阶。屈服上限不太稳定，受加载速度、钢筋截面形式和表面光洁度的影响而波动，屈服下限则比较稳定，通常以屈服下限b_l点的应力作为屈服强度。

当钢筋的屈服塑性流动到达c点以后，随着应变的增加，应力又继续增大，至d点时应力达到最大值，d点的应力称为钢筋的极限抗拉强度，cd段称为强化段或应变硬化段。d点以后，在试件的薄弱位置出现颈缩现象，变形增

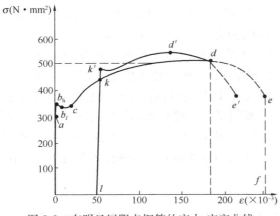

图 2-2　有明显屈服点钢筋的应力-应变曲线

加迅速，钢筋断面缩小，应力降低，直至 e 点被拉断。

另外，从图中可知，若先将钢筋加载到强化段（cd 段）的 k 点，再卸荷至零，将产生残余变形。如果卸载后立刻重新加载，加载曲线实际上与卸载曲线重合，即应力-应变曲线将沿 lkd 进行，说明钢筋屈服点已提高到 k 点；但如果卸载后不是立刻重新加载，而是经过一段时间再加载，则应力-应变曲线将沿 lk'd' 进行，这时屈服强度提高到 k' 点，这一现象叫冷拉时效。由图中可知，经过冷拉时效的钢筋，虽然强度获得了提高，但延伸率和塑性都有所降低。

钢筋受压时在达到屈服强度之前与受拉时的应力-应变规律相同，其屈服强度值与受拉时也基本相同。当应力到达屈服强度后，由于试件发生明显的横向塑性变形，截面面积增大，不会发生材料破坏，因此难以得出明显的极限抗压强度。

有明显屈服点钢筋有两个强度指标：一个是对应于 b_l 点的屈服强度，它是混凝土构件计算的强度限值，因为当构件某一截面的钢筋应力达到屈服强度后，将在荷载基本不变的情况下产生持续的塑性变形，使构件的变形和裂缝宽度显著增大以致无法使用，因此一般结构计算中不考虑钢筋的强化阶段而取屈服强度作为设计强度的依据；另一个是对应于 d 点的极限抗拉强度，一般情况下用做材料的实际破坏强度，钢筋的强屈比（极限抗拉强度与屈服强度的比值）反映材料的安全储备，在抗震结构中考虑到受拉钢筋可能进入强化阶段，要求强屈比不小于 1.25。

《混凝土结构设计规范》给出的普通钢筋强度的标准值见本书附录 2 的附表 2-4；普通钢筋的弹性模量见本书附录 2 的附表 2-8。

（2）无明显屈服点钢筋

无明显屈服点钢筋拉伸的典型应力-应变曲线如图 2-3 所示。在应力未超过 a 点时，钢筋仍具有理想的弹性性质，a 点的应力称为比例极限，其值约为极限抗拉强度的 65%。超过 a 点后应力-应变关系为非线性，没有明显的屈服点。达到极限抗拉强度后钢筋很快被拉断，破坏时呈脆性。

对无明显屈服点的钢筋，在工程设计中一般取残余应变为 0.2% 时所对应的应力 $\sigma_{p0.2}$ 作为强度设计指标，称为条件屈服强度。《混凝土结构设计规范》规定对无明显屈服点的钢筋如预应力钢丝、钢绞线等，条件屈服强度取极限抗拉强度的 85%。

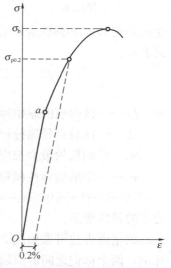

图 2-3　无明显屈服点钢筋的应力-应变曲线

《混凝土结构设计规范》给出的预应力筋强度的标准值见本书附录 2 的附表 2-5；预应力筋的弹性模量见本书附录 2 的附表 2-8。

2.1.2.2　钢筋的伸长率

钢筋除了要有足够的强度外，还应具有一定的塑性变形能力，伸长率即是反映钢筋塑性性能的一个指标。伸长率大的钢筋塑性性能好，拉断前有明显预兆；伸长率小的钢筋塑性性能较差，其破坏突然发生，呈脆性特征。

（1）钢筋的断后伸长率（延伸率）

钢筋拉断后的伸长值与原长的比称为钢筋的断后伸长率（习称为延伸率），按下式计算：

$$\delta = \frac{l - l_0}{l_0} \times 100\%$$ (2-1)

式中　δ——断后伸长率（%）；

　　l——钢筋包含颈缩区的量测标距拉断后的长度；

　　l_0——试件拉伸前的标距长度，一般可取 $l_0 = 5d$（d 为钢筋直径）或 $l_0 = 10d$，相应的断后伸长率表示为 δ_5 或 δ_{10}。

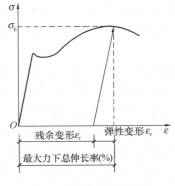

图 2-4　钢筋最大力下的
总伸长率

断后伸长率只能反映钢筋残余变形的大小，其中还包含断口颈缩区域的局部变形。这一方面使得不同量测标距长度 l_0 得到的结果不一致，对同一钢筋，当 l_0 取值较小时得到的 δ 值较大，而当 l_0 取值较大时得到的 δ 值则较小；另一方面断后伸长率忽略了钢筋的弹性变形，不能反映钢筋受力时的总体变形能力。此外，量测钢筋拉断后的标距长度 l 时，需将拉断的两段钢筋对合后再量测，也容易产生人为误差。因此，近年来国际上已采用钢筋最大力下的总伸长率 δ_{gt} 来表示钢筋的变形能力。

（2）钢筋最大力下的总伸长率（均匀延伸率）

如图 2-4 所示，钢筋在达到最大应力 σ_b 时的变形包括塑性残余变形 ε_r 和弹性变形 ε_e 两部分，最大力下的总伸长率（习称均匀伸长率）δ_{gt} 可用下式表示：

$$\delta_{gt} = \left(\frac{L - L_0}{L_0} + \frac{\sigma_b}{E_s} \right) \times 100\%$$ (2-2)

式中　L_0——试验前的原始标距（不包含颈缩区）；

　　L——试验后量测标记之间的距离；

　　σ_b——钢筋的最大拉应力（即极限抗拉强度）；

　　E_s——钢筋的弹性模量。

式（2-2）括号中的第一项反映了钢筋的塑性残余变形，第二项反映了钢筋在最大拉应力下的弹性变形。

δ_{gt} 的量测方法可参照图 2-5 进行。在试验前，在离断裂点较远的一侧选择 A 和 B 两个标记，两个标记之间的原始标距（L_0）至少应取为 100mm；标记 A 与夹具的距离不应小于 20mm 和 d（d 为钢筋公称直径）两者中的较大值，标记 B 与断裂点之间的距离不应小于 50mm 和 $2d$ 两者中的较大值。钢筋拉断后量测标记之间的距离为 L，并求出钢筋拉

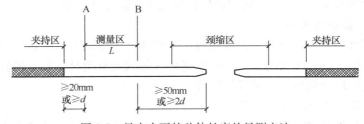

图 2-5　最大力下的总伸长率的量测方法

断时的最大拉应力 σ_b，然后按式（2-2）可计算得到 δ_{gt}。

钢筋最大力下的总伸长率 δ_{gt} 既能反映钢筋的残余变形，又能反映钢筋的弹性变形，量测结果受原始标距 L_0 的影响较小，也不易产生人为误差，因此，《混凝土结构设计规范》采用 δ_{gt} 来统一评定钢筋的塑性性能，并规定了不同等级钢筋的 δ_{gt} 最低限值，即 HPB300 级钢筋不应低于 10%；335～500 级钢筋（RRB400 级除外）不应低于 7.5%；RRB400 级钢筋不应低于 5.0%；预应力筋不应低于 3.5%。

2.1.2.3 钢筋的冷弯性能

钢筋的冷弯性能是检验钢筋韧性、内部质量和加工可适性的有效方法，是将直径为 d 的钢筋绕直径为 D 的弯芯进行弯折（图 2-6），在达到规定冷弯角度 α 时，钢筋不发生裂纹、断裂或起层现象。冷弯性能也是评价钢筋塑性的指标，弯芯的直径 D 越小，弯折角 α 越大，说明钢筋的塑性越好。

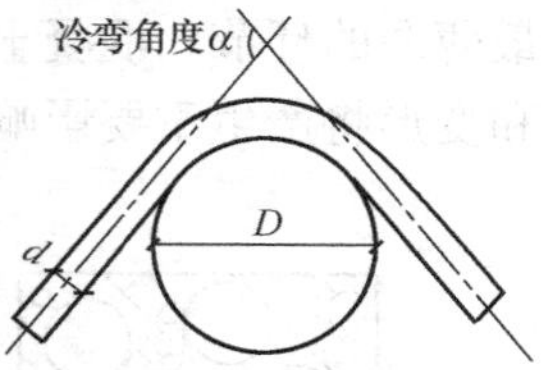

图 2-6　钢筋的冷弯

对有明显屈服点的钢筋，其检验指标为屈服强度、极限抗拉强度、伸长率和冷弯性能四项。对无明显屈服点的钢筋，其检验指标则为极限抗拉强度、伸长率和冷弯性能三项。对在混凝土结构中应用的热轧钢筋和预应力筋的具体性能要求见有关国家标准。

2.1.3　钢筋的疲劳

钢筋的疲劳是指钢筋在承受重复、周期性的动荷载作用下，经过一定次数后，从塑性破坏变成脆性破坏的现象。吊车梁、桥面板、轨枕等承受重复荷载的混凝土构件，在正常使用期间会由于疲劳而发生破坏。钢筋的疲劳强度与一次循环应力中最大应力 σ_{max}^f 和最小应力 σ_{min}^f 的差值 $\Delta\sigma^f$ 有关，$\Delta\sigma^f = \sigma_{max}^f - \sigma_{min}^f$ 称疲劳应力幅。钢筋的疲劳强度是指在某一规定的应力幅内，经受一定次数（我国规定为 200 万次）循环荷载后发生疲劳破坏的最大应力值。

通常认为，在外力作用下钢筋发生疲劳断裂是由于钢筋内部和外表面的缺陷引起应力集中，钢筋中晶粒发生滑移，产生疲劳裂纹，最后断裂。影响钢筋疲劳强度的因素很多，如疲劳应力幅、最小应力值的大小、钢筋外表面几何形状、钢筋直径、钢筋强度和试验方法等。我国《混凝土结构设计规范》规定了不同等级钢筋的疲劳应力幅度限值，并规定该值与截面同一层钢筋最小应力与最大应力的比值 $\rho^f = \sigma_{min}^f / \sigma_{max}^f$ 有关值，ρ^f 称为疲劳应力比值。对预应力钢筋，当 $\rho^f \geqslant 0.9$ 时，可不进行疲劳强度验算。

2.2　混　凝　土

2.2.1　混凝土的组成

混凝土是用水泥、水、砂（细骨料）、石材（粗骨料）以及外加剂等原材料经搅拌后入模浇筑，经养护硬化形成的人工石材。混凝土各组成成分的数量比例、水泥的强度、骨料的性质以及水与水泥胶凝材料的比例（水胶比）对混凝土的强度和变形有着重要的影响。另外，在很大程度上，混凝土的性能还取决于搅拌质量、浇筑的密实性和养护条件。

混凝土在凝结硬化过程中，水化反应形成的水泥结晶体和水泥凝胶体组成的水泥胶块把砂、石骨料粘结在一起。水泥结晶体和砂、石骨料组成了混凝土中错综复杂的弹性骨架，主要依靠它来承受外力，并使混凝土具有弹性变形的特点。水泥凝胶体是混凝土产生塑性变形的根源，并起着调整和扩散混凝土应力的作用。

2.2.2 受荷后的裂缝发展

在混凝土凝结初期，由于水泥胶块的收缩、泌水、骨料下沉等原因，在粗骨料与水泥胶块的接触面上以及水泥胶块内部将形成微裂缝，也称粘结裂缝（图 2-7a），它是混凝土内最薄弱的环节。混凝土在受荷前存在的微裂缝在荷载作用下将继续发展，对混凝土的强度和变形将产生重要影响。

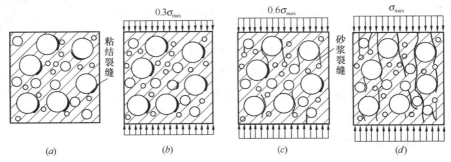

图 2-7　混凝土内微裂缝发展情况

(a) $\sigma=0$；(b) $\sigma=0.3\sigma_{max}$；(c) $\sigma=0.6\sigma_{max}$；(d) $\sigma=\sigma_{max}$

开始受力后直到极限荷载（σ_{max}），混凝土内的微裂缝逐渐增多和扩展，大致可分为三个阶段：

（1）微裂缝相对稳定期（$\sigma/\sigma_{max} \leqslant 0.4$）

这时混凝土的压应力较小，虽然有些微裂缝的尖端因应力集中而沿界面略有发展，也有些微裂缝和间隙因受压而闭合，但混凝土的宏观变形性能无明显变化。即使荷载的多次重复作用或者持续较长时间，微裂缝也不致有大发展，残余变形很小，如图 2-7（b）所示。

（2）稳定裂缝发展期（$0.4 < \sigma/\sigma_{max} \leqslant 0.8$）

混凝土的应力增大后，原有的粗骨料界面裂缝逐渐延伸和增宽，其他骨料界面又出现新的粘结裂缝。一些界面裂缝的伸展，渐次地进入水泥砂浆，或者水泥砂浆中原有缝隙处的应力集中将砂浆拉断，产生少量微裂缝。这一阶段，混凝土内微裂缝发展较多，变形增长较大。但是，当荷载不再增大，微裂缝的发展亦将停滞，裂缝形态保持基本稳定。故荷载长期作用下，混凝土的变形将增大，但不会过早破坏，如图 2-7（c）所示。

（3）不稳定裂缝发展期（$\sigma/\sigma_{max} > 0.8$）

混凝土在更高的应力作用下，粗骨料的界面裂缝突然加宽和延伸，大量地进入水泥砂浆；水泥砂浆中的已有裂缝也加快发展，并和相邻的粗骨料界面裂缝相连。这些裂缝逐个连通，构成大致平行于压应力方向的连续裂缝，或称纵向劈裂裂缝。若混凝土中部分粗骨料的强度较低，或有节理和缺陷，也可能在高应力下发生骨料劈裂。这一阶段的应力增量不大，而裂缝发展迅速，变形增长大。即使应力维持常值，裂缝仍将继续发展，不再能保持稳定状态。纵向的通缝将试件分隔成数个小柱体，承载力下降而导致混凝土的最终破坏，如图 2-7 (d) 所示。

从对混凝土受压过程的微观现象的分析，其破坏机理可以概括为：首先是水泥砂浆沿粗骨料的界面和砂浆内部形成微裂缝；应力增大后，这些微裂缝逐渐地延伸和扩展，并连通成为宏观裂缝；砂浆的损伤不断积累，切断了和骨料的联系，混凝土的整体性遭受破坏而逐渐地丧失承载力。

普通混凝土的强度远低于粗骨料本身的强度，当混凝土破坏后，其中的粗骨料一般无破损的迹象，裂缝和破碎都发生在水泥砂浆内部。所以，普通混凝土的强度和变形性能在很大程度上取决于水泥砂浆的质量和密实性。

2.2.3 混凝土的强度

强度是指结构材料所能承受的某种极限应力。从混凝土结构受力分析和设计计算的角度，需要了解如何确定混凝土的强度等级，以及用不同方式测定的混凝土强度指标与各类构件中混凝土真实强度之间的相互关系。

2.2.3.1 混凝土的立方体抗压强度

《混凝土结构设计规范》规定混凝土强度等级应按立方体抗压强度标准值确定，用符号 $f_{cu,k}$ 表示，下标 cu 表示立方体，k 表示标准值（注意，混凝土的立方体抗压强度是没有设计值的）。

我国规范采用立方体抗压强度作为评定混凝土强度等级的标准，规定按标准方法制作、养护的边长为 150mm 的立方体试件，在 28d 或规定龄期用标准试验方法测得的具有 95％保证率的抗压强度值（以 N/mm² 计）作为混凝土的强度等级。

《混凝土结构设计规范》规定的混凝土强度等级有 14 级，分别为 C15、C20、C25、C30、C35、C40、C45、C50、C55、C60、C65、C70、C75 和 C80。符号 "C" 代表混凝土，后面的数字表示混凝土的立方体抗压强度的标准值（以 N/mm² 计），如 C60 表示混凝土立方体抗压强度标准值为 60N/mm²。规范规定，钢筋混凝土结构的混凝土强度等级不应低于 C20，采用 400MPa 及以上的钢筋时，混凝土强度等级不应低于 C25；承受重复荷载的钢筋混凝土构件，混凝土强度等级不应低于 C30；预应力混凝土结构的混凝土强度等级不宜低于 C40，且不应低于 C30。

混凝土立方体抗压强度不仅与养护时的温度、湿度和龄期等因素有关，而且与立方体试件的尺寸和试验方法也有密切关系。试验结果表明，用边长 200mm 的立方体试件测得的强度偏低，而用边长 100mm 的立方体试件测得的强度偏高，因此需将非标准试件的实测值乘以换算系数换算成标准试件的立方体抗压强度。根据对比试验结果，采用边长为 200mm 的立方体试件的换算系数为 1.05，采用边长为 100mm 的立方体试件的换算系数为 0.95。也有的国家采用直径为 150mm、高度为 300mm 的圆柱体试件作为标准试件。对同一种混凝土，其圆柱体抗压强度与边长 150mm 的标准立方体试件抗压强度之比为 0.79～0.81。

试验方法对混凝土立方体的抗压强度有较大影响。一般情况下，试件受压时，上、下表面与试验机承压板之间将产生阻止试件向外横向变形的摩擦阻力，像两道套箍一样将试件上下两端套住，从而延缓裂缝的发展，提高了试件的抗压强度；破坏时试件中部剥落，形成两个对顶的角锥形破坏面，如图2-8（a）所示。如果在试件的上下表面涂一些润滑剂，试验时摩擦阻力就大大减小，试件将沿着平行力的作用方向产生几条裂缝而破坏，所测得的抗压强度较低，其破坏形状如图2-8（b）所示。我国规定的标准试验方法是不涂润滑剂的。

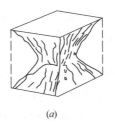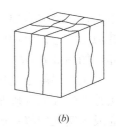

图 2-8　混凝土立方体试件破坏情况
(a) 加载面不抹润滑剂；(b) 加载面抹润滑剂

加载速度对混凝土立方体抗压强度也有影响，加载速度越快，测得的强度越高。通常规定的加载速度为：混凝土强度等级低于C30时，取每秒钟 0.3～0.5N/mm²；混凝土强度等级不低于C30时，取每秒钟 0.5～0.8N/mm²。

混凝土立方体抗压强度还与养护条件和龄期有关。混凝土立方体抗压强度随混凝土的龄期逐渐增长，初期增长较快，以后逐渐缓慢；在潮湿环境中增长较快，而在干燥环境中增长较慢，甚至还有所下降。我国规范规定的标准养护条件为温度（20±2）℃、相对湿度在95%以上的潮湿空气环境。试验龄期一般为28d，但对某些种类的混凝土（如粉煤灰混凝土等）的试验龄期作了修改，允许根据有关标准的规定对这些种类的混凝土试件的试验龄期进行调整，如粉煤灰混凝土因早期强度增长较慢，其试验龄期可定得长些。

2.2.3.2　混凝土的轴心抗压强度

实际工程中的构件一般不是立方体而是棱柱体，因此用棱柱体试件的抗压强度能更好地反映混凝土构件的实际受力情况。

《混凝土结构设计规范》规定以上述棱柱体试件实验测得的具有95%保证率的抗压强度为混凝土轴心抗压强度标准值，用符号 f_{ck} 表示，下标 c 表示受压，k 表示标准值。

混凝土的轴心抗压强度比立方体抗压强度要低，这是因为棱柱体的高度 h 比宽度 b 大，试验机压板与试件之间的摩擦力对试件中部横向变形的约束要小。高宽比 h/b 越大，测得的强度越低，但当高宽比达到一定值后，这种影响就不明显了。试验表明，当高宽比 h/b 由1增加到2时，抗压强度降低很快；但当高宽比 h/b 由2增加到4时，其抗压强度变化不大。我国规范规定以 150mm×150mm×300mm 的棱柱体作为混凝土轴心抗压强度试验的标准试件。

试验表明，f_{ck} 和 $f_{cu,k}$ 大致呈线性关系。考虑实际结构构件混凝土与试件在尺寸、制作、养护和受力方面的差异，《混凝土结构设计规范》采用的混凝土轴心抗压强度标准值 f_{ck} 与立方体抗压强度标准值 $f_{cu,k}$ 之间的换算关系为：

$$f_{ck} = 0.88\alpha_{c1}\alpha_{c2}f_{cu,k} \tag{2-3}$$

式中　α_{c1}——混凝土轴心抗压强度与立方体抗压强度的比值，当混凝土强度等级不大于C50时，$\alpha_{c1}=0.76$；当混凝土强度等级为C80时，$\alpha_{c1}=0.82$；当混凝土强度等级为中间值时，按线性变化插值；

α_{c2}——混凝土的脆性系数，当混凝土强度等级不大于C40时，$\alpha_{c2}=1.0$；当混凝土强度等级为C80时，$\alpha_{c2}=0.87$；当混凝土强度等级为中间值时，按线性变化插值；

0.88——考虑结构中混凝土的实体强度与立方体试件混凝土强度差异等因素的修正系数。

《混凝土结构设计规范》给出的混凝土轴心抗压强度的标准值见本书附录 2 的附表 2-1。

2.2.3.3 混凝土的轴心抗拉强度

混凝土轴心抗拉强度和轴心抗压强度一样，都是混凝土的重要基本力学指标。混凝土构件的开裂、裂缝宽度、变形验算以及受剪、受扭、受冲切等承载力的计算均与抗拉强度有关。但是，混凝土的抗拉强度比抗压强度低得多，它与同龄期混凝土抗压强度的比值大约在 1/20～1/10，且比值随着混凝土强度等级的增大而减小。

测定混凝土抗拉强度的试验方法通常有两种：一种为直接拉伸试验，试件尺寸为 100mm×100mm×500mm，两端预埋钢筋，钢筋位于试件的轴线上，对试件施加拉力使其均匀受拉，试件破坏时的平均拉应力即为混凝土的抗拉强度，称为轴心抗拉强度 f_t，这种试验对试件尺寸及钢筋位置要求很严格；另一种为间接测试方法，称为劈裂试验，如图 2-9 所示，对圆柱体或立方体试件施加线荷载，试件破坏时，在破裂面上产生与该面垂直且基本均匀分布的拉应力。根据弹性理论，试件劈裂破坏时，混凝土抗拉强度（劈裂抗拉强度）$f_{t,s}$ 可按下式计算：

$$f_{t,s} = \frac{2N}{\pi dl} = 0.637 \frac{N}{dl} \tag{2-4}$$

式中 N——劈裂破坏荷载；

$\quad\quad d$——圆柱体的直径或立方体的边长；

$\quad\quad l$——圆柱体的长度或立方体的边长。

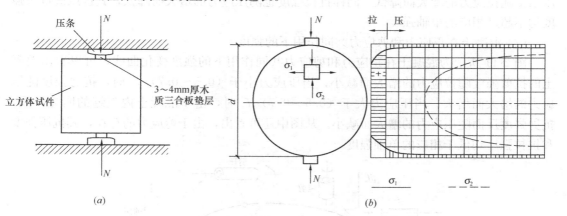

图 2-9 混凝土的劈裂试验

(a) 立方体；(b) 圆柱体

需注意的是，加载压条、垫层和试件尺寸对劈裂试验的结果都有一定影响，这些参数的不同取值会导致试验结果的差异。

《混凝土结构设计规范》所采用的混凝土轴心抗拉强度标准值 f_{tk} 与立方体抗压强度标准值 $f_{cu,k}$ 之间的换算关系为：

$$f_{tk} = 0.88 \times 0.395 f_{cu,k}^{0.55} (1 - 1.645\delta)^{0.45} \cdot \alpha_{c2} \tag{2-5}$$

式中，0.88 的意义和 α_{c2} 的取值与式（2-3）相同，δ 为试验结果的变异系数。

《混凝土结构设计规范》给出的混凝土轴心抗拉强度的标准值见本书附录 2 的附表 2-1。

2.2.3.4 混凝土在复合应力作用下的强度

实际工程中的混凝土结构或构件通常受到轴力、弯矩、剪力及扭矩的不同组合作用，混凝土很少处于单向受力状态，往往是处于双向或三向受力状态。在复合应力状态下，混凝土的强度和变形性能有明显的变化。

（1）混凝土的双向受力强度

在混凝土单元体两个互相垂直的平面上，作用有法向应力 σ_1 和 σ_2，第三个平面上应力为零，混凝土在双向应力状态下强度的变化曲线如图 2-10 所示。

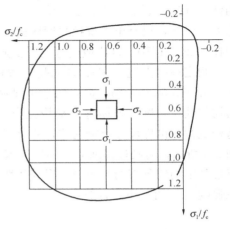

图 2-10　混凝土双向应力强度

双向受压时（图 2-10 中第三象限），一向的抗压强度随另一向压应力的增大而增大，最大抗压强度发生在两个应力比（σ_1/σ_2 或 σ_2/σ_1）为 0.4 ～0.7 时，其强度比单向抗压强度增加约 30%，而在两向压应力相等的情况下强度增加为 15% ～20%。

双向受拉时（图 2-10 中第一象限），一个方向的抗拉强度受另一方向拉应力的影响不明显，其抗拉强度接近于单向抗拉强度。一向受拉另一向受压时（图 2-10 中第二、四象限），抗压强度随拉应力的增大而降低，同样抗拉强度也随压应力的增大而降低，其抗压或抗拉强度均不超过相应的单轴强度。

（2）混凝土在正应力和剪应力共同作用下的强度

图 2-11 所示为混凝土在正应力和剪应力共同作用下的强度变化曲线，可以看出混凝土的抗剪强度随拉应力的增大而减小；当压应力小于（0.5～0.7）f_c 时，抗剪强度随压应力的增大而增大；当压应力大于（0.5～0.7）f_c 时，由于混凝土内裂缝的明显发展，抗剪强度反而随压应力的增大而减小。从图中还可看出，由于剪应力的存在，其抗压强度和抗拉强度均低于相应的单轴强度。

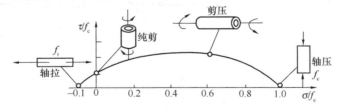

图 2-11　混凝土在正应力和剪应力共同作用下的强度曲线

（3）混凝土的三向受压强度

混凝土三向受压时，一向抗压强度随另两向压应力的增加而增大，并且混凝土受压的极限变形也大大增加。图 2-12 所示为圆柱体混凝土试件三向受压时（侧向压应力均为 σ_2）的试验结果，由于周围的压应力限制了混凝土内微裂缝的发展，这就大大提高了混凝土的纵向抗压强度和承受变形的能力。由试验结果得到的经验公式为：

$$f_{cc} = f_c + \beta\sigma_2 \tag{2-6}$$

式中 f_{cc}——在等侧向压应力 σ_2 作用下混凝土圆柱体抗压强度；

       f_c——无侧向压应力时混凝土圆柱体抗压强度；

       β——侧向压应力系数，根据试验结果取 $\beta=4.5\sim7.0$。

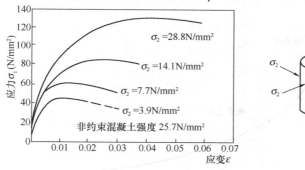

图 2-12 圆柱体试件三向受压试验

工程上可以通过设置密排螺旋筋、焊接环式箍筋或采用钢管混凝土来约束混凝土，改善钢筋混凝土构件的受力性能。在混凝土轴向压力很小时，螺旋筋或箍筋几乎不受力，此时混凝土基本上不受约束，当混凝土应力达到临界应力时，混凝土内部裂缝引起体积膨胀使螺旋筋或箍筋受拉，反过来，螺旋筋或箍筋约束了混凝土，从而使混凝土的应力-应变性能得到改善。

2.2.4 混凝土的变形

混凝土的变形可分为两类：一类是混凝土的受力变形，包括一次短期加荷的变形、荷载长期作用下的变形和多次重复荷载作用下的变形等；另一类为混凝土由于收缩或由于温度变化产生的变形。

2.2.4.1 混凝土在一次短期加荷时的变形性能

（1）混凝土受压应力-应变曲线

混凝土的应力-应变关系是混凝土力学性能的一个重要方面，它是研究钢筋混凝土构件截面应力分析，建立强度和变形计算理论所必不可少的依据。我国采用棱柱体试件测定混凝土一次短期加荷时的变形性能，图 2-13 所示即为实测的典型混凝土棱柱体在一次短期加荷下的应力-应变全曲线。可以看到，应力-应变曲线分为上升段和下降段两个部分。

上升段（OC）：上升段（OC）又可分为三个阶段。第一阶段 OA 为准弹性阶段，从开始加载到 A 点〔混凝土应力 $\sigma=(0.3\sim0.4)f_c$〕，应力-应变关系接近于直线，A 点称为比例极限，其变形主要是骨料和水泥石结晶体受压后的弹性变形，已存在于混凝土内部的微裂缝没有明显发展，如图 2-7（b）所示。第二阶段 AB 为裂缝稳定扩展阶段，随着荷载的增大压应力逐渐提高，混凝土逐渐表现出明显的非弹性性质，应变增长速度超过应力增长速度，应力-应变曲线逐渐弯曲，B 点为临界点（混凝土应力 σ 一般取 $0.8f_c$）；在这一阶段，混凝土内原有的微裂缝开始扩展，并产生新的裂缝，如图 2-7（c）所示，但裂缝的发展仍能保持稳定，即应力不增加，裂缝也不继续发展；B 点的应力可作为混凝土长期受压强度的依据。第三阶段 BC 为裂缝不稳定扩展阶段，随着荷载的进一步增加，曲线明显弯曲，直至峰值 C 点；这一阶段内裂缝发展很快并相互贯通，进入不稳定状态，如图 2-7

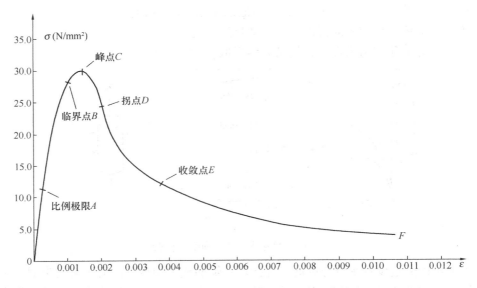

图 2-13　混凝土棱柱体受压应力-应变曲线

(d) 所示；峰值 C 点的应力即为混凝土的轴心抗压强度 f_c，相应的应变称为峰值应变 ε_0，其值为 0.0015～0.0020，对 C50 及以下的素混凝土通常取 $\varepsilon_0 = 0.002$。

　　下降段（CF）：当混凝土的应力达到 f_c 以后，承载力开始下降，试验机受力也随之下降而产生恢复变形。对于一般的试验机，由于机器的刚度小，恢复变形较大，试件将在机器的冲击作用下迅速破坏而测不出下降段。如果能控制机器的恢复变形（如在试件旁附加弹性元件吸收试验机所积蓄的变形能，或采用有伺服装置控制下降段应变速度的特殊试验机），则在到达最大应力后，试件并不立即破坏，而是随着应变的增长，应力逐渐减小，呈现出明显的下降段。下降段曲线开始为凸曲线，随后变为凹曲线，D 点为拐点；超过 D 点后曲线下降加快，至 E 点曲率最大，E 点称为收敛点；超过 E 点后，试件的贯通主裂缝已经很宽，已失去结构意义。混凝土达到极限强度后，在应力下降幅度相同的情况下，变形能力大的混凝土延性要好。

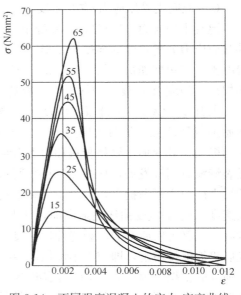

　　混凝土应力-应变曲线的形状和特征是混凝土内部结构变化的力学标志，影响应力-应变曲线的因素有混凝土的强度、加荷速度、横向约束以及纵向钢筋的配筋率等。不同强度混凝土的应力-应变曲线如图 2-14 所示。可以看出，随着混凝土强度的提高，上升段曲线的直线部分增大，峰值应变 ε_0 也有所增大；但混凝土强度越高，曲线下降段越陡，延性也越差。图 2-15 所示为相同强度的混凝土在不同加荷速度下的应力-应变曲线。可以看出，随着加荷速度的降低，峰值应力逐渐减小，但与峰值应力对应的应变却增大了，下降段也变得平缓一些。

图 2-14　不同强度混凝土的应力-应变曲线

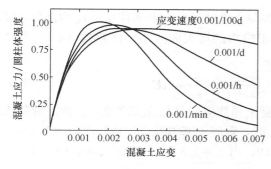

图 2-15 不同应变速度下混凝土的应力-应变曲线

（2）混凝土受压时纵向应变与横向应变的关系

混凝土试件在一次短期加荷时，除了产生纵向压应变外，还将在横向产生膨胀应变。横向应变与纵向应变的比值称横向变形系数，又称为泊松比 ν_c。

不同应力下泊松比 ν_c 的变化如图 2-16 所示。当应力值小于 $0.5f_c$ 时，横向变形系数基本保持为常数；当应力值超过 $0.5f_c$ 以后，横向变形系数逐渐增大，应力越高，增大的速度越快，表明试件内部的微裂缝迅速发展。材料处于弹性阶段时，混凝土的横向变形系数（泊松比）ν_c 可取为 0.2。

试验表明，当混凝土应力较小时，体积随压应力的增大而减小。当压应力超过一定值后，随着压应力的增加，体积又重新增大，最后竟超过了原来的体积。混凝土体积应变 ε_v 与应力的变化关系如图 2-17 所示。

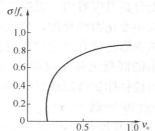
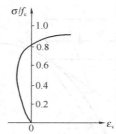

图 2-16　混凝土横向应变和纵向应变的关系　图 2-17　混凝土体积应变与应力的变化关系

（3）混凝土的变形模量

与弹性材料不同，混凝土的应力-应变关系是一条曲线，在不同的应力阶段，应力与应变之比的变形模量不是常数，而是随着混凝土的应力变化而变化，混凝土的变形模量有三种表示方法：

① 混凝土的弹性模量（原点模量）E_c

如图 2-18 所示，在混凝土应力-应变曲线的原点作切线，该切线的斜率即为原点模量，称为弹性模量，用 E_c 表示：

$$E_c = \frac{\sigma_c}{\varepsilon_{ce}} = \tan\alpha_0 \tag{2-7}$$

式中　α_0——混凝土应力-应变曲线在原点处的切线与横坐标的夹角。

《混凝土结构设计规范》给出的混凝土的弹性模量见本书附录 2 的附表 2-3。

② 混凝土的变形模量（割线模量）E'_c

连接图 2-18 中原点 O 至曲线上应力为 σ_c 处作的割线，割线的斜率称为混凝土在 σ_c 处的割线模量或变形模量，用 E'_c 表示：

$$E'_c = \frac{\sigma_c}{\varepsilon_c} = \tan\alpha_1 \tag{2-8}$$

式中　α_1——混凝土应力-应变曲线上应力为 σ_c 处割线与横坐标的夹角。

可以看出，式（2-8）中总变形 ε_c 包含了混凝土弹性变形 ε_{ce} 和塑性变形 ε_{cp} 两部分，因此混凝土的割线模量也是变值，也随着混凝土应力的增大而减小。比较式（2-7）和式（2-8）可以得到：

$$E'_c = \frac{\sigma_c}{\varepsilon_c} = \frac{\sigma_c}{\varepsilon_{ce} + \varepsilon_{cp}} = \frac{\varepsilon_{ce}}{\varepsilon_{ce} + \varepsilon_{cp}} \cdot \frac{\sigma_c}{\varepsilon_{ce}} = \nu E_c \tag{2-9}$$

式中　ν——混凝土受压时的弹性系数，为混凝土弹性应变与总应变之比，其值随混凝土应力的增大而减小。当 $\sigma_c < 0.3 f_c$ 时，混凝土基本处于弹性阶段，可取 $\nu = 1$；当 $\sigma_c = 0.5 f_c$ 时，可取 $\nu = 0.8 \sim 0.9$；当 $\sigma_c = 0.8 f_c$ 时，可取 $\nu = 0.4 \sim 0.7$。

③ 混凝土的切线模量 E''_c

在混凝土应力-应变曲线上某一应力值 σ_c 处作切线，该切线的斜率即为相应于应力 σ_c 时混凝土的切线模量，用 E''_c 表示：

$$E''_c = \tan\alpha_2 \tag{2-10}$$

式中　α_2——混凝土应力-应变曲线上应力为 σ_c 处切线与横坐标的夹角。

可以看出，混凝土的切线模量是一个变值，它随着混凝土应力的增大而减小。

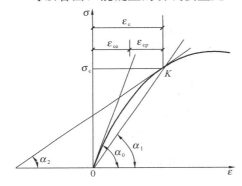

图 2-18　混凝土变形模量的表示方法

由以上分析可以看出，混凝土的变形模量是随应力的大小变化而变化的，当混凝土处于弹性阶段时，其变形模量和弹性模量近似相等。我国规范中给出的混凝土弹性模量 E_c 是按下述方法测定的：将棱柱体试件加载至 0.5MPa，经过 60s 恒载保持后再加载至 $\sigma = f_c/3$，然后卸载至 0.5MPa，再重复加载至 $\sigma = f_c/3$。经过对中、预压等 $2 \sim 3$ 次的往复加载，再从最后一次的 0.5MPa 加载至 $\sigma = f_c/3$ 过程中测量其加载曲线形成的混凝土弹性模量，具体方法可见《普通混凝土力学性能试验方法标准》（GB/T 50081—2002）中的规定。

需要注意的是，混凝土不是弹性材料，所以不能用已知的混凝土应变乘以规范中所给的弹性模量值去求混凝土的应力。只有当混凝土应力很低时，它的弹性模量与变形模量值才近似相等。混凝土弹性模量可按下式计算：

$$E_c = \frac{10^5}{2.2 + \dfrac{34.7}{f_{cu,k}}} \; (\text{N/mm}^2) \tag{2-11}$$

式中，$f_{cu,k}$ 的单位应取 N/mm^2。

混凝土的剪变模量 G_c 可根据抗压试验测定的弹性模量 E_c 和泊松比 ν_c 按下式确定：

$$G_c = \frac{E_c}{2(1 + \nu_c)} \; (\text{N/mm}^2) \tag{2-12}$$

式（2-12）中若取 $\nu_c = 0.2$，则 $G_c = 0.417 E_c$，我国规范近似取 $G_c = 0.4 E_c$。

（4）混凝土轴向受拉时的应力-应变关系

混凝土受拉应力-应变曲线的测试比受压时要更困难。图 2-19 所示是采用电液伺服试验机控制应变速度测出的混凝土轴心受拉应力-应变曲线。可以看出，曲线形状与受压时相似，也有上升段和下降段。曲线原点切线斜率与受压时基本一致，因此混凝土受拉和受压均可采用相同的弹性模量 E_c。达到峰值应力 f_t 时的应变很小，只有 $75 \times 10^{-6} \sim 115 \times 10^{-6}$，曲线的下降段随着混凝土强度的提高也更为陡峭；相应于抗拉强度 f_t 时的变形模量可取 $E_c' = 0.5E_c$，即取弹性系数 $\nu = 0.5$。

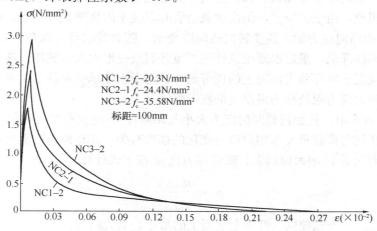

图 2-19　不同强度混凝土受拉时应力-应变曲线

2.2.4.2　混凝土在重复荷载作用下的变形性能（疲劳变形）

在重复荷载作用下混凝土的变形性能有着重要的变化。图 2-20 所示是混凝土受压棱柱体在一次加载、卸载时的应力-应变曲线。当混凝土棱柱体试件一次短期加载，其应力达到 A 点时，试件加荷的应力-应变曲线为 OA。这时，当全部卸载时，其卸载的应力-应变曲线为 AC，它的瞬时应变恢复值为 ε_{cir}；经过一段时间，其应变又恢复一部分，即弹性后效 ε_{chr}；最后剩下永远不能恢复的应变，即残余应变 ε_{cp}。

图 2-21 所示为混凝土棱柱体在多次重复加载、卸载作用下的应力-应变曲线。由图 2-21 可见，随着重复荷载作用下应力值的不同，其应力-应变曲线也不相同。曲线①是一次连续加载时的应力-应变关系（上升段）；曲线②和③分别表示在压应力小于混凝土疲劳强度 f_c^f 的应力 σ_1 和 σ_2 作用下，循环重复加载、卸载的应力-应变曲线，曲线②和③的特点是卸载和随后加载的应力-应变曲线都形成一封闭应力-应变滞回环，而且滞回环所包围的面积是随荷载重复次数的增加而逐渐减少的。这说明在重复荷载作用下，混凝土内部能量逐渐消失，混凝土内部组织结构渐趋稳定，直至卸载和随后的加载应力-应变曲线变成重合的直线。继续重复加载，混凝土的应力-应变关系仍维持直线的弹性工作，不会因混凝

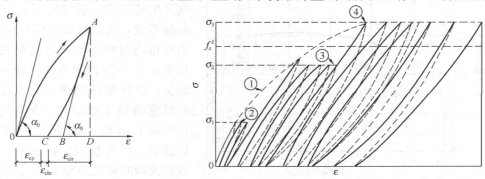

图 2-20　混凝土一次加荷、卸荷的应力-应变曲线　　图 2-21　混凝土多次加载、卸载的应力-应变曲线

23

土内部开裂或变形过大而破坏。试验表明，这条直线与一次加载曲线在 O 点的切线基本平行。在大于混凝土疲劳强度 f_c^f 的应力 σ_3 作用下，循环重复加载、卸载时应力-应变曲线如曲线④所示，在循环重复加载、卸载初期，其变化情况和曲线②、③相似，但这只是暂时的稳定平衡现象，由于 $\sigma_3 > f_c^f$，每次加载会引起混凝土内部微裂缝不断发展，加载的应力-应变曲线会由凸向应力轴，逐步转向凸向应变轴。随着荷载重复次数的增加，应力-应变曲线的斜率不断降低，最后混凝土试件因严重开裂或变形太大而破坏。这种因荷载重复作用而引起的混凝土破坏称为混凝土的疲劳破坏。混凝土能承受荷载多次重复作用而不发生疲劳破坏的最大应力限值称为混凝土的疲劳强度 f_c^f。

由图 2-21 可看出，施加荷载时的应力大小是影响应力-应变曲线变化的关键因素，即混凝土的疲劳强度与荷载重复作用时应力变化的幅度有关。在相同的重复次数下，疲劳强度随着疲劳应力比 ρ_c^f 的增大而增大。疲劳应力比 ρ_c^f 按下式计算：

$$\rho_c^f = \frac{\sigma_{c,\min}^f}{\sigma_{c,\max}^f} \tag{2-13}$$

式中 $\sigma_{c,\min}^f$、$\sigma_{c,\max}^f$——截面同一纤维上混凝土的最小、最大应力。

《混凝土结构设计规范》规定，混凝土轴心受压、轴心受拉疲劳强度设计值 f_c^f、f_t^f 应按其混凝土轴心受压强度设计值 f_c、轴心受拉强度设计值 f_t 分别乘以相应的疲劳强度修正系数 γ_ρ 确定，受压和受拉状态下的疲劳强度修正系数 γ_ρ 分别见表 2-1 和表 2-2 所示。

混凝土受压疲劳强度修正系数 γ_ρ 表 2-1

ρ_c^f	$0 \leqslant \rho_c^f < 0.1$	$0.1 \leqslant \rho_c^f < 0.2$	$0.2 \leqslant \rho_c^f < 0.3$	$0.3 \leqslant \rho_c^f < 0.4$	$0.4 \leqslant \rho_c^f < 0.5$	$\rho_c^f \geqslant 0.5$
γ_ρ	0.68	0.74	0.80	0.86	0.93	1.00

混凝土受拉疲劳强度修正系数 γ_ρ 表 2-2

ρ_c^f	$0 \leqslant \rho_c^f < 0.1$	$0.1 \leqslant \rho_c^f < 0.2$	$0.2 \leqslant \rho_c^f < 0.3$	$0.3 \leqslant \rho_c^f < 0.4$	$0.4 \leqslant \rho_c^f < 0.5$
γ_ρ	0.63	0.66	0.69	0.72	0.74
ρ_c^f	$0.5 \leqslant \rho_c^f < 0.6$	$0.6 \leqslant \rho_c^f < 0.7$	$0.7 \leqslant \rho_c^f < 0.8$	$\rho_c^f \geqslant 0.8$	—
γ_ρ	0.76	0.80	0.90	1.00	—

2.2.4.3 混凝土在荷载长期作用下的变形性能——徐变

结构或材料承受的应力不变，而应变随时间增长的现象称为徐变。混凝土的徐变特性主要与时间参数有关。混凝土的典型徐变曲线如图 2-22 所示。可以看出，当对棱柱体试件加载，应力达到 $0.5 f_c$ 时，其加载瞬间产生的应变为瞬时应变 ε_{ela}。若保持荷载不变，随着加载作用时间的增加，应变也将继续增长，这就是混凝土的徐变 ε_{cr}。一般情况下，徐变开始增长较快，以后逐渐减慢，经过较长时间后就逐渐趋于稳定。徐变值约为瞬时应变的 $1 \sim 4$ 倍。如图 2-22 所示，两年后卸载，试件瞬时要恢复的一部分应变称为瞬时恢复应变 ε_{ela}'，其值比加载时的瞬时变形略小。当长期荷载完全

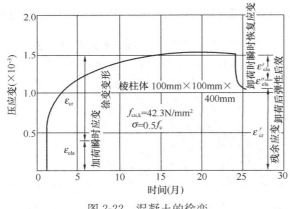

图 2-22 混凝土的徐变

卸除后，混凝土并不处于静止状态，而经过一个徐变的恢复过程（约为 20d），卸载后的徐变恢复变形称为弹性后效 ε''_{ela}，其绝对值仅为徐变值的 1/12 左右。在试件中还有绝大部分应变是不可恢复的，称为残余应变 ε'_{cr}。

影响混凝土徐变的因素很多，主要可分为三类：

（1）内在因素

内在因素主要是指混凝土的组成与配合比。水泥用量大，水泥胶体多，水胶比越高，徐变越大。要减小徐变，就应尽量减少水泥用量，减少水胶比，增加骨料所占体积及刚度。

（2）环境影响

环境影响主要是指混凝土的养护条件以及使用条件下的温度和湿度影响。养护的温度越高，湿度越大，水泥水化作用越充分，徐变就越小，采用蒸汽养护可使徐变减少20％～35％；试件受荷后，环境温度越低、湿度越大，以及体表比（构件体积与表面积的比值）越大，徐变就越小。

（3）应力条件

应力条件的影响包括加荷时施加的初应力水平和混凝土龄期两个方面。在同样的应力水平下，加荷龄期越早，混凝土硬化越不充分，徐变就越大；在同样的加荷龄期条件下，施加的初应力水平越大，徐变就越大。图 2-23 所示为不同 σ_c/f_c 比值的条件下徐变随时间增长的曲线变化图。从图中可以看出，当 σ_c/f_c 的比值小于 0.5 时，曲线接近等间距分布，即徐变值与应力的大小成正比，这种徐变称为线性徐变，通常线性徐变

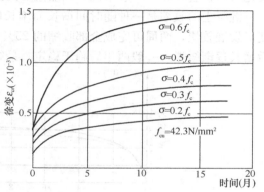

图 2-23 压应力与徐变的关系

在两年后趋于稳定，其渐近线与时间轴平行；当应力 σ_c 为（0.5～0.8）f_c 时，徐变的增长较应力增长快，这种徐变称为非线性徐变；当应力 $\sigma_c > 0.8 f_c$ 时，这种非线性徐变往往不收敛，最终将导致混凝土的破坏，如图 2-24 所示。

对于混凝土产生徐变的原因，目前研究得还不够充分，通常可从两个方面来理解：一

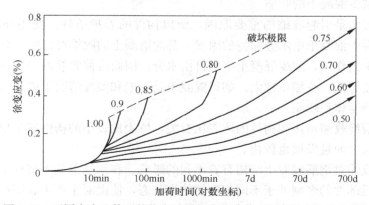

图 2-24 不同应力比值下的徐变随时间变化曲线（图中数字为应力比）

是由于尚未转化为结晶体的水泥凝胶体黏性流动的结果；二是混凝土内部的微裂缝在荷载长期作用下持续延伸和扩展的结果。线性徐变以第一个原因为主，因为黏性流动的增长将逐渐趋于稳定；非线性徐变以第二个原因为主，因为应力集中引起的微裂缝开展将随应力的增加而急剧发展。

徐变对钢筋混凝土构件的受力性能有重要影响。一方面，徐变将使构件的变形增加，如受长期荷载作用的受弯构件由于受压区混凝土的徐变，可使挠度增大 2～3 倍或更多；长细比较大的偏心受压构件，由于徐变引起的附加偏心距增大，将使构件的承载力降低；徐变还将在钢筋混凝土截面引起应力重分布，在预应力混凝土构件中徐变将引起相当大的预应力损失；另一方面，徐变对结构的影响也有有利的一面，在某些情况下，徐变可减少由于支座不均匀沉降而产生的应力，并可延缓收缩裂缝的出现。

2.2.4.4　混凝土的收缩、膨胀和温度变形

混凝土在凝结硬化过程中，体积会发生变化，在空气中硬化时体积会收缩，而在水中硬化时体积会膨胀。一般来说，收缩值要比膨胀值大很多。

混凝土的收缩是一种随时间增长而增长的变形，如图 2-25 所示。凝结硬化初期收缩变形发展较快，两周可完成全部收缩的 25%，一个月约可完成全部收缩的 50%，三个月后增长逐渐缓慢，一般两年后趋于稳定，最终收缩应变一般为 $(2\sim5)\times10^{-4}$。

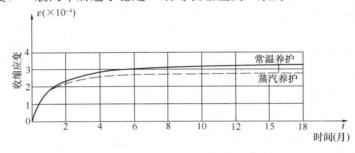

图 2-25　混凝土的收缩变形

引起混凝土收缩的原因，在硬化初期主要是水泥石凝固结硬过程中产生的体积变形，后期主要是混凝土内自由水分蒸发而引起的干缩。混凝土的组成、配合比是影响收缩的重要因素。水泥用量越多，水灰比越大，收缩就越大。骨料级配好、密度大、弹性模量高、粒径大等均可减少混凝土的收缩。

因为干燥失水是引起收缩的重要原因，所以构件的养护条件、使用环境的温度和湿度，以及凡是影响混凝土中水分保持的因素，都对混凝土的收缩有影响。高温湿养（蒸汽养护）可加快水化作用，减少混凝土中的自由水分，因而可使收缩减少。使用环境的温度越高，相对湿度越低，收缩就越大。如果混凝土处于饱和湿度情况下或在水中，不仅不会收缩，而且会产生体积膨胀。

混凝土的最终收缩量还和构件的体表比有关，体表比较小的构件如工形、箱形薄壁构件，收缩量较大，而且发展也较快。

混凝土的收缩对钢筋混凝土结构有着不利的影响。在钢筋混凝土结构中，混凝土往往由于钢筋或邻近部件的牵制处于不同程度的约束状态，使混凝土产生收缩拉应力，从而加速裂缝的出现和开展。在预应力混凝土结构中，混凝土的收缩将导致预应力的损失。对跨

度变化比较敏感的超静定结构（如拱等），混凝土的收缩还将产生不利于结构的内力。

混凝土的膨胀往往是有利的，一般可不予考虑。

混凝土的线膨胀系数随骨料的性质和配合比的不同而在 $(1.0 \sim 1.5) \times 10^{-5} ℃^{-1}$ 之间变化，它与钢筋的线膨胀系数 $1.2 \times 10^{-5} ℃^{-1}$ 相近，因此当温度变化时，在钢筋和混凝土之间仅引起很小的内应力，不致产生有害的影响。我国规范取混凝土的线膨胀系数为 $\alpha_c = 1.0 \times 10^{-5} ℃^{-1}$。

2.3 钢筋与混凝土的相互作用——粘结

2.3.1 粘结的作用

在钢筋混凝土结构中，钢筋和混凝土这两种性质不同的材料之所以能够共同工作，主要是依靠钢筋和混凝土之间的粘结应力。由于这种粘结应力的存在，使钢筋和周围混凝土之间的内力得到传递。

钢筋受力后，由于钢筋和周围混凝土的作用，使钢筋沿纵向应力发生变化，钢筋应力的变化率取决于粘结力的大小。由图 2-26 中钢筋微段 dx 上内力的平衡可求得：

$$\tau = \frac{dN}{\pi d \cdot dx} = \frac{A_s \cdot d\sigma_s}{\pi d \cdot dx} = \frac{\frac{1}{4}\pi d^2}{\pi d} \cdot \frac{d\sigma_s}{dx} = \frac{d}{4} \cdot \frac{d\sigma_s}{dx} = \frac{E_s d}{4} \cdot \frac{d\varepsilon_s}{dx} \tag{2-14}$$

式中　τ——微段 dx 上的平均粘结应力，即钢筋表面上的剪应力；

dN——在 dx 长度上钢筋两端的拉力差；

A_s——钢筋的截面面积；

d——钢筋直径；

E_s——钢筋的弹性模量；

ε_s——钢筋的应变。

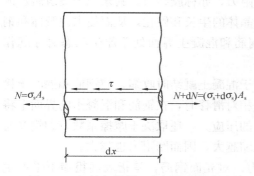

图 2-26　钢筋与混凝土之间的粘结应力

式（2-14）表明，在荷载作用下，沿钢筋与混凝土界面上任何一点的粘结应力与该点在荷载作用下的钢筋应变分布曲线的斜率成正比。粘结应力使钢筋应力（或应变）沿其长度发生变化，没有粘结应力，钢筋应力（或应变）就不会发生变化；反之，如果钢筋应力（或应变）没有变化，就不存在粘结应力 τ。

钢筋与混凝土的粘结性能按其在构件中作用的性质可分为两类：第一类是钢筋的锚固粘结或延伸粘结，如图 2-27（a）所示，受拉钢筋必须有足够的锚固长度，以便通过这段长度上粘结应力的积累，使钢筋中建立起所需发挥的拉力；第二类是混凝土构件裂缝间的粘结，如图 2-27（b）所示，在两个开裂截面之间，钢筋应力的变化受到粘结应力的影响，钢筋应力变化的幅度反映了裂缝间混凝土参加工作的程度。

粘结应力的测定通常有两种方法：一种是拔出试验，即把钢筋的一端埋在混凝土内，另一端施加拉力，将钢筋拔出，测出其拉力；另一种是梁式试验，可以考虑弯矩的影响。粘结应力沿钢筋呈曲线分布，最大粘结应力产生在离端头某一距离处。钢筋埋入混凝土的长度 l_a 越长，则拔出力越大；但如果 l_a 太长，靠近钢筋端头处的粘结应力就会很小，甚至等于零。由此可见，为了保证钢筋在混凝土中有可靠的锚固，钢筋应有足够的锚固长度，但也不必太长。

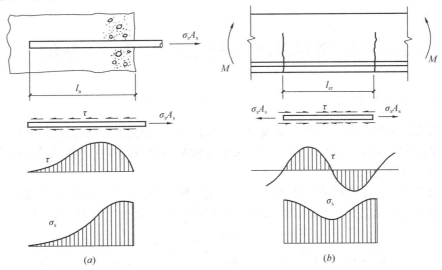

图 2-27　锚固粘结和裂缝间粘结
(a) 锚固粘结；(b) 裂缝间粘结

2.3.2　粘结机理分析

钢筋和混凝土的粘结力，主要由三部分组成。

第一部分是钢筋和混凝土接触面上的化学吸附力，亦称胶结力。其来源于浇筑时水泥浆体向钢筋表面氧化层的渗透和养护过程中水泥晶体的生长和硬化，从而使水泥胶体和钢筋表面产生吸附胶着作用。化学胶结力只能在钢筋和混凝土界面处于原生状态时才起作用，一旦发生滑移，它就失去作用。

第二部分是钢筋与混凝土之间的摩阻力。由于混凝土凝结时收缩，使钢筋和混凝土接触面上产生正应力，因此，当钢筋和混凝土产生相对滑移时，在钢筋和混凝土的界面上将产生摩阻力。摩阻力的大小取决于垂直摩擦面上的压应力，还取决于摩擦系数，即钢筋与混凝土接触面的粗糙程度。强度越高的混凝土收缩越大，因而摩阻力也越大。

第三部分是钢筋与混凝土之间的机械咬合力。对光面钢筋，是指表面粗糙不平产生的咬合应力；对变形钢筋，是指变形钢筋肋间嵌入混凝土而形成的机械咬合作用，这是变形钢筋与混凝土粘结的主要来源。图 2-28 所示为变形钢筋与混凝土的相互作用，钢筋横肋对混凝土的挤压就像一个楔体，斜向挤压力不仅产生沿钢筋表面的轴向分力，而且产生沿钢筋径向的径向分力。当荷载增加时，因斜向挤压作用，肋顶前方的混凝土将发生斜向开裂形成内裂缝，而径向分力将使钢筋周围的混凝土产生环向拉应力，形成径向裂缝。

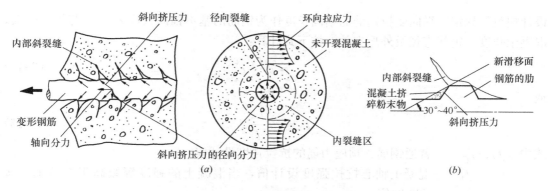

图 2-28　变形钢筋与混凝土的相互作用

(a) 钢筋力和混凝土应力分布；(b) 局部放大图

2.3.3　影响粘结强度的主要因素

影响钢筋与混凝土粘结强度的因素很多，主要有以下几种：

（1）钢筋表面形状

试验表明，变形钢筋的粘结力比光面钢筋高出 2～3 倍，因此变形钢筋所需的锚固长度比光面钢筋要短，而光面钢筋的锚固端头则需要作弯钩，以提高粘结强度。

（2）混凝土强度

变形钢筋和光面钢筋的粘结强度均随混凝土强度的提高而提高，但不与立方体抗压强度 f_{cu} 成正比。粘结强度 τ_u 与混凝土的抗拉强度 f_t 大致成正比例关系。

（3）保护层厚度和钢筋净距

混凝土保护层和钢筋间距对粘结强度也有重要影响。对于高强度的变形钢筋，当混凝土保护层厚度较小时，外围混凝土可能发生劈裂而使粘结强度降低；当钢筋之间净距过小时，将可能出现水平劈裂而导致整个保护层崩落，从而使粘结强度显著降低。

（4）钢筋浇筑位置

粘结强度与浇筑混凝土时钢筋所处的位置也有明显的关系。对于混凝土浇筑深度过大的"顶部"水平钢筋，其底面的混凝土由于水分、气泡的逸出和骨料泌水下沉，与钢筋间形成了空隙层，从而削弱了钢筋与混凝土的粘结作用。

（5）横向钢筋

横向钢筋（如梁中的箍筋）可以延缓径向劈裂裂缝的发展或限制裂缝的宽度，从而可以提高粘结强度。在较大直径钢筋的锚固区或钢筋搭接长度范围内，以及当一排并列的钢筋根数较多时，均应设置一定数量的附加箍筋，以防止保护层的劈裂崩落。

（6）侧向压力

当钢筋的锚固区作用有侧向压应力时，可增强钢筋与混凝土之间的摩阻作用，使粘结强度提高。因此，在直接支承的支座处，如梁的简支端，考虑支座压力的有利影响，伸入支座的钢筋锚固长度可适当减少。

2.3.4　钢筋的锚固长度

为了保证钢筋与混凝土之间的可靠粘结，钢筋必须有一定的锚固长度。《混凝土结构设计规范》规定，纵向受拉钢筋的锚固长度作为钢筋的基本锚固长度 l_{ab}，它与钢筋强度、混凝土强度、钢筋直径及外形有关，按下式计算：

$$l_{ab} = \alpha \frac{f_y}{f_t} d \tag{2-15}$$

或

$$l_{ab} = \alpha \frac{f_{py}}{f_t} d \tag{2-16}$$

式中　f_y、f_{py}——普通钢筋、预应力筋的抗拉强度设计值；

　　　　f_t——混凝土轴心抗拉强度设计值，当混凝土的强度等级高于 C60 时，按 C60 取值；

　　　　d——锚固钢筋的直径；

　　　　α——锚固钢筋的外形系数，按表 2-3 取用。

锚固钢筋的外形系数　　　　　　　　　　　　表 2-3

钢筋类型	光面钢筋	带肋钢筋	螺旋肋钢丝	三股钢绞线	七股钢绞线
α	0.16	0.14	0.13	0.16	0.17

注：光面钢筋末端应做 180°弯钩，弯后平直段长度不应小于 $3d$，但作受压钢筋时可不做弯钩。

　　一般情况下，受拉钢筋的锚固长度可取基本锚固长度。考虑各种影响钢筋与混凝土粘结锚固强度的因素，当采取不同的埋置方式和构造措施时，锚固长度应按下列公式计算：

$$l_a = \zeta_a l_{ab} \tag{2-17}$$

式中　l_a——受拉钢筋的锚固长度；

　　　　ζ_a——锚固长度修正系数，按下面规定取用，当多于一项时，可以连乘计算。经修正的锚固长度不应小于基本锚固长度的 60% 且不小于 200mm。

纵向受拉带肋钢筋的锚固长度修正系数应根据钢筋的锚固条件，按下列规定取用：

（1）当带肋钢筋的公称直径大于 25mm 时取 1.10；

（2）对环氧涂层钢筋取 1.25；

（3）施工过程中易受扰动的钢筋取 1.10；

（4）当纵向受力钢筋的实际配筋面积大于其设计计算面积时，修正系数取设计计算面积与实际配筋面积的比值，但对有抗震设防要求及直接承受动力荷载的结构构件，不应考虑此项修正；

（5）锚固区保护层厚度为 $3d$ 时修正系数可取 0.80，保护层厚度为 $5d$ 时修正系数可取 0.70，中间按内插法取值（此处 d 为纵向受力带肋钢筋的直径）；

（6）当纵向受拉普通钢筋末端采用钢筋弯钩或机械锚固措施时，包括弯钩或锚固端头在内的锚固长度（投影长度）可取为基本锚固长度 l_{ab} 的 0.6 倍。钢筋弯钩和机械锚固的形式和技术要求应符合表 2-4 及图 2-29 的规定。

钢筋弯钩和机械锚固的形式和技术要求　　　　　　　表 2-4

锚固形式	技　术　要　求
90°弯钩	末端 90°弯钩，弯后直段长度 $12d$
135°弯钩	末端 135°弯钩，弯后直段长度 $5d$

锚固形式	技 术 要 求
一侧贴焊锚筋	末端一侧贴焊长 5d 同直径钢筋，焊缝满足强度要求
两侧贴焊锚筋	末端两侧贴焊长 3d 同直径钢筋，焊缝满足强度要求
焊端锚板	末端与厚度 d 的锚板穿孔塞焊，焊缝满足强度要求
螺栓锚头	末端旋入螺栓锚头，螺纹长度满足强度要求

注：1. 锚板或锚头的承压净面积应不小于锚固钢筋计算截面积的 4 倍；

2. 螺栓锚头产品的规格、尺寸应满足螺纹连接的要求，并应符合相关标准的要求；

3. 螺栓锚头和焊接锚板的间距不大于 4d 时，宜考虑群锚效应对锚固的不利影响；

4. 截面角部的弯钩和一侧贴焊锚筋的布筋方向宜向内偏置。

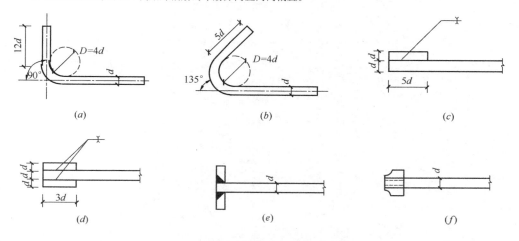

图 2-29　钢筋机械锚固的形式及构造要求

(a) 90°弯钩；(b) 135°弯钩；(c) 一侧贴焊锚筋；(d) 两侧贴焊锚筋；(e) 穿孔塞焊锚板；(f) 螺栓锚头

当锚固钢筋保护层厚度不大于 5d 时，锚固长度范围内应配置构造钢筋（箍筋或横向钢筋），其直径不应小于 d/4，间距不应大于 5d，且不大于 100mm（此处 d 为锚固钢筋的直径）。

混凝土结构中的纵向受压钢筋，当计算中充分利用钢筋的抗压强度时，受压钢筋的锚固长度应不小于相应受拉锚固长度的 0.7 倍。

思 考 题

1. 热轧钢筋有哪些品种，分别用什么符号表示？有明显屈服点的钢筋拉伸时分哪几个阶段？

2. 无明显屈服点的钢筋如何确定其"条件屈服强度"？

3. 钢筋的种类有哪些？各有什么特点？

4. 钢筋的力学性能包括什么？用什么指标来表示？

5. 钢筋的疲劳强度是如何规定的？

6. 钢筋混凝土结构中对钢筋有哪些要求？

7. 混凝土单轴受压时应力-应变曲线有何特点？

8. 混凝土有哪些基本的强度指标？各用什么符号表示？它们之间有何关系？

9. 混凝土的受压破坏机理是怎样的？

10. 影响混凝土的抗压强度的因素有哪些?

11. 混凝土的变形模量和弹性模量是如何确定的?

12. 复合受力状态下混凝土的强度指标之间的影响关系如何?

13. 混凝土应力-应变关系的数学模型有哪几种?

14. 什么是混凝土的徐变?混凝土的徐变有哪几部分组成?影响混凝土徐变的主要因素是什么?

15. 什么是混凝土的收缩与膨胀变形?收缩产生的原因是什么?其影响因素有哪些?

16. 钢筋和混凝土之间的粘结力主要由哪几部分组成?影响钢筋与混凝土粘结强度的因素主要有哪些?钢筋的锚固长度是如何确定的?

第3章 混凝土结构的设计方法

一个建筑物或构筑物要按照使用者的要求建造起来，必须进行结构的设计计算。设计计算的目的有两个：一是安全、可靠地满足使用要求，另一是经济问题。能够有效合理地解决两者之间的矛盾，使结构达到既安全又经济合理的目的，就是结构设计方法需要解决的问题。

3.1 结 构 的 功 能

任何一个结构物都是人们根据需要搭建而成的，结构设计的一个主要目的是在一定的经济条件下保证这一结构物具有抵抗各种作用的能力，同时还要保证其使用上的方便。所以结构的功能主要有三个：安全性、适用性和耐久性。

1. 安全性

结构应能承受在正常施工和正常使用时可能出现的各种作用，且不至破坏；在偶然事件发生时及发生后，能保持必要的整体稳定性，如遇地震、爆炸、撞击等，结构虽有局部损伤但不会发生倒塌。例如，厂房结构在正常使用过程中受自重、吊车、风和积雪作用时，均应坚固不坏；而在遇到强烈地震时，允许有局部的损坏，但应保持结构的整体稳固性而不发生倒塌；在发生火灾时，应在规定时间内（如1～2h）保持足够的承载力，以便人员逃生或施救。

2. 适用性

结构在正常使用时应具有良好的工作性能。不发生影响正常使用的过大变形和振幅，或引起使用者不安的裂缝等。这些情况虽然不至于倒塌，但会影响正常使用，所以要对结构的变形、裂缝等进行控制。

3. 耐久性

在正常使用和正常维护的条件下，结构在规定的使用期限内，应具有足够的耐久性。如不发生由于保护层碳化或裂缝过宽导致钢筋锈蚀及混凝土在恶劣环境中侵蚀或化学腐蚀、温湿度及冻融破坏而影响结构使用年限等。

结构的设计使用年限是指所设计的结构或构件不需要进行大修即可按预定目的使用的年限。我国《工程结构可靠性设计统一标准》GB 50153—2008对房屋建筑结构、铁路桥涵结构、公路桥涵结构和港口工程结构等的使用年限均有明确规定。如标志性建筑和特别重要建筑结构的使用年限为100年，普通房屋和构筑物的设计使用年限为50年，易于替换结构构件的设计使用年限为25年，临时性建筑结构的设计使用年限为5年等。铁路桥涵的设计使用年限为100年。

3.2 结构上的作用

结构在施工期间和使用期间要承受各种作用。所谓作用是指结构或构件产生内力（应力）或变形（位移、应变）和裂缝的各种原因的总称。结构上的作用可分为直接作用和间接作用两种。

1. 直接作用

直接以集中力或分布力的形式施加在结构上，习惯上称为荷载，如结构自重、各种设备和物品的自重、土压力、风压力、雪压力、水压力等。按作用时间的长短分为以下三类：

（1）永久荷载，也称恒载：指在设计使用年限内其量值不随时间变化，或其变化和平均值相比可以忽略不计的作用，如结构自重、土压力、预应力等。

（2）可变荷载，也称活载：指在设计使用年限内其量值随时间变化，或其变化和平均值相比不能忽略不计的作用，如使用中的人员、物件等荷载、吊车荷载、风荷载、雪荷载、汽车荷载等。

（3）偶然荷载，也称特殊荷载：指在设计使用年限内不一定出现，而一旦出现其量值很大且持续时间很短的作用，如罕遇撞击、爆炸等。

2. 间接作用

间接作用不是以力的形式直接作用于结构，而是由于结构变形或约束变形在结构中引起内力和变形，如材料的收缩和膨胀变形、地基差异沉降、温度变化、地震和焊接变形等。

3.3 作用效应和结构抗力

3.3.1 作用效应

作用效应 S 是指由作用引起的结构或结构构件的反应，也就是由作用在结构或结构构件中引起的内力或变形，如弯矩 M、剪力 V、轴力 N、扭矩 T、挠度 f、裂缝宽度 w 等。

3.3.2 结构抗力

结构抗力 R 是指结构或结构构件承受作用效应的能力，即结构或结构构件抵抗内力和变形的能力。结构抗力是材料性能、几何参数以及计算模式的函数。

3.4 结构设计方法

工程结构的设计既需要保证工程结构安全可靠，又要做到经济合理。由于多种因素的影响，结构上的荷载作用、结构尺寸、材料强度等均有不同程度的不确定性，而且结构的计算简图、计算理论也与实际情况存在差异，此外，人为的错误也会对结构的安全性产生影响。所谓结构设计方法，就是研究这些工程设计中的各种不确定性问题，以取得结构设计的安全可靠与经济合理之间的均衡。

根据混凝土结构的发展进程，设计方法的演变分为四个阶段，即容许应力法、破损阶段法、极限状态法和概率极限状态设计法。各国在各个时期都要根据混凝土理论的发展状况颁布自己的设计法规，法规的内容除反映设计方法之外，还要涉及工程安全、环境保护、人体健康、公众利益及市场秩序等问题，法规通常 10 年左右修订一次，以反映学科最新发展成果。本书主要结合我国现行的三本规范：用于建筑结构工程的《混凝土结构设计规范》GB 50010—2010、用于公路工程的《公路钢筋混凝土及预应力混凝土桥涵设计规范》JTG D 62—2004 和用于铁路行业的《铁路桥涵钢筋混凝土和预应力混凝土结构设计规范》TB 10002.3—2005。这三本规范所采用的结构设计方法有所不同，分别采用的是极限状态设计法和容许应力设计法。

3.4.1 极限状态设计方法

3.4.1.1 结构的极限状态及分类

当整个结构或结构的一部分超过某一特定状态，就不再能满足设计规定的某一功能要求，此特定状态称为该功能的极限状态。极限状态主要分为以下两类：

1. 承载能力极限状态

当结构或构件出现下列状态之一时，应认为超过了承载能力极限状态：

（1）结构构件或连接因超过材料强度而破坏，或因过度的变形而不适于继续承载；

（2）整个结构或其一部分作为刚体失去平衡（如倾覆等）；

（3）结构转变为机动体系；

（4）结构或结构构件丧失稳定性（如柱被压屈等）；

（5）结构因局部破坏发生连续倒塌；

（6）地基丧失承载力而破坏；

（7）结构或结构构件的疲劳破坏。

承载能力极限状态可能导致人身伤亡和大量财产损失，因此它的出现概率应当很低。

2. 正常使用极限状态

当结构或结构构件出现下列状态之一时，应认为超过了正常使用极限状态：

（1）影响正常使用或外观的变形；

（2）影响正常使用或耐久性的局部损坏；

（3）影响正常使用的振动；

（4）影响正常使用的其他特定状态。

正常使用极限状态可理解为结构或结构构件使用功能的破坏或受损害，或结构质量的恶化。与承载能力极限状态相比较，正常使用极限状态对生命的危害较小。

3.4.1.2 极限状态方程

结构构件的工作状态可以用 S（荷载效应）及 R（结构抗力）的关系式来表达。这种表达式称为结构的功能函数，以 Z 表示如下：

$$Z = g(S,R) = R - S \tag{3-1}$$

对于一个已给定的结构，当 $Z>0$ 时（$R>S$），结构处于可靠状态；当 $Z<0$ 时，结构

处于失效状态；当 $Z=0$ 时，结构处于极限状态。

由此可见，通过功能函数 Z 可以判别结构所处的状态。当基本变量满足极限状态方程 $Z=R-S=0$ 时，则结构达到极限状态。

结构设计必须满足以下方程，结构才不会超过极限状态：

$$S \leqslant R \tag{3-2}$$

3.4.1.3 结构设计问题的不确定性

荷载效应 S 及结构抗力 R 均为随机变量。比如两端简支梁跨中弯矩的表达式 $M=\frac{1}{8}(g+q)l^2$，其中恒荷载 g 与构件尺寸、材料表观密度等有关，活荷载 q（楼面活载、雪荷载等）的数值都随时在变化，另外计算简图中的计算跨度 l 与实际情况也有误差。此时结构的抗力表达式为 $M_u = f_y A_s [h_0 - (1-k_2)\frac{f_y A_s}{k_1 f_c b}]$，其中材料强度 f_y 和 f_c 的离散性、截面尺寸 h_0 和 b 的施工误差、应力-应变关系参数 k_1 和 k_2 的变化均造成了结构设计的不确定性。此时即使 $M \leqslant M_u$，也不能保证结构绝对的安全可靠。$Z=R-S$ 也是随机变量。从概率论和数理统计学的概念，对这类随机变量的少量观测或试验，其结果是分散的；但是大量的重复观测或试验，其结果会呈现统计的规律性。这种随机变量的分布情况可以用概率的方法来描述。

3.4.1.4 结构的可靠度

结构在规定的时间内，在规定的条件下，完成预定功能的概率，称为结构可靠度。"规定的时间"是指结构的设计使用年限，我国《工程结构可靠性设计统一标准》对房屋建筑结构、铁路桥涵结构、公路桥涵结构和港口工程结构等的使用年限均有明确规定。"规定的条件"是指结构是在正常设计、正常施工、正常使用和正常维护条件下的工作状态，并不考虑人为过失和错误造成的影响。"预定功能"是指结构所应具备的功能，如结构的承载力、稳定、刚度、抗裂性、耐久性，它是以各个极限状态来标志的。

可靠度是可靠性的概率度量，而可靠性是结构安全性、适用性、耐久性的总称。结构可靠性越高，建设投资越大。因此，如何在结构可靠与经济之间取得均衡，是设计方法要解决的问题。这种可靠与经济的均衡受到多方面的影响，如国家的经济实力、设计使用年限、维护维修等。经济的概念不仅包括第一次建设投资，还应考虑维修、损失及修复的费用。只看重初始投资，仅重视眼前政绩的项目，都会带来遗患无穷的后果。建设项目的可行性研究要顾及可能造成的环境影响、社会影响等次生经济损失，这种经济损失往往远超过工程本身。

3.4.1.5 结构的失效概率和可靠指标

失效概率就是结构或构件不能满足预定功能的概率。

概率理论认为，人们设计的结构都会有失效的可能性，只是可能性大小不同而已，或者说失效概率总不会等于零。

若设 $R>0$，$S>0$，则失效概率可表示为：

$$p_f = P(R<S) = P(R-S<0) \tag{3-3}$$

失效概率越小，表示结构可靠性越大。因此，可以用失效概率 p_f 来定量表示结构可靠性的大小。当失效概率小于某个值时，人们因结构失效的可能性很小而不再担心，即可认为结构设计是可靠的。该失效概率限值称为容许失效概率$[p_f]$。

为使分析简单化，假定S及R均服从正态分布，S的均值为μ_S，S的标准差为σ_S，R的均值为μ_R，R的标准差为σ_R，且S及R相互独立。由概率理论得知，两个相互独立的正态分布的随机变量之差$Z=R-S$仍服从正态分布，其均值和标准差分别为：

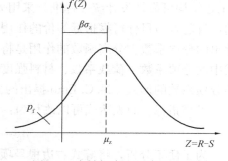

$$\mu_Z = \mu_R - \mu_S \qquad (3\text{-}4)$$

$$\sigma_Z = \sqrt{\sigma_R^2 + \sigma_S^2} \qquad (3\text{-}5)$$

用概率密度曲线表示，如图 3-1 所示。

由图可见，β越大，$Z=R-S<0$的失效概率p_f就越小，可靠概率就越大，表明结构越可靠；反之，β越小，失效概率p_f就越大，可靠概率就越小，表明结构越不安全。β与p_f有一一对应的关系，对应关系见表 3-1，所以β值和失效概率p_f一样可以作为衡量结构可靠度的一个指标，β称为结构的可靠指标。

图 3-1　失效概率和可靠度指标

β与p_f的对应值　　　　　　　　　　　　　　　表 3-1

β	1.0	1.5	2.5	3.0	3.2	3.7	4.0	4.5
p_f	1.6×10^{-1}	6.7×10^{-2}	6.2×10^{-3}	1.4×10^{-3}	6.9×10^{-4}	1.1×10^{-4}	3.2×10^{-5}	3.4×10^{-6}

从表中任选一个可靠指标，比如$\beta=3.7$，此时的失效概率$p_f=1.1\times10^{-4}$，按设计使用年限 50 年考虑，年失效概率为 $1.1\times10^{-4}/50=2.2\times10^{-6}$，已属小概率事件，人们已不会对此产生担忧。另外，50 年后并不是结构就失效，而是结构的失效概率增加。同时，结构失效也并不表示结构就倒塌。

工程结构设计时应根据结构破坏可能产生的后果（危及人的生命、造成经济损失、对社会和环境产生影响等）的严重性采用不同的安全等级。工程结构安全等级的划分见表3-2。

工程结构的安全等级　　　　　　　　　　　　　　　表 3-2

安全等级	破坏后果
一级	很严重
二级	严重
三级	不严重

注：对重要的结构，安全等级应取为一级；对一般的结构，其安全等级宜取为二级；对次要的结构，其安全等级可取为三级。

可靠度水平的设置应根据结构构件的安全等级、失效模式和经济因素等确定。对结构的安全性和适用性可采用不同的可靠度水平。

我国《工程结构可靠性设计统一标准》对工程结构设计的可靠指标有如下规定：对于一般工程结构或构件属于延性破坏时，其可靠指标取$\beta=3.2$；属于脆性破坏时，由于破坏较为突然，没有明显的预兆，可靠概率应提高一些，可靠指标取$\beta=3.7$。对于重要的工程结构，一旦结构失效对生命财产的危害较大，还会造成很坏的社会影响，则应提高可靠指标，属于延性破坏时，可靠指标取$\beta=3.7$，属于脆性破坏时，可靠指标取$\beta=4.2$。

3.4.1.6 分项系数

可靠指标 β 的计算工作量大，直接采用可靠指标进行设计很不合适。结构设计表达式必须是简洁的、可靠的且方便使用的，同时还能反映结构的可靠概率或失效概率。我国《工程结构可靠性设计统一标准》采用分项系数代替可靠指标，使得计算表达式简单、适用，且起着与目标可靠指标等价的作用。现普遍采用由加拿大学者 N. C. Lind 用分离函数导出的分项系数。分离函数的作用是将目标可靠指标 $[\beta]$ 通过变换与多系数极限状态表达式中的分项系数（荷载系数、材料强度系数等）联系起来，即把安全系数加以分离，表示为分项系数的形式。N. C. Lind 提出的分离函数的方法（林德法）如下。

可靠指标 β 的表达式可以改写为：

$$\mu_R - \mu_S = \beta\sqrt{\sigma_R^2 + \sigma_S^2} \tag{3-6}$$

为了便于分析，将等式右边根号项分为两项，即

$$\sqrt{A^2 + B^2} \approx \alpha A + \alpha B \tag{3-7}$$

或

$$\sqrt{1 + \left(\frac{B}{A}\right)^2} \approx \alpha\left(1 + \frac{B}{A}\right) \tag{3-8}$$

α 与 $\dfrac{B}{A}$ 的关系如图 3-2 所示。

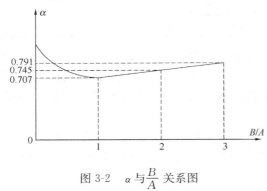

图 3-2 α 与 $\dfrac{B}{A}$ 关系图

从图中可以看出，$\dfrac{1}{3} < \dfrac{B}{A} < 3$ 时，α 的变化范围不大。如果取 $\alpha = 0.75 \pm 0.06$，其误差能满足工程结构的要求。

设荷载效应 S 和抗力 R 均为正态分布，且满足 $\dfrac{1}{3} < \dfrac{\sigma_R}{\sigma_S} < 3$ 的条件，采用 α 系数将式（3-6）的右边项分离得：

$$\mu_R - \mu_S = \beta\sqrt{\sigma_R^2 + \sigma_S^2} \approx \beta\alpha\ (\sigma_R + \sigma_S)$$
$$= \beta\alpha\sigma_R + \beta\alpha\sigma_S \tag{3-9}$$

将式中的标准差用变异系数表示，移项整理后得设计表达式：

$$\mu_R(1 - \beta\alpha V_R) \geqslant \mu_S(1 + \beta\alpha V_S) \tag{3-10}$$

如果荷载项和承载力项都采用标准值，标准值由随机变量的概率分布的某一分位数确定，则标准值和平均值可写成如下关系：

$$R_k = \mu_R(1 - \delta_R V_R) \tag{3-11}$$
$$S_k = \mu_S(1 + \delta_S V_S) \tag{3-12}$$

式中　R_k、S_k——分别为承载力标准值和荷载标准值；

　　　δ_R、δ_S——分别为与承载力和荷载有关的系数；

　　　V_R、V_S——分别表示承载力和荷载的变异系数。

将式（3-11）和式（3-12）整理后代入式（3-10），得：

$$(1 - \alpha\beta V_R)\frac{R_k}{(1 - \delta_R V_R)} \geqslant (1 + \alpha\beta V_S)\frac{S_k}{(1 + \delta_S V_S)} \tag{3-13}$$

把 β 改为 $[\beta]$，并令

$$\gamma_R = \frac{(1 - \delta_R V_R)}{(1 - \alpha [\beta] V_R)} \tag{3-14}$$

$$\gamma_S = \frac{(1 + \alpha [\beta] V_S)}{(1 + \delta_S V_S)} \tag{3-15}$$

现在定义 γ_R、γ_S 分别为承载力分项系数和荷载分项系数，从而得一般表达式

$$\gamma_S S_k \leqslant \frac{R_k}{\gamma_R} \tag{3-16}$$

可见，承载力分项系数 γ_R 和荷载分项系数 γ_S 的来源与目标可靠指标 β 有关，所以分项系数可以按照目标可靠指标 $[\beta]$ 通过反算来确定。这样，在设计表达式中就隐含了结构的失效概率，设计出来的构件已经具有某一可靠概率的保证。实用设计表达式是多系数的极限状态表达式，分项系数又都是由目标可靠指标 $[\beta]$ 值度量的，这样就可以保证一种结构的各个构件之间的可靠度水平或各种结构之间的可靠度水平基本上比较一致。

分项系数导出时还作了一些假定，运算中又采用了一些近似的处理方法，因而计算结果是近似的，所以只能称为近似概率设计方法。

具体来说，定义永久荷载的分项系数为 γ_G，根据其效应对结构不利和有利分别取 1.2（或 1.35）和 1.0，定义可变荷载的分项系数为 γ_Q，一般取 1.4。这是考虑到可变荷载的变异性比永久荷载大，因而对可变荷载的分项系数的取值要比永久荷载大一些。定义钢筋强度的分项系数为 γ_s，根据钢筋种类的不同，取值范围在 1.1~1.2。定义混凝土强度的分项系数为 γ_c 取为 1.4。见表 3-3 所示。

分项系数取值　　　　　　　　　　　　　　　　表 3-3

	分项系数取值
永久荷载分项系数 γ_G	1.20（可变荷载效应控制的组合）
	1.35（永久荷载效应控制的组合）
	1.0（当作用效应对承载力有利时）
可变荷载分项系数 γ_Q	1.4
	1.3 （当可变荷载标准值 $q \geqslant 4kN/m^2$ 的工业房屋楼面结构）
混凝土材料分项系数 γ_c	1.4
钢筋材料分项系数 γ_s	1.1（对 400MPa 级及以下的热轧钢筋）
	1.15（对 500MPa 级热轧钢筋）
	1.2（对预应力钢筋）

3.4.1.7　荷载标准值

不同的荷载其变异情况不同。对于各种荷载，根据大量的统计分析可以取具有一定保证率的上限分位值作为荷载的代表值，该代表值称为荷载标准值。

永久荷载，如构件自重标准值 G_k（下标 k 表示标准值），由于其变异性不大，一般可按构件的设计尺寸乘以材料的平均重力密度得到。当永久荷载变异性较大时，其标准值可按对结构承载力有利或不利，取所得结果的下限值或上限值。

可变荷载，如楼面活荷载、风荷载等，《工程结构可靠性设计统一标准》中规定其标准值 Q_k 应根据荷载在设计使用年限内可能出现的最大值概率分布并满足一定的保证率来确定。但是由于目前对于在设计使用年限内最大荷载的概率分布能做出估计的荷载尚不多，所以各荷载规范中规定的可变荷载标准值主要还是根据历史经验确定的。

3.4.1.8 材料强度标准值

材料强度的标准值是一种特征值，其取值原则是在符合规定质量的材料强度实测值的总体中，标准强度应具有不小于 95% 的保证率。材料的标准强度可由下式确定：

$$f_k = \mu_f - 1.645\sigma_f = \mu_f (1 - 1.645\delta_f) \tag{3-17}$$

式中　　f_k——材料强度的标准值；

　　　　μ_f——材料强度的平均值；

　　　　σ_f——材料强度的标准差；

　　　　δ_f——材料强度的变异系数。

对于钢材，热轧钢筋抗拉强度标准值用 f_{yk} 表示。我国热轧钢筋的标准强度按国家冶金标准中规定的屈服强度废品限值取用，其保证率为 97.75%。这一保证率高于《工程结构可靠性设计统一标准》规定的保证率，因而《混凝土结构设计规范》GB 50010—2010 和《公路钢筋混凝土及预应力混凝土桥涵设计规范》JTG D 62—2004 中采用国家冶金标准规定的废品限值作为钢筋强度的标准值。

对于混凝土，混凝土立方体抗压强度标准值用 $f_{cu,k}$ 表示，同样需要具有 95% 的保证率，也由式（3-6）确定。

3.4.1.9 荷载设计值

永久荷载的标准值 G_k 和可变荷载的标准值乘以各自的分项系数（γ_G，γ_Q），即为荷载设计值。例如：永久荷载的设计值 G 为：

$$G = \gamma_G G_k \tag{3-18}$$

3.4.1.10 材料强度设计值

材料强度的标准值 f_k 除以材料的分项系数（γ_s，γ_c），即为材料强度的设计值。例如，混凝土轴心抗压强度的设计值 f_c 为：

$$f_c = f_{ck}/\gamma_c = f_{ck}/1.4 \tag{3-19}$$

3.4.1.11 极限状态设计表达式

令 S_k 为荷载效应标准值，γ_S 为荷载分项系数，二者的乘积为荷载效应设计值。

$$S = \gamma_S S_k \tag{3-20}$$

同样令 R_k 为结构抗力标准值，γ_R 为结构抗力分项系数，二者之商为结构抗力设计值。

$$R = \frac{R_k}{\gamma_R} \tag{3-21}$$

此外，考虑到结构安全等级的差异，其目标可靠指标应作相应的提高或降低，故引入结构重要性系数 γ_0。得：

$$\gamma_0 S \leqslant R \tag{3-22}$$

式中　　γ_0——结构重要性系数，见表 3-4。安全等级见表 3-2。

<table>
<tr><td rowspan="3">结构重要性系数</td><td colspan="3">对持久设计状况和短暂设计状况</td><td rowspan="3">对偶然设计状况和
地震设计状况</td></tr>
<tr><td colspan="3">安全等级</td></tr>
<tr><td>一级</td><td>二级</td><td>三级</td></tr>
<tr><td>γ_0</td><td>1.1</td><td>1.0</td><td>0.9</td><td>1.0</td></tr>
</table>

房屋建筑的结构重要性系数 γ_0　　　　　　　　　　　　　　表 3-4

式（3-22）只是个简单表达式，不能作为运算使用。事实上荷载效应中的荷载有永久荷载和可变荷载，可变荷载还不止一个，而可变荷载对结构的影响也有大有小，多个可变荷载不一定同时发生，所以就要根据可变荷载出现的频率进行各种不同的组合。

3.4.1.12　承载能力极限状态设计表达式

对于承载能力极限状态，结构构件应按考虑荷载效应基本组合、偶然组合和地震组合进行设计，故有三种设计表达式。

1. 基本组合设计表达式

对持久设计状况和短暂设计状况，应采用荷载的基本组合。荷载的基本组合是指结构或构件按承载能力极限状态设计时，永久作用与可变作用的组合。《建筑结构荷载规范》GB 50009—2001 规定：对于基本组合，荷载效应组合的设计值应从由可变荷载效应控制的组合和由永久荷载效应控制的组合中取最不利值确定。

对由可变荷载效应控制的组合，其承载能力极限状态设计表达式一般形式为

$$\gamma_0 \left(\gamma_G S_{Gk} + \gamma_{Q1} S_{Q1k} + \sum_{i=2}^{n} \gamma_{Qi} \psi_{ci} S_{Qik} \right) \leqslant R \left(f_c, f_s, a_k \cdots \right) \tag{3-23}$$

对由永久荷载效应控制的组合，其承载能力极限状态设计表达式一般形式为

$$\gamma_0 \left(\gamma_G S_{Gk} + \sum_{i=1}^{n} \gamma_{Qi} \psi_{ci} S_{Qik} \right) \leqslant R \left(f_c, f_s, a_k \cdots \right) \tag{3-24}$$

式中　γ_0——结构重要性系数，按表 3-4 取值；

　　　γ_G——永久荷载分项系数，按表 3-3 取值；

γ_{Q1}，γ_{Qi}——第一个和第 i 个可变荷载分项系数，按表 3-3 取值；

　　　S_{Gk}——永久荷载标准值 G_k 的效应；

　　　S_{Qik}——第 i 个可变荷载标准值 Q_{ik} 的效应，其中 S_{Q1k} 为第一个可变荷载（主导可变荷载）标准值的效应；

　　　Q_{ik}——第 i 个可变荷载标准值；

　　　ψ_{ci}——第 i 个可变荷载的组合值系数，应按有关规定采用；

　$R( )$——结构构件的抗力函数；

f_c，f_s——混凝土、钢筋的强度设计值，按附表 2-2 和附表 2-6、附表 2-7 取值；

　　　a_k——几何参数的标准值，当几何参数的变异性对结构性能有明显影响时，可另增减一个附加值 Δa 以考虑其不利影响。

2. 偶然组合

偶然组合是指一个偶然作用与其他永久作用、可变作用的组合。这种偶然作用的特点是：发生的概率小，持续时间短，但对结构的危害大。从安全与经济考虑，当按偶然组合验算承载能力时，可靠度指标取值允许比基本组合有所降低。《建筑结构荷载规范》规定：

偶然荷载的代表值不乘分项系数；与偶然荷载同时出现的其他荷载可根据观测资料和工程经验采用适当的代表值。各种情况下荷载效应的设计公式，可由有关规范另行规定。

3. 地震组合设计表达式

对地震设计状况，应采用地震组合。地震组合的效应设计值，宜根据重现期为 475 年的地震作用（基本烈度）确定，其设计表达式按现行国家标准《建筑抗震设计规范》GB 50011—2010 的规定取用。

3.4.1.13 正常使用极限状态设计表达式

当结构和构件达到正常使用极限状态时，危害程度不及承载力引起的结构破坏造成的损失那么大，所以《工程结构可靠性设计统一标准》适当降低了对正常使用极限状态的可靠度要求，设计计算时取荷载标准值，不需乘分项系数，也不考虑结构重要性系数。

根据实际设计的需要，常需进行荷载在短期作用和荷载的长期作用下构件的变形大小和裂缝宽度计算。可变荷载的最大值并非长期作用在结构上，所以应按其在设计基准期（为确定可变作用等的取值而选用的时间参数。房屋建筑结构的设计基准期为 50 年；铁路桥涵结构的设计基准期为 100 年）内作用时间的长短和可变荷载超越总时间或超越次数，对其标准值进行折减。《工程结构可靠性设计统一标准》采用一个小于 1 的准永久值系数和频遇值系数来考虑这种折减。荷载的准永久值系数是根据在设计基准期内荷载达到和超过该值的总持续时间与设计基准期内总持续时间的比值而确定的。可变荷载的准永久值系数乘以可变荷载标准值所得乘积称为荷载的准永久值。可变荷载的频遇值系数乘以可变荷载标准值所得的乘积称为荷载的频遇值。

这样，可变荷载就有四种代表值，即标准值、组合值、准永久值和频遇值。其中标准值称为基本代表值，其他代表值可由基本代表值乘以相应的系数得到。各类可变荷载和相应的组合值系数、准永久值系数、频遇值系数可在《建筑结构荷载规范》中查到。由此可以构成三种组合：标准组合、频遇组合和荷载的准永久组合。荷载的标准组合，主要用于当一个极限状态被超越时将产生严重的永久性损害的情况；荷载的频遇组合，主要用于当一个极限状态被超越时将产生局部损害、较大变形或短暂振动的情况；荷载的准永久组合，主要用于当长期效应是决定性因素的情况。

下面是正常使用极限状态的三种荷载组合表达式：

1. 标准组合

$$S_{Gk} + S_{Q1k} + \sum_{i=2}^{n} \psi_{ci} S_{Qik} \tag{3-25}$$

式中，永久荷载及第一个可变荷载采用标准值，其他可变荷载均采用组合值。ψ_{ci} 为可变荷载的组合值系数。

2. 频遇组合

$$S_{Gk} + \psi_{f1} S_{Q1k} + \sum_{i=2}^{n} \psi_{qi} S_{Qik} \tag{3-26}$$

式中，ψ_{f1} 为可变荷载 Q_1 的频遇值系数；ψ_{qi} 为可变荷载 Q_i 准永久值系数。

3. 准永久组合

$$S_{Gk} + \sum_{i=1}^{n} \psi_{qi} S_{Qik} \tag{3-27}$$

3.4.2 容许应力设计方法

容许应力法是以弹性理论作为基础，认为截面上的应力分布是线性的。按容许应力法计算钢筋混凝土构件就是将钢筋混凝土材料视为理想的匀质弹性体，应用材料力学中弹性理论的计算公式求出构件截面的最大应力，并使其小于某一考虑了安全储备后的容许应力值。若以通式表示，即为

$$\sigma_{\max} \leqslant [\sigma] = \frac{R^{b}}{K} \tag{3-28}$$

式中 $\sigma_{\max}$——构件截面上的最大计算应力；

       $[\sigma]$——材料的容许应力；

       R^{b}——材料的标准强度；

       K——安全系数。

按容许应力法计算的假定，只有当荷载较小时才是正确的，当构件接近破坏时不能采用容许应力法进行分析计算。对于往复荷载作用下混凝土构件的疲劳破坏，研究结果表明：保持混凝土和钢材的低应力状态在应付疲劳破坏方面比较有效。而铁路桥涵以往复荷载作用为主，故使材料宜处于低应力状态，所以我国的《铁路桥涵钢筋混凝土和预应力混凝土结构设计规范》TB 10002.3—2005 仍然采用容许应力法。

容许应力法概念清晰、使用方便，特别是在钢筋混凝土构件的施工、运输和安装等施工阶段以及预应力混凝土构件的使用阶段等，仍需按容许应力法进行截面应力验算。但容许应力法应用于钢筋混凝土结构也有其明显的缺陷：钢筋混凝土结构的受力性能不是弹性的；当截面上的任一点达到容许应力，结构即认为失效；没有考虑结构功能的多样性要求；安全系数 K 的确定仅凭经验，缺乏科学依据。

《工程结构可靠性设计统一标准》中规定：铁路桥涵结构的安全等级为一级；铁路桥涵结构的设计基准期为 100 年；铁路桥涵结构的设计使用年限为 100 年。

思 考 题

1. 结构的主要功能有哪些？
2. 什么是结构的极限状态？极限状态可分为哪两类？
3. 什么是结构的可靠性？什么是结构的可靠度？
4. 荷载有哪些代表值？在结构设计中应如何应用这些代表值？
5. 什么是结构的设计使用年限？应如何确定？它和设计基准期有何不同？

第4章 受弯构件的正截面承载力

受弯构件在土木工程中有着广泛的应用。梁是典型的受弯构件，另外楼板、桥面板、挡土墙等也是以受弯为主的结构构件。

设想你是一名土木工程师，当遇到图 4-1 所示的梁时你该如何设计它——选用什么材料？采用什么样的截面形式？梁中应配多少受拉钢筋才能抵抗外荷载的作用？如何计算钢筋用量等问题摆在了你的面前。

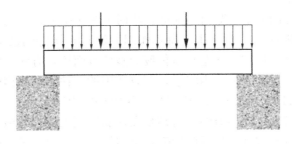

图 4-1 受弯构件——梁

4.1 受弯构件的截面形式和配筋构造

钢筋混凝土受弯构件以梁和板最为典型。常见梁的截面形式有矩形、T形、箱形、倒L形、工字形等。常见的板有现浇矩形截面板、预制空心板、预制槽形板等。见图 4-2。

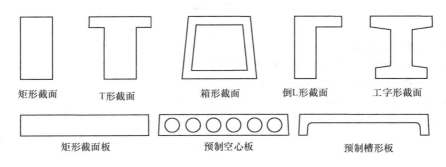

矩形截面　　T形截面　　　箱形截面　　倒L形截面　　工字形截面

矩形截面板　　　　预制空心板　　　　预制槽形板

图 4-2 常见的梁和板的截面形式

图 4-3 所示为一根钢筋混凝土梁，在两个对称的位置作用集中荷载时，梁的弯矩图和剪力图，由图可见，梁在两个集中荷载之间只承受弯矩，而在梁的两端既有弯矩作用又有剪力作用。在此弯矩的作用下，梁在中性轴以下的截面是受拉的，则在此区域内需配置可以抗拉的钢筋（纵筋）。而在梁的弯剪段（即弯剪共同作用的区段），为了抵抗弯矩产生的拉力和剪力，要同时配置抗拉钢筋和抗剪箍筋。为了固定

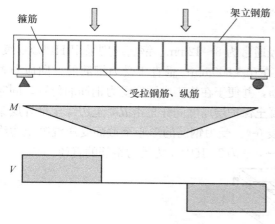

图 4-3　梁的受力和配筋

箍筋的位置还要配置架立钢筋。纵筋、箍筋、架立钢筋一起绑扎或焊接成钢筋笼。施工时，支好模板、绑扎钢筋、浇筑混凝土、振捣养护后，钢筋混凝土梁就制成了。与梁相比，一般的钢筋混凝土板的厚度较小，截面宽度较大，一般总是发生弯曲破坏，很少发生剪切破坏。因此在钢筋混凝土板中仅配有纵向受力钢筋和固定受力钢筋的分布钢筋。见图 4-4。

为了便于施工，保证钢筋和混凝土之间的粘结牢靠，确保混凝土可以有效地保护钢筋，充分发挥混凝土中钢筋的作用，钢筋混凝土受弯构件的截面尺寸和构件中的配筋均应满足一定的构造要求。

图 4-4　板的配筋

1. 梁的构造要求

为保证耐久性、防火性以及钢筋与混凝土的粘结性能，钢筋的混凝土保护层厚度（混凝土边缘至最外层钢筋表面的距离）不小于附表 6-4 的要求；为使得混凝土中的粗骨料能顺利通过钢筋笼，保证混凝土浇捣密实，保证混凝土能握裹住钢筋以提供足够的粘结，梁底部钢筋的净距不小于 25mm 及钢筋直径 d，梁上部钢筋的净距不小于 30mm 及 $1.5d$；梁腹部高度 $h_w \geqslant 450$mm 时，要求在梁两侧沿高度每隔 200mm 设置一根纵向构造钢筋（也称腰筋），以减小梁腹部的裂缝宽度，钢筋直径 $d \geqslant 10$mm；受力钢筋的形心至截面受压混凝土边缘的距离称为截面有效高度 $h_0 = h - a_s$，见图 4-5 所示；梁上部无受压钢筋时，需配置 2 根架立钢筋，以便与箍筋和梁底部纵筋形成钢筋骨架，钢筋直径一般不小于

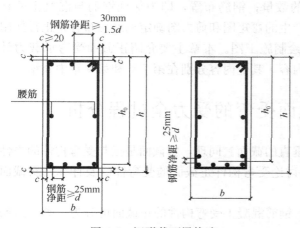

图 4-5　矩形截面梁构造

12mm；梁底部纵向受力钢筋一般不少于 2 根，钢筋直径常用 10～32mm，桥梁中一般为 14～40mm；梁的高宽比，为统一模板尺寸、便于施工，梁的宽度 b 通常采用 150mm、180mm、200mm、220mm、250mm、300mm、350mm，其后按 50mm 的模数（最小的增量单位）递增。梁的高度 h 通常采用 250mm、300mm、350mm、……、700mm、750mm、800mm、900mm，其后按 100mm 的模数递增。梁高和梁宽（T 形截面梁为肋宽）之比 h/b，对矩

形截面梁取 2~3.5，对 T 形截面梁取 2.5~4。

2. 板的构造要求

实心板的厚度以 10mm 为模数。钢筋直径通常为 8~12mm，钢筋级别采用 HPB300 级、HRB335 级、HRB400 级；受力钢筋间距一般在 70~200mm；垂直于受力钢筋的方向应布置分布钢筋，以便将荷载均匀地传递给受力钢筋，并便于在施工中固定受力钢筋的位置，同时也可抵抗温度和收缩等产生的应力。板的混凝土保护层厚度同样是指混凝土边缘至最外层钢筋表面的距离 c（见图 4-6 所示），c 不小于附表 6-4。受力钢筋的形心至截面受压混凝土边缘的距离称为截面的有效高度，取值为 $h_0 = h - c - d/2$，其中 d 为受力钢筋的直径。

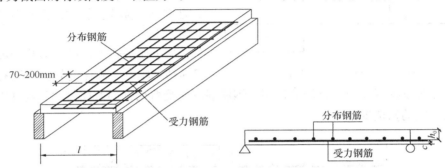

图 4-6　实心板构造

3. 配筋率

钢筋混凝土构件是由钢筋和混凝土两种材料构成，随着它们配比的变化，将对其受力性能和破坏形态有很大影响。用截面上受拉钢筋的总面积 A_s 和混凝土截面的有效面积 bh_0 的比值来表示，称为配筋率，即：

$$\rho = \frac{A_s}{bh_0}$$

式中　　h_0——截面有效高度。

钢筋混凝土受弯构件的设计内容通常包括：正截面受弯承载力计算，即按已知截面弯矩设计值 M，计算确定截面尺寸和纵向受力钢筋；斜截面受剪承载力计算，即按截面的剪力设计值 V，计算确定箍筋和弯起钢筋的数量；钢筋布置，即为保证钢筋与混凝土的粘结，并使钢筋充分发挥作用，根据荷载产生的弯矩图和剪力图确定钢筋的布置；正常使用阶段的裂缝宽度和挠度变形验算；最后绘制施工图。本章主要介绍正截面受弯承载力计算，但也涉及钢筋布置、绘制施工图等内容。其他内容分别在第 7 章和第 9 章中介绍。

4.2　受弯构件正截面受弯的受力全过程分析

正截面是指与受弯构件的中性轴相垂直的截面。同理，斜截面是指与受弯构件的中性轴夹角在 0°~90° 范围内的截面。本章只讨论受弯构件正截面的受弯性能及计算，斜截面的研究内容在第 7 章中介绍。

根据纵向受力钢筋配筋率 ρ 的大小，钢筋混凝土受弯构件的正截面可分为三类：适筋截面、超筋截面和少筋截面。

4.2.1 适筋梁正截面受弯的三个工作阶段

适筋梁即为配筋合适的梁。由于钢筋和混凝土材料力学性能的差异，使得钢筋混凝土受弯构件与材料力学中介绍的由均质、单一材料组成的受弯构件有着明显的区别。

图 4-7 所示为一典型的钢筋混凝土单筋矩形截面适筋简支梁正截面受弯实验装置简图。外加荷载通过荷载分配梁集中加在梁的三分点处。由该荷载作用下的梁的内力图可知，梁的中部只受弯矩不受剪力，中部为纯弯段。根据纯弯段内混凝土的开裂和破坏情况可研究梁正截面受弯时的破坏机理。在梁的中部沿着梁的截面高度布置大标距的应变仪，根据测得的应变可以研究弯矩作用下梁截面上的应变分布。在梁的跨中底部布置位移计以测试整个受力过程中梁的挠度。

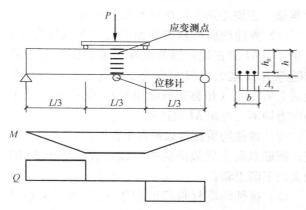

图 4-7　钢筋混凝土简支梁试验装置示意图

此适筋梁正截面的受弯破坏过程分为三个阶段：

第 I 阶段：混凝土未裂阶段。从开始加载到受拉区混凝土开裂前，整个截面都参加工作，所以也称为全截面工作阶段。此阶段由于荷载较小，混凝土处于弹性阶段，截面应变分布符合平截面假定，故截面应力变化呈三角形分布，见图 4-8（a），这时梁的工作情况与均质弹性梁相似。当荷载增大到使得受拉区混凝土的最大拉应力达到甚至超过混凝土的抗拉强度 f_t，且最大的混凝土拉应变接近混凝土的极限拉应变 ε_{tu} 时，截面处于即将开裂状态，称为第 I 阶段末，用 I_a 表示，见图 4-8（b）。因处在将裂未裂状态，所以此时梁所承担的弯矩 M_{cr} 称为开裂弯矩。

第 II 阶段：混凝土带裂缝工作阶段。即混凝土开裂后至钢筋屈服的阶段。当截面上的弯矩超过开裂弯矩 M_{cr} 后，拉应变最大处会出现第一条裂缝，梁进入带裂缝工作阶段。混凝土一开裂，就把原先由它承担的那部分拉力传给了钢筋，使钢筋应力突然增大很多，裂缝会很快就有了一定宽度，并延伸到一定的高度，而梁的挠度和截面曲率都会突然增大。

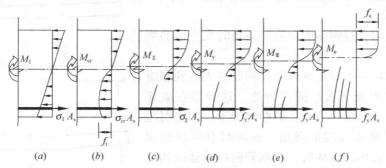

(a)　　　(b)　　　(c)　　　(d)　　　(e)　　　(f)

图 4-8　适筋梁工作的三个阶段

（a）I；（b）I_a；（c）II；（d）II_a；（e）III；（f）III_a

（应力箭头指向截面表示受压，应力箭头背离截面表示受拉）

裂缝截面处的中性轴位置也随之上移，见图 4-8（c），在中性轴以下和裂缝顶端之间的混凝土仍可承受一小部分拉力，但受拉区的拉力主要由钢筋承担。随着弯矩的逐渐增大，压区混凝土中压应力也由线性分布转为非线性分布。当受拉钢筋屈服时，标志着第Ⅱ阶段的结束，称为第二阶段末，用Ⅱ。表示，见图 4-8（d），此时梁承受的弯矩 M_y 称为屈服弯矩。

第Ⅲ阶段：破坏阶段。钢筋屈服后，在很小的荷载增量下，梁会产生很大的变形。裂缝的高度和宽度进一步发展，中性轴不断上移，见图 4-8（e）。而钢筋进入屈服后可以经历一个比较长的塑性变形过程，所以此阶段钢筋的应力基本没有变化。当受压区混凝土的最大压应变达到混凝土的极限压应变 ε_{cu} 时，压区混凝土压碎，梁正截面受弯破坏，称为第三阶段末，用Ⅲ。表示，见图 4-8（f），此时梁承担的弯矩 M_u 称为破坏弯矩。

图 4-9 是根据实验绘制的弯矩-截面曲率关系曲线，从图中可以清晰的区分三个工作阶段，其受力特点明显不同于弹性均质材料梁。主要差别表现在以下几个方面：

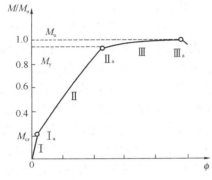

图 4-9 弯矩-截面曲率关系曲线

（1）弹性均质材料梁截面的应力为线性分布，且与弯矩 M 成正比；钢筋混凝土梁截面的应力分布随弯矩 M 增大不仅表现为非线性分布，而且有性质上的变化（开裂和钢筋屈服），钢筋和混凝土的应力均不与弯矩 M 成正比；

（2）弹性均质材料梁截面中性轴的位置始终不变；钢筋混凝土梁截面的中性轴位置随弯矩 M 的增大而不断上移；

（3）弹性均质材料梁的弯矩-截面曲率关系呈直线，即截面刚度为常数；钢筋混凝土梁的弯矩-截面曲率关系不是直线，即截面刚度随弯矩 M 的增大而不断减小；

（4）钢筋混凝土梁在大部分的工作阶段都是带裂缝工作的，因此，裂缝问题对钢筋混凝土构件的影响会非常大。而弹性均质材料梁无此问题存在。

4.2.2 正截面受弯的三种破坏形态

根据纵向受力钢筋配筋率 ρ 的大小，正截面破坏形态分为适筋截面破坏、超筋截面破坏和少筋截面破坏。见图 4-10 的示意。

1. 适筋梁破坏

当截面纵向受拉钢筋的配筋率适当时发生适筋梁破坏。

适筋梁破坏的特点是纵向受拉钢筋首先达到屈服强度，最后以混凝土被压碎而告终。这种梁在破坏前，由于钢筋要经历一段较长的塑性变形，随之引起裂缝的急剧开展和挠度的激增，破坏时有明显的预兆，属于塑性破坏。破坏时受拉钢筋的抗拉强度和混凝土的抗压强度都得到充分的发挥。

2. 超筋梁破坏

当截面纵向受拉钢筋的配筋率过大时发生超筋梁

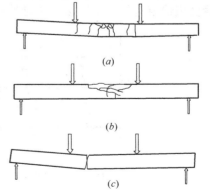

图 4-10 受弯构件正截面的破坏形态
（a）适筋梁破坏；（b）超筋梁破坏；
（c）少筋梁破坏

破坏。

　　超筋梁破坏的特点是受压区混凝土首先被压碎，破坏时纵向受拉钢筋没有屈服。这种梁在破坏前受拉钢筋仍处于弹性工作阶段，受拉区裂缝开展不宽，梁的挠度不大，破坏时没有明显的预兆，属于脆性破坏。而且由于钢筋配置过多，造成浪费，因此设计中应该避免。

　　超筋梁正截面的受弯承载力取决于混凝土的抗压强度。

　　3. 少筋梁的破坏

　　当截面纵向受拉钢筋的配筋率过小时发生少筋梁破坏。

　　少筋梁破坏的特点是受拉区混凝土达到其抗拉强度出现裂缝后，裂缝截面的混凝土就退出工作，拉力全部转移给受拉钢筋，由于钢筋配置过少，受拉钢筋会立即屈服，并很快进入强化阶段，甚至拉断。梁的变形和裂缝宽度急剧增大，其破坏性质和素混凝土梁类似，属于脆性破坏，承载力很低，破坏时受压区混凝土的抗压强度没有得到充分发挥，因此设计中应该避免。

　　少筋梁正截面的受弯承载力取决于混凝土的抗拉强度。

　　在超筋破坏和适筋破坏之间存在着一种界限破坏（或称平衡破坏）。其破坏特征是纵向受拉钢筋屈服的同时混凝土被压碎。发生界限破坏的受弯构件纵向受力钢筋的配筋率称为界限配筋率（或平衡配筋率），用 ρ_b 表示。ρ_b 是区分适筋破坏和超筋破坏的定量指标，也是适筋构件的最大配筋率。

　　同样，在少筋破坏和适筋破坏之间也存在着一种"界限"破坏。其特征是构件的屈服弯矩和开裂弯矩相等。这种构件的配筋率实际上是适筋梁的最小配筋率，用 ρ_{min} 表示。ρ_{min} 是区分适筋破坏和少筋破坏的定量指标。

　　图 4-11 为不同配筋率的钢筋混凝土梁的弯矩-曲率关系曲线。从图中可以看出，少筋梁的承载能力和变形能力都很差，超筋梁虽有较高的承载能力但其变形能力很差，二者均不是良好的结构构件；

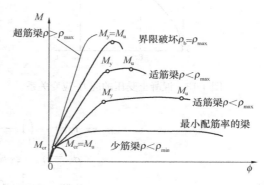

图 4-11　钢筋混凝土梁不同配筋率
时的弯矩-曲率关系曲线

适筋梁即具有较高的承载力又具有很好的变形能力，是良好的结构构件。在适筋梁和平衡配筋梁之间，随着承载力的提高，变形能力却在下降；而在适筋梁和以最小配筋率配筋的梁之间，随着变形能力的提高，承载力却在下降。

4.3　正截面受弯承载力计算原理

4.3.1　基本假定

　　根据前述钢筋混凝土受弯构件正截面受弯的受力全过程分析，正截面受弯承载力的计算可采用以下基本假定：

　　1. 截面应变保持平面，即平截面假定

图 4-12 截面应变分布

也就是截面在变形之后虽有转动但仍然是平面。见图 4-12。这一假定是材料力学针对均质材料梁弯曲理论的基础。但钢筋混凝土的实验研究表明，在截面出现裂缝以后，直至受拉钢筋达到屈服强度，在跨过几条裂缝的标距内量测平均应变，其应变分布基本上符合平截面假定。平截面假定是简化计算的一种手段，根据这个假定，可以方便地建立截面的几何关系。

2. 不考虑混凝土的抗拉强度

截面受拉区的拉力全部由纵向受拉钢筋承担，这是因为大部分受拉区混凝土开裂后退出工作，离中性轴较近的混凝土所承担的拉力很小，同时作用点又靠近中性轴，产生的弯矩值则很小。

3. 混凝土受压应力-应变关系

混凝土受压应力-应变关系采用抛物线上升段和直线水平段的形式，如图 4-13 所示，关系式如下：

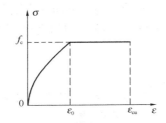

图 4-13　混凝土受压的应力-应变关系　　图 4-14　钢筋受拉的应力-应变关系

$$\sigma_c = f_c \left[1 - \left(1 - \frac{\varepsilon}{\varepsilon_0} \right)^n \right] \quad \varepsilon \leqslant \varepsilon_0 \tag{4-1}$$

$$\sigma_c = f_c \quad \varepsilon_0 \leqslant \varepsilon \leqslant \varepsilon_{cu} \tag{4-2}$$

其中

$$n = 2 - \frac{1}{60}(f_{cu,k} - 50) \tag{4-3}$$

$$\varepsilon_0 = 0.002 + 0.5(f_{cu,k} - 50) \times 10^{-5} \tag{4-4}$$

$$\varepsilon_{cu} = 0.0033 - (f_{cu,k} - 50) \times 10^{-5} \tag{4-5}$$

式中　　σ_c ——压应变为 ε_c 时的混凝土压应力；

　　　　f_c ——混凝土轴心抗压强度；

　　　　ε_0 ——压应力达到 f_c 时混凝土的压应变，当计算的 ε_0 值小于 0.002 时，取为 0.002；

　　　　ε_{cu} ——混凝土极限压应变，当计算的 ε_{cu} 值大于 0.0033 时，取为 0.0033；

　　　　$f_{cu,k}$ ——混凝土立方体抗压强度标准值；

　　　　n ——系数，当计算的 n 值大于 2 时，取为 2。

4. 钢筋受拉应力-应变关系；

钢筋采用理想弹性和理想塑性的双直线，如图 4-14 所示，受拉钢筋的极限拉应变取 0.01，表达式如下：

$$\sigma = E_s \varepsilon \qquad \varepsilon \leqslant \varepsilon_y \tag{4-6}$$

$$\sigma = f_y \qquad \varepsilon > \varepsilon_y \tag{4-7}$$

4.3.2 压区混凝土等效矩形应力图形

对于承载能力极限状态，主要是确保安全。因此，在实际应用中，我们关心的是构件的极限承载力，也就是在第 4.2.1 节中讨论的受力全过程的第三阶段末（III_a）时，构件正截面所能承受的最大弯矩 M_u。

图 4-15（a）是受弯破坏时截面的真实应力分布情况，根据 4.3.1 中的基本假定，可以

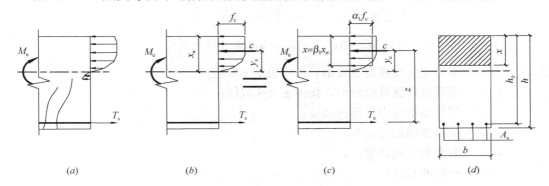

图 4-15　截面极限状态及计算图示

得到截面的理论应力分布图形（图 4-15b），由于我们只计算截面的抗弯承载力，所以只需知道混凝土受压区的合力大小 C 及其作用点的位置 y_c，至于受压区的应力是如何分布的不必详尽考虑。将受压区混凝土的理论应力分布等效成矩形，等效的原则是：两个应力图形的合力 C 相等，合力的作用点 y_c 不变。如图 4-15（c）所示，设等效后混凝土的压应力为 $\alpha_1 f_c$，等效矩形应力图形的高度为 $\beta_1 x_n$，结合图 4-15（d）的截面形状和尺寸，可以得到合力大小的表达式：

$$C = \alpha_1 f_c b x \tag{4-8}$$

其中

$$x = \beta_1 x_n \tag{4-9}$$

可见，等效矩形应力图与理论应力图的关系由 α_1 和 β_1 两个系数联系，而这两个系数也仅与混凝土应力-应变曲线有关，称为等效矩形应力图系数。按照基本假定中的应力应变关系式计算，取等效矩形应力图系数见表 4-1。

等效矩形应力图系数　　　　表 4-1

	$\leqslant$C50	C55	C60	C65	C70	C75	C80
α_1	1.0	0.99	0.98	0.97	0.96	0.95	0.94
β_1	0.8	0.79	0.78	0.77	0.76	0.75	0.74

由表 4-1 可见，当混凝土的强度等级不大于 C50 时，α_1 和 β_1 为定值，分别为 1.0 和 0.8；当混凝土强度等级大于 C50 时，α_1 和 β_1 随强度等级的提高逐渐减小。受弯构件的混凝土强度等级一般不大于 C50，所以计算公式中可取 $\alpha_1 = 1.0$，$\beta_1 = 0.8$。

4.3.3 受弯构件正截面承载力计算公式

采用等效矩形应力图形，根据混凝土合力与钢筋合力的平衡，以及力矩平衡的原则，

受弯构件正截面承载力的计算可按下列平衡方程来实现：

$$\begin{cases} \sum N = 0, & C = T_{s} \\ \sum M = 0, & M_{u} = C \cdot z = T_{s} \cdot z \end{cases} \tag{4-10}$$

式中　C——受压区混凝土的合力；

　　　T_{s}——受拉钢筋的合力；

　　　M_{u}——正截面受弯的极限承载力；

　　　z——内力偶臂。

对于适筋截面，破坏时钢筋先屈服，最后混凝土才被压碎，式（4-10）可以变换为：

$$\begin{cases} \sum N = 0, & \alpha_{1} f_{c} bx = f_{y} A_{s} \\ \sum M = 0, & M_{u} = \alpha_{1} f_{c} bx \left(h_{0} - \dfrac{x}{2} \right) \end{cases} \tag{4-11}$$

式中　f_{c}——混凝土抗压强度设计值，按附表 2-2 取值；

　　　f_{y}——钢筋抗拉强度设计值，按附表 2-6 取值；

　　　x——等效矩形应力图形的高度；

　　　A_{s}——受拉钢筋的总面积；

　　　h_{0}——截面的有效高度；

　　　b——截面的宽度；

　　　α_{1}——等效矩形应力图系数，按表 4-1 取值。

4.3.4　界限相对受压区高度

令
$$\xi = \frac{x}{h_{0}} \tag{4-12}$$

ξ 称为相对受压区高度，将式（4-11）的第一式代入式（4-12）进行整理，得：

$$\xi = \frac{A_{s}}{bh_{0}} \cdot \frac{f_{y}}{\alpha_{1} f_{c}} = \rho \frac{f_{y}}{\alpha_{1} f_{c}} \tag{4-13}$$

从式（4-13）可以看出，相对受压区高度 ξ 不仅反映了钢筋与混凝土的面积比（配筋率 $\rho = \dfrac{A_{s}}{bh_{0}}$），也反映了钢筋与混凝土的材料强度比，是反映构件中两种材料配比本质的参数。

令界限破坏时，截面上的中性轴位置是 x_{nb}，根据界限破坏时截面的应变分布情况（图 4-16），得：

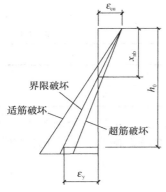

$$\frac{x_{nb}}{h_{0}} = \frac{\varepsilon_{cu}}{\varepsilon_{cu} + \varepsilon_{y}} \tag{4-14}$$

所以，
$$x_{nb} = \frac{\varepsilon_{cu}}{\varepsilon_{cu} + \varepsilon_{y}} h_{0} \tag{4-15}$$

令界限破坏时等效受压区高度为 x_{b}（亦称为界限受压区高度），截面的界限相对受压区高度为 ξ_{b}。将式（4-15）代入得：

$$\xi_{b} = \frac{x_{b}}{h_{0}} = \frac{\beta_{1} x_{nb}}{h_{0}} = \frac{\beta_{1} \varepsilon_{cu}}{\varepsilon_{cu} + \varepsilon_{y}} = \frac{\beta_{1}}{1 + \dfrac{\varepsilon_{y}}{\varepsilon_{cu}}} = \frac{\beta_{1}}{1 + \dfrac{f_{y}}{E_{s} \varepsilon_{cu}}} \tag{4-16}$$

图 4-16　界限破坏
时截面的应变情况

当混凝土强度等级不大于 C50 时，

$$\xi_b = \frac{0.8}{1 + \frac{f_y}{0.0033E_s}}$$ (4-17)

由图 4-16 可以看出，根据受压区相对高度和界限受压区相对高度的比较可以判断出受弯构件的类型。

当 $\xi < \xi_b$ 时，为适筋构件；

当 $\xi > \xi_b$ 时，为超筋构件；

当 $\xi = \xi_b$ 时，为界限配筋构件。

界限相对受压区高度 ξ_b 是一个和截面形状和尺寸无关的量，只与材料特性有关。表 4-2 列出了界限相对受压区高度 ξ_b 的数值。

界限相对受压区高度 ξ_b　　　　　　　　　　　　　　　表 4-2

钢筋级别	≤C50	C60	C70	C80
HPB300 钢筋	0.576	0.556	0.537	0.518
HRB335 钢筋	0.550	0.531	0.512	0.493
HRB400 钢筋 HRBF400 钢筋 RRB400 钢筋	0.518	0.499	0.481	0.463
HRB500 钢筋 HRBF500 钢筋	0.482	0.464	0.447	0.429

界限破坏时的配筋率 ρ_b，即适筋梁配筋率的上限，称为适筋梁的最大配筋率，可由式 (4-13) 取 $\xi = \xi_b$ 得：

$$\rho_b = \rho_{max} = \xi_b \frac{\alpha_1 f_c}{f_y}$$ (4-18)

由此可见，适筋梁的判别条件为：

$$\xi \leqslant \xi_b$$ (4-19)

或
$$\rho \leqslant \rho_{max} = \xi_b \frac{\alpha_1 f_c}{f_y}$$ (4-20)

4.3.5 最小配筋率

最小配筋率是适筋梁与少筋梁的界限。为防止少筋破坏，应规定构件中的最小配筋率。由 4.2.2 节正截面受弯的破坏形态可知，由于受拉钢筋配置过少，所以导致截面一开裂就破坏，构件的开裂弯矩和相同材料、相同截面的素混凝土受弯构件正截面的开裂弯矩相等。矩形截面素混凝土梁的开裂弯矩可按图 4-17 所示截面应力的分布情况计算，受拉区混凝土的应力分布可简化为矩形，由于在将裂未裂状态，中性轴的高度可取 $h/2$，得：

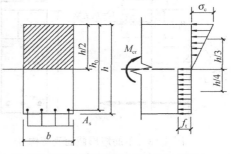

图 4-17　开裂时截面的应力分布

53

$$M_{cr} = f_t b \frac{h}{2} \left(\frac{h}{4} + \frac{h}{3} \right) = \frac{7}{24} f_t b h^2 \qquad (4\text{-}21)$$

因为少筋破坏的特点，即一裂即坏，开裂后混凝土受拉区完全退出工作，而钢筋也进入屈服，近似取 $h \approx 1.05 h_0$，极限弯矩 M_u 可表示为：

$$M_u = f_y A_s \left(h_0 - \frac{x_n}{3} \right) \approx f_y A_s \cdot 0.825 h_0 \qquad (4\text{-}22)$$

令：$M_{cr} = M_u$，可求得最小配筋率

$$\rho_{min} = 0.39 \frac{f_t}{f_y} \qquad (4\text{-}23)$$

在《混凝土结构设计规范》中为了保证开裂后，钢筋不会立即拉断，对最小配筋率的数值略作放大得：

$$\rho_{min} = 0.45 \frac{f_t}{f_y} \qquad (4\text{-}24)$$

为防止少筋破坏，截面配筋率应满足：

$$\rho \geqslant \rho_{min} \qquad (4\text{-}25)$$

注意，在验算构件的配筋率是否大于最小配筋率时，由于裂缝出现前为全截面受力，所以应采用下列最小配筋率的计算公式：

$$\rho_t = \frac{A_s}{bh} \geqslant \rho_{min} \qquad (4\text{-}26)$$

4.4 单筋矩形截面受弯构件
正截面受弯承载力计算

对于仅在受拉区配置了钢筋的截面称为单筋配筋截面，本节仅讨论截面为矩形的受弯构件正截面承载力计算。

4.4.1 基本计算公式及适用条件

按照等效矩形应力图，如图 4-18，建立基本计算公式：

$$\begin{cases} \alpha_1 f_c b x = f_y A_s & (4\text{-}27) \\ M \leqslant M_u = \alpha_1 f_c b x \left(h_0 - \frac{x}{2} \right) = f_y A_s \left(h_0 - \frac{x}{2} \right) & (4\text{-}28) \end{cases}$$

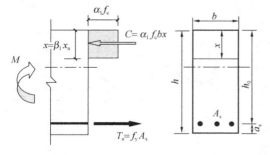

图 4-18 单筋矩形截面受弯构件
正截面受弯承载力计算等效应力图

为防止出现超筋梁，应满足下式：

$$\xi \leqslant \xi_b$$

或

$$\rho \leqslant \rho_{max}$$

为防止出现少筋梁，应满足最小配筋率的要求，即：

$$\rho \geqslant \rho_{min}$$

4.4.2 设计计算应用

4.4.2.1 对已有构件正截面承载力的验算

这类问题一般是已知截面尺寸（b，h，h_0）、配筋（A_s）和材料强度（f_c，f_t，f_y），验算截面所能承担的弯矩 M_u。可按下列步骤进行分析计算：

（1）计算配筋率：$\rho = \dfrac{A_s}{bh_0}$；$\rho_t = \dfrac{A_s}{bh}$；

（2）若 $\rho_t < \rho_{min}$，按式（4-21）进行计算，此时 $M_u = M_{cr}$；

（3）若 $\rho_{min}\dfrac{h}{h_0} \leqslant \rho \leqslant \rho_b$，按基本计算公式求 M_u：先由式（4-27）求出 x，再由式（4-28）求出 M_u；

（4）若 $\rho > \rho_b$，因为截面超筋，受弯承载力 M_u 仅按 $x = \xi_b h_0$ 带入式（4-28）计算得到。

【例 4-1】 钢筋混凝土矩形截面梁，$b \times h = 250\text{mm} \times 650\text{mm}$，纵向受力钢筋混凝土保护层厚度 $c_s = 30\text{mm}$，混凝土采用 C30，钢筋采用 HRB335，强度指标分别为：$f_c = 14.3\text{N/mm}^2$，$f_t = 1.43\text{N/mm}^2$，$f_y = 300\text{N/mm}^2$，求当纵向受力钢筋分别为 2 Φ 14，2 Φ 20，4 Φ 20，8 Φ 25 时，截面的抗弯承载力。

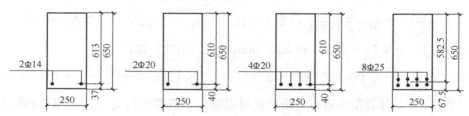

图 4-19　[例 4-1]题图

【解】 先计算各种参数：

$$\rho_{min} = 0.45\frac{f_t}{f_y} = 0.45 \times \frac{1.43}{300} = 2.145 \times 10^{-3} > 0.2\%$$

查表 4-1 知 $\alpha_1 = 1.0$，查表 4-2 知 $\xi_b = 0.55$

$$\rho_b = \xi_b\frac{\alpha_1 f_c}{f_y} = 0.55 \times \frac{1 \times 14.3}{300} = 2.62 \times 10^{-2}$$

（1）当纵筋为 2 Φ 14 时，$A_s = 308\text{mm}^2$，$h_0 = 650 - 30 - 14/2 = 613\text{mm}$

$$\rho_t = \frac{A_s}{bh} = \frac{308}{250 \times 650} = 1.9 \times 10^{-3} < \rho_{min} = 2.145 \times 10^{-3}$$ 为少筋截面，

此时 $M_u = M_{cr} = \dfrac{7}{24}f_t bh^2 = \dfrac{7}{24} \times 1.43 \times 250 \times 650^2 = 44\text{kN} \cdot \text{m}$

（2）当纵筋为 2 Φ 20 时，$A_s = 628\text{mm}^2$，$h_0 = 650 - 30 - 20/2 = 610\text{mm}$

$$\rho = \frac{A_s}{bh_0} = \frac{628}{250 \times 610} = 4.12 \times 10^{-3} < \rho_b = 2.62 \times 10^{-2}$$

$$\rho_t = \frac{A_s}{bh} = \frac{628}{250 \times 650} = 3.86 \times 10^{-3} > \rho_{min} = 2.145 \times 10^{-3}$$，为适筋截面，

由式（4-27）得：

$$x = \frac{f_y A_s}{\alpha_1 f_c b} = \frac{300 \times 628}{1 \times 14.3 \times 250} = 52.7 \text{mm}$$

由式（4-28）得：

$$M_u = f_y A_s \left(h_0 - \frac{x}{2} \right) = 300 \times 628 \times \left(610 - \frac{52.7}{2} \right) = 110 \text{kN} \cdot \text{m}$$

（3）当纵筋为 4 Φ 20 时，$A_s = 1256 \text{mm}^2$，$h_0 = 650 - 30 - 20/2 = 610 \text{mm}$

$$\rho = \frac{A_s}{b h_0} = \frac{1256}{250 \times 610} = 8.24 \times 10^{-3} < \rho_b = 2.62 \times 10^{-2}$$

$$\rho_t = \frac{A_s}{b h} = \frac{1256}{250 \times 650} = 7.73 \times 10^{-3} > \rho_{\min} = 2.145 \times 10^{-3}，\text{为适筋截面}$$

由式（4-27）得：

$$x = \frac{f_y A_s}{\alpha_1 f_c b} = \frac{300 \times 1256}{1 \times 14.3 \times 250} = 105.4 \text{mm}$$

由式（4-28）得：

$$M_u = f_y A_s \left(h_0 - \frac{x}{2} \right) = 300 \times 1256 \times \left(610 - \frac{105.4}{2} \right) = 210 \text{kN} \cdot \text{m}$$

（4）当纵筋为 8 Φ 25 时，$A_s = 3927 \text{mm}^2$，$h_0 = 650 - 30 - 25 - 25/2 = 582.5 \text{mm}$

$$\rho = \frac{A_s}{b h_0} = \frac{3927}{250 \times 582.5} = 2.7 \times 10^{-2} > \rho_b = 2.62 \times 10^{-2} \text{ 为超筋截面}$$

将 $x = \xi_b h_0 = 0.55 \times 582.5 = 320.4 \text{mm}$ 代入（4-28）得：

$$M_u = \alpha_1 f_c b x \left(h_0 - \frac{x}{2} \right) = 1 \times 14.3 \times 250 \times 320.4 \times \left(582.5 - \frac{320.4}{2} \right) = 483.7 \text{kN} \cdot \text{m}$$

对［例 4-1］的计算结果进行分析比较可以看出，随着纵向受力钢筋用量的增加，正截面的抗弯承载力在随之提高。当纵筋的用量由 2 Φ 14 增加到 2 Φ 20 时，纵筋的用量提高了一倍，正截面的抗弯承载力由 44kN · m 增加到 110kN · m，提高了 1.5 倍，由此可见钢筋与混凝土共同工作，可以大大改善混凝土的性能。当纵筋的用量由 2 Φ 20 增加到 4 Φ 20 时，纵筋的用量提高了一倍，正截面的抗弯承载力由 110kN · m 增加到 210kN · m，也提高了近一倍。当纵筋的用量由 4 Φ 20 增加到 8 Φ 25 时，纵筋的用量提高了两倍，正截面的抗弯承载力由 210kN · m 增加到 483.7kN · m。

4.4.2.2 基于承载力的构件截面设计

这类问题一般是只知道截面所承受的弯矩 M，求配筋 A_s。此时，未知数有受压区高度 x，截面尺寸 b、h，材料强度 f_c、f_y，钢筋截面面积 A_s，共 6 个，而基本计算公式只有 2 个。所以应根据受力性能、材料供应、施工条件、使用要求等因素综合分析，在求配筋 A_s 之前，先确定出截面尺寸（b，h），并选择材料（f_c，f_y）。

1. 截面尺寸确定

截面应具有一定刚度，满足正常使用阶段的验算要求（挠度变形和裂缝宽度）。根据工程经验，一般常按高跨比 h/l 来估计截面高度。如工程上一般采用：

简支梁高：$h = (1/16 \sim 1/10)l$，梁宽：$b = (1/3 \sim 1/2)h$；

简支板厚：$h = (1/35 \sim 1/30)l$。

但截面尺寸的选择范围仍较大，为此需从经济角度进一步分析。当已知弯矩设计值

M 时，截面尺寸（$b \times h$）越大，所需的钢筋 A_s 就越少，配筋率 ρ 就越小，但这会增加混凝土用量和模板费用，带来的直接后果就是结构自重加大；反之，截面尺寸（$b \times h$）越小，所需的钢筋 A_s 就越多，配筋率 ρ 就越大，钢材的费用增加，带来的直接后果是建设成本提高。要想做到合理的选择，需要不断总结，长期积累经验。

2. 材料选用

对普通钢筋混凝土构件，由于适筋梁、板的正截面受弯承载力主要取决于受拉钢筋的合力 $f_y A_s$，因此钢筋混凝土受弯构件的混凝土强度等级不宜较高，也不宜过低，太低会造成混凝土过早开裂。工程上混凝土一般采用 C20～C30。另一方面，钢筋混凝土受弯构件是带裂缝工作的，由于裂缝宽度和挠度变形的限制，高强钢筋的强度也不能得到充分利用，所以钢筋常用 HRB400 级、HRBF400 级、HRB500 级、HRBF500 级，也可采用 HPB300 级、HRB335 级钢筋。

3. 截面设计步骤

（1）按 $\xi = \xi_b$ 求出截面的最大弯矩 $M_{u,max}$

$$M_{u,max} = \alpha_1 f_c bx \left(h_0 - \frac{x}{2} \right) = \alpha_1 f_c b h_0^2 \xi_b (1 - 0.5\xi_b) \tag{4-29}$$

若 $M > M_{u,max}$，则说明截面过小，应加大截面后重新进行设计；若 $M \leqslant M_{u,max}$，转入下一步。

（2）联立求解式（4-27）、式（4-28），得 A_s。

（3）计算配筋率：$\rho_t = \dfrac{A_s}{bh}$，若 $\rho_t \geqslant \rho_{min}$，结束计算；若 $\rho_t < \rho_{min}$，说明截面尺寸太大，需重新确定截面后再回到第一步进行计算，或者按 $A_s = \rho_{min} bh$ 进行设计。

以上步骤可能需要反复几次才能得到理想的结果。

设计时，由于事先不知道钢筋的直径，因此，h_0 按下述原则进行计算：对钢筋混凝土梁，当采用单排配筋时，$h_0 = (h - 40)\text{mm}$；当采用双排配筋时，$h_0 = (h - 70)\text{mm}$。对钢筋混凝土板取 $h_0 = (h - 20)\text{mm}$。

【例 4-2】 钢筋混凝土截面尺寸和材料强度同［例 4-1］，当截面所受到的弯矩设计值分别为 $M = 50\text{kN} \cdot \text{m}$、$M = 400\text{kN} \cdot \text{m}$、$M = 800\text{kN} \cdot \text{m}$ 时，求截面的配筋。

【解】 由［例 4-1］知：$\rho_{min} = 0.45 \dfrac{f_t}{f_y} = 0.45 \times \dfrac{1.43}{300} = 2.145 \times 10^{-3} > 0.2\%$

$$\alpha_1 = 1.0, \; \xi_b = 0.55, \; \rho_b = \xi_b \frac{\alpha_1 f_c}{f_y} = 0.55 \times \frac{1 \times 14.3}{300} = 2.62 \times 10^{-2}$$

由于钢筋的根数和直径都未知，h_0 先按单排考虑，取 $h_0 = (h - 40)\text{mm} = (650 - 40)\text{mm} = 610\text{mm}$，由式（4-29）求出：

$$M_{u,max} = \alpha_1 f_c b h_0^2 \xi_b (1 - 0.5\xi_b) = 1.0 \times 14.3 \times 250 \times 610^2 \times 0.55 \times (1 - 0.5 \times 0.55)$$
$$= 530\text{kN} \cdot \text{m}$$

（1）$M = 50\text{kN} \cdot \text{m} < M_{u,max} = 530\text{kN} \cdot \text{m}$

由式（4-27）和式（4-28）联立，得：

$$\begin{cases} 1.0 \times 14.3 \times 250x = 300 A_s \\ 50 \times 10^6 = 1.0 \times 14.3 \times 250x \left(610 - \dfrac{x}{2} \right) \end{cases}$$

$$x = 23\text{mm}, A_s = 274\text{mm}^2$$

$$\rho_t = \frac{A_s}{bh} = \frac{274}{250 \times 650} = 1.69 \times 10^{-3} < \rho_{\min} = 2.145 \times 10^{-3}$$

取 $$A_s = \rho_{\min}bh = 2.145 \times 10^{-3} \times 250 \times 650 = 349\text{mm}^2$$

选配钢筋 2Φ16 (实际钢筋面积 $A_s = 402\text{mm}^2$),钢筋可以摆放一排,所以 h_0 按单排考虑是正确的。

(2) $M = 400\text{kN} \cdot \text{m} < M_{u,\max} = 530\text{kN} \cdot \text{m}$

由于 M 和 $M_{u,\max}$ 比较接近,钢筋可能会配置较多,需要分两排放置,此时:

$$h_0 = (h - 70)\text{mm} = (650 - 70)\text{mm} = 580\text{mm}$$

由式(4-27)和式(4-28)联立,得:

$$\begin{cases} 1.0 \times 14.3 \times 250x = 300A_s \\ 400 \times 10^6 = 1.0 \times 14.3 \times 250x\left(580 - \dfrac{x}{2}\right) \end{cases}$$

$$x = 244\text{mm}, A_s = 2913\text{mm}^2$$

$$\rho_t = \frac{A_s}{bh} = \frac{2913}{250 \times 650} = 1.79 \times 10^{-2} > \rho_{\min} = 2.145 \times 10^{-3}$$

选配钢筋 6Φ25 (实际钢筋面积 $A_s = 2945\text{mm}^2$),如果钢筋摆放一排,需要的截面宽度最小为 $25 \times 6 + 25 \times 5 + 30 \times 2 = 335\text{mm} > 250\text{mm}$,所以一排放不下,需要两排才能放下,$h_0$ 按双排考虑是正确的。

(3) $M = 800\text{kN} \cdot \text{m} > M_{u,\max} = 530\text{kN} \cdot \text{m}$

应加大截面尺寸,取 $b \times h = 300\text{mm} \times 800\text{mm}$,

钢筋仍按两排放置,此时:$h_0 = (h - 70)\text{mm} = (800 - 70)\text{mm} = 730\text{mm}$,

由式(4-29)求出:

$M_{u,\max} = \alpha_1 f_c b h_0^2 \xi_b (1 - 0.5\xi_b) = 1.0 \times 14.3 \times 300 \times 730^2 \times 0.55 \times (1 - 0.5 \times 0.55)$
$= 912\text{kN} \cdot \text{m} > M$,由式(4-27)和式(4-28)联立,得:

$$\begin{cases} 1.0 \times 14.3 \times 300x = 300A_s \\ 800 \times 10^6 = 1.0 \times 14.3 \times 300x\left(730 - \dfrac{x}{2}\right) \end{cases}$$

$$x = 330\text{mm}, A_s = 4719\text{mm}^2$$

$$\rho = \frac{A_s}{bh} = \frac{4719}{300 \times 800} = 1.96 \times 10^{-2} > \rho_{\min} = 2.145 \times 10^{-3}$$

选配钢筋 8Φ28 (实际钢筋面积 $A_s = 4924\text{mm}^2$)。

画出以上三种截面的配筋图,见图 4-20。

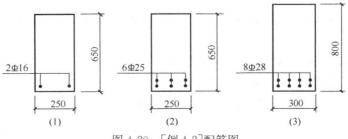

图 4-20 [例 4-2]配筋图

【例 4-3】 已知一单跨简支板，计算跨度 $l = 2.7\text{m}$，混凝土强度等级为 C30，钢筋采用 HPB300 级，承受均布荷载标准值 $q_k = 2\text{kN/m}^2$（不包括板的自重），见图 4-21。环境类别为一类。混凝土的重度为 25kN/m^3。求：板厚及纵向受拉钢筋截面面积 A_s。

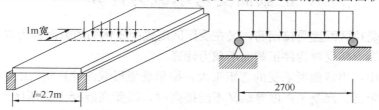

图 4-21 ［例 4-3］题图

【解】 根据简支板厚度的选取原则，取板厚 $h = \dfrac{1}{30}l = 2700/30 = 90\text{mm}$。

板自重 $g_k = 25 \times 0.09 = 2.25\text{kN/m}^2$。

板面均匀分布着 $g_k + q_k = 2.25 + 2 = 4.25\text{kN/m}^2$ 的面荷载，可取 1m 宽（$b=1\text{m}$）的板带作为计算单元。

跨中最大弯矩设计值：（由可变荷载效应控制）

$$M = \frac{1}{8}(1.2g_k \times b + 1.4q_k \times b)L^2 = \frac{1}{8}(1.2 \times 2.25 \times 1 + 1.4 \times 2 \times 1) \times 2.7^2 = 5\text{kN} \cdot \text{m}$$

由于未知钢筋直径，由附表 6-2 知，环境类别为一类，混凝土强度等级为 C30 时，板的混凝土保护层最小厚度为 15mm，故设 $h_0 = h - 20 = 90 - 20 = 70\text{mm}$。

已知：$\alpha_1 = 1.0$、$f_c = 14.3\text{N/mm}^2$、$f_y = 270\text{N/mm}^2$、$\xi_b = 0.576$，

$$\rho_{\min} = 0.45\frac{f_t}{f_y} = 0.45 \times \frac{1.43}{270} = 2.38 \times 10^{-3} > 0.2\%$$

$$M_{u,\max} = \alpha_1 f_c b h_0^2 \xi_b (1 - 0.5\xi_b) = 1.0 \times 14.3 \times 1000 \times 70^2 \times 0.576 \times (1 - 0.5 \times 0.576)$$
$$= 29\text{kN} \cdot \text{m} > M = 5\text{kN} \cdot \text{m}$$

可见不会超筋。

由式（4-27）和式（4-28）联立，得：

$$\begin{cases} 1.0 \times 14.3 \times 1000x = 270A_s \\ 5 \times 10^6 = 1.0 \times 14.3 \times 1000x\left(70 - \dfrac{x}{2}\right) \end{cases}$$

$$x = 5\text{mm},\ A_s = 265\text{mm}^2$$

选配钢筋 Φ 8@180（实际钢筋面积 $A_s = 279\text{mm}^2$）。

$$\rho_t = \frac{A_s}{bh} = \frac{279}{1000 \times 90}$$

$$= 3.3 \times 10^{-3} > \rho_{\min}$$

$$= 2.38 \times 10^{-3}$$

画出此板配筋图，见图 4-22（为了固定受力钢筋的位置和抵抗温度应力，在垂直于受力钢筋的方向布置了分布钢筋 Φ 8@250）。

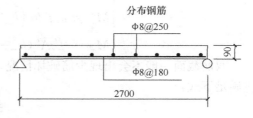

图 4-22 ［例 4-3］配筋图

4.5 双筋矩形截面受弯构件正截面受弯承载力计算

对于即在受拉区配置受拉钢筋，又在受压区配置受压钢筋的截面称为双筋截面，本节仅讨论截面为矩形的受弯构件正截面承载力计算。

实际工程中，当截面所承受的弯矩很大，按单筋矩形截面计算所得的 ξ 大于 ξ_b，而梁截面尺寸受到限制、混凝土强度等级又不能提高时，需要在混凝土受压区配置受压钢筋，以提高承载能力。另外若截面在不同荷载组合下，同一个梁截面分别承受正、负弯矩，则也应采用双筋截面。

此外，由于受压钢筋可以提高截面的延性，因此，在抗震结构中要求框架梁必须配置一定比例的受压钢筋。

4.5.1 基本计算公式及适用条件

与单筋矩形截面受弯构件类似，双筋矩形截面受弯构件受压区混凝土的曲线形应力分布在保持合力大小相等，合力作用点不变的前提下也可以等效成矩形应力分布图形。等效变换后，α_1、β_1 的计算方法和单筋矩形截面完全相同。设受拉钢筋和受压钢筋在截面破坏前均能屈服，可得双筋矩形截面的等效矩形应力分布图形，见图 4-23 (a)。建立基本计算公式：

$$\begin{cases} \alpha_1 f_c bx + f'_y A'_s = f_y A_s & (4\text{-}30) \\ M \leqslant M_u = \alpha_1 f_c bx\left(h_0 - \dfrac{x}{2}\right) + f'_y A'_s (h_0 - a'_s) & (4\text{-}31) \end{cases}$$

若联立式（4-30）和式（4-31），只有两个方程，需要解三个未知数 x、A_s、A'_s。这时可以将双筋矩形截面的等效矩形应力分布图形分解成两部分：单筋部分和纯钢筋部分，见图 4-23 (b)、(c)。单筋部分的计算在 4.4 节已经介绍，可计算出一部分受拉钢筋 A_{s1}。纯钢筋部分与混凝土无关，可计算出另一部分受拉钢筋 A_{s2} 和受压钢筋 A'_s。纯钢筋部分的截面破坏形态不受 A_{s2} 配筋量的影响，理论上这部分配筋可以很大，如构成钢骨混凝土构件等。

根据图 4-23 (b)、(c)，式（4-30）和式（4-31）可以分解成：

$$\begin{cases} \alpha_1 f_c bx + f'_y A'_s = f_y A_{s1} + f_y A_{s2} \\ M_u = M_{u1} + M_{u2} \\ M_{u1} = \alpha_1 f_c bx\left(h_0 - \dfrac{x}{2}\right) = f_y A_{s1}\left(h_0 - \dfrac{x}{2}\right) \\ M_{u2} = f'_y A'_s(h_0 - a'_s) \end{cases} \quad (4\text{-}32)$$

双筋截面一般不会出现少筋破坏情况，故可不必验算最小配筋率。为防止超筋破坏，应满足下式：

$$\xi \leqslant \xi_b$$

或

$$\rho = \frac{A_{s1}}{bh_0} \leqslant \rho_{max} = \xi_b \frac{\alpha_1 f_c}{f_y}$$

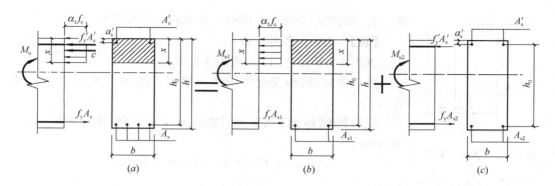

图 4-23 双筋矩形截面等效成矩形应力分布图形

或 $$M_{u1} \leqslant M_{u,max} = \alpha_1 f_c b h_0^2 \xi_b (1 - 0.5\xi_b)$$

为使受压钢筋的强度能充分发挥,其应变不应小于 0.002。见图 4-24,由平截面假定可得:

$$\varepsilon'_s = \varepsilon_{cu}\left(1 - \frac{a'_s}{x_n}\right) \geqslant 0.002 \quad (4-33)$$

将 $\varepsilon_{cu} = 0.0033$, $x = 0.8x_n$ 代入式 (4-33) 中,近似得: $x \geqslant 2a'_s$。

当 $x < 2a'_s$ 时,说明破坏时受压钢筋达不到屈服,也就是不需要受压区钢筋,仅由混凝土和受拉区钢筋就足以承担截面弯矩。但在实际工程中,由于需要构成钢筋骨架,在混凝土受压区已存在钢筋,它一定会帮助混凝土共同受压。在这种情况下,可以考虑使混凝土有最小的受压区,即取 $x = 2a'_s$,则此时

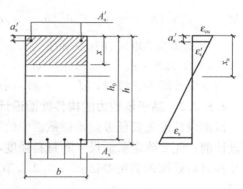

图 4-24 截面应变分布

$$M_u = f_y A_s (h_0 - a'_s) \quad (4-34)$$

4.5.2 设计计算应用

4.5.2.1 对已有构件正截面承载力的验算

这类问题一般是已知截面尺寸 (b, h, h_0)、配筋 (A_s, A'_s) 和材料强度 (f_c, f_t, f_y, f'_y),验算截面所能承担的弯矩 M_u。可按下列步骤进行分析计算:

1. 由式 (4-30) 求出 x;

2. 讨论 x,求截面承载力 M_u。

(1) 若 $2a'_s \leqslant x \leqslant \xi_b h_0$,用式 (4-31) 求 M_u;

(2) 若 $x > \xi_b h_0$,则取 $x = \xi_b h_0$,用式 (4-31) 求 M_u;

(3) 若 $x < 2a'_s$,用式 (4-34) 求 M_u。

h_0 的计算方法同单筋矩形截面。

【例 4-4】 钢筋混凝土矩形截面梁,$b \times h = 250mm \times 650mm$,纵向受力钢筋混凝土保护层厚度 $c_s = 30mm$,混凝土采用 C25,钢筋采用 HRB400,强度指标分别为:$f_c = 11.9N/mm^2$,$f_y = 360N/mm^2$,截面配筋如图 4-25,要求承受的弯矩为 $M = 350kN \cdot m$,

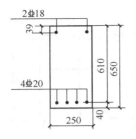

图 4-25 [例 4-4]题图

求当构件的安全等级为三级时，截面的受弯承载力。

【解】 先确定各种参数：

查表 4-1 知 $\alpha_1 = 1.0$，查表 4-2 知 $\xi_b = 0.518$

查表 3-4，结构安全等级为三级时，结构重要性系数 γ_0 取为 0.9。

受拉区钢筋面积 $A_s = 1256 \text{mm}^2$，受压区钢筋面积 $A'_s = 509 \text{mm}^2$，

$$h_0 = 650 - 30 - 10 = 610 \text{mm},$$

由式（4-30）求出 x：

$$x = \frac{f_y A_s - f'_y A'_s}{\alpha_1 f_c b} = \frac{360 \times 1256 - 360 \times 509}{1.0 \times 11.9 \times 250} = 90.4 \text{mm}$$

$$2a'_s = 2 \times 39 = 78 \text{mm} < x < \xi_b h_0 = 0.518 \times 610 = 316 \text{mm}$$

将 x 代入式（4-31）求出 M_u

$$M_u = \alpha_1 f_c b x \left(h_0 - \frac{x}{2} \right) + f'_y A'_s (h_0 - a'_s) = 1.0 \times 11.9 \times 250 \times 90.4 \times \left(610 - \frac{90.4}{2} \right)$$

$$+ 360 \times 509 \times (610 - 39)$$

$$= 256.5 \text{kN} \cdot \text{m}$$

当安全等级为三级时，$M_u < \gamma_0 M = 0.9 \times 350 = 315 \text{kN} \cdot \text{m}$，该梁不安全。

4.5.2.2 基于承载力的构件截面设计

截面设计的主要任务是求得截面中的钢筋 A_s、A'_s。所以同单筋截面的设计步骤，在截面设计前，先要确定截面尺寸和材料强度，并求出外荷载在截面上产生的弯矩大小。截面尺寸和材料强度的确定办法在 4.4.2.2 节中已有介绍。双筋受弯构件的设计有下列两种情况：

情况一：已知截面尺寸 b、h，材料强度 f_c、f_y、f'_y 及截面所承受的弯矩 M，求受拉钢筋 A_s 和受压钢筋 A'_s。设计步骤如下。

1. 判断是否采用双筋截面

按照单筋矩形截面适筋梁最大承载力计算式（4-29），求出 $M_{u,\max}$；

若 $M \leqslant M_{u,\max}$，按单筋截面设计，$M > M_{u,\max}$，转入下一步。

2. 计算钢筋面积 A_s 和 A'_s

式（4-30）和式（4-31）有三个未知数：x、A_s、A'_s，只有两个方程，需要补充一个条件，为充分利用混凝土的抗压强度，设 $x = \xi_b h_0$，这时的总用钢量（$A_s + A'_s$）最小。将 $x = \xi_b h_0$ 代入式（4-31），得：

$$A'_s = \frac{M - \alpha_1 f_c b h_0^2 \xi_b (1 - 0.5 \xi_b)}{f'_y (h_0 - a'_s)} \tag{4-35}$$

将式（4-35）计算所得的 A'_s 代入式（4-30），得：

$$A_s = \frac{1}{f_y} (\alpha_1 f_c b \xi_b h_0 + A'_s f'_y) \tag{4-36}$$

由于已假设 $x = \xi_b h_0$，故所有的适用条件自动满足。

情况二：已知截面尺寸 b、h，材料强度 f_c、f_y、f'_y，受压钢筋 A'_s 及截面所承受的弯矩 M，求受拉钢筋 A_s。设计步骤如下：

1. 联立求解式（4-30）、（4-31），得到 x 和 A_s〔同样也可利用式（4-32）求解〕。

2. 若 $2a'_s \leqslant x \leqslant \xi_b h_0$，则 $A_s = A_{s1} + A_{s2}$。

3. 若 $x < 2a'_s$，则表明受压钢筋 A'_s 在破坏时不能达到屈服强度，此时可近似地取 $x = 2a'_s$，可由式（4-34）求出 A_s。

4. 若 $x > \xi_b h_0$，则表明给定的受压钢筋 A'_s 不足，仍会出现超筋截面，此时按 A'_s 未知的情况一进行计算。

以上步骤可能需要反复几次才能得到理想的结果。

h_0 的计算方法同单筋矩形截面。

还要说明一点，当 $x = \xi_b h_0$ 时，已是适筋和超筋的界限状态，此时截面的变形能力很差，影响混凝土构件的延性。所以在实际工程设计中宜取 $\xi = 0.8\xi_b$。

【例 4-5】 钢筋混凝土截面尺寸和材料强度同〔例 4-4〕，已知受压钢筋为 2 ⚫ 18，当截面所受到的弯矩设计值分别为 $M = 400\text{kN} \cdot \text{m}$、$M = 500\text{kN} \cdot \text{m}$ 时，分别求截面的受拉钢筋。

【解】 由〔例 4-4〕知：$\alpha_1 = 1.0$，$\xi_b = 0.518$，又已知：$A'_s = 509\text{mm}^2$，$a'_s = 30 + 9 = 39\text{mm}$

由于弯矩较大，假设受拉钢筋放两排，取 $h_0 = h - 70\text{mm} = (650 - 70)\text{mm} = 580\text{mm}$。

（1）当 $M = 400\text{kN} \cdot \text{m}$ 时，利用式（4-32）计算

$$A_{s2} = \frac{A'_s f'_y}{f_y} = \frac{509 \times 360}{360} = 509\text{mm}^2$$

$$M_{u2} = f_y A_{s2}(h_0 - a'_s) = 360 \times 509 \times (580 - 39) = 99\text{kN} \cdot \text{m}$$

$$M_{u1} = M - M_{u2} = 400 - 99 = 301\text{kN} \cdot \text{m}$$

$$301 \times 10^6 = 1.0 \times 11.9 \times 250x\left(580 - \frac{x}{2}\right)$$

得：$x = 214\text{mm}$

$$2a'_s = 2 \times 39 = 78\text{mm} < x < \xi_b h_0 = 0.518 \times 580 = 300\text{mm}$$

求出：$A_{s1} = 1768\text{mm}^2$，

$$A_s = A_{s1} + A_{s2} = 1768 + 509 = 2277\text{mm}^2$$

选配钢筋 6 ⚫ 22（实际钢筋面积 $A_s = 2281\text{mm}^2$），

（2）当 $M = 500\text{kN} \cdot \text{m}$ 时，利用式（4-32）计算

$$A_{s2} = \frac{A'_s f'_y}{f_y} = \frac{509 \times 360}{360} = 509\text{mm}^2$$

$$M_{u2} = f_y A_{s2}(h_0 - a'_s) = 360 \times 509 \times (580 - 39) = 99\text{kN} \cdot \text{m}$$

$$M_{u1} = M - M_{u2} = 500 - 99 = 401\text{kN} \cdot \text{m}$$

$$401 \times 10^6 = 1.0 \times 11.9 \times 250x\left(580 - \frac{x}{2}\right)$$

得：$x = 321.5\text{mm} > \xi_b h_0 = 300\text{mm}$，按 A'_s 未知重新设计。

取 $\xi = 0.8\xi_b$，此时 $x = 0.8\xi_b h_0 = 240\text{mm}$

$$A_{s1} = \frac{\alpha_1 f_c bx}{f_y} = \frac{1.0 \times 11.9 \times 250 \times 240}{360} = 1983\text{mm}^2$$

$$M_{u1} = f_y A_{s1} \left(h_0 - \frac{x}{2} \right) = 360 \times 1983 \times \left(580 - \frac{240}{2} \right) = 328.4 \text{kN} \cdot \text{m}$$

$$M_{u2} = M_u - M_{u1} = 500 - 328.4 = 171.6 \text{kN} \cdot \text{m}$$

$$A_{s2} = \frac{M_{u2}}{(h_0 - a_s') f_y} = \frac{171.6 \times 10^6}{(580 - 39) \times 360} = 881 \text{mm}^2$$

$$A_s' = \frac{A_{s2} f_y}{f_y'} = \frac{881 \times 360}{360} = 881 \text{mm}^2$$

$$A_s = A_{s1} + A_{s2} = 1983 + 881 = 2864 \text{mm}^2$$

受压钢筋选用 3 Φ 20（实际钢筋面积 $A_s = 942 \text{mm}^2$），受拉钢筋选用 6 Φ 25（实际钢筋面积 $A_s = 2945 \text{mm}^2$）。

画出以上两种截面的配筋图，见图 4-26。

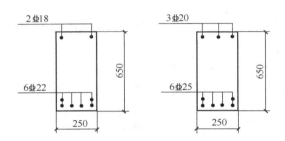

图 4-26 [例 4-5]配筋图

4.6 T 形截面受弯构件正截面受弯承载力计算

在矩形截面受弯构件承载力计算中，受拉区混凝土开裂后退出工作，如果把受拉区两侧的混凝土挖去一部分，余下的部分只要能布置受拉钢筋以及抵抗截面剪力就可以了，这样就成了 T 形截面。它和原来的矩形截面相比，其对受弯承载力没有影响，计算方法完全相同，而且节省了混凝土用量，减轻了自重（见图 4-27a）。当受拉钢筋较多时，可将截面底部适当增大，形成工形截面。工形截面受弯承载力的计算与 T 形截面相同（见图 4-27b）。

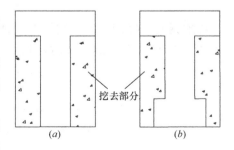

图 4-27 T 形和工形截面的形成

T 形截面受弯构件在工程中广泛应用，如在现浇整体式肋梁楼盖中，梁和板整体浇筑在一起，此时梁的截面就是 T 形截面。见图 4-28。另外，吊车梁、大型屋面板、空心板，槽形板都可以按 T 形截面设计。

实验研究表明，受压翼缘混凝土的压应力分布不均匀，离腹板越远，压应力越小，如图 4-29（a）所示。若假定受压翼缘的压应力均匀分布，如图 4-29（b）所示，则要限制翼缘混凝土受压区的长度 b_f'。《混凝土结构设计规范》规定了 b_f' 的取值，见表 4-3，按表中最小值取用。

图 4-28　现浇肋梁楼板

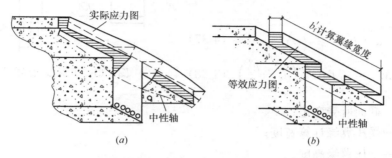

图 4-29　T 形截面受弯构件正截面受压区应力分布

受弯构件受压区有效翼缘计算宽度 b_f'　　　　　　　　表 4-3

情　　况		T 形、I 形截面		倒 L 形截面
		肋形梁（板）	独立梁	肋形梁（板）
1	按计算跨度 l_0 考虑	$l_0/3$	$l_0/3$	$l_0/6$
2	按梁（肋）净距 s_n 考虑	$b+s_n$	—	$b+s_n/2$
3	按翼缘高度 h_f' 考虑　$h_f'/h_0 \geqslant 0.1$	—	$b+12h_f'$	—
	$0.1 > h_f'/h_0 \geqslant 0.05$	$b+12h_f'$	$b+6h_f'$	$b+5h_f'$
	$h_f'/h_0 < 0.05$	$b+12h_f'$	b	$b+5h_f'$

注：1. 表中 b 为梁的腹板厚度；
　　2. 肋形梁在梁跨内设有间距小于纵肋间距的横肋时，可不考虑表中情况 3 的规定；
　　3. 加腋的 T 形、工形和倒 L 形截面，当受压区加腋高度 h_h 不小于 h_f' 且加腋的长度 b_h 不大于 $3h_h$ 时，其翼计算宽度可按表中情况 3 的规定分别增加 $2b_h$（T 形、工形截面）和 b_h（倒 L 形截面）；
　　4. 独立梁受压区的翼缘板在荷载作用下经验算沿纵肋方向可能产生裂缝时，其计算宽度应取腹板宽度 b。

4.6.1　两类 T 形截面及基本计算公式

在本章 4.2 节和 4.3 节所介绍的内容均适用于 T 形截面受弯构件。

按照混凝土受压区等效矩形应力高度 x 的不同，将 T 形截面分为两种类型：当受压区高度 x 位于翼缘内时（图 4-30a）为第一类 T 形截面；当受压区高度 x 进入腹板时（图

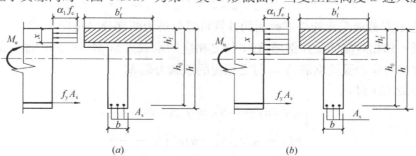

图 4-30　第一类 T 形截面和第二类 T 形截面

4-30b）为第二类 T 形截面。当受压区高度 x 正好占据整个翼缘时，称为界限状态，见图 4-31。以此界限状态可以判断第一类和第二类 T 形截面。由图 4-31 可知，当满足下列条件之一时，可按第一类 T 形截面计算；否则为第二类 T 形截面。

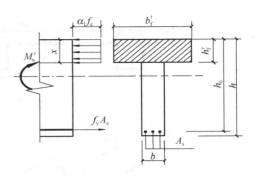

$$\alpha_1 f_c b'_f h'_f \geqslant f_y A_s \qquad (4\text{-}37)$$

$$M \leqslant M'_u = \alpha_1 f_c b'_f h'_f \left(h_0 - \frac{h'_f}{2}\right) \quad (4\text{-}38)$$

图 4-31　T 形截面界限状态

式中　M——截面所受弯矩；

　　　b'_f——受压翼缘计算宽度；

　　　h'_f——受压翼缘高度。

4.6.1.1　第一类 T 形截面

由图 4-30（a），第一类 T 形截面承载力计算公式为：

$$\begin{cases} \alpha_1 f_c b'_f x = f_y A_s \\ M'_f = \alpha_1 f_c b'_f x \left(h_0 - \dfrac{x}{2}\right) = f_y A_s \left(h_0 - \dfrac{x}{2}\right) \end{cases} \qquad (4\text{-}39)$$

由于第一类 T 形截面的受压区位于翼缘内，x 较小，一般不会出现超筋破坏，即 $x \leqslant \xi_b h_0$ 的条件自动满足。

为了保证不出现少筋破坏，应满足：$\rho_t = \dfrac{A_s}{bh} \geqslant \rho_{\min} = \max\left(0.45 \dfrac{f_t}{f_y}, 0.2\%\right)$。这里要注意，因为 T 形截面的开裂弯矩与截面尺寸为 $b \times h$ 的矩形截面的开裂弯矩几乎相同。因此在验算最小配筋率时，截面宽度取 b，而非 b'_f。

第一类 T 形截面的计算类似于 $b'_f \times h$ 的单筋矩形截面。

4.6.1.2　第二类 T 形截面

由图 4-30（b），第二类 T 形承载力计算公式为：

$$\begin{cases} \alpha_1 f_c bx + \alpha_1 f_c (b'_f - b) h'_f = f_y A_s \\ M_u = \alpha_1 f_c bx \left(h_0 - \dfrac{x}{2}\right) + \alpha_1 f_c (b'_f - b) h'_f \left(h_0 - \dfrac{h'_f}{2}\right) \end{cases} \qquad (4\text{-}40)$$

第二类 T 形截面受弯构件正截面的计算可以分解为两部分（见图 4-32）：一部分是受压翼缘混凝土和相对应的受拉钢筋 A_{s1}，与之相应的承载力是 M_{u1}；另一部分是腹板受压区混凝土和相对应的受拉钢筋 A_{s2}，与之相应的承载力是 M_{u2}。

由图 4-32（b）得：

$$\begin{cases} \alpha_1 f_c (b'_f - b) h'_f = f_y A_{s1} \\ M_{u1} = \alpha_1 f_c (b'_f - b) h'_f \left(h_0 - \dfrac{h'_f}{2}\right) \end{cases} \qquad (4\text{-}41)$$

由图 4-32（c）得：

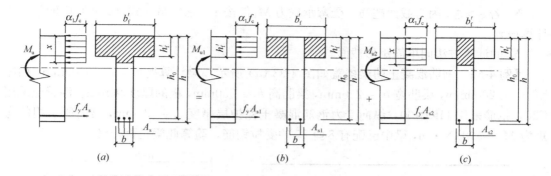

图 4-32 第二类 T 形截面计算简图

$$\begin{cases} \alpha_1 f_c bx = f_y A_{s2} \\ M_{u2} = M_u - M_{u1} = \alpha_1 f_c bx \left(h_0 - \dfrac{x}{2} \right) \end{cases} \qquad (4\text{-}42)$$

最后两部分所得结果相加得:

$$A_s = A_{s1} + A_{s2} \qquad (4\text{-}43)$$

第二类 T 形截面的受压区已进入腹板,x 较大,一般不会出现少筋破坏,即 $\rho_t = \dfrac{A_s}{bh} \geqslant \rho_{min}$ 的条件自动满足,但仍需要验算。

为了保证不出现超筋破坏,应满足:

$$\xi \leqslant \xi_b$$

或

$$\rho = \frac{A_{s1}}{bh_0} \leqslant \rho_{max} = \xi_b \frac{\alpha_1 f_c}{f_y}$$

或

$$M_{u1} \leqslant M_{u,max} = \alpha_1 f_c bh_0^2 \xi_b (1 - 0.5\xi_b)$$

式中,M_{u1} 为腹板受压区混凝土及其相应的受拉钢筋所承受的弯矩。

第二类 T 形截面的设计计算方法与双筋矩形截面类似。

4.6.2 设计计算应用

4.6.2.1 对已有构件正截面承载力的验算

已知截面尺寸(b,h,h_0,b_f',h_f')、配筋(A_s)和材料强度(f_c,f_t,f_y),验算截面所能承担的弯矩 M_u。可按下列步骤进行分析计算:

1. 若 $\rho_t < \rho_{min}$,则按 $b \times h$ 的矩形截面的开裂弯矩计算承载力。因为此时的破坏特征已与矩形截面少筋梁接近。否则,转入下一步。

2. 判断截面类型:若 $\alpha_1 f_c b_f' h_f' \geqslant f_y A_s$,为第一类 T 形截面;若 $\alpha_1 f_c b_f' h_f' < f_y A_s$,为第二类 T 形截面。

3. 若为第一类 T 形截面,按式(4-39)计算。

4. 若为第二类 T 形截面,转入下面步骤。

5. 按式(4-41)求出 M_{u1}。

6. 按式(4-42)求出 M_{u2} 和 x。

7. 计算 $M_u = M_{u1} + M_{u2}$。

8. 若 $\xi > \xi_b$，因为截面超筋，受弯承载力 M_u 仅按 $x = \xi_b h_0$ 带入式（4-40）中的第二式计算得到。

h_0 的计算方法同单筋矩形截面。

【例 4-6】 钢筋混凝土肋梁楼盖如图 4-33（a）所示，梁计算跨度 $l_0 = 3000\text{mm}$，梁净距 $S_n = 2000\text{mm}$，梁肋宽 $b = 250\text{mm}$，梁肋高 $h = 550\text{mm}$，板的厚度 90mm。混凝土采用 C30，钢筋采用 HRB400，纵向受力钢筋混凝土保护层厚度 $c_s = 30\text{mm}$，梁内所承担的弯矩为 $M = 500\text{kN} \cdot \text{m}$，梁中已配有 8 Φ 25 的受拉钢筋，验算此梁是否合格。

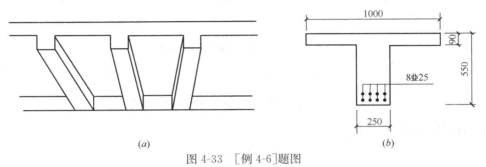

图 4-33 ［例 4-6］题图

【解】 按表 4-3 确定受压区有效翼缘的计算宽度 b'_f：$l_0/3 = 3000/3 = 1000\text{mm}$，$b + S_n = 250 + 2000 = 2250\text{mm}$，$\dfrac{h'_f}{h_0} > 0.1$，取 $b'_f = 1000\text{mm}$。

截面尺寸见图 4-33（b），由于弯矩比较大，梁肋的宽度比较小，估计需要配双排钢筋 $h_0 = h - 70 = 550 - 70 = 480\text{mm}$。

列出已知条件 $\alpha_1 = 1.0$、$f_c = 14.3\text{N/mm}^2$、$f_t = 1.43\text{N/mm}^2$、$f_y = 360\text{N/mm}^2$、$\xi_b = 0.518$，

$$\rho_{min} = 0.45 \frac{f_t}{f_y} = 0.45 \times \frac{1.43}{360} = 1.79 \times 10^{-3} < 0.2\%, \text{取} \ \rho_{min} = 0.2\%$$

（1）验算最小配筋率 $\rho_t = \dfrac{A_s}{bh} = \dfrac{3927}{250 \times 550} = 2.86 \times 10^{-2} > \rho_{min}$

（2）判断 T 形截面的类型

$\alpha_1 f_c b'_f h'_f = 1.0 \times 14.3 \times 1000 \times 90 = 1287\text{kN} < f_y A_s = 360 \times 3927 = 1413.7\text{kN}$

属于第二类 T 形截面。

（3）求 M_{u1}

$$M_{u1} = \alpha_1 f_c (b'_f - b) h'_f \left(h_0 - \frac{h'_f}{2} \right) = 1.0 \times 14.3 \times (1000 - 250) \times 90 \times \left(480 - \frac{90}{2} \right)$$
$$= 420\text{kN} \cdot \text{m}$$

（4）由（4-40）的第一式可求 x

$$x = \frac{f_y A_s - \alpha_1 f_c (b'_f - b) h'_f}{\alpha_1 f_c b} = \frac{360 \times 3927 - 1.0 \times 14.3 \times (1000 - 250) \times 90}{1.0 \times 14.3 \times 250} = 125\text{mm}$$

$$\xi = \frac{x}{h_0} = \frac{125}{480} = 0.26 < \xi_b = 0.518$$

求出 M_{u2}：

$$M_{u2} = \alpha_1 f_c b x \left(h_0 - \frac{x}{2} \right) = 1.0 \times 14.3 \times 250 \times 125 \times \left(480 - \frac{125}{2} \right) = 186.6\text{kN} \cdot \text{m}$$

(5) $M_u = M_{u1} + M_{u2} = 420 + 186.6 = 606 \text{kN} \cdot \text{m} > M = 500 \text{kN} \cdot \text{m}$，此梁合格。

4.6.2.2　基于承载力的构件截面设计

已知截面尺寸（b，h，h_0，b'_f，h'_f）、材料强度（f_c，f_t，f_y）及截面所承担的弯矩 M。求所需钢筋的面积 A_s。同单筋矩形截面和双筋矩形截面一样，计算步骤如下：

1. 判断截面类型：按式（4-38）计算，若 $M \leqslant M'_u$，为第一类 T 形截面；若 $M > M'_u$，为第二类 T 形截面。

2. 若为第一类 T 形截面，按式（4-39）计算。求出 A_s 后，若 $\rho_t < \rho_{\min}$，说明截面尺寸太大，需重新确定截面后再回到第一步进行计算。或者按 $A_s = \rho_{\min} bh$ 进行设计。

3. 若为第二类 T 形截面，转入下面步骤。

4. 按式（4-41）求出 M_{u1} 和 A_{s1}。

5. 按式（4-42）求出 A_{s2} 和 x。

6. 若 $\xi \leqslant \xi_b$，则 $A_s = A_{s1} + A_{s2}$。

7. 若 $\xi > \xi_b$，说明截面尺寸过小，要重新加大截面后回到第一步再进行计算分析。

以上步骤可能需要反复几次才能得到理想的结果。

h_0 的计算方法同单筋矩形截面。

【例 4-7】　预制钢筋混凝土槽形板，截面尺寸如图 4-34（a）、（b）所示。已知板的计算跨度为 6000mm，选用混凝土 C30，钢筋采用 HPB300，板中所承受的最大弯矩（包括自重）设计值为 $M = 22 \text{kN} \cdot \text{m}$，环境类别为一类，求板中的配筋。

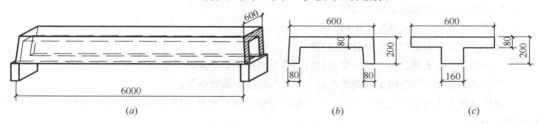

图 4-34　[例 4-7]题图

【解】　槽形板可以简化成 T 形截面板，如图 4-34（c）

由附表 6-4 知，环境类别为一类，混凝土强度等级为 C30 时，板的混凝土保护层最小厚度为 15mm，由于钢筋直径未知，故设 $h_0 = h - 20 = 200 - 20 = 180 \text{mm}$。

已知：$\alpha_1 = 1.0$、$f_c = 14.3 \text{N/mm}^2$、$f_t = 1.43 \text{N/mm}^2$、$f_y = 270 \text{N/mm}^2$、$\xi_b = 0.576$，

$$\rho_{\min} = 0.45 \frac{f_t}{f_y} = 0.45 \times \frac{1.43}{270} = 2.38 \times 10^{-3} > 0.2\%$$

因为 $b'_f = 600 \text{mm} < l_0/3 = 6000/3 = 2000 \text{mm}$，且 $\dfrac{h'_f}{h_0} > 0.1$，所以符合要求。

（1）判断 T 形截面的类型

$$\alpha_1 f_c b'_f h'_f \left(h_0 - \frac{h'_f}{2} \right) = 1.0 \times 14.3 \times 600 \times 80 \times \left(180 - \frac{80}{2} \right) = 96 \text{kN} \cdot \text{m} > M$$
$$= 22 \text{kN} \cdot \text{m}$$

属于第一类 T 形截面。

（2）用式（4-39）联立计算

$$\begin{cases} 1.0 \times 14.3 \times 600x = 270A_s \\ 22 \times 10^6 = 1.0 \times 14.3 \times 600x\left(180 - \dfrac{x}{2}\right) \end{cases}$$

求出 $x = 15\text{mm}$，$A_s = 477\text{mm}^2$

选配钢筋 4 Φ 14（实际钢筋面积 $A_s = 615\text{mm}^2$）。

$$\rho_t = \frac{A_s}{bh} = \frac{615}{160 \times 200} = 1.92 \times 10^{-2} > \rho_{\min} = 2.38 \times 10^{-3}$$

画出此板配筋图，见图 4-35。

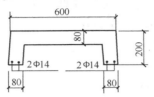

图 4-35　［例 4-7］配筋图

思 考 题

1. 为什么钢筋混凝土矩形截面梁的高宽比 h/b 要取 2～3.5？

2. 钢筋混凝土梁中的配筋形式如何？

3. 钢筋混凝土板中的配筋形式如何？

4. 钢筋混凝土板中为什么要配分布钢筋？

5. 为何规定混凝土梁、板中纵向受力钢筋的最小间距和最小保护层厚度？

6. 试述钢筋混凝土适筋梁正截面受弯的三个工作阶段，需要画图说明。

7. 钢筋混凝土适筋梁正截面受弯的三个工作阶段受力特点明显不同于弹性均质材料梁，主要差别表现在哪些方面？

8. 钢筋混凝土梁正截面的破坏形态有哪些？对应每种破坏形态的破坏特征是什么？

9. 随着纵向受力钢筋用量的增加，梁正截面受弯承载力如何变化？梁截面的变形能力如何变化？

10. 随着纵向受力钢筋用量的减少，梁正截面受弯承载力如何变化？梁正截面的变形能力如何变化？

11. 为什么钢筋混凝土受弯构件仍然可以采用材料力学中针对均质材料的平截面假定进行计算分析？

12. 受压区混凝土等效矩形应力图形是如何得到的？

13. 如何确定界限相对受压区高度？

14. 最小配筋率是如何确定的？

15. 如何验算第一类 T 形截面的最小配筋率？为什么？

习 题

1. 钢筋混凝土矩形截面梁，梁截面宽 $b = 250\text{mm}$，纵筋的混凝土保护层厚度 $c_s = 30\text{mm}$，混凝土采用 C30，钢筋采用 HRB400，纵向受力钢筋为 4 Φ 20，求当梁截面高度分别为 $h = 550\text{mm}$，600mm，650mm，700mm 时，截面的抗弯承载力。

2. 钢筋混凝土矩形截面梁，梁截面尺寸 $b \times h = 300\text{mm} \times 700\text{mm}$，纵筋的混凝土保护层厚度 $c_s = 30\text{mm}$，钢筋采用 HRB400，截面所受到的弯矩设计值为 $M = 850\text{kN} \cdot \text{m}$，当混凝土采用 C25、C30、C35、

C40 时，求截面的配筋。

3. 钢筋混凝土矩形截面梁，梁截面尺寸 $b \times h = 300\text{mm} \times 700\text{mm}$，纵筋混凝土保护层厚度 $c_s = 30\text{mm}$，混凝土采用 C30，钢筋采用 HRB400，试求下列各种情况下截面的抗弯承载力：

(1) 当梁中配置 4 Φ 25 的受拉钢筋，2 Φ 16 的受压钢筋时；

(2) 当梁中配置 8 Φ 25 的受拉钢筋，2 Φ 16 的受压钢筋时；

(3) 当梁中配置 4 Φ 25 的受拉钢筋，4 Φ 25 的受压钢筋时。

4. 简支梁如图 4-36 所示，混凝土采用 C25，钢筋采用 HRB335，求所能承受的均布荷载（包括梁的自重）$q_{设计值}$。

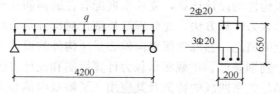

图 4-36 习题 4 图

5. 当混凝土采用 C25，钢筋采用 HRB400，求图 4-37 所示三种截面的钢筋混凝土梁所能承受的弯矩。

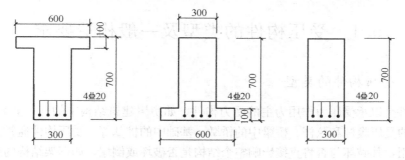

图 4-37 习题 5 图

6. 肋形楼盖的次梁，跨度 6.6m，间距 3m，截面尺寸见图 4-38，跨中最大正弯矩设计值 90.3kN·m，采用 C30 混凝土，HRB335 级钢筋，环境类别为一类，试计算次梁内所需钢筋。

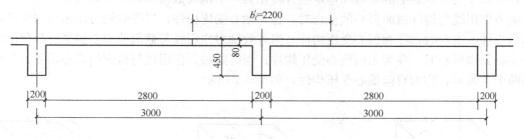

图 4-38 习题 6 图

7. 现有一矩形截面为 240mm×600mm 的简支（跨度 6m）梁，截面上部配筋 3 Φ 22，截面下部配筋 7 Φ 25，混凝土 C20，跨中弯矩 270kN·m。该梁的设计存在什么问题？如有问题如何解决？

第5章 受压构件的正截面承载力

本章主要介绍了钢筋混凝土轴心受压及单向偏心受压构件的截面承载力设计计算方法及构造要求。轴心受压构件的设计计算，要求掌握配有普通箍筋柱和配有螺旋（或焊接环式）箍筋柱的正截面承载力计算方法，充分理解长细比对构件受压承载力影响。深入理解构件受压挠曲二阶效应的概念，熟练掌握单向偏心受压构件的设计计算，包括：大小偏心受压构件的破坏形态、判别条件、正截面承载力计算简图和设计方法、适用条件及构造要求，并深入理解 $N_u—M_u$ 关系曲线的特征及其应用。了解双向偏心受压构件正截面承载力的简化计算方法。简要了解型钢混凝土柱和钢管混凝土柱的受力特性和正截面承载力的计算方法。

5.1 受压构件的类型及一般构造要求

5.1.1 受压构件的类型

受压构件是以承受压力作用为主的受力构件，如房屋建筑结构中的柱、剪力墙和筒体、拱、桁架中的受压腹杆和弦杆、桥梁中的桥墩、基础中的桩基等。受压构件通常在结构中起着重要的作用，其破坏与否将直接影响整个结构是否破坏或倒塌，如框架结构的底层柱和桥梁的桥墩起着支撑上部结构的作用，若在地震作用下破坏会直接导致结构的整体倒塌。

一般在荷载作用下，受压构件其截面上作用有轴力、弯矩和剪力。在计算受压构件时，可将作用在截面上的轴力和弯矩组合转化为一个偏离截面形心的等效轴力考虑。当等效轴力作用线与构件截面形心轴重合时，称为轴心受压构件；当等效轴力作用线与构件截面形心轴不重合时，称为偏心受压构件；当等效轴力作用线与截面的形心轴平行且仅沿某一主轴偏离形心时，称为单向偏心受压构件；当等效轴力作用线与截面的形心轴平行且偏离两个主轴时，称为双向偏心受压构件，如图 5-1 所示。

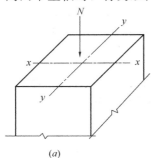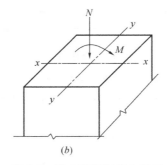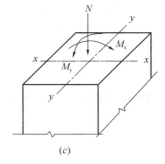

图 5-1 轴心受压与偏心受压

(a) 轴心受压；(b) 单向偏心受压；(c) 双向偏心受压

5.1.2 一般构造要求

受压构件除满足承载力计算要求外，还应满足相应的构造要求。

5.1.2.1 截面形式及尺寸

钢筋混凝土受压构件的截面形式的选用应考虑到受力合理和模板制作方便。

轴心受压构件一般采用正方形或矩形；用于公共建筑的柱、桥墩和桩，可做成圆形、正多边形或环形截面。

偏心受压构件通常采用矩形截面。为了节省混凝土及减轻结构自重，较大尺寸的预制柱常采用I形截面；拱结构的肋常做成T形截面；采用离心法制造的柱、桩、电杆以及烟囱、水塔支筒等常采用环形截面。

对于矩形截面柱，其截面尺寸一般不宜小于 250mm×250mm。为避免构件长细比过大，降低受压构件截面承载力，一般长细比宜控制在 $l_0/b \leqslant 30$、$l_0/h \leqslant 25$ 范围内（l_0 为柱的计算长度，b、h 分别为柱的短边、长边尺寸）。为了施工制作方便，在 800mm 以内时宜取 50mm 为模数，800mm 以上时可取 100mm 为模数。

对于I形截面柱，翼缘厚度不宜小于 120mm，因为翼缘太薄，会使构件过早出现裂缝，同时在靠近柱底处的混凝土容易在车间生产过程中碰坏而降低柱的承载力和使用年限。腹板厚度不宜小于 100mm，否则浇筑混凝土较困难。地震区的I形截面柱的腹板宜适当加厚。

5.1.2.2 纵向钢筋

与受弯构件相似，受压构件纵向钢筋的配筋率也应满足最小配筋率的要求。全部纵向钢筋最小配筋百分率，对强度等级为 300MPa、335MPa 的钢筋为 0.6%，对强度等级为 400MPa 的钢筋为 0.55%，对强度级别为 500MPa 的钢筋为 0.5%，同时一侧钢筋的配筋率不应小于 0.2%，详见附表 6-6。

为了施工方便、考虑经济性要求及防止徐变后卸载引起的柱开裂，全部纵向钢筋的配筋率不宜超过 5%。

轴心受压构件中的纵向钢筋应沿构件截面四周均匀布置，根数不得少于 4 根，并应取偶数。偏心受压构件中的纵向钢筋设置在垂直于弯矩作用平面的两侧。圆柱中纵向钢筋一般沿周边均匀布置，根数不宜少于 8 根，且不应少于 6 根。

受压构件纵向受力钢筋直径 d 不宜小于 12mm，通常在 12~32mm 范围内选用。一般宜采用较粗直径的钢筋，以便与箍筋一同形成刚性较好的钢筋骨架。

受压柱中纵向钢筋的净间距不应小于 50mm，且不宜大于 300mm；水平浇筑的预制柱，其纵向钢筋的最小净距可按梁的有关规定取用。

轴心受压柱中各边的纵向受力钢筋和偏心受压柱中配置在垂直于弯矩作用平面的纵向受力钢筋，中距（钢筋中心线间的距离）不宜大于 300mm。当偏心受压柱的截面高度 h ⩾600mm 时，在侧面应设置直径不小于 10mm 的纵向构造钢筋，并相应地设置复合箍筋或拉筋，以防止构件因温度变化和混凝土收缩应力而产生裂缝，并维持对核心混凝土的约束。

5.1.2.3 箍筋

为了防止纵向钢筋受压时压屈，同时保证纵向钢筋的正确位置，并与纵向钢筋组成整体骨架，柱中箍筋应做成封闭式；对圆柱中的箍筋，搭接长度不应小于钢筋的锚固长度 l_a，且末端应做成135°弯钩，且弯钩末端平直长度不应小于箍筋直径的5倍。

箍筋直径不应小于纵筋最大直径的 1/4，且不应小于 6mm。箍筋间距不应大于 400mm 及构件截面的短边尺寸，且不应大于纵筋最小直径的 15 倍。

当柱中全部纵向受力钢筋的配筋率大于3%时，箍筋直径不应小于8mm；间距不应大于纵筋最小直径的 10 倍，且不应大于 200mm。箍筋末端应做成 135°弯钩，且弯钩末端平直长度不应小于箍筋直径的 10 倍。

在柱内纵向钢筋搭接长度范围内，箍筋直径不宜小于搭接钢筋直径的 1/4，且箍筋的

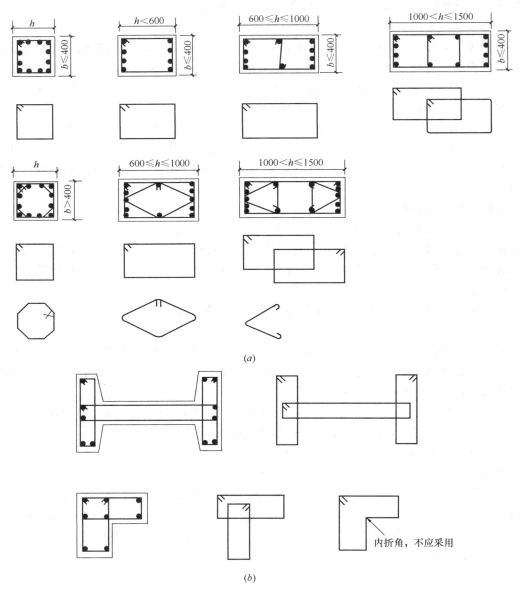

(a)

(b)

图 5-2　柱的箍筋形式

(a) 正方形或矩形截面；(b) I 形或 L 形截面柱

间距应加密，当搭接钢筋受拉时，其间距不应大于 $5d$，且不应大于 100mm；当搭接钢筋受压时，其间距不应大于 $10d$，且不应大于 200mm。此处，d 为搭接钢筋较小直径。当受压钢筋直径大于 25mm 时，应在搭接接头两端面外 100mm 范围内各设置两个箍筋。

当柱截面短边尺寸大于 400mm 且各边纵向钢筋多于 3 根，或当柱截面短边尺寸不大于 400mm 但各边纵向钢筋多于 4 根时，应设置复合箍筋，如图 5-2 所示。对于截面形状复杂的柱，不可采用内折角的箍筋，以免产生向外的拉力，致使折角处混凝土保护层崩脱。

5.1.2.4 材料强度

受压构件承载力受混凝土强度等级影响较大，为了充分利用混凝土承压，节约钢材，减小构件的截面尺寸，受压构件宜采用较高强度等级的混凝土。一般设计中常用的混凝土强度等级为 C30～C50 或更高。

纵向钢筋应采用 HRB400、HRB500、HRBF400、HRBF500 钢筋。对轴心受压构件当采用 500MPa 级钢筋时，因受到混凝土峰值压应变的限制，应注意其抗压强度设计值 $f'_y = 400\text{N/mm}^2$，小于其抗拉强度设计值 $f_y = 435\text{N/mm}^2$。箍筋宜采用 HRB400、HRBF400、HPB300、HRB500、HRBF500 钢筋。

5.1.2.5 混凝土保护层厚度

受压构件混凝土保护层厚度与结构所处的环境类别和设计使用年限有关。设计使用年限为 50 年的钢筋混凝土受压构件最外层钢筋的保护层厚度应符合附表 6-4 的规定，设计使用年限为 100 年的混凝土保护层厚度不应小于附表 6-4 中数值的 1.4 倍，结构所处环境类别的规定见附表 6-2 所示。

5.2 轴心受压构件承载力计算

在实际结构中，由于混凝土质量不均匀、配筋的不对称、制作和安装误差等原因，往往或多或少会存在偏心，所以，在工程中理想的轴心受压构件是不存在的。因此，目前有些国家的设计规范中已经取消了轴心受压构件的计算。我国考虑到对以恒载为主的多层房屋的内柱、屋架的斜压腹杆和压杆等构件，往往因弯矩很小而略去不计，因此，仍近似简化为轴心受压构件进行计算。

依据钢筋混凝土柱中箍筋的配置方式和作用不同，轴心受压构件分为两种情况：普通箍筋轴心受压柱和螺旋箍筋轴心受压柱，如图 5-3 所示。普通箍筋的作用是防止纵筋压曲，改善构件的延性，并与纵筋形成钢筋骨架，便于施工。而螺旋箍筋柱中，箍筋外形为圆形，且较密，除了具有普通箍筋的作用外，还对核心混凝土起约束作用，提高了混凝土的抗压强度和延性。图 5-4 中分别表示普通箍筋柱和螺旋箍筋柱的荷载—应变曲线，可见螺旋箍筋柱具有较好的延性，在承载力略有提高的情况下，其变形能力比普通箍筋柱提高很多。

5.2.1 配有普通箍筋的轴心受压构件承载力计算

5.2.1.1 轴心受压短柱受力分析和破坏形态

钢筋混凝土轴心受压短柱在轴向压力作用下，由于钢筋和混凝土之间存在着粘结力，

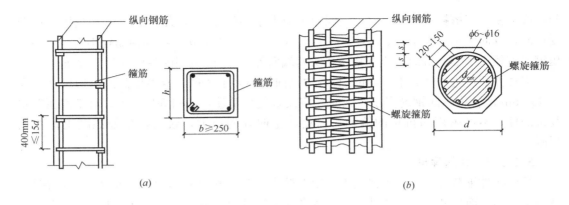

图 5-3　普通箍筋柱和螺旋箍筋柱

(a) 普通箍筋柱；(b) 螺旋箍筋柱

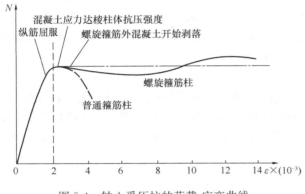

图 5-4　轴心受压柱的荷载-应变曲线

因此，从开始加载到破坏，纵向钢筋与混凝土共同受压。压应变沿构件长度上基本上是均匀分布的。当轴压力较小时，混凝土处于弹性工作状态，钢筋和混凝土应力按照二者弹性模量比值线性增长。随着轴压力的增大，混凝土塑性变形发展、变形模量降低，钢筋应力增长速度加快，混凝土应力增长逐渐变慢。当达到极限荷载时，在构件最薄弱区段的混凝土内将出现由微裂缝发展而成的肉眼可见的纵向裂缝，随着压应变的继续增长，这些裂缝将相互贯通，在外层混凝土剥落之后，核心部分的混凝土将在纵向裂缝之间被完全压碎。在这个过程中，混凝土的侧向膨胀将向外推挤钢筋，从而使纵向受压钢筋在箍筋之间呈灯笼状向外受压屈服，如图 5-5（a）所示。破坏时，一般中等强度的钢筋均能达到其抗压屈服强度，混凝土能达到轴心抗压强度，钢筋和混凝土都得到充分的利用。

轴心受压短柱的承载力计算公式可写成：

$$N_u = f_c A + f'_y A'_s \tag{5-1}$$

式中　f_c——混凝土轴心抗压强度设计值，按附表 2-2 取用；

A——构件截面面积；

f'_y——纵向钢筋的抗压强度设计值，按附表 2-6 取用；

A'_s——全部纵向钢筋的截面面积。

5.2.1.2　轴心受压长柱受力特点

对长细比 l_0/b（l_0 为柱的计算长度，b 为截面的短边尺寸）较大（细长）的柱，微小的初始偏心作用将使构件朝与初始偏心相反的方向产生侧向弯曲，如图 5-5（b）所示，这会使柱的承载力降低。试验结果表明，当长细比较大时，侧向挠度最初是以与轴向压力成正比例的方式缓慢增长的；但当压力达到破坏压力的 60%～70% 时，挠度增长速度加快；

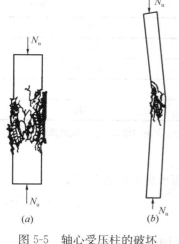

图 5-5 轴心受压柱的破坏
(a) 短柱；(b) 长柱

破坏时，受压一侧往往产生较长的纵向裂缝，钢筋在箍筋之间向外压屈，构件中部的混凝土被压碎，而另一侧混凝土则被拉裂，在构件中部产生若干条以一定间距分布的水平裂缝。

当轴心受压构件的长细比更大，例如当 $l_0/b > 35$ 时（指矩形截面，其中 b 为产生侧向挠度方向的截面边长），就可能发生失稳破坏。试验表明，长柱承载力低于其他条件相同的短柱承载力。《混凝土结构设计规范》采用构件的稳定系数 φ 来表示长柱承载力降低的程度。

构件的稳定系数 φ 主要和构件的长细比 l_0/b 有关，随着 l_0/b 的增大而减小，而混凝土强度等级及配筋率对其影响较小。根据国内外试验的实测结果，《混凝土结构设计规范》中规定了 φ 的取值，如表 5-1 所示，可直接查用。

钢筋混凝土轴心受压构件的稳定系数 表 5-1

l_0/b	≤8	10	12	14	16	18	20	22	24	26	28
l_0/d	≤7	8.5	10.5	12	14	15.5	17	19	21	22.5	24
l_0/i	≤28	35	42	48	55	62	69	76	83	90	97
φ	1.0	0.98	0.95	0.92	0.87	0.81	0.75	0.70	0.65	0.6	0.56
l_0/b	30	32	34	36	38	40	42	44	46	48	50
l_0/d	26	28	29.5	31	33	34.5	36.5	38	40	41.5	43
l_0/i	104	111	118	125	132	139	146	153	160	167	174
φ	0.52	0.48	0.44	0.40	0.36	0.32	0.29	0.26	0.23	0.21	0.19

注：1. l_0 为构件的计算长度，对钢筋混凝土柱可按表 5-2 和表 5-3 规定采用；

2. b 为矩形截面的短边尺寸；d 为圆形截面的直径；i 为截面的最小回转半径。

刚性屋盖单层房屋排架柱、露天吊车柱和栈桥柱的计算长度 表 5-2

柱的类别		l_0		
		排架方向	垂直排架方向	
			有柱间支撑	无柱间支撑
无吊车房屋柱	单跨	1.5H	1.0H	1.2H
	两跨及多跨	1.25H	1.0H	1.2H
有吊车房屋柱	上柱	$2.0H_u$	$1.25H_u$	$1.5H_u$
	下柱	$1.0H_l$	$0.8H_l$	$1.0H_l$
露天吊车柱和栈桥柱		$2.0H_l$	$1.0H_l$	—

注：1. 表中 H 为从基础顶面算起的柱子全高；H_l 为从基础顶面至装配式吊车梁底面或现浇式吊车梁顶面的柱子下部高度；H_u 为从装配式吊车梁底面或从现浇式吊车梁顶面算起的柱子上部高度；

2. 表中有吊车房屋排架柱的计算长度，当计算中不考虑吊车荷载时，可按无吊车房屋柱的计算长度采用，但上柱的计算长度仍可按有吊车房屋采用；

3. 表中有吊车房屋排架柱的上柱在排架方向的计算长度仅适用于 $H_u/H_l \geq 0.3$ 的情况；当 $H_u/H_l < 0.3$ 时，计算长度宜采用 $2.5H_u$。

框架结构各层柱的计算长度		表 5-3
楼盖类型	柱的类别	l_0
现浇楼盖	底层柱	$1.0H$
	其余各层柱	$1.25H$
装配式楼盖	底层柱	$1.25H$
	其余各层柱	$1.5H$

注：表中 H 为底层柱从基础顶面到一层楼盖顶面的高度，对其余各层柱为上下两层楼盖顶面之间的高度。

5.2.1.3 受压承载力计算公式

(1)《混凝土结构设计规范》给出的轴心受压构件正截面承载力计算公式为：

$$N = 0.9\varphi(f_c A + f'_y A'_s) \tag{5-2}$$

式中　N——轴向压力设计值；

φ——钢筋混凝土构件的稳定系数，按表 5-1 所示采用；

f_c——混凝土轴心抗压强度设计值；

f'_y——普通钢筋抗压强度设计值；

A——构件截面面积；

A'_s——全部纵向钢筋的截面面积。

当纵向钢筋配筋率大于 3% 时，式中 A 应改为 A_n，其中 $A_n = A - A'_s$。

(2) 配筋率

由于混凝土在长期荷载作用下具有徐变的特性，因此，钢筋混凝土轴心受压柱在长期荷载作用下，混凝土和钢筋将产生应力重分布，混凝土压应力将减小，而钢筋压应力将增大。配筋率越小，钢筋压应力增加越大，所以为了防止在正常使用荷载作用下，钢筋压应力由于徐变而增大到屈服强度，《混凝土结构设规范》规定了受压构件的最小配筋率，见附表 6-6。

但是，受压构件的配筋也不宜过多，因为考虑到实际工程中存在受压构件突然卸载的情况，如果配筋率太大，卸载后钢筋回弹，可能造成混凝土受拉甚至开裂。同时，为了施工方便和经济，轴心受压构件配筋率不宜超过 5%。

(3) 设计方法

在实际工程中遇到的轴心受压构件的设计问题可以分为截面设计和截面复核两大类。

① 截面设计

在设计截面时可以先依据构造要求选定材料强度等级，初选纵向钢筋配筋率 ρ'（$\rho' = A'_s / A$），并取稳定系数 $\varphi = 1$，由式（5-2）求出所需的受压柱截面面积 A。轴心受压构件合理的截面形状是圆形或正方形，正方形截面可取边长为 $b = h = \sqrt{A}$，也可采用矩形截面（$b \times h = A$）。然后，由表 5-1 确定实际的稳定系数 φ；再由式（5-2）求出所需的实际纵向钢筋面积。

② 截面复核

轴心受压构件的截面复核步骤比较简单，只需将有关数据代入式（5-2）即可求得构件所能承担的轴向力设计值。

【例 5-1】 某多层现浇框架结构房屋，底层内柱以承受恒荷载为主，可按轴心受压构件计算，安全等级为二级。建筑要求该柱截面边长不宜超过 400mm，轴向力设计值 $N=2820kN$，从基础顶面到一层楼盖顶面的高度 $H=3.9m$，混凝土强度等级为 C30，钢筋采用 HRB400 级钢筋，环境类别为一类。试设计该柱。

【解】 (1) 材料强度

C30 混凝土，$f_c=14.3N/mm^2$；HRB400 级钢筋，$f_y=f_y'=360N/mm^2$。

(2) 确定截面形式和尺寸

由于是轴心受压构件，因此采用方形截面形式，考虑到建筑要求，不妨取该柱的截面尺寸为 $b=h=400mm$。

(3) 求稳定性系数

取计算长度 $l_0=1.0H=1.0\times3900=3900mm$（现浇楼盖底层柱），则：

$$\frac{l_0}{b}=\frac{3900}{400}=9.75$$

查表内插得 $\varphi=0.983$。

(4) 计算纵向钢筋截面面积 A_s'

$$A_s'=\frac{1}{f_y'}\left(\frac{N}{0.9\varphi}-f_cA\right)$$
$$=\frac{1}{360}\left(\frac{2820\times10^3}{0.9\times0.983}-14.3\times400\times400\right)$$
$$=2499mm^2$$

(5) 选筋

选用 $8\,\Phi\,20$，$A_s'=2513mm^2$，则纵筋配筋率为：

$$\rho'=\frac{A_s'}{bh}=\frac{2513}{400\times400}=0.0157=1.57\%$$

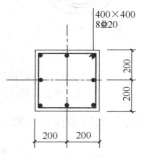

图 5-6 截面配筋图
（单位：mm）

$0.55\%\leqslant\rho'\leqslant5\%$，且截面单侧配筋率也大于 0.2%，故满足要求。截面配筋图见图 5-6。

5.2.2 配有螺旋箍筋的轴心受压柱承载力计算

5.2.2.1 箍筋的约束作用及受力特点

当柱承受很大轴心压力，并且柱截面尺寸由于建筑上及使用上的要求受到限制，若设计成普通箍筋柱，即使提高了混凝土强度等级和增加了纵筋配筋量也不足以承受该轴心压力时，可考虑采用螺旋箍筋或焊接环筋以提高承载力。这种柱的截面形状一般为圆形或多边形，图 5-7 所示为螺旋箍筋柱和焊接环筋柱的构造形式，柱的截面形状一般为圆形或多边形。

螺旋箍筋柱和焊接环筋柱的配箍率高，而且不会像普通箍筋那样容易"崩出"，因而能约束核心混凝土在纵向受压时产生的横向变形，从而提高了混凝土抗压强度和变形能力，这种受到约束的混凝土称为"约束混凝土"。同时，在螺旋箍筋或焊接环筋中产生了拉应力。当外力逐渐加大，它的应力达到抗拉屈服强度时，就不再能有效地约束混凝土的横向变形，混凝土的抗压强度就不能再提高，这时构件破坏。可见，在柱的横向采用螺旋箍筋或焊接环筋也能像直接配置纵向钢筋那样起到提高承载力和变形能力的作用，故把这种配筋方式称为"间接配筋"。

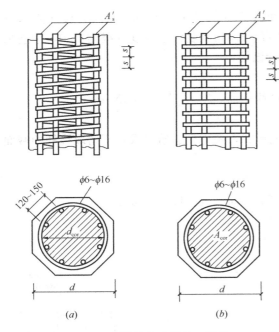

图 5-7 螺旋箍筋和焊接环筋柱

(a) 螺旋箍筋柱；(b) 焊接环筋柱

螺旋箍筋或焊接环筋外的混凝土保护层在螺旋箍筋或焊接环筋受到较大拉应力时就开裂，故在计算时不考虑此部分混凝土。

5.2.2.2 承载力计算公式

根据上述分析可知，螺旋箍筋或焊接环筋所包围的核心截面混凝土因处于三向受压状态，故其轴心抗压强度高于单轴向的轴心抗压强度，可利用圆柱体混凝土周围加液压所得近似关系式进行计算：

$$f = f_c + \beta \sigma_r \tag{5-3}$$

式中 f ——受约束后的混凝土轴心抗压强度；

σ_r ——当间接钢筋的应力达到屈服强度时，柱的核心混凝土受到的径向压应力值；

β ——径向压应力系数。

在间接钢筋间距 s 范围内，利用 σ_r 的合力与钢筋的拉力平衡，如图 5-8 所示，则可得

$$\sigma_r = \frac{2f_y A_{ss1}}{d_{cor} s} = \frac{2f_y}{\frac{\pi d_{cor}^2}{4}} \cdot \frac{\pi d_{cor} A_{ss1}}{s} = \frac{f_y A_{ss0}}{2A_{cor}} \tag{5-4}$$

$$A_{ss0} = \frac{\pi d_{cor} A_{ss1}}{s} \tag{5-5}$$

式中 A_{ss1} ——单根间接钢筋的截面面积；

f_y ——间接钢筋的抗拉强度设计值；

s ——沿构件轴线方向间接钢筋的间距；

d_{cor} ——构件的核心直径，按间接钢筋内表面确定；

A_{ss0} ——间接钢筋的换算截面面积，相当于将横向钢筋等效为纵筋；

A_{cor} ——构件的核心截面面积。

根据力的平衡条件，得

$$N_u = (f_c + \beta \sigma_r) A_{cor} + f_y' A_s' \tag{5-6}$$

将式（5-4）和式（5-5）代入式（5-6）可得

$$N_u = f_c A_{cor} + \frac{\beta}{2} f_y A_{ss0} + f_y' A_s' \tag{5-7}$$

令 $2\alpha = \beta/2$ 代入上式，同时考虑可靠度的调整系数 0.9 后，《混凝土结构设计规范》规定螺旋式或焊接环式间接钢筋柱的承载力计算公式为：

$$N_u = 0.9(f_c A_{cor} + 2\alpha f_y A_{ss0} + f_y' A_s') \tag{5-8}$$

式中 α 称为间接钢筋对混凝土约束的折减系数，当混凝土

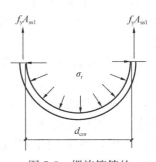

图 5-8 螺旋箍筋的
受力图示

强度等级不大于 C50 时，取 $\alpha = 1.0$；当混凝土强度等级为 C80 时，取 $\alpha = 0.85$；当混凝土强度等级在 C50 与 C80 之间时，按直线内插法确定。

5.2.2.3 工程适用条件

当利用式（5-8）计算配有纵筋和螺旋式（或焊接环式）箍筋柱的承载力时，应满足一定的适用条件：

（1）承载力条件

为了保证在使用荷载作用下，箍筋外层混凝土不致过早剥落，《混凝土结构设计规范》规定配螺旋式（或焊接环式）箍筋的轴心受压承载力设计值［按式（5-8）计算］不应大于按普通箍筋的轴心受压承载力设计值［按式（5-2）计算］的 1.5 倍。

（2）长细比条件

长细比 $l_0/d > 12$ 的柱不应考虑间接钢筋的约束作用。因长细比较大的构件，可能由于初始偏心引起的侧向弯曲和附加弯矩的影响使构件的承载力降低，螺旋式（或焊接环式）箍筋不能发挥其作用。

（3）面积条件

间接钢筋的换算面积 A_{ss0} 不得小于全部纵筋面积 A'_s 的 25%。当间接钢筋的换算截面面积 A_{ss0} 小于纵向钢筋全部截面面积的 25% 时，可以认为间接钢筋配置得太少，不能起到套箍的约束作用。

（4）间距条件

间接钢筋间距不应大于 80mm 及 $0.2d_{cor}$，且不小于 40mm。

【例 5-2】　某建筑门厅现浇的圆形钢筋混凝土柱直径为 400mm，承受轴向压力设计值 $N = 4200\text{kN}$。从基础顶面到一层楼盖顶面的距离 $H = 4.2\text{m}$，混凝土强度等级为 C30，柱中纵向钢筋及箍筋均采用 HRB400 级钢筋，环境类别为一类，试设计该柱。

【解】　（1）材料强度

C30 混凝土，$f_c = 14.3\text{N/mm}^2$；HRB400 级钢筋，$f_y = f'_y = 360\text{N/mm}^2$；

（2）求稳定系数

柱计算长度：$l_0 = 1.0H = 1.0 \times 4200 = 4200\text{mm}$，$l_0/d = 10.5$，查表得 $\varphi = 0.95$。

（3）按普通箍筋柱求纵筋 A'_s

混凝土截面积为 $A = \pi d^2/4 = 3.14 \times 400^2/4 = 1.256 \times 10^5 \text{mm}^2$

$$A'_s = \frac{1}{f'_y}\left(\frac{N}{0.9\varphi} - f_c A\right) = \frac{1}{360}\left(\frac{4200 \times 10^3}{0.9 \times 0.95} - 14.3 \times 1.256 \times 10^5\right)$$
$$= 8656\text{mm}^2$$

（4）求配筋率

$\rho' = A'_s/A = 8656/(1.256 \times 10^5) = 6.9\% > 5\%$，不可以。

配筋率太高，若混凝土强度等级不再提高，并因 $l_0/d < 12$，可采用螺旋箍筋柱。下面再按螺旋箍筋柱来计算。

（5）求螺旋箍筋的间距 s

按最大配筋率 $\rho' = 0.05$，计算 $A'_s = \rho'A = 6280\text{mm}^2$；选用 12 Φ 25，实配 $A'_s = 5890\text{mm}^2$，实配纵筋配筋率小于最大配筋率，符合要求。

一类环境时，柱保护层最小厚度 20mm。初选螺旋箍筋直径为 10mm，则有 $A_{ss1} =$

78.5mm^2。

$$d_{cor} = 400 - 2 \times 20 - 2 \times 10 = 340\text{mm}$$

$$A_{cor} = \frac{\pi d_{cor}^2}{4} = \frac{\pi \times 340^2}{4} = 90746\text{mm}^2$$

$$A_{ss0} = \frac{N/0.9 - (f_c A_{cor} + f_y' A_s')}{2\alpha f_y} = \frac{4200 \times 10^3/0.9 - (14.3 \times 90746 + 360 \times 5890)}{2 \times 1.0 \times 360}$$

$$= 1734\text{mm}^2 > 0.25 A_s' = 1473\text{mm}^2$$

满足要求。

$$s = \frac{\pi d_{cor} A_{ss1}}{A_{ss0}} = \frac{\pi \times 340 \times 78.5}{1734} = 48\text{mm}$$

取 $s=45$mm，符合 $40 \leqslant s \leqslant 80$ 及 $s \leqslant 0.2 d_{cor} = 68$mm 的规定。

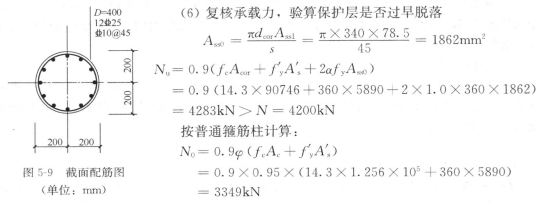

（6）复核承载力，验算保护层是否过早脱落

$$A_{ss0} = \frac{\pi d_{cor} A_{ss1}}{s} = \frac{\pi \times 340 \times 78.5}{45} = 1862\text{mm}^2$$

$$N_u = 0.9(f_c A_{cor} + f_y' A_s' + 2\alpha f_y A_{ss0})$$

$$= 0.9(14.3 \times 90746 + 360 \times 5890 + 2 \times 1.0 \times 360 \times 1862)$$

$$= 4283\text{kN} > N = 4200\text{kN}$$

按普通箍筋柱计算：

$$N_0 = 0.9\varphi(f_c A_c + f_y' A_s')$$

$$= 0.9 \times 0.95 \times (14.3 \times 1.256 \times 10^5 + 360 \times 5890)$$

$$= 3349\text{kN}$$

图 5-9 截面配筋图
（单位：mm）

$N_u = 4283$kN $< 1.5 N_0 = 1.5 \times 3349 = 5024$kN，满足要求。截面配筋图见图 5-9。

5.3 偏心受压构件的受力性能分析

同时承受轴向压力和弯矩的构件，称为偏心受压构件。在实际工程中，偏心受压构件应用的非常广泛，如常用的多层框架柱、单层排架柱、大量的实体剪力墙等都属于偏心受压构件。在这类构件的截面中，一般在轴力、弯矩作用的同时还作用有横向剪力，因此，偏心受力构件也应和受弯构件一样，除进行正截面承载力计算外，还要进行斜截面承载力计算（受压构件斜截面承载力计算详见第 7 章相关内容）。

工程中的偏心受压构件大部分都是按单向偏心受压来进行截面设计的，即如图 5-1（b）所示只考虑轴向压力 N 沿截面一个主轴方向的偏心作用。通常在沿着偏心轴方向的两边配置纵向钢筋。离偏心压力较近一侧的纵向钢筋（简称近端钢筋，以下同）为受压钢筋，其截面面积用 A_s' 表示；另一侧的纵向钢筋（简称远端钢筋，以下同）可能受拉也可能受压，其截面面积都用 A_s 表示。

5.3.1 偏心受压短柱的受力特点和破坏形态

从正截面受力性能来看，我们可以把偏心受压状态看做是轴心受压与受弯之间的过渡状态，即可以把轴心受压看做是偏心受压状态在 $M=0$ 时的一种极端情况，而把受弯看做是偏心受压状态 $N=0$ 时的另一种极端情况。因此可以断定，偏心受压截面中的应变和应

力分布特征将随着 M/N 逐步降低而从接近于受弯的状态过渡到接近于轴心受压的状态。

试验表明，从加荷载开始到接近破坏为止，用较大的测量标距量测得到的偏心受压构件的截面平均应变值都较好地符合平截面假定，受弯构件正截面承载力计算的基本假定均适用于偏心受压承载力计算。

根据偏心距和纵向钢筋的配筋率不同，偏心受压构件将发生不同的破坏形态，可分为两类：

5.3.1.1 大偏心受压破坏——受拉破坏

当构件截面的相对偏心距 e_0/h_0 较大，即弯矩 M 的影响较为显著，而且配置的受拉侧钢筋 A_s 合适时，在偏心距较大的轴向压力 N 作用下，远离纵向偏心力一侧截面受拉。当 N 增大到一定程度时，受拉边缘混凝土将达到其极限拉应变，首先出现垂直于构件轴线的裂缝。这些裂缝将随着荷载的增大而不断加宽并向受压一侧发展，受拉钢筋拉力迅速增加，并首先达到屈服。随着钢筋屈服后的塑性伸长，裂缝将明显加宽并进一步向受压一侧延伸，使受压区面积减小，受压边缘的压应变增大。最后当受压边缘混凝土达到其极限压应变 ε_{cu} 时，受压区混凝土被压碎而导致构件的最终破坏，如图 5-10 所示。只要受压区相对高度不致过小，而且受压钢筋的强度也不是太高，则在混凝土开始压碎前，受压钢筋一般都能达到屈服强度。

在上述破坏过程中，关键的破坏特征是受拉钢筋首先达到屈服，然后受压钢筋也能达到屈服，最后受压区混凝土压碎而导致构件破坏。这种破坏形态在破坏前有较明显的预兆，属于延性破坏，所以这类破坏也称为受拉破坏。破坏阶段截面中的应力分布图形如图 5-10 所示。

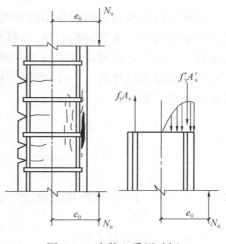

图 5-10　大偏心受压破坏

5.3.1.2 小偏心受压破坏——受压破坏

当构件截面的相对偏心距 e_0/h_0 较小，或相对偏心距虽然较大，但配置的受拉侧钢筋 A_s 较多时，截面受压混凝土和近端钢筋的应力较大，而远端钢筋可能受拉、也可能受压。受压构件破坏时，受压区混凝土的压应变达到极限压应变，混凝土被压碎，近端钢筋达到屈服强度，而远端钢筋未达到受拉屈服，这种破坏具有脆性性质，称为小偏心受压破坏或受压破坏。

产生小偏心受压破坏的条件和破坏形式主要有两种：

（1）相对偏心距 e_0/h_0 较大，但远端钢筋 A_s 配置较多时，这种情况类似于双筋截面超筋梁。破坏时，靠近轴向压力一侧的受压钢筋达到抗压屈服强度，而另一侧钢筋受拉，但应力未达到其抗拉屈服强度，如图 5-11（a）所示。

（2）相对偏心距 e_0/h_0 较小，截面大部分处于受压状态，甚至全截面处于受压状态。破坏时，靠近轴向压力一侧的受压钢筋达到抗压屈服强度，而另一侧钢筋可能达到抗压屈服强度，也可能未达到抗压屈服强度，如图 5-11（b）所示。

此外，当相对偏心距 e_0/h_0 很小，且距轴压力 N 较远一侧的钢筋 A_s 配置得过少时，还可能出现远离纵向偏心压力一侧边缘混凝土的应变首先达到极限压应变，混凝土被压碎，最终构件破坏的现象，也称为反向受压破坏。

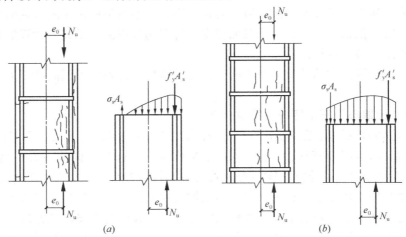

图 5-11 小偏心受压破坏

(a) 远端钢筋受拉；(b) 远端钢筋受压

5.3.2 初始偏心距

实际工程中存在着荷载作用位置的不定性、混凝土质量的不均匀性及施工的偏差等，这些因素都可能产生附加偏心距。《混凝土结构设计规范》规定，在偏心受压构件的正截面承载力计算中，应考虑轴向压力在偏心方向的附加偏心距 e_a，其值应不小于 20mm 和偏心方向截面最大尺寸的 1/30 两者中的较大值。正截面计算时所取的偏心距 e_i 由 e_0 和 e_a 两者相加而成，即：

$$e_0 = \frac{M}{N} \tag{5-9}$$

$$e_a = \frac{h}{30} \geqslant 20\text{mm} \tag{5-10}$$

$$e_i = e_0 + e_a \tag{5-11}$$

式中　e_0——由截面上作用的设计弯矩 M 和轴力 N 计算所得的轴向力对截面形心的偏心距；

　　　e_a——附加偏心距；

　　　e_i——初始偏心距。

《混凝土结构设计规范》规定的附加偏心距也考虑了对偏心受压构件正截面计算结果的修正作用，以补偿基本假定和实际情况不完全相符带来的计算误差。

5.3.3 偏心受压构件的挠曲二阶效应和设计弯矩

5.3.3.1 基本概念

钢筋混凝土受压构件在承受偏心轴力后，将产生纵向弯曲变形，即侧向挠度。对于长细比较小的短柱，侧向挠度小，计算时一般可忽略其影响。而对于长细比较大的长柱，由于侧向挠度的影响，各个截面所受的弯矩不再是 Ne_0（本节理论分析时暂不考虑附加偏心距 e_a），而是 $N(e_0 + f)$，其中 f 为构件任意点的水平侧向挠度。f 随着荷载的增大而不断加大，因而弯矩的增长也就越来越明显，如图 5-12 所示（图中材料的强度为试验实测值）。在偏心受压构件计算中，将 Ne_0 称为初始弯矩或一阶弯矩（不考虑纵向弯曲效应构件截面中的弯矩），而将 Nf 称为附加弯矩或二阶弯矩。偏心受压构件中的轴压力在挠曲变形后的构件中产生的附加弯矩和附加变形的过程属于几何非线性问题，这种现象称为挠曲二阶效应。

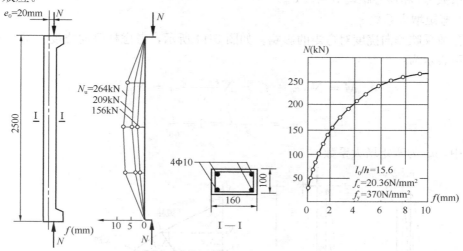

图 5-12　钢筋混凝土长柱实测 N-f 曲线

5.3.3.2　适用条件

当长细比较小时，偏心受压构件的纵向弯曲变形很小，附加弯矩的影响可忽略。因此《混凝土结构设计规范》规定：弯矩作用平面内截面对称的偏心受压构件，当同一主轴方向的杆端弯矩比 M_1/M_2 不大于 0.9 且设计轴压比不大于 0.9 时，若构件的长细比满足式 (5-12) 的要求，可不考虑该方向构件自身挠曲产生的附加弯矩影响。

$$\frac{l_0}{i} \leqslant 34 - 12 \left(\frac{M_1}{M_2} \right) \quad (5-12)$$

式中　M_1、M_2——偏心受压构件两端截面按结构分析确定的对同一主轴的弯矩设计值，绝对值较大端为 M_2，绝对值较小端为 M_1，当构件按单曲率弯曲时，M_1/M_2 为正，如图 5-13（a）所示，否则为负，如图 5-13（b）所示；

　　　　l_0——构件的计算长度，可近似取偏心受压构件相应主轴方向两支撑点之间的距离；

　　　　i——偏心方向的截面回转半径。

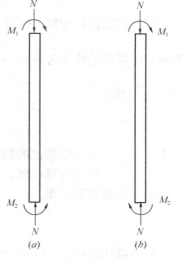

图 5-13　偏心受压构件的弯曲方向
（a）单曲率弯曲；（b）双曲率弯曲

5.3.3.3　偏心距调节系数和弯矩增大系数

若不满足上述条件，在确定偏心受压构件的内力设计值时，需考虑构件的侧向挠度引起的附加弯矩（二阶弯矩）的影响，工程设计中，通常采用增大系数法。

《混凝土结构设计规范》将柱端的附加弯矩计算用偏心距调节系数和弯矩增大系数来反映，即偏心受压柱的设计弯矩（考虑了附加弯矩影响后）为原柱端最大弯矩 M_2 乘以弯矩增大系数 η_{ns} 和偏心距调节系数 C_m。

（1）弯矩增大系数 η_{ns}

该参数反映侧向挠度对弯矩的影响。如图 5-14 所示，考虑柱侧向挠度 f 后，柱中截面弯矩可表示为：

$$M = N (e_0 + f) = N \frac{e_0 + f}{e_0} e_0 = N \eta_{ns} e_0 \tag{5-13}$$

$$\eta_{ns} = \frac{e_0 + f}{e_0} = 1 + \frac{f}{e_0} \tag{5-14}$$

式中，η_{ns} 为弯矩增大系数。

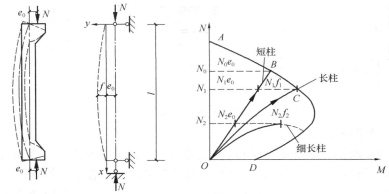

图 5-14　柱端弯矩增大系数计算图示

以两端铰接柱为例，试验表明，两端铰接柱的挠曲线可用正弦曲线 $y = f \sin \frac{\pi x}{l_0}$ 近似表示；柱截面的曲率为 $\varphi \approx |y''| = f \frac{\pi^2}{l_0^2} \sin \frac{\pi x}{l_0}$，在柱中部控制截面处 $\left(x = \frac{l_0}{2} \right)$，$\varphi = f \frac{\pi^2}{l_0^2}$ $\approx 10 \frac{f}{l_0^2}$，即有：

$$f = \varphi \frac{l_0^2}{10} \tag{5-15}$$

式中　f——柱中部截面的侧向挠度；

　　　l_0——柱的计算长度。

由平截面假定可知：

$$\varphi = \frac{\varepsilon_c + \varepsilon_s}{h_0} \tag{5-16}$$

界限破坏时，$\varepsilon_c = \varepsilon_{cu}$，$\varepsilon_s = \frac{f_y}{E_s}$，则界限破坏时的曲率为：

$$\varphi_b = \frac{\varepsilon_{cu} + f_y / E_s}{h_0} \tag{5-17}$$

由于偏心受压构件实际破坏形态和界限破坏有一定的差别，应对 φ_b 进行修正，令

$$\varphi = \varphi_b \zeta_c = \frac{\varepsilon_{cu} + f_y / E_s}{h_0} \zeta_c \tag{5-18}$$

式中　ζ_c——偏心受压构件截面曲率 φ 的修正系数。

试验表明，在大偏心受压破坏时，实测曲率 φ 与 φ_b 相差不大；在小偏心受压破坏时，曲率 φ 随偏心距的减小而降低。《混凝土结构设计规范》规定，对大偏心受压构件，取 $\zeta_c = 1$；对小偏心受压构件，用 N 的大小来反映偏心距的影响。

在界限破坏时，对常用的 HPB300、HRB335、HRB400、HRB500 钢筋和 C50 及以下等级的混凝土，界限受压区高度为 $x_b = \xi_b h_0 = (0.491 \sim 0.576) h_0$，若取 $h_0 \approx 0.9h$，则 $x_b = (0.442 \sim 0.518) h$，近似取 $x_b = 0.5h$，则界限破坏时的轴力可近似取为 $N_b = f_c b x_b = 0.5 f_c b h = 0.5 f_c A$（截面纵筋的拉力和压力基本平衡，其中 A 为构件截面面积）。由此可得到 ζ_c 的表达式为：

$$\zeta_c = \frac{N_b}{N} = \frac{0.5 f_c A}{N} \leqslant 1 \tag{5-19}$$

截面发生破坏时，若 $N < N_b$，为大偏心受压破坏，取 $\zeta_c = 1$；若 $N > N_b$，为小偏心受压破坏，$\zeta_c < 1$。

将式（5-18）和式（5-15）代入式（5-14）可得：

$$\eta_{ns} = 1 + \frac{\varphi}{10 e_0} l_0^2 = 1 + \frac{\varepsilon_{cu} + f_y / E_s}{h_0} \zeta_c \frac{l_0^2}{10 e_0} \tag{5-20}$$

考虑到荷载长期作用的影响，可将 ε_{cu} 乘以系数 1.25，取 $h / h_0 = 1.1$，钢筋强度采用 400MPa 和 500MPa 的平均值 $f_y = 450$MPa，在实际应用中用考虑附加偏心距后的偏心距 $M_2 / N + e_a$ 代替 e_0，代入式（5-20）可得到《混凝土结构设计规范》中弯矩增大系数 η_{ns} 的计算公式：

$$\eta_{ns} = 1 + \frac{1}{1300 (M_2 / N + e_a) / h_0} \left(\frac{l_0}{h}\right)^2 \zeta_c \tag{5-21}$$

式中　ζ_c——截面曲率修正系数，见式（5-20）；

　　　M_2——偏心受压构件两端截面按结构分析确定的弯矩设计值中绝对值较大的弯矩设计值；

　　　N——与弯矩设计值 M_2 相应的轴向压力设计值。

（2）偏心距调节系数 C_m

上述弯矩增大系数的计算是基于两端作用有同方向偏心、且偏心距大小相等的竖向力时，在柱中部引起的弯矩增大效应（图5-14）。对于弯矩作用平面内截面对称的偏心受压构件，当柱两端轴向力的偏心方向相反，或即使同方向偏心（M_1 / M_2 为正），但二者大小悬殊，即比值 M_1 / M_2 小于 0.9 时，柱中段受附加弯矩影响后的最大弯矩将可能不在柱的中间部位。此时按两端弯矩中绝对值较大的弯矩 M_2 来计算弯矩增大系数，往往引起二阶弯矩的过度考虑，使配筋设计产生浪费。在这种情况下，采用偏心距调节系数 C_m 来对二阶弯矩的过大考虑进行修正。《混凝土规范》规定偏心距调节系数采用以下公式进行计算：

$$C_m = 0.7 + 0.3 \frac{M_1}{M_2} \geqslant 0.7 \tag{5-22}$$

其中，M_1 和 M_2 见式（5-12），当 $M_1 = M_2$ 时，为最不利情况，此时 $C_m = 1$。

5.3.3.4　控制截面的设计弯矩

除排架结构柱以外的偏心受压构件，在其偏心方向上考虑杆件自身挠曲影响（即附加弯矩或二阶弯矩）的控制截面弯矩设计值可按下列公式计算：

$$M = C_m \eta_{ns} M_2 \tag{5-23}$$

当 $C_m \eta_{ns}$ 小于 1.0 时，取 1.0。

需要说明的是，在实际工程中，挠曲二阶效应起控制作用的情况仅在少数偏心受压构件中出现，例如反弯点不在层高范围内较细长的偏心受压柱（或杆）可能属于这种情况。

5.3.4 两种破坏形态的界限

从大、小偏心受压破坏特征可以看出，两者之间根本区别在于破坏时受拉钢筋能否达到屈服，这和受弯构件的适筋与超筋破坏两种情况完全一致。因此，两种偏心受压破坏形态的界限条件是，在破坏时纵向钢筋 A_s 的应力达到抗拉屈服强度，同时受压区混凝土也达到极限压应变 ε_{cu} 值，此时其相对受压区高度称为界限受压区高度 ξ_b。

当 $\xi \leqslant \xi_b$ 时，属于大偏心受压破坏；当 $\xi > \xi_b$ 时，属于小偏心受压破坏。

5.3.5 正截面承载力 N_u—M_u 关系

对于给定截面、材料强度和配筋的偏心受压构件，由于轴力和弯矩都会使得截面上产生正应力，当达到正截面受压承载力极限状态时，其压力 N_u 和弯矩 M_u 是相互关联的。

试验表明，小偏心受压情况下，随着轴向压力的增加，正截面受弯承载力随之减小；但在大偏心受压情况下，轴向压力的存在反而使构件正截面的受弯承载力提高。在界限破坏时，正截面受弯承载力达到最大值。该曲线是构件的能力曲线，当构件的截面尺寸、材料、配筋信息确定，该曲线可由偏心受压构件理论计算绘出，如图 5-15 所示。

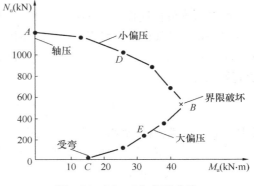

图 5-15 N_u—M_u 相关曲线

N_u—M_u 相关曲线反映了钢筋混凝土截面压力和弯矩共同作用下正截面承载力的变化规律，具有以下特点：

（1）相关曲线上的任一点代表截面处于正截面承载力极限状态时的一种内力组合。如一组内力 (N, M) 在曲线内侧，说明截面未达到极限状态，是安全的；如 (N, M) 在曲线外侧，则表明截面承载力不足。

（2）上段为小偏心受压区；下段为大偏心受压区。

（3）大偏心受压段是以 M 为主导的，N 对 M 有利；小偏心受压段是以 N 为主导的，M 对 N 不利。

（4）$M_u = 0$ 时，N_u 最大（A 点，轴心受压）；$N_u = 0$ 时，M_u 不是最大（C 点，纯弯）；界限破坏时，M_u 最大（B 点）。

（5）大偏压时，N_u 随着 M_u 的增大而增大；小偏压时，N_u 随着 M_u 的增大而减小。

（6）若截面尺寸和材料强度保持不变，N_u—M_u 相关曲线随配筋率的增加而向外侧移动。

（7）对称配筋时，若截面尺寸和材料强度保持不变，则在界限破坏时，$N_u = \alpha_1 f_c b \xi_b h_0$ 是个定值，与配筋量无关。

掌握 N_u—M_u 相关曲线的上述规律,对偏心受压构件的设计计算十分有用。尤其是当有多种内力组合时,可以根据 N_u—M_u 相关曲线的规律确定出最不利的内力组合。

5.4　矩形截面偏心受压构件承载力计算基本公式

5.4.1　矩形截面大偏心受压构件承载力计算公式

5.4.1.1　计算公式

试验分析表明,大偏心受压构件与适筋梁类似,破坏时截面平均应变和裂缝截面处的应力分布如图 5-10 所示,即其受拉及受压纵向钢筋均能达到屈服强度,受压区混凝土应力为抛物线形分布。图 5-16 (a) 为截面的实际应力分布图,如图 5-16 (b) 所示,为了简化计算,同样可以采用等效矩形应力图形,其受压区高度 x 可取按截面应变保持平面的假定所确定的中和轴高度乘以系数 β_1,当 $f_{cu,k} \leqslant 50\,\text{N}/\text{mm}^2$ 时,β_1 取 0.8;当 $f_{cu,k} = 80\,\text{N}/\text{mm}^2$ 时,β_1 取 0.74,其间按线性内插法取用。矩形应力图的应力取为混凝土抗压强度设计值 f_c 乘以系数 α_1,当 $f_{cu,k} \leqslant 50\,\text{N}/\text{mm}^2$ 时,α_1 取为 1.0;当 $f_{cu,k} = 80\,\text{N}/\text{mm}^2$ 时,α_1 取为 0.94,其间按直线内插法取用。

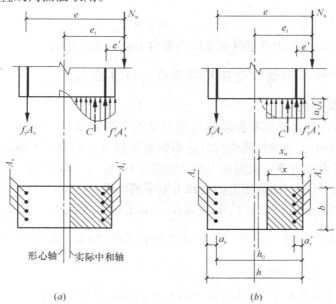

图 5-16　大偏心受压极限状态应力图
(a) 实际应力图;(b) 等效矩形应力图

由截面上的力和力矩平衡可得:

$$N_u = \alpha_1 f_c b x + f'_y A'_s - f_y A_s \tag{5-24}$$

$$N_u e = \alpha_1 f_c b x \left(h_0 - \frac{x}{2}\right) + f'_y A'_s (h_0 - a'_s) \tag{5-25}$$

其中

$$e = e_i + \frac{h}{2} - a_s \tag{5-26}$$

式中　e——轴向压力作用点至纵向受拉钢筋合力点之间的距离。

5.4.1.2　适用条件

为了保证构件在破坏时受拉钢筋应力能达到抗拉强度设计值 f_y，必须满足适用条件：

$$\xi = \frac{x}{h_0} \leqslant \xi_b \tag{5-27}$$

为了保证构件在破坏时受压钢筋应力能达到抗压强度设计值 f'_y，必须满足适用条件：

$$x \geqslant 2a'_s \tag{5-28}$$

当 $x < 2a'_s$ 时，受压钢筋应力可能达不到 f'_y，与双筋受弯构件类似，可取 $x = 2a'_s$。其应力图形可参考图 5-16（b），近似认为受压区混凝土所承担的压力的作用位置与受压钢筋承担压力位置重合，根据平衡条件可写出：

$$N_u e' = f_y A_s (h_0 - a'_s) \tag{5-29}$$

则有：

$$A_s = \frac{N_u e'}{f_y (h_0 - a'_s)} \tag{5-30}$$

其中，

$$e' = e_i - h/2 + a'_s \tag{5-31}$$

式中　e'——轴向压力作用点至纵向受压钢筋合力点之间的距离。

5.4.2　矩形截面小偏心受压构件承载力计算公式

5.4.2.1　计算公式

小偏心受压构件的远端钢筋在承载力极限状态下可能受拉（如图 5-17a）、也可能受压（如图 5-17b）所示。远端钢筋受拉时达不到屈服强度，而受压时可能屈服，也可能不屈服。实际设计时仍采用等效矩形应力图，如图 5-17（c）、（d）所示。

如图 5-17（c）所示，由截面上的力和力矩平衡可得：

$$N_u = \alpha_1 f_c b x + f'_y A'_s - \sigma_s A_s = \alpha_1 f_c b h_0 \xi + f'_y A'_s - \sigma_s A_s \tag{5-32}$$

$$N_u e = \alpha_1 f_c b x \left(h_0 - \frac{x}{2}\right) + f'_y A'_s (h_0 - a'_s) = \alpha_1 f_c b h_0^2 \xi (1 - 0.5\xi) + f'_y A'_s (h_0 - a'_s) \tag{5-33a}$$

或　$$N_u e' = \alpha_1 f_c b x \left(\frac{x}{2} - a'_s\right) - \sigma_s A_s (h_0 - a'_s) = \alpha_1 f_c b h_0^2 \xi \left(0.5\xi - \frac{a'_s}{h_0}\right) - \sigma_s A_s (h_0 - a'_s) \tag{5-33b}$$

式中，e 见式（5-26）；e' 为式（5-31）中 e' 的相反数，即 $e' = h/2 - e_i - a'_s$。

假定远端钢筋 σ_s 与 ξ 服从如下的线性关系：

$$\sigma_s = \frac{\xi - \beta_1}{\xi_b - \beta_1} f_y \tag{5-34}$$

式中　ξ_b——界限相对受压区高度。此时钢筋应力应符合 $-f'_y \leqslant \sigma_s < f_y$。注意，$\sigma_s$ 的计算以受拉为正，受压为负。

要证明式（5-34）的线性关系成立，只需关注两个特征点：（1）当 $\xi = \beta_1$ 时，实际受

压区高度 $x_n = x/\beta_1 = \xi h_0/\beta_1 = h_0$，说明中和轴与远端钢筋位置重合，因此远端钢筋的应力为零，即 $\sigma_s = 0$，满足式（5-34）；（2）当 $\xi = \xi_b$ 时，远端钢筋受拉屈服，即 $\sigma_s = f_y$，仍满足式（5-34）。

在纵向偏心压力的偏心距很小且纵向偏心压力又比较大（$N > \alpha_1 f_c bh$）的全截面受压情况下，如果接近纵向偏心压力一侧的纵向钢筋 A'_s 配置较多，而远离偏心压力一侧的钢筋 A_s 配置相对较少时，可能出现特殊情况，此时 A_s 应力有可能达到受压屈服强度，远离纵向偏心压力一侧的混凝土也有可能先被压坏，也称为反向受压破坏，如图 5-17（e）。矩

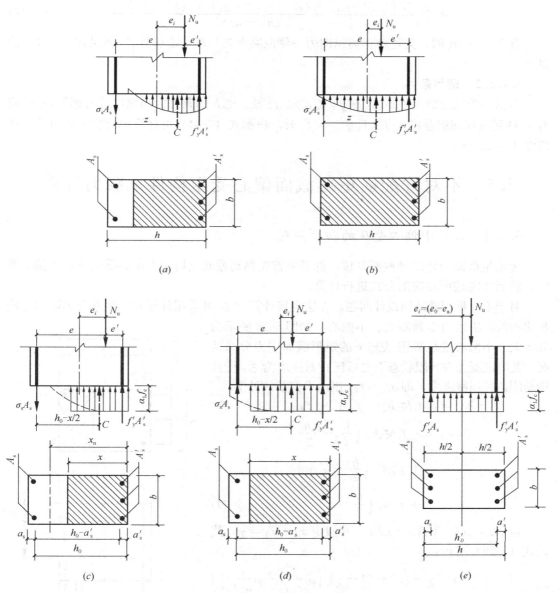

图 5-17 小偏心受压极限状态应力图

（a）远端钢筋受拉实际应力图；（b）远端钢筋受压实际应力图；（c）远端钢筋受拉等效矩形应力图；

（d）远端钢筋受压等效矩形应力图；（e）反向受压破坏

形截面非对称配筋的小偏心受压构件，当 $N > f_cbh$ 时，为使 A_s 配置不致过小，应按图 5-17（e）所示对 A'_s 合力点取力矩平衡求得 A_s。这时取 $x = h$，$\sigma_s = -f'_y$，可得：

$$Ne' \leqslant \alpha_1 f_cbh\left(h'_0 - 0.5h\right) + f'_yA_s\left(h'_0 - a_s\right) \tag{5-35}$$

式中　h'_0——纵向钢筋 A'_s 合力点离偏心压力较远一侧边缘的距离，即 $h'_0 = h - a'_s$。

初始偏心距按不利情况取为 $e_i = e_0 - e_a$，此时 e' 按下式计算：

$$e' = 0.5h - a'_s - (e_0 - e_a) \tag{5-36}$$

将式（5-35）和式（5-36）整理得：

$$A_s \geqslant \frac{N\left[0.5h - a'_s - (e_0 - e_a)\right] - \alpha_1 f_cbh\left(h'_0 - 0.5h\right)}{f'_y\left(h'_0 - a_s\right)} \tag{5-37}$$

当 $N > f_cbh$ 时，为避免远离纵向力一侧混凝土先压坏，需验算 A_s 满足式（5-37）的要求。

5.4.2.2　适用条件

小偏心受压应满足 $\xi > \xi_b$、$-f'_y \leqslant \sigma_s < f_y$ 及 $x \leqslant h$ 的条件。当纵向受力钢筋 A_s 的应力 σ_s 达到受压屈服强度 $-f'_y$ 且 $f'_y = f_y$ 时，根据式（5-34）可计算出此状态相对受压区高度 $\xi = 2\beta_1 - \xi_b$。

5.5　不对称配筋矩形截面偏心受压构件承载力计算

5.5.1　大、小偏心受压的初步判别

无论是截面设计还是截面复核，都需要首先判别截面是属于大偏心受压还是小偏心受压，然后才能按照相应的公式进行计算。

对于不对称配筋截面设计问题，无法直接计算出 ξ，可采用计算偏心距并与界限偏心距相比较的方法来初步判断大、小偏心。如图 5-18 所示为处于大、小偏心受压界限状态下的矩形截面应力分布情况。此时混凝土在界限状态下受压区相对高度为 ξ_b，受拉钢筋刚达到屈服强度，即 $\sigma_s = f_y$，则由平衡条件可得：

$$N_b = \alpha_1 f_cb\xi_bh_0 + f'_yA'_s - f_yA_s \tag{5-38}$$

$$
\begin{aligned}
N_be_{0b} &= \alpha_1 f_cb\xi_bh_0\left(\frac{h}{2} - \frac{\xi_bh_0}{2}\right) \\
&\quad + f'_yA'_s\left(\frac{h}{2} - a'_s\right) \\
&\quad + f_yA_s\left(\frac{h}{2} - a_s\right)
\end{aligned}
\tag{5-39}
$$

取 $A_s = \rho bh_0$ 和 $A'_s = \rho'bh_0$，并假定 $a_s = a'_s = \chi h_0$ 代入式（5-39）可得：

$$\frac{e_{0b}}{h_0} = \frac{0.5\left[\xi_b(1 + \chi - \xi_b) + (1 - \chi)\left(\rho'\dfrac{f'_y}{\alpha_1 f_c} + \rho\dfrac{f_y}{\alpha_1 f_c}\right)\right]}{\xi_b + \rho'\dfrac{f'_y}{\alpha_1 f_c} - \rho\dfrac{f_y}{\alpha_1 f_c}}$$

$$\tag{5-40}$$

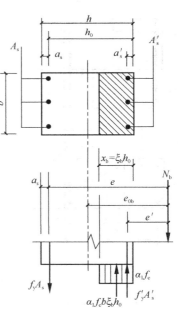

图 5-18　界限破坏的应力图

式中，e_{0b} 称为界限偏心距。

用数学分析可证明，对于普通混凝土，$\dfrac{e_{0b}}{h_0}$ 随 ρ'、ρ 和 χ 的减小而减小，随混凝土强度等级 f_c 的增大而减小。因此，为求得 $\dfrac{e_{0b}}{h_0}$ 的最小值，应根据工程中常用的材料性质及可能遇到的情况，取尽可能小的 χ，如取 $\chi = 0.05$，且 ρ 和 ρ' 取最小配筋率。利用式（5-40）将 $\dfrac{e_{0b}}{h_0}$ 随材料参数变化的计算结果列于表 5-4。

由表 5-4 可见，对于实际工程中可能遇到的情况，$\dfrac{e_{0b}}{h_0}$ 一般均大于 0.3，也就是说，当初始偏心距 $e_i \leqslant 0.3h_0$ 时，截面必定为小偏心受压情况；而当 $e_i > 0.3h_0$ 时，截面仅能初步判别为大偏心受压情况，需待计算得到 ξ 后，将其与 ξ_b 比较，方能最终确定截面属于哪一种受力情况。

e_{0b}/h_0 的值 表 5-4

钢筋品种	混凝土强度等级						
	C20	C25	C30	C35	C40	C45	C50
HRB335	0.358	0.337	0.322	0.312	0.304	0.299	—
HRB400	—	0.377	0.358	0.345	0.335	0.329	0.323
HRB500	—	0.424	0.400	0.384	0.371	0.363	0.356

5.5.2 截面设计

已知截面尺寸 $b \times h$，构件计算长度 l_0，混凝土强度等级 f_c，钢筋种类及强度 f_y、f'_y，柱端弯矩设计值 M_1、M_2 及相应轴向力设计值 N，求钢筋截面面积 A_s 及 A'_s 的步骤为：

5.5.2.1 判别大小偏心受压

由 5.3.3.2 节的适用条件确定是否需要考虑附加弯矩的影响。若需考虑附加弯矩的影响，则由式（5-23）确定柱控制截面弯矩设计值 M，然后计算偏心距 $e_0 = M/N$、附加偏心距和初始偏心距 $e_i = e_0 + e_{a0}$。当 $e_i > 0.3h_0$ 时，先按大偏心受压构件进行计算；当 $e_i \leqslant 0.3h_0$ 时，按小偏心受压构件计算。

5.5.2.2 大偏心受压

（1）A_s 和 A'_s 均未知

此时仅有基本计算式（5-24）和式（5-25）两个方程，而未知数有三个，即 A_s、A'_s 和 x，不能求得唯一解，须补充一个条件才能求解。为了使总用钢量（$A_s + A'_s$）最少，应充分利用受压区混凝土承受压力，即应使受压区高度尽可能大，因此取 $x = x_b = \xi_b h_0$ 代入式（5-25）可得：

$$A'_s = \frac{Ne - \alpha_1 f_c b h_0^2 \xi_b (1 - 0.5\xi_b)}{f'_y (h_0 - a'_s)} \qquad (5\text{-}41)$$

① 若求得的 $A'_s \geqslant 0.002bh$，将 A'_s 代入式（5-24）求得：

$$A_s = \frac{\alpha_1 f_c b h_0 \xi_b + f'_y A'_s - N}{f_y} \qquad (5\text{-}42)$$

当按上式计算的 $A_s \geqslant \rho_{\min} bh$ 时，按计算的 A_s 配筋；当计算的 $A_s < \rho_{\min} bh$ 或为负值

时，应取 $A_s = \rho_{\min}bh$ 进行配筋，按小偏区情况计算。

② 若求得的 $A'_s < \rho_{\min}bh$ 或为负值，取 $A'_s = 0.002bh$，按 A'_s 已知情况计算 A_s。

（2）A'_s 已知，求 A_s

这种情况通常发生在按 A'_s 和 A_s 未知的情况计算时，发现 A'_s 的计算结果小于最小配筋率，此时往往按最小配筋率取 A'_s，即 A'_s 已知的情况下求 A_s。

此时有两个方程，两个未知数，即 x 和 A_s。由式（5-25）求得 x 后可能有以下几种情况：

① 若 $2a'_s \leqslant x \leqslant \xi_b h_0$ 时，继续由式（5-24）求 A_s。

② 当 $x < 2a'_s$ 时，应按式（5-30）计算 A_s。A_s 应满足最小配筋率的要求，否则取 $A_s = \rho_{\min}bh$。

③ 若 $x > \xi_b h_0$，处理方法有两种：（a）A'_s 和 A_s 未知，按小偏心受压情况计算；（b）A'_s 和 A_s 均未知仍按大偏心受压的情况计算。

5.5.2.3 小偏心受压

（1）弯矩作用平面内的承载力计算

小偏心受压破坏时，远离偏心压力一侧的纵向受力钢筋可能受拉、可能受压，其受拉时应力达不到屈服强度，因此，可取 A_s 等于最小配筋量为 $A_s = \rho_{\min}bh$，这样得出的（$A_s + A'_s$）比较经济。当 A_s 确定以后，小偏心受压基本公式中只有两个独立的未知数，即 A'_s、x（或 ξ），故可求得唯一解。

将确定的 A_s 及式（5-34）代入基本计算式（5-33b），可首先求得 x（或 ξ）；

① 若 $\xi \leqslant \xi_b$，按大偏心受压情况计算，但这种情况一般不会出现；

② 若 $\xi_b < \xi \leqslant 2\beta_1 - \xi_b$，且 $\xi < h/h_0$，说明 $-f'_y \leqslant \sigma_s \leqslant f_y$，将 ξ 代入式（5-33a）得：

$$A'_s = \frac{Ne - \xi(1 - 0.5\xi)\alpha_1 f_c bh_0^2}{f'_y(h_0 - a'_s)} \tag{5-43}$$

③ 若 $\xi_b < \xi \leqslant 2\beta_1 - \xi_b$，且 $\xi \geqslant h/h_0$，此时 $\xi = h/h_0$，将 ξ 代入式（5-43）求解 A'_s。

④ 若 $\xi > 2\beta_1 - \xi_b$，令 $\sigma_s = -f_y$，由式（5-33b）重新计算 x（或 ξ）；若 $\xi \geqslant h/h_0$，取 $\xi = h/h_0$，再由式（5-43）求得 A'_s，且使 $A'_s \geqslant 0.002bh$，否则取 $A'_s = 0.002bh$。

注意，当纵向偏心压力 $N > f_c bh$ 时，A_s 应取按上述情况计算的值和按式（5-37）计算的值的较大者，以避免出现受压反向破坏。

（2）垂直于弯矩作用平面承载力的验算

小偏心受压柱还应按轴心受压构件验算垂直于弯矩作用平面的承载力［见式（5-2）］，此时不考虑弯矩的影响，但应考虑稳定系数 φ，并取短边尺寸 b 作为截面高度，A'_s 取全部纵向钢筋的截面面积，即偏压计算的（$A_s + A'_s$）。

5.5.3 截面校核

在截面尺寸 b、h，配筋量 A_s 及 A'_s，材料强度等级和构件计算长度等已知的情况下，截面承载力校核分为：① 给定轴力设计值 N，求弯矩作用平面的弯矩设计值或偏心距；② 给定弯矩作用平面的弯矩设计值 M，求轴力设计值 N

5.5.3.1 给定轴力设计值 N，求弯矩作用平面的一阶极限弯矩

根据已知条件，未知数只有 x 和 M 两个。首先按式（5-38）求出界限轴力 N_b。

若给定的设计轴力 $N \leqslant N_b$，则为大偏心受压，可按式（5-24）计算截面的受压高度 x。如果 $2a'_s \leqslant x \leqslant \xi_b h_0$，利用式（5-25）、式（5-26）和式（5-11），求 e、e_0 及 $M = Ne_0$；如果 $x < 2a'_s$，可通过式（5-29）、式（5-31）和式（5-11），求出 e'、e_0 及 $M = Ne_0$。然后利用公式

$$\frac{M}{C_m M_2} = 1 + \frac{1}{1300 \, (M_2 / N + e_a) / h_0} \left(\frac{l_0}{h}\right)^2 \zeta_c \tag{5-44}$$

求解得到 M_2 即为一阶极限弯矩。

若给定的设计轴力 $N > N_b$，则为小偏心受压，可按式（5-33b）和式（5-34）计算截面的受压高度 x（或 ξ）。

（1）若 $\xi_b \leqslant \xi \leqslant 2\beta_1 - \xi_b$，且 $\xi < h / h_0$，可通过式（5-33a）、式（5-26）及式（5-11），求 e、e_0 及 $M = Ne_0$，再用式（5-44）求解 M_2。

（2）若 $\xi_b < \xi \leqslant 2\beta_1 - \xi_b$，且 $\xi \geqslant h / h_0$，此时 $\xi = h / h_0$，可通过式（5-33a）、式（5-26）及式（5-11）求 e、e_0 及 $M = Ne_0$，再用式（5-44）求解 M_2。

（3）若 $\xi > 2\beta_1 - \xi_b$，取 $\sigma_s = -f_y$，代入式（5-33b）重新计算 ξ，若 $\xi \geqslant h / h_0$，取 $\xi = h / h_0$，然后通过式（5-33a）、式（5-26）及式（5-11）求 e、e_0 及 $M = Ne_0$，再用式（5-44）求解 M_2。

5.5.3.2 给定计算偏心距 e_0，求极限轴力 N_u

先由大偏心受压的式（5-24）和式（5-25），联立求得 x（或 ξ）；也可根据图 5-16（b）对 N_u 作用点取矩来求解 x（或 ξ），然后可能出现两种情况：

① 如果 $\xi \leqslant \xi_b$，则为大偏心受压构件，将 ξ 代入到大偏心受压构件基本计算式（5-24）即可求出极限轴力 N_u。

② 如果 $\xi > \xi_b$，则为小偏心受压构件，此时需由小偏心受压式（5-32）、式（5-33）和式（5-34）重新联立求解 x（或 ξ）；也可根据图 5-17（c）对 N_u 作用点取矩来求解 x（或 ξ），再由式（5-32）求出极限轴力 N_u。

对小偏心受压构件还应按轴心受压构件验算垂直于弯矩作用平面的受压承载力。

【例 5-3】 某框架柱截面尺寸 $b \times h = 400\text{mm} \times 450\text{mm}$，柱计算高度 $l_0 = 5\text{m}$，混凝土强度等级为 C30，钢筋采用 HRB400，环境类别为一类。承受轴压力设计值 $N = 320\text{kN}$，按弹性分析得到的柱端组合弯矩设计值分别为 $M_1 = -100\text{kN} \cdot \text{m}$，$M_2 = 380\text{kN} \cdot \text{m}$，试求钢筋截面面积 A_s 及 A'_s。

【解】 （1）确定材料强度及物理、几何参数

C30 混凝土，$f_c = 14.3 \text{ N/mm}^2$；HRB400 级钢筋，$f_y = f'_y = 360\text{N/mm}^2$；

$b = 450\text{mm}$，$h = 450\text{mm}$，$a_s = a'_s = 40\text{mm}$，$h_0 = 450 - 40 = 410\text{mm}$；

HRB400 级钢筋，C30 混凝土，$\beta_1 = 0.8$，$\xi_b = 0.518$。

（2）求框架柱设计弯矩 M

由于 $M_1 / M_2 = -0.26 < 0.9$，$\mu_N = \dfrac{N}{f_c A} = \dfrac{320 \times 10^3}{14.3 \times 400 \times 450} = 0.12 < 0.9$，

但 $i = \sqrt{\dfrac{I}{A}} = \dfrac{h}{2\sqrt{3}} = 129.9\text{mm}$，$l_0 / i = 38.5 > 34 - 12 \, (M_1 / M_2) = 37.2$，因此，需要考虑附加弯矩影响。

$$\zeta_c = \frac{0.5 f_c A}{N} = 4.0 > 1, \text{取 } 1$$

$$C_m = 0.7 + 0.3 \frac{M_1}{M_2} < 0.7, \text{取 } 0.7$$

$$h = 450\text{mm} < 600\text{mm}, \text{取 } e_a = 20\text{mm}$$

$$\eta_{ns} = 1 + \frac{1}{1300 (M_2 / N + e_a) / h_0} \left(\frac{l_0}{h} \right)^2 \zeta_c = 1.032$$

$$C_m \eta_{ns} = 0.7 \times 1.032 = 0.72 < 1, \text{取 } 1$$

柱设计弯矩:

$$M = C_m \eta_{ns} M_2 = M_2 = 380\text{kN} \cdot \text{m}$$

(3) 求 e_i,判别大、小偏心受压

$$e_0 = \frac{M}{N} = \frac{380 \times 10^3}{320} = 1188\text{mm}$$

$$e_i = e_0 + e_a = 1188 + 20 = 1208\text{mm}$$

由于 $e_i = 1208\text{mm} > 0.3 h_0 = 123\text{mm}$,可先按大偏心受压计算。

(4) 求 A_s 及 A'_s

$$e = e_i + \frac{h}{2} - a_s = 1208 + 225 - 40 = 1393\text{mm}$$

$$A'_s = \frac{Ne - \alpha_1 f_c b h_0^2 \xi_b (1 - 0.5 \xi_b)}{f'_y (h_0 - a'_s)}$$

$$= \frac{320 \times 10^3 \times 1393 - 1.0 \times 14.3 \times 400 \times 410^2 \times 0.518 \times (1 - 0.5 \times 0.518)}{360 \times (410 - 40)}$$

$$= 578\text{mm}^2 > 0.002 bh = 0.002 \times 400 \times 450 = 360\text{mm}^2$$

$$A_s = \frac{\alpha_1 f_c b h_0 \xi_b + f'_y A'_s - N}{f_y}$$

$$= \frac{1.0 \times 14.3 \times 400 \times 410 \times 0.518 + 360 \times 578 - 320 \times 10^3}{360}$$

$$= 3064\text{mm}^2 > 0.002 bh = 360\text{mm}^2$$

(5) 选筋,并验算配筋率

受压钢筋选 2 ⊈ 20 ($A'_s = 628\text{mm}^2$),受拉钢筋选 5 ⊈ 28 ($A_s = 3079\text{mm}^2$),则 $A_s + A'_s = 3707\text{mm}^2$,全部纵向钢筋的配筋率:

$$\frac{3707}{400 \times 450} = 2.06\% > 0.55\%, \text{单侧配筋率:} \frac{628}{400 \times 450} = 0.35\% > 0.2\%,$$

满足要求。

(6) 验算 ξ

$$\xi = \frac{N - f'_y A'_s + f_y A_s}{\alpha_1 f_c b h_0}$$

$$= \frac{320 \times 10^3 - 360 \times 628 + 360 \times 3079}{1.0 \times 14.3 \times 400 \times 410}$$

$$= 0.513 < \xi_b = 0.518$$

因此,按大偏心受压计算后选筋是合理的,否则需重新选筋。截面配筋图如图 5-19 所示。

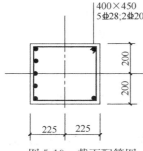

图 5-19 截面配筋图
(单位:mm)

【例 5-4】 已知矩形截面偏心受压框架柱截面尺寸 $b \times h = 350\text{mm} \times 450\text{mm}$，柱计算高度 $l_0 = 5\text{m}$，承受轴向压力设计值 $N = 300\text{kN}$，按弹性分析得到的柱端组合弯矩设计值分别为 $M_1 = -90\text{kN} \cdot \text{m}$，$M_2 = 280\text{kN} \cdot \text{m}$，混凝土强度等级 C30，HRB400 级钢筋，环境类别为一类。试求钢筋截面面积 A_s 及 A'_s。

【解】 （1）确定材料强度及物理、几何参数

C30 混凝土，$f_c = 14.3 \text{ N/mm}^2$；HRB400 级钢筋，$f_y = f'_y = 360\text{N/mm}^2$；

$b = 350\text{mm}$，$h = 450\text{mm}$，$a_s = a'_s = 40\text{mm}$，$h_0 = 450 - 40 = 410\text{mm}$；

HRB400 级钢筋，C30 混凝土，$\beta_1 = 0.8$，$\xi_b = 0.518$。

（2）求框架柱设计弯矩 M

由于 $M_1 / M_2 = -0.32 < 0.9$，$\mu_N = \dfrac{N}{f_c A} = \dfrac{300 \times 10^3}{14.3 \times 350 \times 450} = 0.13 < 0.9$，

$i = \sqrt{\dfrac{I}{A}} = \dfrac{h}{2\sqrt{3}} = 129.9\text{mm}$，则 $l_0/i = 38.5 > 34 - 12(M_1/M_2) = 37.9$，因此，需要考虑附加弯矩影响。

$\zeta_c = \dfrac{0.5 f_c A}{N} = 3.8 > 1$，取 1

$C_m = 0.7 + 0.3\dfrac{M_1}{M_2} < 0.7$，取 0.7

$h = 450\text{mm} < 600\text{mm}$，取 $e_a = 20\text{mm}$

$\eta_{ns} = 1 + \dfrac{1}{1300(M_2/N + e_a)/h_0}\left(\dfrac{l_0}{h}\right)^2 \zeta_c = 1.041$

$C_m \eta_{ns} = 0.7 \times 1.041 = 0.73 < 1$，取 1

$M = C_m \eta_{ns} M_2 = M_2 = 280\text{kN} \cdot \text{m}$

（3）求 e_i，判别大、小偏心受压

$$e_0 = \frac{M}{N} = \frac{280 \times 10^3}{300} = 933\text{mm}$$

$$e_i = e_0 + e_a = 933 + 20 = 953\text{mm} > 0.3 h_0 = 123\text{mm}$$

故先按大偏心受压计算。

（4）求 A_s 及 A'_s

$$e = e_i + \frac{h}{2} - a_s = 953 + 225 - 40 = 1138\text{mm}$$

$$A'_s = \frac{Ne - \alpha_1 f_c b h_0^2 \xi_b (1 - 0.5\xi_b)}{f'_y (h_0 - a'_s)}$$

$$= \frac{300 \times 10^3 \times 1138 - 1.0 \times 14.3 \times 350 \times 410^2 \times 0.518 \times (1 - 0.5 \times 0.518)}{360 \times (410 - 40)}$$

$$= 139\text{mm}^2 < A'_s = \rho'_{\min} bh = 0.002 \times 350 \times 450 = 315\text{mm}^2$$

取 $A'_s = \rho'_{\min} bh = 315\text{mm}^2$，选 2 ⌀ 16（$A'_s = 402\text{mm}^2$）。

这样该题转变成已知受压钢筋 $A'_s = 402\text{mm}^2$，求远端钢筋 A_s 的问题。

由截面的力矩平衡方程：

$$Ne = \alpha_1 f_c bx\left(h_0 - \frac{x}{2}\right) + f'_y A'_s (h_0 - a'_s)$$

$$300 \times 10^3 \times 1138 = 1.0 \times 14.3 \times 350x(410 - 0.5x) + 360 \times 402 \times (410 - 40)$$

整理得 $x^2 - 820x + 115026 = 0$，解方程并取小根得

$$x = 180\text{mm} > 2a'_s = 80\text{mm}, \text{且} x < \xi_b h_0 = 0.518 \times 410 = 212\text{mm}$$

$$A_s = \frac{\alpha_1 f_c bx + f'_y A'_s - N}{f_y}$$

$$= \frac{1.0 \times 14.3 \times 350 \times 180 + 360 \times 402 - 300 \times 10^3}{360} = 2071\text{mm}^2$$

（5）选筋

远端钢筋 2 ⚏ 28 + 2 ⚏ 25（$A_s = 2214\text{mm}^2$），近端

钢筋 2 ⚏ 16（$A'_s = 402\text{mm}^2$），则全部纵向钢筋的配筋

率为：

$$\rho = \frac{402 + 2214}{350 \times 450} = 1.66\% > 0.55\%$$

满足要求。截面配筋图如图 5-20 所示。

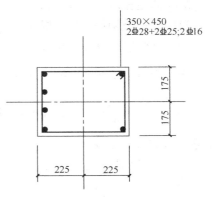

图 5-20　截面配筋图（单位：mm）

【例 5-5】　已知一偏心受压柱 $b \times h = 450\text{mm} \times 500\text{mm}$，柱计算高度 $l_0 = 4\text{m}$，作用在柱上的轴压力设计值为 $N = 2200\text{kN}$，按弹性分析得到的柱端组合弯矩设计值为 $M_1 = M_2 = 200\text{kN·m}$，钢筋采用 HRB400，混凝土采用 C35，环境类别为一类。试计算柱的配筋。

【解】　（1）确定钢筋和混凝土的材料强度及几何参数

C35 混凝土，$f_c = 16.7\text{N/mm}^2$；HRB400 级钢筋，$f_y = f'_y = 360\text{N/mm}^2$；

$b = 450\text{mm}$，$h = 500\text{mm}$，$a_s = a'_s = 40\text{mm}$，$h_0 = 500 - 40 = 460\text{mm}$；

HRB400 级钢筋，C35 混凝土，$\beta_1 = 0.8$，$\xi_b = 0.518$。

（2）求柱设计弯矩 M

由于 $M_1 / M_2 = 1 > 0.9$，因此，需要考虑附加弯矩影响。

$$\zeta_c = \frac{0.5 f_c A}{N} = 0.85$$

$$C_m = 0.7 + 0.3 \frac{M_1}{M_2} = 1$$

$$h = 500\text{mm} < 600\text{mm}, \text{取} e_a = 20\text{mm}$$

$$\eta_{ns} = 1 + \frac{1}{1300 (M_2 / N + e_a) / h_0} \left(\frac{l_0}{h}\right)^2 \zeta_c = 1.174$$

$$M = C_m \eta_{ns} M_2 = 234.8\text{kN·m}$$

（3）求 e_i，判别大、小偏心受压

$$e_0 = \frac{M}{N} = \frac{234.8 \times 10^3}{2200} = 107\text{mm}$$

$$e_i = e_0 + e_a = 127\text{mm} < 0.3h_0 = 138\text{mm}$$

故属于小偏心受压。

（4）求 A_s 及 A'_s

$$e' = \frac{h}{2} - e_i - a'_s = 250 - 127 - 40 = 83\text{mm}$$

取 $A_s = 0.002bh = 0.002 \times 450 \times 500 = 450\text{mm}^2$，选 3 ⌀ 14 ($A_s = 461\text{mm}^2$)。

$$\sigma_s = \frac{\xi - \beta_1}{\xi_b - \beta_1} f_y = \frac{\frac{x}{460} - 0.8}{0.518 - 0.8} \times 360 = 1021.27 - 2.78x$$

代入 $Ne' = \alpha_1 f_c bx \left(\frac{x}{2} - a'_s\right) - \sigma_s A_s (h_0 - a'_s)$

整理得 $x^2 + 63.25x - 101221.10 = 0$，解得：$x = 288.1\text{mm}$

$\xi_b h_0 = 0.518 \times 460 = 238.3\text{mm} < x = 288.1\text{mm} < (2\beta_1 - \xi_b)h_0 = 497.7\text{mm}$

$$e = e_i + \frac{h}{2} - a_s = 127 + 250 - 40 = 337\text{mm}$$

$$A'_s = \frac{Ne - \alpha_1 f_c bx (h_0 - 0.5x)}{f'_y (h_0 - a'_s)}$$

$$= \frac{2200000 \times 337 - 1 \times 16.7 \times 450 \times 288.1 \times (460 - 0.5 \times 288.1)}{360 \times (460 - 40)}$$

$$= 379\text{mm}^2 < A'_s = \rho'_{min} bh = 0.002 \times 450 \times 500 = 450\text{mm}^2$$

应按最小配筋率配筋。

因采用 HRB400 级钢筋，全部纵筋的最小配筋率为 0.55%，即 $A_s + A'_s \geqslant 0.0055bh = 0.0055 \times 450 \times 500 = 1238\text{mm}^2$，远端钢筋已配 3 ⌀ 14($A_s = 461\text{mm}^2$)，

则有：$A'_s \geqslant 1238 - 461 = 777\text{mm}^2$

选 4 ⌀ 16 ($A'_s = 804\text{mm}^2$)，则全部纵向钢筋的配筋率为：

$$\rho = \frac{461 + 804}{450 \times 500} = 0.56\% > 0.55\%$$

满足要求。

（5）按轴心受压验算垂直于弯矩作用平面的承载力

由 $\frac{l_0}{b} = \frac{4000}{450} = 8.89$，查表内插得 $\varphi = 0.991$，

$0.9\varphi [f_c A + f'_y (A_s + A'_s)] = 0.9 \times 0.991 \times [16.7 \times 450 \times 500 + 360 \times (461 + 804)]$

$$= 3757\text{kN} > N = 2200\text{kN}$$

满足要求。

【例 5-6】 已知一偏心受压柱 $b \times h = 400\text{mm} \times 500\text{mm}$，柱计算高度 $l_0 = 5.5\text{m}$，作用在柱上的轴压力设计值 $N = 800\text{kN}$，按弹性分析得到的柱端组合弯矩设计值相等，已配钢筋 A'_s 为 2 ⌀ 16 ($A'_s = 402\text{mm}^2$)，A_s 为 2 ⌀ 20 ($A_s = 628\text{mm}^2$)，钢筋采用 HRB400，混凝土采用 C30，环境类别为一类。试求截面在 h 方向能承担的一阶弯矩 M_u。

【解】 （1）确定材料强度及物理、几何参数

C30 混凝土，$f_c = 14.3\text{N/mm}^2$；HRB400 级钢筋，$f_y = f'_y = 360\text{N/mm}^2$；

$b = 400\text{mm}$，$h = 500\text{mm}$，$a_s = a'_s = 40\text{mm}$，$h_0 = 500 - 40 = 460\text{mm}$；

HRB400 级钢筋，C30 混凝土，$\beta_1 = 0.8$，$\xi_b = 0.518$。

（2）判别大、小偏心受压

$$x = \frac{N - f'_y A'_s + f_y A_s}{\alpha_1 f_c b} = \frac{800 \times 10^3 - 360 \times 402 + 360 \times 628}{1 \times 14.3 \times 400} = 154\text{mm}$$

且 $2a'_s = 80\text{mm} \leqslant x \leqslant \xi_b h_0 = 0.518 \times 460 = 238\text{mm}$，属于大偏心受压。

（3）求 e_0

$$e = \frac{\alpha_1 f_c bx (h_0 - 0.5x) + f'_y A'_s (h_0 - a'_s)}{N}$$

$$= \frac{1 \times 14.3 \times 400 \times 154 \times (460 - 0.5 \times 154) + 360 \times 402 \times (460 - 40)}{800000}$$

$$= 498\text{mm}$$

$$h = 500\text{mm} < 600\text{mm}, \text{取} \, e_a = 20\text{mm}$$

$$e_i = e + a_s - \frac{h}{2} = 498 + 40 - 250 = 288\text{mm}$$

$$e_0 = e_i - e_a = 268\text{mm}$$

（4）求 M_u

$$M = N e_0 = 800 \times 0.268 = 214.4\text{kN} \cdot \text{m}$$

$$\zeta_c = \frac{0.5 f_c A}{N} = 1.8 > 1, \text{取} \, 1$$

$$C_m = 0.7 + 0.3 \frac{M_1}{M_2} = 1$$

$$\frac{M}{C_m M_u} = \eta_{ns} = 1 + \frac{1}{1300 \, (M_u / N + e_a) / h_0} \left(\frac{l_0}{h} \right)^2 \zeta_c$$

整理得 $M_u^2 - 164.15 M_u - 3430.40 = 0$，解得 $M_u = 183\text{kN} \cdot \text{m}$

【例 5-7】 已知一偏心受压柱 $b \times h = 400\text{mm} \times 450\text{mm}$，柱计算高度 $l_0 = 4.5\text{m}$，已配钢筋 A'_s 为 2 Φ 20（$A'_s = 628\text{mm}^2$），A_s 为 2 Φ 16（$A_s = 402\text{mm}^2$）。钢筋采用 HRB400，混凝土采用 C30，环境类别为一类。设轴力在截面长边方向产生的偏心距 $e_0 = 100\text{mm}$，不考虑附加弯矩的影响。试求柱能承担的设计轴压力 N_u。

【解】 （1）确定材料强度及物理、几何参数

C30 混凝土，$f_c = 14.3\text{N/mm}^2$；HRB400 级钢筋，$f_y = f'_y = 360\text{N/mm}^2$；

$b = 400\text{mm}, h = 450\text{mm}, a_s = a'_s = 40\text{mm}, h_0 = 450 - 40 = 410\text{mm}$；

HRB400 级钢筋，C30 混凝土，$\beta_1 = 0.8, \xi_b = 0.518$。

（2）判别大、小偏心受压

$$h = 450\text{mm} < 600\text{mm}, \text{取} \, e_a = 20\text{mm}$$

$e_i = e_0 + e_a = 100 + 20 = 120\text{mm} < 0.3 h_0 = 123\text{mm}$，属于小偏心受压。

（3）求 N_u

对 N 的作用点建立力矩平衡方程可得：

$$\sigma_s A_s e + f'_y A'_s e' = \alpha_1 f_c bx \left(\frac{x}{2} + e_i - \frac{h}{2} \right)$$

应力公式：$\sigma_s = \frac{\xi - \beta_1}{\xi_b - \beta_1} f_y = \frac{\frac{x}{410} - 0.8}{0.518 - 0.8} \times 360 = 1021.27 - 3.11x$

$$e = e_i + \frac{h}{2} - a_s = 305\text{mm}, e' = \frac{h}{2} - e_i - a'_s = 65\text{mm}$$

两方程联立得：$x^2 - 76.67x - 48920.67 = 0$，解得 $x = 262.8\text{mm}$，且 $\xi = x/h_0 = 0.641 > \xi_b = 0.518$。

$$N_u = \frac{\alpha_1 f_c bx \, (h_0 - 0.5x) + f'_y A'_s \, (h_0 - a'_s)}{e} = 1647 \text{kN}$$

5.6 对称配筋矩形截面偏心受压构件承载力计算

实际工程中，偏心受压构件在各种不同荷载（风荷载、地震作用、竖向荷载）组合作用下，在同一截面内常承受变号弯矩，即截面在一种荷载组合作用下为受拉的部位，在另一种荷载组合作用下变为受压，而截面中原来受拉的钢筋则会变为受压；同时，为了在施工过程中不产生差错，以及在预制构件中，为保证吊装时不出现差错，一般都采用对称配筋。所谓对称配筋，是指 $A_s = A'_s$、$f_y = f'_y$、$a_s = a'_s$。由于对称配筋是非对称配筋的特殊情形，因此，基本计算公式仍可应用，只是相当于增加了一个已知条件。

5.6.1 截面设计

5.6.1.1 大、小偏心受压破坏的判别

将 $A_s = A'_s$、$f_y = f'_y$ 代入大偏心受压构件基本公式（5-24）和式（5-25）中，就得到对称配筋大偏心受压基本计算公式：

$$N = \alpha_1 f_c bx = \alpha_1 f_c b h_0 \xi \tag{5-45}$$

$$Ne = \alpha_1 f_c bx \left(h_0 - \frac{x}{2} \right) + f'_y A'_s \, (h_0 - a'_s) \tag{5-46}$$

由式（5-45）可得

$$\xi = \frac{N}{\alpha_1 f_c b h_0} \tag{5-47}$$

当 $\xi \leqslant \xi_b$ 时，为大偏心受压构件；当 $\xi > \xi_b$ 时，为小偏心受压构件。

按式（5-47）计算结果判别大、小偏心受压构件时应注意：按上式计算的 ξ 值对于小偏心受压构件来说仅为判断依据，不能作为小偏心受压构件的实际相对受压区高度。

5.6.1.2 大偏心受压

由式（5-47）得出 ξ 值及 $x = \xi h_0$。

若 $2a'_s \leqslant x < \xi_b h_0$，利用式（5-46）可直接求得 A'_s，并使 $A_s = A'_s$。

若 $x < 2a'_s$，则表示受压钢筋达不到屈服强度，这时可利用式（5-30）求解 A_s，并使 $A'_s = A_s$。

无论哪种情况，所选的钢筋面积均应满足最小配筋量要求。

5.6.1.3 小偏心受压

将 $A_s = A'_s$、$f_y = f'_y$ 及式（5-34），代入小偏心受压构件基本计算式（5-32）和式（5-33）中，可以得到对称配筋小偏心受压基本公式：

$$N = \alpha_1 f_c b h_0 \xi + f'_y A'_s - f_y A_s \frac{\xi - \beta_1}{\xi_b - \beta_1} \tag{5-48}$$

$$Ne = \alpha_1 f_c b h_0^2 \xi \, (1 - 0.5\xi) + f'_y A'_s \, (h_0 - a'_s) \tag{5-49}$$

两式联立可解得一个关于 ξ 的三次方程，计算较为复杂。分析表明，在小偏心受压构件中，若混凝土的强度等级不大于C50，可采用近似公式计算 ξ：

$$\xi = \frac{N - \xi_b \alpha_1 f_c b h_0}{\dfrac{Ne - 0.43\alpha_1 f_c b h_0^2}{(\beta_1 - \xi_b)(h_0 - a'_s)} + \alpha_1 f_c b h_0} + \xi_b \tag{5-50}$$

将 ξ 代入式（5-49）可求得

$$A_s = A'_s = \frac{Ne - \alpha_1 f_c b h_0^2 \xi (1 - 0.5\xi)}{f'_y(h_0 - a'_s)} \tag{5-51}$$

若求得 $A_s + A'_s$ 超过最大配筋量，说明截面尺寸过小，宜加大柱截面尺寸。

若求得 A'_s 和 A_s 小于最小配筋量，表明柱的截面尺寸较大，这时，按受压钢筋最小配筋率配置钢筋，并确保 $A_s + A'_s$ 不小于全部纵筋的最小配筋量。或者直接减小截面尺寸，重新进行设计。

5.6.2 截面校核

对称配筋偏心受压构件的截面承载力复核，可按不对称配筋偏心受压构件的方法和步骤进行计算，只是此时应取 $f_y A_s = f'_y A'_s$。

【例 5-8】 某框架柱截面尺寸 $b \times h = 400\text{mm} \times 450\text{mm}$，柱计算高度 $l_0 = 5\text{m}$，混凝土强度等级为 C30，钢筋采用 HRB400，环境类别为一类。承受轴压力设计值 $N = 500\text{kN}$，按弹性分析得到的柱端组合弯矩设计值分别为 $M_1 = -100\text{kN·m}$，$M_2 = 380\text{kN·m}$，采用对称配筋，求 $A_s = A'_s$。

【解】 (1) 确定材料强度及物理、几何参数

C30 混凝土，$f_c = 14.3\text{N/mm}^2$；HRB400 级钢筋，$f_y = f'_y = 360\text{N/mm}^2$；

$b = 400\text{mm}$，$h = 450\text{mm}$，$a_s = a'_s = 40\text{mm}$，$h_0 = 450 - 40 = 410\text{mm}$；

HRB400 级钢筋，C30 混凝土，$\beta_1 = 0.8$，$\xi_b = 0.518$。

(2) 求柱的设计弯矩和初始偏心距

由于 $M_1 / M_2 = -0.26 < 0.9$，$\mu_N = \dfrac{N}{f_c A} = \dfrac{320 \times 10^3}{14.3 \times 400 \times 450} = 0.19 < 0.9$，

$i = \sqrt{\dfrac{I}{A}} = \dfrac{h}{2\sqrt{3}} = 129.9\text{mm}$，则 $l_0 / i = 38.5 > 34 - 12(M_1/M_2) = 37.2$，因此，需要考虑附加弯矩影响。

$$\zeta_c = \frac{0.5 f_c A}{N} = 2.6 > 1，取 1$$

$$C_m = 0.7 + 0.3\frac{M_1}{M_2} < 0.7，取 0.7$$

$h = 450\text{mm} < 600\text{mm}$，取 $e_a = 20\text{mm}$

$$\eta_{ns} = 1 + \frac{1}{1300(M_2/N + e_a)/h_0}\left(\frac{l_0}{h}\right)^2 \zeta_c = 1.050$$

$$C_m \eta_{ns} = 0.7 \times 1.050 = 0.74 < 1，取 1$$

柱设计弯矩：

$$M = C_m \eta_{ns} M_2 = M_2 = 380\text{kN·m}$$

$$e_0 = \frac{M}{N} = \frac{380 \times 10^3}{500} = 760\text{mm}$$

$$e_i = e_0 + e_a = 760 + 20 = 780\text{mm}$$

（3）判别大、小偏心受压

$\xi = \dfrac{N}{\alpha_1 f_c b h_0} = \dfrac{500 \times 10^3}{1 \times 14.3 \times 400 \times 410} = 0.213 < \xi_b = 0.518$，属于大偏心受压。

且 $x = \xi h_0 = 0.213 \times 410 = 87.3\text{mm} > 2a'_s = 80\text{mm}$

（4）求 A_s 及 A'_s

$$e = e_i + \dfrac{h}{2} - a_s = 780 + 225 - 40 = 965\text{mm}$$

$$A_s = A'_s = \dfrac{Ne - \alpha_1 f_c b h_0^2 \xi (1 - 0.5\xi)}{f'_y (h_0 - a'_s)}$$

$$= \dfrac{500 \times 10^3 \times 965 - 1.0 \times 14.3 \times 400 \times 410^2 \times 0.213 \times (1 - 0.5 \times 0.213)}{360 \times (410 - 40)}$$

$$= 2249\text{mm}^2$$

（5）选筋

每边选 $6\,\Phi\,22$（$A_s = A'_s = 2281\text{mm}^2$），则全部纵向钢筋的配筋率为：

$$\rho = \dfrac{2281 \times 2}{400 \times 450} = 2.53\% > 0.55\%$$

每边配筋率为 $1.26\% > 0.2\%$，满足要求。截面配筋图如图 5-21 所示。

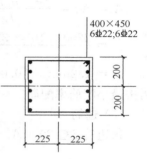

图 5-21　截面配筋图
（单位：mm）

【例 5-9】　已知一偏心受压框架柱 $b \times h = 450\text{mm} \times 500\text{mm}$，柱计算高度 $l_0 = 4\text{m}$，作用在柱上的轴压力设计值 $N = 2200\text{kN}$，按弹性分析得到的柱端组合弯矩设计值分别为 $M_1 = -150\text{kN} \cdot \text{m}$，$M_2 = 200\text{kN} \cdot \text{m}$，混凝土采用 C35，钢筋采用 HRB400，环境类别为一类，采用对称配筋，求 $A_s = A'_s$。

【解】　（1）确定材料强度及物理、几何参数

C35 混凝土，$f_c = 16.7\text{N/mm}^2$；HRB400 级钢筋，$f_y = f'_y = 360\text{N/mm}^2$；
$b = 450\text{mm}$，$h = 500\text{mm}$，$a_s = a'_s = 40\text{mm}$，$h_0 = 500 - 40 = 460\text{mm}$；
HRB400 级钢筋，C35 混凝土，$\beta_1 = 0.8$，$\xi_b = 0.518$。

（2）求框架柱设计弯矩 M

由于 $M_1/M_2 = -0.75 < 0.9$，$\mu_N = \dfrac{N}{f_c A} = \dfrac{2200 \times 10^3}{16.7 \times 450 \times 500} = 0.59 < 0.9$，

$i = \sqrt{\dfrac{I}{A}} = \dfrac{h}{2\sqrt{3}} = 144.3\text{mm}$，则 $l_0/i = 27.7 < 34 - 12(M_1/M_2) = 43$，因此，不需要考虑附加弯矩影响。

$$e_0 = \dfrac{M}{N} = \dfrac{200 \times 10^3}{2200} = 91\text{mm}$$

$$e_i = e_0 + e_a = 91 + 20 = 111\text{mm}$$

（3）判别大、小偏心受压

先按大偏心受压计算相对受压区高度 ξ

$$\xi = \dfrac{N}{\alpha_1 f_c b h_0} = \dfrac{2200 \times 10^3}{1 \times 16.7 \times 450 \times 460} = 0.636 > \xi_b = 0.518,$$

故应按小偏心受压计算相对受压区高度 ξ

$$\xi = \frac{N - \xi_b \alpha_1 f_c b h_0}{\dfrac{Ne - 0.43\alpha_1 f_c b h_0^2}{(\beta_1 - \xi_b)(h_0 - a_s')} + \alpha_1 f_c b h_0} + \xi_b$$

$$= \frac{2200 \times 10^3 - 0.518 \times 16.7 \times 450 \times 460}{\dfrac{2200 \times 10^3 \times 321 - 0.43 \times 1.0 \times 16.7 \times 450 \times 460^2}{(0.8 - 0.518)(460 - 40)} + 1.0 \times 16.7 \times 450 \times 460} + 0.518$$

$$= 0.630$$

（4）求 A_s 及 A_s'

$$e = e_i + \frac{h}{2} - a_s = 111 + 250 - 40 = 321\text{mm}$$

$$A_s = A_s' = \frac{Ne - \alpha_1 f_c b h_0^2 \xi(1 - 0.5\xi)}{f_y'(h_0 - a_s')}$$

$$= \frac{2200 \times 10^3 \times 321 - 1.0 \times 16.7 \times 450 \times 460^2 \times 0.630 \times (1 - 0.5 \times 0.630)}{360 \times (460 - 40)}$$

$$= 132\text{mm}^2 < 0.002bh = 450\text{mm}^2$$

需按最小配筋率配筋。

（5）选筋

每边选 2 Φ 20（$A_s = A_s' = 628\text{mm}^2$），则全部纵向钢筋的配筋率为：

$$\rho = \frac{2 \times 628}{450 \times 500} = 0.56\% > 0.55\%$$

每边配筋率为 $0.28\% > 0.2\%$，满足要求。

（6）按轴心受压验算垂直于弯矩作用平面的承载力

由 $\dfrac{l_0}{b} = \dfrac{4000}{450} = 8.89$，查表内插得 $\varphi = 0.991$，

$$N_{u2} = 0.9\varphi[f_c A + f_y'(A_s + A_s')] = 0.9 \times 0.991 \times [16.7 \times 450 \times 500 + 360 \times (682 \times 2)]$$
$$= 3755\text{kN} > N = 2200\text{kN}$$

满足要求。

【例 5-10】 已知一偏心受压柱 $b \times h = 400\text{mm} \times 500\text{mm}$，柱计算高度 $l_0 = 5.5\text{m}$，作用在柱上的轴压力设计值 $N = 800\text{kN}$，按弹性分析得到的柱端组合弯矩设计值分别为 $M_1 = M_2 = 250\text{kN} \cdot \text{m}$，钢筋采用 HRB400，对称配筋，每侧 2 Φ 20，混凝土采用 C30，环境类别为一类。试求柱设计是否安全。

【解】 （1）确定材料强度及物理、几何参数

C30 混凝土，$f_c = 14.3\text{N/mm}^2$；HRB400 级钢筋，$f_y = f_y' = 360\text{N/mm}^2$，$A_s = A_s' = 628\text{mm}^2$；

$b = 400\text{mm}$，$h = 500\text{mm}$，$a_s = a_s' = 40\text{mm}$，$h_0 = 500 - 40 = 460\text{mm}$；

HRB400 级钢筋，C30 混凝土，$\beta_1 = 0.8$，$\xi_b = 0.518$。

（2）判别大、小偏心受压

$$x = \frac{N}{\alpha_1 f_c b} = \frac{800 \times 10^3}{1 \times 14.3 \times 400} = 140\text{mm}$$

且 $2a_s' = 80\text{mm} \leqslant x \leqslant \xi_b h_0 = 0.518 \times 460 = 238\text{mm}$，属于大偏心受压。

（3）求 e_0

$$e = \frac{\alpha_1 f_c b x (h_0 - 0.5x) + f'_y A'_s (h_0 - a'_s)}{N}$$

$$= \frac{1 \times 14.3 \times 400 \times 140 \times (460 - 0.5 \times 140) + 360 \times 628 \times (460 - 40)}{800000}$$

$$= 509 \text{mm}$$

$$h = 500 \text{mm} < 600 \text{mm}, \text{取 } e_a = 20 \text{mm}$$

$$e_i = e + a_s - \frac{h}{2} = 509 + 40 - 250 = 299 \text{mm}$$

$$e_0 = e_i - e_a = 279 \text{mm}$$

（4）求 M_u

$$M = N e_0 = 800 \times 0.279 = 223.2 \text{kN} \cdot \text{m}$$

$$\zeta_c = \frac{0.5 f_c A}{N} = 1.8 > 1, \text{取 } 1$$

$$C_m = 0.7 + 0.3 \frac{M_1}{M_2} = 1$$

$$\frac{M}{C_m M_u} = \eta_{ns} = 1 + \frac{1}{1300 (M_u / N + e_a) / h_0} \left(\frac{l_0}{h} \right)^2 \zeta_c$$

整理得 $M_u^2 - 172.95 M_u - 3571.20 = 0$，解得：$M_u = 192 \text{kN} \cdot \text{m} < M_2 = 250 \text{kN} \cdot \text{m}$，故不安全。

【例 5-11】 已知一偏心受压柱 $b \times h = 400 \text{mm} \times 450 \text{mm}$，柱计算高度 $l_0 = 4.5 \text{m}$，钢筋采用 HRB400，对称配筋，每侧 $2 \Phi 16$，混凝土采用 C30，环境类别为一类。设轴力在截面长边方向产生的偏心距 $e_0 = 150 \text{mm}$，可不考虑附加弯矩的影响。试求柱能承担的设计轴力 N_u。

【解】 （1）确定材料强度及物理、几何参数

C30 混凝土，$f_c = 14.3 \text{N/mm}^2$；HRB400 级钢筋，$f_y = f'_y = 360 \text{N/mm}^2$，$A_s = A'_s = 402 \text{mm}^2$；

$b = 400 \text{mm}$，$h = 450 \text{mm}$，$a_s = a'_s = 40 \text{mm}$，$h_0 = 450 - 40 = 410 \text{mm}$；

HRB400 级钢筋，C30 混凝土，$\beta_1 = 0.8$，$\xi_b = 0.518$。

（2）判别大、小偏心受压

$h = 450 \text{mm} < 600 \text{mm}$，取 $e_a = 20 \text{mm}$

$e_i = e_0 + e_a = 150 + 20 = 170 \text{mm} > 0.3 h_0 = 123 \text{mm}$，先按大偏心受压计算。

（3）求 N_u

$$\begin{cases} N_u = \alpha_1 f_c b x \\ N_u e = \alpha_1 f_c b x \left(h_0 - \frac{x}{2} \right) + f'_y A'_s (h_0 - a'_s) \end{cases}$$

$$e = e_i + \frac{h}{2} - a_s = 355 \text{mm}$$

$x^2 - 110x - 18722.52 = 0$，求得：$x = 202.5 \text{mm} < \xi_b h_0 = 212.4 \text{mm}$，故前面按大偏心受压计算正确。

$$N_u = \alpha_1 f_c b x = 1158 \text{kN}$$

5.7 对称配筋Ⅰ形截面偏心受压构件承载力计算

为了节省混凝土和减轻构件自重，对于截面尺寸较大的装配式柱，一般将其做成Ⅰ形截面。Ⅰ形截面柱的翼缘厚度一般不小于120mm，腹板厚度一般不小于100mm。Ⅰ形截面偏心受压构件的受力性能、破坏特征以及计算原则和矩形截面偏心受压构件基本相同，仅由于截面形状不同而使公式略有差别。

5.7.1 大偏心受压构件计算公式

由于轴向压力和弯矩的组成情况不同，中和轴可能在受压翼缘上，即 $x \leqslant h'_f$；亦可能在腹板上，即 $x > h'_f$。

5.7.1.1 中和轴位于受压翼缘

当 $x \leqslant h'_f$、$x \geqslant 2a'_s$ 时，其受力情况和宽度为 b'_f、高度为 h 的矩形截面构件相同，即将式（5-24）和式（5-25）中的矩形截面宽度 b，替换为受压区翼缘宽度 b'_f，如图 5-22（a）所示。其基本计算公式为：

$$N = \alpha_1 f_c b'_f x + f'_y A'_s - f_y A_s \tag{5-52}$$

$$Ne = \alpha_1 f_c b'_f x (h_0 - 0.5x) + f'_y A'_s (h_0 - a'_s) \tag{5-53}$$

5.7.1.2 中和轴位于腹板

当 $x > h'_f$ 时，此时混凝土的受压区为 T 形，如图 5-22（b）所示，则应考虑受压区翼

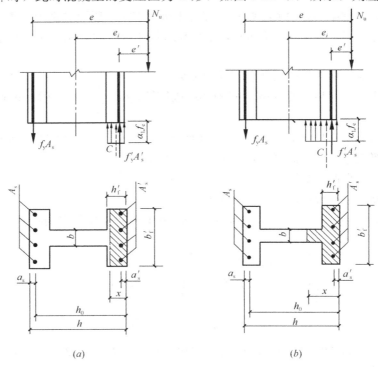

图 5-22 Ⅰ形截面大偏心受压应力图
(a) $x \leqslant h'_f$；(b) $x > h'_f$

缘与腹板的共同受力作用，其基本计算公式为：

$$N = \alpha_1 f_c \left[bx + (b'_f - b)h'_f \right] + f'_y A'_s - f_y A_s \tag{5-54}$$

$$Ne = \alpha_1 f_c \left[bx(h_0 - 0.5x) + (b'_f - b)h'_f(h_0 - 0.5h'_f) \right] + f'_y A'_s(h_0 - a'_s) \tag{5-55}$$

基本公式的适用条件为：$x \leqslant \xi_b h_0$

I形截面偏心受压构件的受压钢筋 A'_s 及受拉钢筋 A_s 的最小配筋率，也应按构件的全截面面积 A 计算，$A = bh + (b'_f - b)h'_f + (b_f - b)h_f$。

5.7.2　小偏心受压构件计算公式

在小偏心受压构件中，由于偏心距大小不同以及截面配筋数量的多少不同，中和轴可能在腹板上，即 $h'_f \leqslant x \leqslant h - h_f$；也可能位于受压应力较小一侧的翼缘上，即 $h - h_f \leqslant x \leqslant h$，如图 5-23 所示。

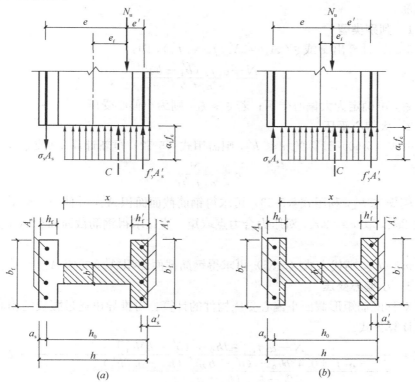

图 5-23　I形截面小偏心受压应力图

(a) $h'_f \leqslant x \leqslant h - h_f$；(b) $h - h_f < x \leqslant h$

5.7.2.1　中和轴位于腹板

此时 $h'_f \leqslant x \leqslant h - h_f$，其基本计算公式为：

$$N \leqslant \alpha_1 f_c \left[bx + (b'_f - b)h'_f \right] + f'_y A'_s - \sigma_s A_s \tag{5-56}$$

$$Ne \leqslant \alpha_1 f_c \left[bx\left(h_0 - \frac{x}{2}\right) + (b'_f - b)h'_f\left(h_0 - \frac{h'_f}{2}\right) \right] + f'_y A'_s(h_0 - a'_s) \tag{5-57}$$

5.7.2.2 中和轴位于翼缘

此时 $h - h_f < x \le h$，其基本计算公式为：

$$N \le \alpha_1 f_c \left[bx + (b'_f - b)h'_f + (b_f - b)(h_f - h + x) \right] + f'_y A'_s - \sigma_s A_s \tag{5-58}$$

$$Ne \le \alpha_1 f_c \left[bx \left(h_0 - \frac{x}{2} \right) + (b'_f - b)h'_f \left(h_0 - \frac{h'_f}{2} \right) + (b_f - b)(h_f - h + x) \right.$$

$$\left. \left(\frac{h}{2} + \frac{h_f}{2} - \frac{x}{2} - a_s \right) \right] + f'_y A'_s (h_0 - a'_s) \tag{5-59}$$

式中，σ_s 的表达式见式（5-34）。

5.7.3 截面设计

I 形截面受压构件一般为对称截面（$b'_f = b_f$、$h'_f = h_f$），对称配筋（$A_s = A'_s$、$f_y = f'_y$、$a_s = a'_s$），设计时首先选择材料强度等级，然后计算出柱所承担的设计轴力和弯矩，最后求所需的配筋。

5.7.3.1 判别类型

按式（5-54）计算出 x 或 ξ（$A_s = A'_s$、$f_y = f'_y$），即：

$$x = \frac{N - \alpha_1 f_c (b'_f - b)h'_f}{\alpha_1 f_c b} \tag{5-60}$$

若 $\xi \le \xi_b$，可确定为大偏心受压；若 $\xi > \xi_b$，则为小偏心受压。

5.7.3.2 大偏心受压

（1）若由式（5-60）计算的 $x \le h'_f$，则需用式（5-52）重新计算 x（或 ξ），即：

$$x = \frac{N}{\alpha_1 f_c b'_f} \tag{5-61}$$

若 $2a'_s \le x \le h'_f$，利用式（5-53）可求得钢筋截面面积 A'_s，并使 $A_s = A'_s$。

若 $x < 2a'_s$，取 $x = 2a'_s$，对压力合力点取矩，直接求得钢筋截面面积 A_s，并使 $A'_s = A_s$。

（2）若 $x > h'_f$，则代入式（5-55）可求得钢筋截面面积 A'_s，并使 $A_s = A'_s$。

5.7.3.3 小偏心受压

类似于对称配筋矩形截面小偏心受压构件的计算，可推导出通过腹板的相对受压区高度 ξ 的简化计算公式：

$$\xi = \frac{N - \alpha_1 f_c \left[\xi_b b h_0 + (b'_f - b)h'_f \right]}{\dfrac{Ne - \alpha_1 f_c \left[0.43 b h_0^2 + (b'_f - b)h'_f (h_0 - 0.5h'_f) \right]}{(\beta_1 - \xi_b)(h_0 - a'_s)} + \alpha_1 f_c b h_0} + \xi_b \tag{5-62}$$

进而用式（5-57）或式（5-59）即可求得钢筋截面面积 A'_s，并使 $A_s = A'_s$。

I 形截面小偏心受压构件除进行弯矩作用平面内的计算外，在垂直于弯矩作用平面也应按轴心受压构件进行验算，此时应按 l_0/i 查出 φ 值，其中 i 为截面垂直于弯矩作用平面方向的回转半径。

对于截面复核，可参照矩形截面大、小偏心受压构件的步骤进行计算。

【例 5-12】 已知：某单层工业厂房的 I 形截面排架柱，其截面尺寸为 $h'_f = h_f = 120\text{mm}$，$b_f = b'_f = 400\text{mm}$，$h = 800\text{mm}$，$b = 120\text{mm}$。下柱高 6.7m，柱截面控制内力 $N = 850\text{kN}$，$M = 350\text{kN·m}$。混凝土强度等级为 C30，采用 HRB400 级钢筋，对称配筋。求：

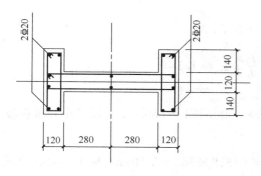

图 5-24 截面配筋图
（单位：mm；其余钢筋为构造钢筋）

所需钢筋面积（排架柱侧移二阶效应增大系数 $\eta_s = 1 + \dfrac{1}{1500 e_i / h_0}\left(\dfrac{l_0}{h}\right)^2 \zeta_c$）。

【解】 （1）确定材料强度及物理、几何参数

C30 混凝土，$f_c = 14.3\text{N/mm}^2$；HRB400 级钢筋，$f_y = f'_y = 360\text{N/mm}^2$；

$a_s = a'_s = 40\text{mm}$，$h_0 = 800 - 40 = 760\text{mm}$；

HRB400 级钢筋，C30 混凝土，$\beta_1 = 0.8$，$\xi_b = 0.518$。

（2）柱的计算长度 l_0

查表 5-2 可得：$l_0 = 1.0 H_l = 1.0 \times 6.7\text{m} = 6.7\text{m}$，其中，$H_l$ 为从基础顶面至装配式吊车梁底面或现浇吊车梁顶面的柱子下部高度。

（3）计算初始偏心距 e_i 和侧移二阶效应增大系数 η_s

$$e_0 = \frac{M}{N} = \frac{350 \times 10^3}{850} = 412\text{mm}$$

$$h = 800\text{mm} > 600\text{mm}，取 e_a = 800/30 = 27\text{mm}$$

$$e_i = e_0 + e_a = 412 + 27 = 439\text{mm}$$

$$\zeta_c = \frac{0.5 f_c A}{N} = 1.4 > 1，取 1$$

$$\eta_s = 1 + \frac{1}{1500 e_i / h_0}\left(\frac{l_0}{h}\right)^2 \zeta_c = 1.081$$

（4）计算配筋，并选筋

由于 $N = 850\text{kN} > \alpha_1 f_c b'_f h'_f = 1.0 \times 14.3 \times 400 \times 120 = 686.4\text{kN}$，说明中和轴在腹板内，先按大偏心受压计算：$x = \dfrac{N - \alpha_1 f_c (b'_f - b) h'_f}{\alpha_1 f_c b} = 215\text{mm}$

可见 $2a'_s = 80\text{mm} < x < \xi_b h_0 = 0.518 \times 760 = 394\text{mm}$，属于大偏心受压构件。

$$e = \eta_s e_i + \frac{h}{2} - a_s = 1.081 \times 439 + \frac{800}{2} - 40 = 835\text{mm}$$

$$A_s = A'_s = \frac{Ne - \alpha_1 f_c \left[b h_0 x (h_0 - 0.5x) + (b'_f - b) h'_f (h_0 - \dfrac{h'_f}{2}) \right]}{f'_y (h_0 - a'_s)}$$

$$= 512\text{ mm}^2 > \rho'_{\min} [bh + (b'_f - b) h'_f] = 259\text{ mm}^2$$

每边选用 2 Φ 20（$A_s = A'_s = 628\text{ mm}^2$）。截面配筋图如图 5-24 所示。

【例 5-13】 已知条件同［例 5-12］的柱，柱的截面控制内力设计值为 $N = 1600\text{kN}$，$M = 250\text{kN} \cdot \text{m}$。求：所需钢筋截面面积（对称配筋）。

【解】 （1）计算初始偏心距 e_i 和侧移二阶效应增大系数 η_s。

$$e_0 = \frac{M}{N} = \frac{250 \times 10^3}{1600} = 156\text{mm}$$

$$h = 800\text{mm} > 600\text{mm}，取 e_a = 800/30 = 27\text{mm}$$

$$e_i = e_0 + e_a = 156 + 27 = 183\text{mm}$$

$$\zeta_c = \frac{0.5 f_c A}{N} = 0.73$$

$$\eta_s = 1 + \frac{1}{1500 \, e_i / h_0} \left(\frac{l_0}{h}\right)^2 \zeta_c = 1.194$$

（2）求相对受压区高度 ξ

由于 $N = 1600\mathrm{kN} > \alpha_1 f_c b_f' h_f' = 1.0 \times 14.3 \times 400 \times 120 = 686.4\mathrm{kN}$，说明中和轴在腹板内，先按大偏心受压计算：

$$x = \frac{N - \alpha_1 f_c (b_f' - b) h_f'}{\alpha_1 f_c b} = 652\mathrm{mm} > \xi_b h_0 = 0.518 \times 760 = 394\mathrm{mm}，属于小偏心受压$$

构件。故应按小偏心受压公式计算钢筋。

用简化方法计算 ξ

$$e = \eta_s e_i + \frac{h}{2} - a_s = 1.194 \times 183 + \frac{800}{2} - 40 = 579\mathrm{mm}$$

$$\xi = \frac{N - \alpha_1 f_c [\xi_b b h_0 + (b_f' - b) h_f']}{\dfrac{Ne - 0.43 \alpha_1 f_c b h_0^2 - \alpha_1 f_c (b_f' - b) h_f' (h_0 - 0.5 h_f')}{(\beta_1 - \xi_b)(h_0 - a_s')} + \alpha_1 f_c b h_0} + \xi_b$$

$$= 0.728$$

（3）计算配筋，并选筋

$$A_s = A_s' = \frac{Ne - \alpha_1 f_c [b h_0^2 \xi (1 - 0.5\xi) + (b_f' - b) h_f' (h_0 - \frac{h_f'}{2})]}{f_y'(h_0 - a_s')}$$

$$= 506 \, \mathrm{mm}^2 > \rho_{\min}'[bh + (b_f' - b) h_f'] = 259 \, \mathrm{mm}^2$$

每边选用 3 Φ 16（$A_s = A_s' = 603 \, \mathrm{mm}^2$）。

（4）按轴心受压验算垂直于弯矩作用面的承载力

绕弱轴的惯性矩 $i_2 = \sqrt{\dfrac{I_2}{A}} = \sqrt{\dfrac{[(800-240) \times 120^3 + 240 \times 400^3]/12}{(800-240) \times 120 + 240 \times 400}} = 91.3\mathrm{mm}$，$\dfrac{l_0}{i_2}$

$= \dfrac{6700}{91.3} = 73.38$，查表内插得 $\varphi = 0.719$

$$N_{u2} = 0.9\varphi[f_c A + f_y'(A_s' + A_s)]$$

$$= 0.9 \times 0.719 \times \{14.3 \times [(800-240) \times 120 + 240 \times 400] + 360 \times 2 \times 603\}$$

$$= 1791\mathrm{kN} > N = 1600\mathrm{kN}$$

满足要求。截面配筋图如图 5-25 所示。

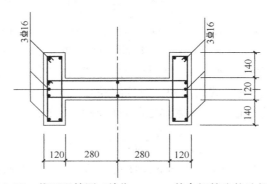

图 5-25　截面配筋图（单位：mm；其余钢筋为构造钢筋）

5.8 双向偏心受压构件承载力计算

5.8.1 双向偏心受压构件受力特点

在实际工程中也有一部分偏心受压构件，例如多层框架房屋的角柱，其中的轴向压力同时沿截面的两个主轴方向有偏心作用，如图 5-1（c）所示，应按双向偏心受压构件来进行设计。双向偏心受压构件是轴力 N 在截面的两个主轴方向都有偏心距，或构件同时承受轴心压力及两个方向的弯矩作用。

根据实验结果表明，双向偏心受压构件正截面的破坏形态与单向偏心受压构件正截面的破坏形态相似，也可分为大偏心受压（受拉破坏）和小偏心受压（受压破坏）。因此，单向偏心受压构件正截面承载力计算时所采用的基本假定也可应用于双向偏心受压构件承载力的计算。但双向偏心受压构件正截面承载力计算时，其中和轴一般不与截面主轴相垂直，是倾斜的，与主轴有一个夹角。如图 5-26 截面的混凝土受压区形状较为复杂，可能是三角形、梯形和多边形，同时，钢筋的应力也不均匀，有的应力可达到其屈服强度，有的应力则较小，距中和轴愈近，其应力愈小。双向偏心受压柱的承载力可由其 $N_u - M_u$ 相关曲面表示。由图 5-27 的单向偏心受压柱的 $N_u - M_u$ 承载力相关试验曲线，通过改变中和轴的倾角，可以得到一列与截面主轴倾角不同的相关曲线族。

在设计时，可假定截面应变符合平截面假定，受压区边缘的极限应变值 $\varepsilon_{cu} = 0.0033$，受压区应力分布图仍近似简化成等效矩形应力图。

双向偏心受压精确计算的过程是繁琐的，必须借助于计算机才能求解。

目前各国规范都采用近似的简化方法来计算双向偏心受压构件的正截面承载力，既能达到一般设计要求的精度，又便于手算。

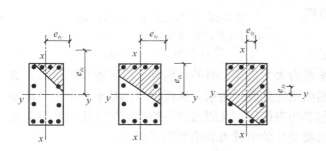 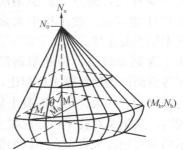

图 5-26　双向偏心受压截面应力图　　　　图 5-27　双向偏心受压 $N_u - M_u$ 关系曲线

5.8.2 近似计算方法（倪克勤公式）

现采用的近似简化方法是应用弹性阶段应力叠加的方法推导求得的。设计时，先拟定构件的截面尺寸和钢筋布置方案，并假定材料处于弹性阶段。根据材料力学原理，倪克勤推导出双向偏心受压构件正截面承载力计算公式：

$$N \leqslant \frac{1}{\dfrac{1}{N_{ux}} + \dfrac{1}{N_{uy}} - \dfrac{1}{N_{u0}}} \tag{5-63}$$

式中　N_{u0}——构件的截面轴心受压承载力设计值，按式（5-2）计算，但不考虑稳定系数 φ 及系数 0.9；

　　　N_{ux}——轴向压力作用于 x 轴并考虑相应的计算偏心距 e_{ix} 后，按全部纵向钢筋计算的构件偏心受压承载力设计值；

　　　N_{uy}——轴向压力作用于 y 轴并考虑相应的计算偏心距 e_{iy} 后，按全部纵向钢筋计算的构件偏心受压承载力设计值。

5.9　型钢混凝土柱和钢管混凝土柱简介

5.9.1　型钢混凝土柱简介

5.9.1.1　型钢混凝土柱概述

型钢混凝土柱又称钢骨混凝土柱，前苏联称之为劲性钢筋混凝土结构柱。在型钢混凝土柱中，除了主要配置轧制或焊接的型钢外，还配有少量的纵向钢筋与箍筋。

按配置的型钢形式，型钢混凝土柱分为实腹式和空腹式两类。实腹式型钢混凝土柱的截面形式如图 5-28 所示。空腹式型钢混凝土柱中的型钢不贯通柱截面的宽度和高度，例如在柱截面的四角设置角钢，角钢间用钢缀条或钢缀板连接而成钢骨架。

震害表明，实腹式型钢混凝土柱有较好的抗震性能，而空腹式型钢混凝土柱的抗震性能较差。故工程中大多采用实腹式型钢混凝土柱。

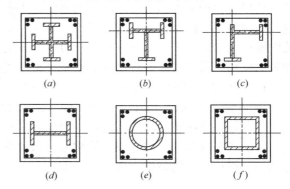

图 5-28　型钢混凝土柱的截面形式
（a）十字形；（b）丁字形；（c）L 形；（d）H 形；
（e）圆钢管；（f）方钢管

由于含钢率较高，因此型钢混凝土柱与同等截面的钢筋混凝土柱相比，承载力大大提高。另外，混凝土中配置型钢以后，混凝土与型钢相互约束。钢筋混凝土包裹型钢使其受到约束，从而使型钢基本不发生局部屈曲；同时，型钢又对柱中核心混凝土起着约束作用。又因为整体的型钢构件比钢筋混凝土中分散的钢筋刚度大得多，所以型钢混凝土柱的承载力和刚度明显提高。

实腹式型钢混凝土柱，不仅承载力高，刚度大，而且有良好的延性及韧性。因此，它更加适合用于要求抗震和要求承受较大荷载的柱子。

5.9.1.2　型钢混凝土柱承载力的计算

（1）轴心受压柱承载力计算公式

在型钢混凝土柱轴心受压试验中，无论是短柱还是长柱，由于混凝土对型钢的约束，均未发现型钢有局部屈曲现象，因此，在设计中可不考虑型钢的局部屈曲。其轴心受压柱的正截面承载力可按下式计算：

$$N_u = 0.9\varphi(f_c A_c + f_y' A_s' + f_s' A_{ss})　　　　(5-64)$$

式中　N_u——轴心受压承载力设计值；

φ——型钢混凝土柱稳定系数；

f_c——混凝土轴心抗压强度设计值；

A_c——混凝土的净截面面积；

A_{ss}——型钢的有效截面面积，应扣除因孔洞削弱的部分；

A'_s——纵向钢筋的截面面积；

f'_y——纵向钢筋的抗压强度设计值；

f'_s——型钢的抗压强度设计值；

0.9——系数，考虑到与偏心受压型钢柱的正截面承载力计算具有相近的可靠度。

（2）型钢混凝土偏心受压柱正截面承载力计算

对于配置充满型、实腹型钢的混凝土柱，其正截面偏心受压柱的计算，按《型钢混凝土组合结构技术规程》进行计算，其计算方法如下。

1）基本假定

根据实验分析型钢混凝土偏心受压柱的受力性能及破坏特点，型钢混凝土柱正截面偏心承载力计算，采用如下基本假定：

① 截面中型钢、钢筋与混凝土的应变均保持平面；

② 不考虑混凝土的抗拉强度；

③ 受压区边缘混凝土极限压应变 ε_{cu} 取 0.003，相应的最大应力取混凝土轴心抗压强度设计值 f_c；

④ 受压区混凝土的应力图形简化为等效的矩形，其高度取按平截面假定中确定的中和轴高度乘以系数 0.8；

⑤ 型钢腹板的拉、压应力图形均为梯形，设计计算时，简化为等效矩形应力图形；

⑥ 钢筋的应力等于其应变与弹性模量的乘积，但不应大于其强度设计值，受拉钢筋和型钢受拉翼缘的极限拉应变取 $\varepsilon_{su} = 0.01$。

2）承载力计算公式

型钢混凝土柱正截面受压承载力计算简图如图 5-29 所示。

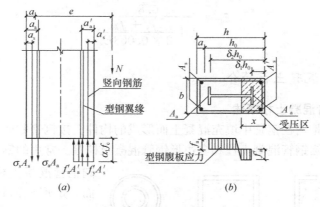

图 5-29 偏心受压柱的截面应力图形

(a) 全截面应力；(b) 型钢腹板应力

$$N_u = f_c bx + f'_y A'_s + f'_a A'_a - \sigma_s A_s + N_{aw} \tag{5-65}$$

113

$$N_u e = f_c bx\left(h_0 - \frac{x}{2}\right) + f'_y A'_s(h_0 - a'_s) + f'_a A'_a(h_0 - a'_a) + M_{aw} \qquad (5\text{-}66)$$

图中和式中　N_u——轴向受压承载力设计值；

　　　　　e——轴向力作用点至受拉钢筋和型钢受拉翼缘的合力点之间的距离；

　f'_y、f'_a——分别为受压钢筋、型钢的抗压强度设计值；

　A'_s、A'_a——分别为竖向受压钢筋、型钢受压翼缘的截面面积；

　A_s、A_a——分别为竖向受拉钢筋、型钢受拉翼缘的截面面积；

　b、x——分别为柱截面宽度和柱截面受压区高度；

　a'_s、a'_a——分别为受压纵筋合力点、型钢受压翼缘合力点到截面受压边缘的距离；

　a_s、a_a——分别为受拉纵筋合力点、型钢受拉翼缘合力点到截面受拉边缘的距离；

　　　　　h_0——截面有效高度，$h_0 = h - a$；

　　　　　a——受拉纵筋和型钢受拉翼缘合力点到截面受拉边缘的距离；

　δ_1、δ_2——分别为型钢受压腹板和受拉腹板距截面受压边缘的距离与 h_0 的比值；

N_{aw}、M_{aw} 按《型钢混凝土组合结构技术规程》计算。

受拉边或受压较小边的钢筋应力 σ_s 和型钢翼缘应力 σ_a 可按下列条件计算：

当 $x \leqslant \xi_b h_0$ 时，为大偏心受压构件，取 $\sigma_s = f_y$，$\sigma_a = f_a$；

当 $x > \xi_b h_0$ 时，为小偏心受压构件，取

$$\sigma_s = \frac{f_y}{\xi_b - 0.8}\left(\frac{x}{h_0} - 0.8\right) \qquad (5\text{-}67)$$

$$\sigma_a = \frac{f_a}{\xi_b - 0.8}\left(\frac{x}{h_0} - 0.8\right) \qquad (5\text{-}68)$$

其中，ξ_b 为柱混凝土截面的相对界限受压区高度，即

$$\xi_b = \frac{0.8}{1 + \dfrac{f_y + f_a}{2 \times 0.003 E_s}} \qquad (5\text{-}69)$$

5.9.2　钢管混凝土柱简介

5.9.2.1　钢管混凝土柱概述

钢管混凝土柱是指在钢管中填充混凝土而形成的构件。按钢管截面形式的不同，分为方钢管混凝土柱、圆钢管混凝土柱和多边形钢管混凝土柱等。常用的钢管混凝土组合柱为圆钢管混凝土柱，其次为方形截面、矩形截面钢管混凝土柱，如图 5-30 所示。有时还在钢管内设置纵向钢筋和箍筋。钢管混凝土的基本原理是：首先借助内填混凝土增强钢管壁的稳定性；其次

(a)　　　　(b)　　　　(c)　　　　(d)

图 5-30　钢管混凝土柱的截面形状

(a) 圆钢管；(b) 方钢管；(c) 矩形钢管；(d) 双重钢管

借助钢管对核心混凝土的约束（套箍）作用，使核心混凝土处于三向受压状态，从而使混凝土具有更高的抗压强度和压缩变形能力，不仅使混凝土的塑性和韧性性能大为改善，而且可以避免或延缓钢管发生局部屈曲。因此，与钢筋混凝土柱相比，钢管混凝土具有承载力高、重量轻、塑性好、耐疲劳、耐冲击、省工、省料、施工速度快等优点。

对于钢管混凝土柱，最能发挥其特长的是轴心受压，因此，钢管混凝土柱最适合于轴心受压或小偏心受压构件。当轴心力偏心较大时或采用单肢钢管混凝土柱不够经济合理时，宜采用双肢或多肢钢管混凝土组合柱结构，如图 5-31 所示。

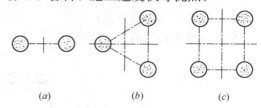

图 5-31　截面形式

(*a*) 等截面双肢柱；(*b*) 等截面三肢柱；(*c*) 等截面四肢柱

5.9.2.2　钢管混凝土受压柱承载力计算公式

（1）钢管混凝土轴心受压承载力计算公式

钢管混凝土轴心受压柱的承载力设计值按下式计算：

$$N_u = \varphi(f_s A_s + k_1 f_c A_c) \tag{5-70}$$

式中　N_u——轴心受压承载力设计值；

φ——轴心受压稳定系数；

A_s——钢管截面面积；

f_s——钢管钢材抗压强度设计值；

A_c——钢管内核心混凝土截面面积；

f_c——混凝土轴心抗压强度设计值；

k_1——核心混凝土轴心抗压强度提高系数。

（2）钢管混凝土偏心受压柱正截面承载力计算

1）钢管混凝土偏心受压柱承载力设计值可按下式计算：

$$N_u = \gamma \varphi_e (f_s A_s + k_1 f_c A_c) \tag{5-71}$$

式中　N_u——轴向受压承载力设计值；

φ_e——设计承载力折减系数；

k_1——核心混凝土强度提高系数；

γ——φ_e 的修正值，按下式计算：

$$\gamma = 1.124 \frac{2t}{D} - 0.0003f$$

D、t——分别为钢管的外直径和厚度；

f——钢管钢材抗压强度设计值。

2）钢管混凝土偏心受压柱在外荷载作用下的设计计算偏心距 e_i 按下列公式计算：

$$e_i = e_0 + e_a \tag{5-72}$$

$$e_0 = \frac{M}{N_e} \tag{5-73}$$

$$e_{\mathrm{a}} = 0.12(0.3D - \frac{M}{N_{\mathrm{e}}}) \qquad\qquad (5\text{-}74)$$

式中　　e_{a}——附加偏心距，当 $M/N_{\mathrm{e}} \geqslant 0.3D$ 时，取 $e_{\mathrm{a}} = 0$；

$\quad\quad\ e_0$——初始偏心距；

$\quad\quad\ N_{\mathrm{e}}$——轴向压力设计值；

$\quad\quad\ M$——弯矩设计值。

思 考 题

1. 试解释轴心受压、偏心受压、双向偏心受压的特征，其作用的内力有什么不同？
2. 在轴心受压柱中，配置纵向钢筋的作用是什么？为什么要控制配筋率？
3. 试分析在普通箍筋和螺旋式箍筋柱中，箍筋各有什么作用？布置原则有哪些？
4. 试描述长柱和短柱的破坏特征。
5. 试解释轴心受压计算中 φ 的含义。
6. 试描述配有螺旋箍筋轴心受压柱的破坏特征。
7. 偏心受压柱正截面破坏形态有几种？破坏特征怎样？与哪些因素有关？
8. 对于非对称配筋柱和对称配筋柱，应分别怎样判断属于大偏心受压还是小偏心受压？
9. 试解释弯矩增大系数和偏心距调节系数的概念，分别怎样计算？
10. 偏心受压承载力计算中，柱端设计弯矩怎样确定？
11. 试分析混凝土强度、钢筋强度、配筋率、截面尺寸对偏心受压构件承载力的影响。

习 题

1. 已知圆形截面现浇钢筋混凝土柱，直径不超过 350mm，承受轴心压力设计值 $N = 2650$kN，计算长度 $l_0 = 4$m，混凝土强度等级为 C40，柱中纵筋采用 HRB400 级筋，箍筋采用 HPB300 级筋，试设计该柱截面。

2. 已知柱的轴压力设计值 $N = 1000$kN，按弹性分析得到的柱端组合弯矩设计值 $M_1 = M_2 = 160$kN·m；截面尺寸 $b = 300$mm，$h = 500$mm，柱的计算长度 $l_0 = 3.5$m，混凝土强度等级为 C30，纵筋采用 HRB400 级钢筋，环境类别一类（$a_s = a_s' = 40$mm），求纵向钢筋的面积。

3. 钢筋混凝土偏心受压柱，截面尺寸 $b \times h = 300$mm$\times 400$mm，计算长度 $l_0 = 3.5$m，承受轴向压力设计值 $N = 310$kN，按弹性分析得到的柱端组合弯矩设计值分别为 $M_1 = M_2 = 170$kN·m。混凝土强度等级为 C25，纵筋为 HRB400 级，环境类别一类（$a_s = a_s' = 40$mm）。已配有近端钢筋（A_s'）3 Φ 16，求远端钢筋的面积 A_s，并画图示意。

4. 钢筋混凝土偏心受压柱，截面尺寸 $b \times h = 400$mm$\times 600$mm，计算长度 $l_0 = 4$m。混凝土强度等级为 C35，纵筋为 HRB400 级，A_s' 为 4 Φ 20，A_s 为 4 Φ 22，环境类别一类（$a_s = a_s' = 40$mm），$N = 1150$kN，求截面在 h 方向能承担的一阶弯矩设计值 M_u（按两端弯矩相等考虑）。

5. 已知非对称配筋矩形截面偏心受压柱，计算长度 $l_0 = 6$m，$b \times h = 400 \times 500$mm，环境类别一类（$a_s = a_s' = 40$mm），混凝土强度等级为 C25，纵筋为 HRB335 级，A_s 为 4 Φ 20，A_s' 为 2 Φ 20。设轴力在截面长边方向产生的偏心距 $e_0 = 300$mm，求构件能承受的设计轴力 N_u（按两端弯矩相等考虑）。

6. 已知矩形截面对称配筋偏心受压柱，截面尺寸 $b \times h = 600$mm$\times 600$mm，承受轴向压力设计值 $N = 2000$kN，弯矩设计值 $M_1 = M_2 = 600$kN·m，$l_0 = 4.8$m，采用 C30 混凝土，HRB400 级钢筋，环境类别一类（$a_s = a_s' = 40$mm），求纵向钢筋的面积。

7. 钢筋混凝土偏心受压柱，截面尺寸 $b \times h = 400mm \times 600mm$，计算长度 $l_0 = 4m$。混凝土强度等级为 C35，纵筋为 HRB400 级，环境类别一类（$a_s = a_s' = 40mm$），对称配筋，每侧配有 4 Φ 22，轴力设计值 $N = 1000kN$，求截面在 h 方向能承受的一阶弯矩设计值 M_u（按两端弯矩相等考虑）。

8. 钢筋混凝土偏心受压柱，截面尺寸 $b \times h = 250mm \times 500mm$，计算长度 $l_0 = 2.5m$。混凝土强度等级为 C30，纵筋为 HRB400 级，环境类别一类（$a_s = a_s' = 40mm$），对称配筋，每侧配有 4 Φ 22。设轴力在截面长边方向产生的偏心距 $e_0 = 450mm$ 时，求该柱的受压承载力设计值 N_u（按两端弯矩异号且绝对值相等考虑）。

第6章 受拉构件的正截面承载力

受轴向拉力或同时受轴向拉力与弯矩作用的构件，称为受拉构件。与受压构件相似，钢筋混凝土受拉构件根据纵向拉力的作用位置，分为轴心受拉构件和偏心受拉构件。

当纵向拉力沿构件截面形心作用时，为轴心受拉构件，钢筋混凝土结构中，真正的轴心受拉构件很少见，但一些主要受轴向拉力作用的工程构件，如系杆拱中的系杆、桁架中的拉杆、有内压力的环形截面管壁、圆形贮液池的池壁等，通常可按轴心受拉构件进行计算。

当纵向拉力偏离构件截面形心作用，或构件截面上同时受轴向拉力和弯矩作用时，则为偏心受拉构件，如受地震作用的框架边柱、矩形水池的池壁、厂房双肢柱的受拉肢杆、带有节间荷载的桁架和拱的下弦杆等，均属于偏心受拉构件。

6.1 轴心受拉构件正截面承载力计算

混凝土开裂前，混凝土和钢筋共同承受拉力，根据平截面假定，截面上混凝土和钢筋的应变相等，混凝土和纵向钢筋的应力分别为：

$$\sigma_c = E'_c \varepsilon_c = \nu E_c \varepsilon_c \tag{6-1}$$

$$\sigma_s = E_s \varepsilon_s \tag{6-2}$$

此时，截面受力平衡条件为：

$$N = \sigma_c A_c + \sigma_s A_s \tag{6-3}$$

式中 N——轴心受拉构件所受轴向拉力；

σ_c、σ_s——构件截面混凝土和纵向钢筋的拉应力；

A_c、A_s——混凝土和全部纵向钢筋的截面面积；

ε_c、ε_s——混凝土和纵向钢筋的拉应变，两者相等；

E_c、E'_c、ν——混凝土的弹性模量、变形模量及弹性系数；

E_s——纵向钢筋的弹性模量。

混凝土开裂后，开裂截面混凝土退出工作，全部拉力由纵向钢筋承受。当钢筋应力达到屈服强度时，构件达到其极限承载力，故轴心受拉构件正截面承载力的计算公式为：

$$N \leqslant N_u = f_y A_s \tag{6-4}$$

式中 N——轴向拉力设计值；

f_y——钢筋抗拉强度设计值；

A_s——全部纵向钢筋的截面面积。

此外，A_s 和 A'_s 均应满足轴心受拉构件受拉钢筋最小配筋率的要求，详见附表6-6。轴心受拉构件的纵向受力钢筋不得采用绑扎搭接接头。

【例6-1】 某系杆拱结构的系杆，截面尺寸为 $b \times h = 200\text{mm} \times 200\text{mm}$，其所受的纵向

拉力设计值为 450kN，混凝土强度等级 C25，HRB400 级钢筋，求截面配筋。

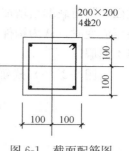

【解】 HRB400 级钢筋，$f_y = 360\text{N/mm}^2$；C25 混凝土，$f_t = 1.27\text{N/mm}^2$。由式（6-4）得：

$$A_s = N/f_y = 450 \times 10^3/360 = 1250\text{mm}^2$$

$$\rho_{\min} = \max\{0.45f_t/f_y, 0.002\} = 0.002$$

$$A_{s,\min} = \rho_{\min}bh = 2 \times 0.002 \times 200 \times 200 = 160\text{mm}^2$$

选配 4 ⌀ 20，$A_s = 1256\text{mm}^2$，满足最小配筋率要求。截面配筋图如图 6-1 所示。

图 6-1　截面配筋图
（单位：mm）

6.2　偏心受拉构件正截面承载力计算

6.2.1　偏心受拉构件的破坏形态

对于矩形截面，不妨定义离纵向拉力 N 较近一侧的纵筋（简称近端钢筋，以下同）截面面积为 A_s；远离纵向拉力 N 一侧的纵筋（简称远端钢筋，以下同）截面面积为 A_s'。

根据纵向拉力 N 在截面上作用位置的不同，偏心受拉构件有两种破坏形态：

（1）大偏心受拉破坏：纵向拉力 N 作用在钢筋 A_s 合力点与钢筋 A_s' 合力点之外，即 $e_0 \geq \dfrac{h}{2} - a_s$，如图 6-2（a）所示；

（2）小偏心受拉破坏：纵向拉力 N 作用在钢筋 A_s 合力点与钢筋 A_s' 合力点之间，即 $e_0 < \dfrac{h}{2} - a_s$，如图 6-2（b）所示。

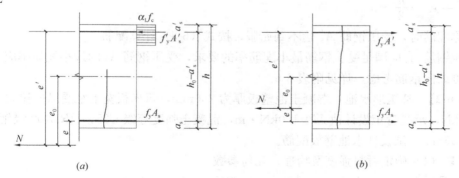

图 6-2　偏心受拉构件正截面承载力计算图示
（a）大偏心受拉；（b）小偏心受拉

6.2.2　大偏心受拉构件承载力计算

如图 6-2（a）所示，大偏心受拉构件纵向拉力 N 的偏心距 e_0 较大，即 $e_0 \geq \dfrac{h}{2} - a_s$，受纵向拉力作用时，截面上同时存在受拉区和受压区，近端钢筋 A_s 受拉，远端钢筋 A_s' 受压。其破坏形态与大偏心受压破坏情况类似。受拉区混凝土开裂后，裂缝不会贯通整个截面。随荷载继续增加，近端钢筋 A_s 先出现受拉屈服，待受压区混凝土边缘纤维达到极限压应变时，认为构件达到极限承载力而破坏，此时，远端钢筋 A'_s 受压可能屈服，也可能不屈服。

由图 6-2 (a) 截面静力平衡条件，可得大偏心受拉构件承载力计算基本公式为：

$$N \leqslant N_u = f_y A_s - f'_y A'_s - \alpha_1 f_c b x \tag{6-5}$$

$$Ne \leqslant \alpha_1 f_c b x \left(h_0 - \frac{x}{2}\right) + f'_y A'_s (h_0 - a'_s) \tag{6-6}$$

式中　e——纵向拉力 N 至受拉钢筋 A_s 合力点的距离，$e = e_0 - \dfrac{h}{2} + a_s$。

式 (6-5) 和式 (6-6) 的适用条件为：$2a'_s \leqslant x \leqslant \xi_b h_0$。

可见，大偏心受拉与大偏心受压破坏的计算公式是相似的，所不同的是 N 为拉力。因此，其计算方法也与大偏心受压破坏相似，可参照执行。

截面设计时，若 A_s 与 A'_s 均未知，需补充条件来求解。为使总钢筋用量 $(A_s + A'_s)$ 最小，可取 $\xi = \xi_b$ 为补充条件，然后由式 (6-5) 和式 (6-6) 即可求解。若按式 (6-6) 求得的 A'_s 过小或为负值，需按最小配筋率要求配置 A'_s，然后按 A'_s 已知情况求解 x 和 A_s。注意，x 仍需满足适用条件。

当 $x < 2a'_s$ 时，可偏于保守地取 $x = 2a'_s$，此时受压钢筋不屈服，对受压钢筋形心取矩有：

$$Ne' \leqslant f_y A_s (h_0 - a'_s) \tag{6-7}$$

即有：

$$A_s = \frac{Ne'}{f_y (h_0 - a'_s)} \tag{6-8}$$

式中，$e' = e_0 + \dfrac{h}{2} - a'_s$。

对称配筋时，受压钢筋 A'_s 达不到屈服，按式 (6-8) 计算配筋。

受拉钢筋 A_s 应满足受拉钢筋最小配筋率的要求，受压钢筋 A'_s 的最小配筋率应按受压构件一侧纵向钢筋考虑，详见附表 6-6。

【例 6-2】　某矩形水池，混凝土池壁板厚为 250mm，每米板宽上承受纵向拉力设计值 $N = 250$kN，承受弯矩设计值 $M = 100$kN·m，混凝土强度等级 C25，HRB400 级钢筋，$a_s = a'_s = 35$mm，试设计水池壁板配筋。

【解】　(1) 确定材料强度及物理、几何参数

C25 混凝土，$f_c = 11.9$N/mm²，$f_t = 1.27$N/mm²；

HRB400 级钢筋，$f_y = f'_y = 360$N/mm²；$\alpha_1 = 1.0$；$\xi_b = 0.518$；

$b = 1000$mm；$h_0 = 250 - 35 = 215$mm。

(2) 大小偏心受拉判别 $e_0 = \dfrac{M}{N} = \dfrac{100 \times 10^6}{250 \times 10^3} = 400$mm $> \dfrac{h}{2} - a_s = 125 - 35 = 90$mm，为大偏心受拉构件。

(3) 计算钢筋面积

$$e = e_0 - \frac{h}{2} + a_s = 400 - 125 + 35 = 310\text{mm}$$

$$A'_s = \frac{Ne - \alpha_1 f_c b x_b \left(h_0 - \frac{x_b}{2}\right)}{f'_y(h_0 - a'_s)} = \frac{Ne - \alpha_1 f_c b h_0^2 \xi_b (1 - 0.5\xi_b)}{f'_y(h_0 - a'_s)}$$

$$= \frac{250 \times 10^3 \times 310 - 1.0 \times 11.9 \times 1000 \times 215^2 \times 0.518 \times (1 - 0.5 \times 0.518)}{360 \times (215 - 35)} < 0$$

按最小配筋率配置受压钢筋，有：

$$A'_s = \rho'_{min} bh = 0.002 \times 1000 \times 250 = 500 \text{mm}^2$$

选配Φ12@200，$A'_s = 565 \text{mm}^2$，满足要求。

再按 A'_s 已知情况计算。由式（6-6）解一元二次方程得：$x = 18.3 \text{mm} < 2a'_s = 70 \text{mm}$，则有：

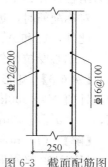

$$e' = e_0 + \frac{h}{2} - a'_s = 400 + 125 - 35 = 490 \text{mm}$$

$$A_s = \frac{Ne'}{f_y(h_0 - a'_s)} = \frac{250 \times 10^3 \times 490}{360 \times (215 - 35)} = 1890 \text{mm}^2$$

$$\rho_{min} = \max\{0.45 f_t / f_y, 0.002\} = 0.002$$

$$A_{s,min} = \rho_{min} bh = 0.002 \times 1000 \times 250 = 500 \text{mm}^2$$

选配Φ16@100，$A_s = 2011 \text{mm}^2$，满足最小配筋率要求。池壁截面配筋如图 6-3 所示。

图 6-3　截面配筋图
（单位：mm）

6.2.3　小偏心受拉构件

小偏心受拉构件纵向拉力 N 的偏心距 e_0 较小，即 $e_0 < \frac{h}{2} - a_s$，纵向拉力的位置在 A_s 与 A'_s 之间。当偏心距 $e_0 = 0$ 时，为轴心受拉构件；当偏心距 e_0 很小时，全截面将受拉；但当偏心距 e_0 较大时，在混凝土开裂前，截面上存在着受压区，但当混凝土开裂后，由于受拉区混凝土退出工作，而钢筋 A_s 位于轴向力的外侧，根据力的平衡关系，截面上将不可能再有受压区。也就是说，原来的受压区将转变为受拉，因而，全截面也将受拉。临破坏前，截面已全部裂通，拉力全部由钢筋承受。破坏时，钢筋 A_s 和 A'_s 的应力与纵向拉力作用点的位置及钢筋 A_s 和 A'_s 的比值有关，通常近端钢筋 A_s 受拉屈服，远端钢筋 A'_s 受拉可能屈服，也可能不屈服。

由图 6-2（b），分别对 A'_s 与 A_s 合力点取矩的平衡条件，得：

$$A_s = \frac{Ne'}{f_y(h_0 - a'_s)} \tag{6-9}$$

$$A'_s = \frac{Ne}{f_y(h_0 - a'_s)} \tag{6-10}$$

式中　e、e' ——分别为 N 至 A_s 与 A'_s 合力点的距离，按下式计算：

$$e = \frac{h}{2} - a_s - e_0 \tag{6-11}$$

$$e' = \frac{h}{2} - a'_s + e_0 \tag{6-12}$$

将 e 和 e' 分别代入式（6-9）和式（6-10），取 $M = Ne_0$，且取 $a_s = a'_s = a$，则可得：

$$A_s = \frac{N}{2f_y} + \frac{M}{f_y(h_0 - a)} \qquad (6\text{-}13)$$

$$A_s' = \frac{N}{2f_y} - \frac{M}{f_y(h_0 - a)} \qquad (6\text{-}14)$$

由上式可见，右边第一项表示抵抗纵向拉力 N 所需的钢筋面积，第二项反映了弯矩 M 对配筋的影响。显然，M 的存在使 A_s 增大，使 A_s' 减小。因此，在设计中如果需考虑不同的内力组合 (N, M) 时，应按 (N_{max}, M_{max}) 的内力组合计算 A_s，而按 (N_{max}, M_{min}) 的内力组合计算 A_s'。

对称配筋时，远端钢筋 A_s' 达不到屈服，按式（6-9）计算配筋。

此外，A_s 和 A_s' 均应满足受拉钢筋最小配筋率的要求，详见附表 6-6。

小偏心受拉构件的纵向受力钢筋不得采用绑扎搭接接头。

【例 6-3】 矩形截面偏心受拉构件截面尺寸为 $b \times h = 200\text{mm} \times 400\text{mm}$，承受纵向拉力设计值 $N = 600\text{kN}$，弯矩设计值 $M = 60\text{kN} \cdot \text{m}$，混凝土强度等级 C25，HRB400 级钢筋，$a_s = a_s' = 40\text{mm}$，试设计构件的配筋。

【解】 （1）确定材料强度及物理、几何参数

HRB400 级钢筋，$f_y = f_y' = 360\text{N/mm}^2$；$\alpha_1 = 1.0$；$\xi_b = 0.518$；

C25 混凝土，$f_c = 11.9\text{N/mm}^2$，$f_t = 1.27\text{N/mm}^2$；$h_0 = 400 - 40 = 360\text{mm}$。

（2）判别偏心受拉构件

$e_0 = \dfrac{M}{N} = \dfrac{60 \times 10^6}{600 \times 10^3} = 100\text{mm} < \dfrac{h}{2} - a_s = 200 - 40 = 160\text{mm}$，为小偏心受拉构件。

（3）计算钢筋

$$e = \frac{h}{2} - a_s - e_0 = 200 - 40 - 100 = 60\text{mm}$$

$$e' = \frac{h}{2} - a_s' + e_0 = 200 - 40 + 100 = 260\text{mm}$$

$$A_s' = \frac{Ne}{f_y(h_0 - a_s')} = \frac{600 \times 10^3 \times 60}{360 \times (360 - 40)} = 313\text{mm}^2$$

$$A_s = \frac{Ne'}{f_y(h_0 - a_s')} = \frac{600 \times 10^3 \times 260}{360 \times (360 - 40)} = 1354\text{mm}^2$$

$$\rho_{min} = \max\{0.45 f_t/f_y, 0.002\} = 0.002$$

$$A_{s,min} = \rho_{min} bh = 0.002 \times 200 \times 400 = 160\text{mm}^2$$

近端钢筋选配 3 Φ 25，$A_s = 1473\text{mm}^2$；远端钢筋选配 2 Φ 16 钢筋，$A_s' = 402\text{mm}^2$，满足最小配筋率要求。截面配筋图如图 6-4 所示。

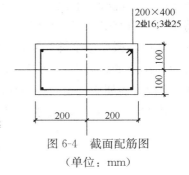

图 6-4 截面配筋图
（单位：mm）

思 考 题

1. 受拉构件有哪些配筋构造要求？

2. 如何区分偏心受拉的两种破坏形态？

3. 绘出大偏心受拉和小偏心受拉正截面承载力计算图形，并比较其异同点？

4. 试从破坏形态、截面应力、计算公式及计算步骤来分析大偏心受拉构件与大偏心受压构件有何异同？

习　题

1. 已知某钢筋混凝土屋架下弦，截面尺寸为 $b \times h = 200\text{mm} \times 150\text{mm}$，承受轴向拉力设计值 $N = 240\text{kN}$，混凝土强度等级 C25，HRB400 级钢筋，求截面配筋。

2. 某矩形水池，混凝土池壁板厚为 300mm，经内力分析，求得跨中每米板宽上承受纵向拉力设计值 $N = 240\text{kN}$，弯矩设计值 $M = 120\text{kN} \cdot \text{m}$，混凝土强度等级 C25，HRB400 级钢筋，$a_s = a'_s = 35\text{mm}$，试设计水池壁板配筋。

3. 矩形截面偏心受拉构件，截面尺寸为 $b \times h = 300\text{mm} \times 400\text{mm}$，承受轴向拉力设计值 $N = 600\text{kN}$，弯矩设计值 $M = 60\text{kN} \cdot \text{m}$，混凝土强度等级 C25，HRB400 级钢筋，$a_s = a'_s = 35\text{mm}$，求截面配筋。

第7章 构件的斜截面承载力

混凝土构件中，梁、柱、墙、楼板等均受到剪力的作用，本章主要介绍梁及柱构件的斜截面承载力设计。

7.1 斜 裂 缝 的 形 成

对于受弯构件和偏压构件，截面上除了承受弯矩或弯矩与压（拉）力共同作用外，一般均有剪力发生。对于如图 7-1 所示的简支梁，除在中间受弯区段产生竖向裂缝外，在梁两端剪力弯矩共同作用的区段，当剪力较大时会在梁侧面产生斜裂缝。受弯和偏压构件正截面和斜截面承载力验算是保证构件承载能力的两个主要方面，其产生机理可由剪力作用截面上的应力分析来获得。

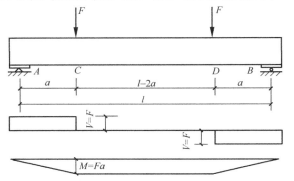

根据图 7-1 所示的简支梁弯矩图和剪力图可知，当施加荷载较小时，梁基

图 7-1 对称集中加载的钢筋混凝土简支梁

本处于弹性工作状态。此时，梁截面上任意一点的主拉应力 σ_{tp}、主压应力 σ_{cp} 及主应力的作用方向与梁纵轴的夹角 α，都和所选点在梁截面上的位置有关。

根据材料力学的应力分析结果，在图 7-2 所示的梁侧表面主应力轨迹线中，实线为主拉应力 σ_{tp}，虚线为主压应力 σ_{cp}，轨迹线上任一点的切线都是该点的主应力方向。从截面 1-1 的中性轴、受压区及受拉区分别取出微元体，它们所处的应力状态各不相同，如图 7-3 所示。

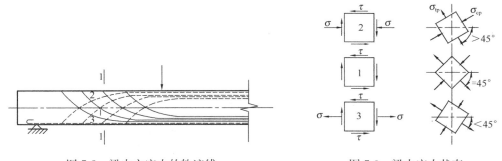

图 7-2 梁内主应力的轨迹线　　　　　　　图 7-3 梁内应力状态

位于梁截面的中性轴微元体 1、受压区微元体 2 和受拉区微元体 3，主拉应力 σ_{tp} 和主压应力 σ_{cp} 的作用方向与梁纵轴的夹角 α 分别为 $\alpha=45°$，$\alpha>45°$，$\alpha<45°$，均不同于梁纯弯

区段的主拉应力 σ_{tp} 方向。由于混凝土的抗拉强度很低，当荷载增大、混凝土主拉应力 σ_{tp} 超过其抗拉强度时，则在垂直主拉应力 σ_{tp} 的方向产生裂缝，此时裂缝的开展方向不再是垂直于梁纵轴线的竖向裂缝，而与梁纵轴线呈斜向交角，故称为斜裂缝。

对于受弯构件梁，斜裂缝有弯剪型斜裂缝和腹剪型斜裂缝两种。当弯矩相对于剪力较大时，剪弯区先在梁底部出现裂缝，然后裂缝向集中荷载作用点斜向延伸发展，形成下宽上细的弯剪型斜裂缝，如图 7-4（a）所示，弯剪型斜裂缝多见于一般的钢筋混凝土梁。腹剪型斜裂缝则出现在梁腹较薄的构件中，例如 T 形和工字形薄腹梁，由于梁腹部剪应力形成的主拉应力过大致使中性轴附近先出现 45°的斜裂缝，随着荷载的增加，裂缝不断向梁顶和梁底延伸。腹剪型斜裂缝的特点是中部宽，两头细，呈梭形，如图 7-4（b）所示。当梁承受往复剪力作用时，则会形成双向交叉的"X"形斜裂缝；承受往复水平荷载作用的框架柱等偏压构件出现的斜裂缝也以交叉裂缝为主。

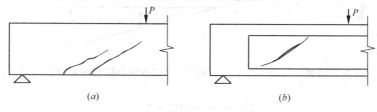

图 7-4　梁的斜裂缝
（a）弯剪型斜裂缝；（b）腹剪型斜裂缝

7.2　简支梁斜截面受剪机理

在梁式受弯构件中，一般由纵向钢筋和箍筋或弯起钢筋构成如图 7-5 所示的钢筋骨架。其中，箍筋和弯起钢筋统称为腹筋。实际工程中，梁一般均配置箍筋，对于支座承受单向剪力的梁根据需要还会配置弯起钢筋。在板式受弯构件中，一般以混凝土自身来承担剪力，不再配置腹筋。而对于柱等偏压构件，由于一般承受往复荷载，所以配置箍筋或复合箍筋承担剪力；当剪力特别大或有更高的抗剪延性要求时，有时也配置双向交叉的斜向纵筋，其作用类似于梁内的弯起钢筋（图 7-6）。

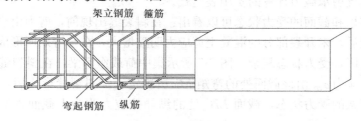

图 7-5　钢筋骨架

对于未配置腹筋的梁式受弯构件，在剪力及弯矩作用下，斜裂缝出现以前，梁中剪力基本由全截面混凝土承担。出现斜裂缝后，梁截面上的应力状态发生了很大变化。对于如图 7-7（a）所示的带裂缝的无腹筋简支梁，取主斜裂缝 $AA'B$ 左侧部分为隔离体，则作用在该隔离体上的内力和外力如图 7-7（b）所示。总剪力和截面上各部分抗力的平衡关系表达为：

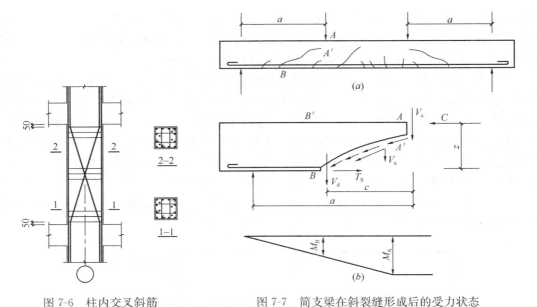

图 7-6　柱内交叉斜筋　　　　　　　　图 7-7　简支梁在斜裂缝形成后的受力状态

$$V_A = V_c + V_a + V_d \tag{7-1}$$

式中　　V_A ——荷载在 A 点对应斜截面上产生的剪力；

　　　　V_c ——未开裂的混凝土所承担的剪力；

　　　　V_d ——纵向钢筋的销栓力；

　　　　V_a ——斜裂缝两侧混凝土发生相对错动时产生的骨料咬合力的竖向分力。

　　随着斜裂缝的开展增大，与外部剪力平衡的上述三个抗力分量，各绝对值大小和所占相对比例均发生变化。其中，骨料咬合力的竖向分力 V_a 逐渐减弱以至消失，在销栓力 V_d 作用下，由于混凝土保护层厚度不大，难以阻止纵向钢筋在剪力下产生的剪切变形，故纵向钢筋联系斜裂缝两侧混凝土的销栓作用也很不稳定，而裂缝向上开展使得未开裂区混凝土的截面不断减小，单位面积上的剪应力急剧增大。由于三个抗力分量作用机理复杂，且不易量测，故抗剪极限承载能力的确定主要以试验的综合结果为基础，并考虑主要影响因素后，再确定其抗剪承载力计算的实用表达式。

　　根据试验结果和截面的受力状态可以看出：在斜裂缝出现前，剪力由全截面混凝土承受；斜裂缝出现后，未开裂部分的混凝土剪应力明显增大，在与弯矩所形成的压力共同作用下，形成剪压区，受力状态复杂。图 7-7 所示集中荷载作用梁，在斜裂缝出现前，截面 BB' 处纵筋的拉应力 σ_{sB} 由该截面处的弯矩 M_B 所决定，在斜裂缝形成后，原来的梁受力状态变为类似桁架的受力状态，截面 BB' 处的纵筋拉应力改为由截面 AA' 处的弯矩 M_A

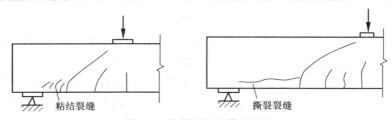

图 7-8　粘结裂缝和撕裂裂缝

所决定，故此时 BB' 处纵筋的拉应力将增大，其值相当于 σ_{sA} 。支座处纵向钢筋拉应力的增大导致钢筋与混凝土间的粘结应力增大，并有可能出现沿纵向钢筋的粘结裂缝或撕裂裂缝，如图 7-8 所示。

7.3 剪跨比及斜截面受剪破坏形态

1. 剪跨比

在影响无腹筋梁斜截面承载能力的诸多因素中，剪跨比是一个主要因素。剪跨比用 λ 表示，当梁内主要为集中荷载作用时，其剪跨比可由下式表达：

$$\lambda = \frac{a}{h_0}$$

式中 a ——集中荷载作用点至邻近支座的距离，称为剪跨，如图 7-7 (a) 所示。

h_0 ——截面的有效高度。

此剪跨比仅为集中荷载作用下的情况，称为计算剪跨比。对于其他荷载形式作用下的情况，应用广义剪跨比的概念，即用计算截面的弯矩值与计算截面的剪力值和有效高度的乘积之比表示：

$$\lambda = \frac{M}{V h_0}$$

式中 M , V ——计算截面的弯矩和剪力；

h_0 ——截面的有效高度。

2. 受剪破坏形态

受弯构件在竖向剪力作用下，有可能发生斜截面破坏。无腹筋梁斜截面破坏形态主要有斜拉、剪压和斜压三种破坏形态。

（1）斜拉破坏

如图 7-9 (a) 所示，当剪跨比或跨高比较大时（$\lambda > 3$ 或 $l/h > 9$），弯剪段梁底部先出现垂直裂缝，然后在剪弯区出现弯剪斜裂缝并迅速斜向延伸形成主裂缝，且很快伸展到梁顶，将梁劈成两部分而破坏。其实质是斜截面正拉应力 σ 占主导地位，使截面形成很大的主拉应力 σ_{tp}，因主拉应力超过混凝土的抗拉强度而破坏。斜拉破坏的破坏荷载与开裂荷载很接近，破坏时变形不明显，呈现显著的脆性特征。

（2）剪压破坏

当剪跨比为 $1 \leqslant \lambda \leqslant 3$ 或跨高比为 $3 \leqslant l/h \leqslant 9$ 时，将发生剪压破坏，如图 7-9 (b) 所示。剪压破坏的特征是：弯剪斜裂缝出现后，荷载仍可有较大增长。当荷载增大时，弯剪斜裂缝中将出现一条长而宽的主要斜裂缝，称为临界斜裂缝。当荷载继续增大时，临界斜裂缝上端剩余截面逐渐缩小，剪压区混凝土被压碎而破坏。这种破坏仍为脆性破坏。

（3）斜压破坏

当剪跨比或跨高比较小时（$\lambda < 1$ 或 $l/h < 3$），将发生斜压破坏，如图 7-9 (c) 所示。首先在荷载作用点与支座间梁的腹部出现若干条平行的斜裂缝，即腹剪斜裂缝，随着荷载的增加，梁腹被这些斜裂缝分割为若干斜向 "短柱"，最后因为柱体混凝土被压碎而破坏。这种破坏也属于脆性破坏，但承载力较高。

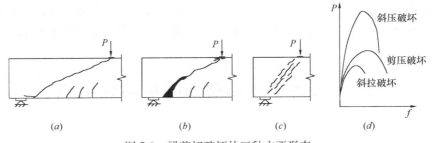

图 7-9 梁剪切破坏的三种主要形态

(a) 斜拉破坏；(b) 剪压破坏；(c) 斜压破坏；(d) 斜截面破坏的 P-f 曲线

如图 7-9（d）所示，受弯构件的斜截面破坏均表现出明显的脆性特征，其中以斜拉破坏最为显著，斜压破坏则承载力最高。斜截面承载力计算公式主要建立在剪压破坏模式的构件实验基础上。

7.4 梁斜截面受剪承载力影响因素及计算公式

7.4.1 影响无腹筋梁受剪承载力的因素

影响无腹筋梁斜截面受剪承载力的因素较多，主要有以下几个方面。

1. 剪跨比 λ

剪跨比反映了斜截面上正应力与剪应力的相对大小关系，即决定了梁任意位置处主应力的大小和方向。剪跨比不仅影响斜截面的破坏形态，而且还影响梁的受剪承载力。集中荷载作用下无腹筋梁试验表明：相同条件下的梁，随着剪跨比 λ 的加大，破坏形态按斜压、剪压和斜拉的顺序逐步演变，受剪承载力逐步降低，当 λ＞3 后，强度值趋于稳定，剪跨比的影响不明显。剪跨比是影响集中荷载作用下无腹筋梁受剪承载力的主要因素。

均布荷载作用下的受弯梁，随着跨高比（l/h）的增大，梁的受剪承载力也降低，当跨高比大于 6 以后，对梁的受剪承载力的影响也趋于稳定。

2. 混凝土强度

试验表明，梁的斜截面受剪承载力随着混凝土强度的提高而提高，并且混凝土强度对梁受剪承载力的影响大致按线性规律变化（图 7-10 中的 f_{cu} 为边长 200mm 的立方体强度）。但由于破坏模式的不同，梁斜截面承载力与混凝土强度指标的关系也呈现出选择性。当梁发生斜拉破坏时，梁的抗剪承载力主要取决于混凝土的抗拉强度；剪压破坏时，抗剪承载力也基本取决于混凝土的抗拉强度；而发生斜压破坏时，梁的抗剪承载力主要取决于混凝土的抗压强度。

3. 纵向钢筋

试验表明，纵筋的配筋率越高，纵筋

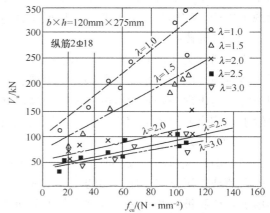

图 7-10 受剪承载力与混凝土强度的关系

的销栓作用越明显，可延缓弯曲裂缝和斜裂缝向受压区发展，提高骨料的咬合作用，并且增大了剪压区高度，使混凝土的抗剪能力有所提高。因此，当配筋率ρ较大时，梁的斜截面受剪承载力将有所提高，如图 7-11 所示。

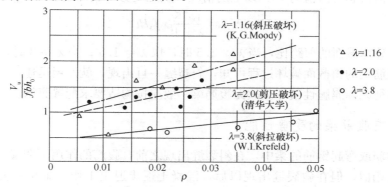

图 7-11　受剪承载力与纵筋配筋率的关系

7.4.2　无腹筋梁受剪承载力的计算公式

根据试验结果可知（如图 7-12a 所示），无腹筋梁以及不配置箍筋和弯起钢筋的一般板类受弯构件，其斜截面受剪承载力应按下列公式计算：

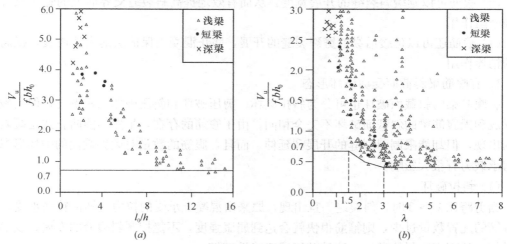

图 7-12　无腹筋梁受剪承载力计算公式与试验结果的比较

（a）均布荷载作用下；（b）集中荷载作用下独立梁

$$V \leqslant V_c = 0.7\beta_h f_t bh_0 \qquad (7\text{-}2)$$

$$\beta_h = \left(\frac{800}{h_0}\right)^{\frac{1}{4}} \qquad (7\text{-}3)$$

式中　V——构件斜截面上的最大剪力设计值；

β_h——截面高度影响系数，当 $h_0 < 800\text{mm}$ 时，取 $h_0 = 800\text{mm}$，当 $h_0 > 2000\text{mm}$，取 $h_0 = 2000\text{mm}$；

f_t——混凝土轴心抗拉强度设计值。

同时，根据试验结果（如图 7-12b 所示），集中荷载作用下无腹筋独立梁破坏时的极限荷载较均布荷载作用时要低，在考虑剪跨比的显著影响后，对于集中荷载在支座截面上所产生的剪力值占总剪力值的 75% 以上的情况，规定受剪承载力按下式计算：

$$V \leqslant V_{c} = \frac{1.75}{\lambda + 1} \beta_{h} f_{t} b h_{0}$$ (7-4)

式中 λ ——计算截面的剪跨比，当 $\lambda < 1.5$ 时，取 $\lambda = 1.5$；当 $\lambda > 3$ 时，取 $\lambda = 3$。

观察无腹筋梁的斜截面破坏过程可知，斜裂缝一旦出现，就发展迅速，而且梁破坏历程短，无明显征兆，属脆性破坏。故无腹筋梁一般应按构造要求配置腹筋。

7.4.3 有腹筋梁的受剪性能

在配有箍筋或弯起钢筋的梁中，在斜裂缝出现之前，腹筋的作用不明显，梁的加载特征和无腹筋梁相似。但在斜裂缝出现以后，混凝土逐步退出工作，而与斜裂缝相交的箍筋、弯起钢筋的应力显著增大，腹筋直接承担大部分剪力，并能改善梁的抗剪能力，具体表现在以下几个方面：

（1）腹筋可承担大部分剪力。

（2）腹筋能限制斜裂缝向梁顶的延伸和开展，增大剪压区的面积，提高剪压区混凝土的抗剪能力。

（3）腹筋可以延缓斜裂缝的开展宽度，从而有效地提高斜裂缝交界面上的骨料咬合作用和摩阻作用。

（4）箍筋还可以延缓沿纵筋劈裂裂缝的开展，防止混凝土保护层的突然撕裂，提高纵筋的销栓作用。

1. 有腹筋梁斜截面受剪破坏形态

有腹筋梁的斜截面破坏也可分为斜拉破坏、剪压破坏和斜压破坏三种形态，但其破坏的形成和无腹筋梁的斜截面破坏不完全相同。由于腹筋的存在，虽然不能防止或延缓斜裂缝的出现，但却能限制斜裂缝的开展和延伸。而且，腹筋的数量对梁斜截面的破坏形态和受剪承载力有很大影响。

（1）斜拉破坏

当剪跨比 $\lambda > 3$ 时，斜裂缝一旦出现，原来由混凝土承受的拉力就转由箍筋承受，如果箍筋的配置数量过少，则箍筋很快就会达到屈服强度，不能抑制斜裂缝的发展，变形迅速增加，从而产生斜拉破坏。这种破坏属于脆性破坏。

（2）斜压破坏

如果梁内箍筋的配置数量过多，即使剪跨比较大，箍筋应力也会一直处较低水平，而混凝土开裂后斜裂缝间的混凝土却因主压应力过大而发生压坏，箍筋强度得不到充分利用。此时梁的受剪承载力主要取决于构件的截面尺寸和混凝土轴心抗压强度。这种破坏也属于脆性破坏。

（3）剪压破坏

如果箍筋的配置数量适当，且 $1 < \lambda \leqslant 3$ 时，则在斜裂缝出现以后，箍筋应力会明显增长，在其屈服前，箍筋可有效地限制斜裂缝的展开和延伸，荷载还可有较大增长。当箍筋屈服后，由于箍筋应力基本不变而应变迅速增加，所以斜裂缝迅速展开和延伸，最后斜

130

裂缝上端剪压区的混凝土在剪压复合应力的作用下达到极限强度，发生剪压破坏。

2. 有腹筋梁斜截面受剪承载力影响因素

配有腹筋的混凝土梁，其斜截面受剪承载力的影响因素除剪跨比 λ、混凝土强度及纵向钢筋的配置外，箍筋或弯起钢筋的配置数量对梁的受剪承载力也有较大影响。试验研究表明，当箍筋配置在合理范围内时，有腹筋梁的斜截面受剪承载力将随着箍筋配置量的增大和箍筋强度的提高而有较大幅度的提高。

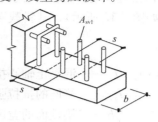

图 7-13　配箍率示意图

用配箍率 ρ_{sv} 表示配箍量的多少，即梁在箍筋间距范围内箍筋截面面积与相应混凝土水平投影面积的比值（如图 7-13 所示）：

$$\rho_{sv} = \frac{nA_{sv1}}{bs} \tag{7-5}$$

式中　　ρ_{sv}——配箍率；

n——同一截面内箍筋的肢数；

A_{sv1}——单肢箍筋的截面面积；

b——梁截面的宽度；

s——沿梁轴线方向箍筋的间距。

7.4.4　有腹筋梁斜截面承载力的计算公式和适用范围

钢筋混凝土梁沿斜截面的破坏形态均属于脆性破坏，一般应予以避免，故其斜截面承载力计算公式的确定比正截面受弯破坏稍有保守。由于斜拉破坏脆性性质明显，承载力低，而斜压破坏又不能充分发挥箍筋强度，造成浪费，故这两种破坏形态在设计时均不允许出现。而对于剪压破坏，虽属脆性破坏，但有一定的延性特征，可通过计算来防止破坏。本节所介绍的计算公式均是在剪压破坏形态下试验得出的。

对于仅配箍筋的简支梁（如图 7-14 所示），在出现斜裂缝 BA' 后，取裂缝 BA'

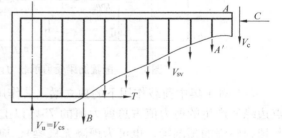

图 7-14　仅配箍筋梁的斜截面承载力计算图

到支座间的隔离体作为研究对象。假定斜截面的受剪承载力由两部分组成，即：

$$V_{cs} = V_c + V_{sv} \tag{7-6}$$

式中　　V_{cs}——构件斜截面上混凝土和箍筋受剪承载力设计值；

V_c——混凝土的受剪承载力；

V_{sv}——箍筋的受剪承载力。

式（7-6）忽略了纵向钢筋对受剪承载力的影响，且 V_c 未考虑增加腹筋对混凝土抗剪能力的影响，而仍采用无腹筋梁的试验结果，并将箍筋使混凝土抗剪承载力的提高部分包含在 V_{sv} 中。

1. 斜截面受剪承载力计算公式

（1）对于矩形、T 形和工字形截面的一般受弯构件，假设其发生剪压破坏时与斜裂缝相交的腹筋达到屈服，同时混凝土在剪压复合力作用下达到极限强度。则根据试验结果（如图 7-15 所示），其斜截面的受剪承载力应由下式得到：

$$V \leqslant V_{cs} = 0.7 f_t b h_0 + \frac{f_{yv} A_{sv}}{s} h_0 \qquad (7-7)$$

式中　f_t——混凝土轴心抗拉强度设计值；

　　　f_{yv}——箍筋的抗拉强度设计值；

　　　b——梁截面的宽度（T 形、工字形梁为腹板宽度）；

　　　h_0——梁的截面有效高度；

　　　A_{sv}——在箍筋间距范围内，箍筋的截面面积，$A_{sv} = n A_{sv1}$。

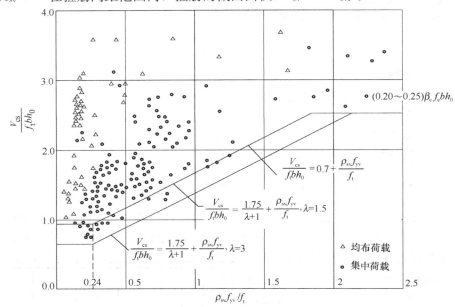

图 7-15　配箍筋梁受剪承载力计算公式与试验结果的比较

（2）对于集中荷载作用下的独立梁（若作用有多种荷载，则集中荷载在支座截面或节点边缘所产生的剪力值占总剪力值的 75% 以上时，亦按集中荷载作用考虑。独立梁为不与楼板整浇的预制梁，也可为现浇无板梁），应考虑剪跨比 λ 对受剪承载力的影响，所以受剪承载力应由下式得到：

$$V \leqslant V_{cs} = \frac{1.75}{\lambda + 1} f_t b h_0 + \frac{f_{yv} A_{sv}}{s} h_0 \qquad (7-8)$$

式中　λ——计算截面的剪跨比，$\lambda = a/h_0$，其中 a 为集中荷载作用点至支座截面的距离。

　　　　当 $\lambda < 1.5$ 时，取 $\lambda = 1.5$；当 $\lambda > 3$ 时，取 $\lambda = 3$。

2. 斜截面受剪承载力计算公式的适用条件

（1）截面尺寸限制条件

从式（7-7）、式（7-8）可以看出，对于确定截面尺寸的梁，提高其配箍率可以有效地提高斜截面受剪承载力。但根据试验结果，当箍筋的数量超过一定值后，箍筋的应力尚未达到屈服强度而剪压区混凝土先发生斜压破坏，梁的受剪承载力几乎不再增加，此时，梁的受剪承载力主要取决于混凝土的抗压强度 f_c 和梁的截面尺寸。为了防止这种情况发生，对梁的截面尺寸应有如下规定：

对于一般梁，即当 $h_w/b \leqslant 4$ 时，应满足：

$$V \leqslant 0.25\beta_c f_c b h_0 \tag{7-9}$$

对于薄腹梁，即当 $h_w/b \geqslant 6$ 时，应满足：

$$V \leqslant 0.2\beta_c f_c b h_0 \tag{7-10}$$

而当 $4 < h_w/b < 6$ 时，应满足：

$$V \leqslant 0.025\left(14 - \frac{h_w}{b}\right)\beta_c f_c b h_0 \tag{7-11}$$

式中　f_c——混凝土轴心抗压强度设计值；

　　　β_c——混凝土强度影响系数，当混凝土强度等级不超过 C50 时，取 $\beta_c = 1.0$，当混凝土强度等级为 C80 时，取 $\beta_c = 0.8$，其间按线性内插法取用；

　　　V——计算截面上的最大剪力设计值；

　　　b——矩形截面宽度，T 形或工字形截面的腹板宽度；

　　　h_w——截面的腹板高度，按图 7-16 所示选取，矩形截面 $h_w = h_0$，T 形截面 $h_w = h_0 - h'_f$，工字形截面 $h_w = h - h'_f - h_f$（h_f 为截面下部翼缘的高度）。

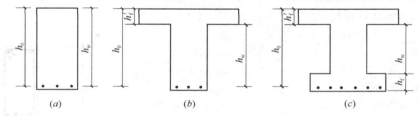

图 7-16　梁的腹板高度

（2）最小配箍率及箍筋的构造要求

对于脆性特征明显的斜拉破坏，在工程设计中是不允许出现的，可通过规定箍筋的最小配箍率和箍筋的构造措施来防止产生此类破坏。箍筋的最小直径和最大间距等构造要求参见本教材 7.6 节的内容。

箍筋的最小配筋率应按下式取用：

$$\rho_{sv,\min} = 0.24\frac{f_t}{f_{yv}} \tag{7-12}$$

式中　$\rho_{sv,\min}$——箍筋的最小配筋率。

当一般受弯构件 $V \leqslant 0.7f_t b h_0$ 或集中荷载下独立梁 $V \leqslant \dfrac{1.75}{\lambda+1}f_t b h_0$ 时，剪力设计值尚不足以引起梁斜截面混凝土开裂，此时，箍筋的配筋率可不遵循 $\rho_{sv} \geqslant \rho_{sv,\min}$，而按表7-3 中 $V \leqslant 0.7f_t b h_0$ 对应的构造要求进行配筋。

【例 7-1】　一钢筋混凝土矩形截面简支梁，处于一类环境，安全等级二级，混凝土强度等级为 C30，纵向钢筋采用 HRB400 级钢筋，箍筋采用 HPB300 级钢筋，梁的截面尺寸为 $b \times h = 250\text{mm} \times 500\text{mm}$，均布荷载在梁支座边缘产生的最大剪力设计值为 300kN。正截面强度计算已配置 4 Φ 22 的纵筋，求所需的箍筋。

【解】　（1）确定计算参数：查附表 2-2 和附表 2-6，得 $f_c = 14.3\ \text{N/mm}^2$，$f_t = 1.43\text{N/mm}^2$，$f_{yv} = 270\text{N/mm}^2$，$f_y = 360\ \text{N/mm}^2$。

查附表 6-4 可知，最外侧筋保护层 20mm ，则主筋保护层约 30mm ，纵筋间净距 $s_n =$ 25mm ，假设纵筋排一排，则

$2c + 4d + 3s_n = 2 \times 30 + 4 \times 22 + 3 \times 25 = 223mm < b = 250mm$ ，满足要求。近似取 $a_s = 40mm$ ，则 $h_0 = h - a_s = 500 - 40 = 460mm$ ，故 $h_w = h_0 = 460mm$，$\beta_c = 1.0$ 。

（2）截面尺寸验算：

因为 $h_w/b = 460/250 = 1.84 < 4$ ，属于一般梁，故 $0.25\beta_c f_c b h_0 = 0.25 \times 1.0 \times 14.3 \times 250 \times 460 = 411.1kN > 300kN$ 故截面尺寸满足要求。

（3）求箍筋数量并验算最小配箍率：

$$V_c = 0.7 f_t b h_0 = 0.7 \times 1.43 \times 250 \times 460 = 115.1kN < 300kN$$

所以由式（7-7）可得：

$$\frac{A_{sv}}{s} \geq \frac{V - V_c}{f_{yv} h_0} = \frac{300000 - 115115}{270 \times 460} = 1.49$$

选用双肢箍 $\Phi 10 (A_{sv1} = 78.5mm, n = 2)$ ，代入上式可得：

$$s \leq 105.37mm$$

取 $s = 100mm$ ，可得：

$$
\begin{aligned}
\rho_{sv} &= \frac{A_{sv}}{bs} \\
&= \frac{78.5 \times 2}{250 \times 100} \\
&= 0.628\% > \rho_{sv,min} \\
&= 0.24 \frac{f_t}{f_{yv}} \\
&= 0.24 \times \frac{1.43}{270} \\
&= 0.127\%
\end{aligned}
$$

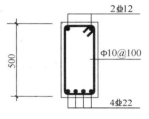

图 7-17　［例 7-1］题配筋图

满足要求，钢筋配置见图 7-17（因要固定箍筋位置，则在截面上边缘角部另设 2 Φ 12 的架立钢筋）。

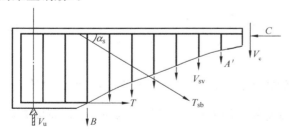

图 7-18　配置箍筋和弯起钢筋的梁斜截面受剪承载力计算模型

7.4.5　弯起钢筋

当梁所承受的剪力较大时，可配置箍筋和弯起钢筋来共同承受剪力。如图 7-18 所示，弯起钢筋所承受的剪力值等于弯起钢筋的拉力在平行于梁竖向剪力方向的分力值。弯起钢筋的抗剪承载力应按下式确定：

$$V_{sb} = 0.8 f_y A_{sb} \sin\alpha_s \qquad (7-13)$$

式中　V_{sb} ——与斜裂缝相交的弯起钢筋的受剪承载力设计值；

　　　　f_y ——弯起钢筋的抗拉强度设计值，考虑到弯起钢筋与裂缝斜交时部分弯起钢筋已靠近受压区，可能达不到屈服强度，故其应考虑 0.8 的折减；

　　　　A_{sb} ——同一弯起平面内弯起钢筋的截面面积；

α_{s}——弯起钢筋与构件纵向轴线的夹角，一般为 45°，当梁截面超过 700mm 时，通常为 60°。

（1）矩形、T 形和工字形截面的一般受弯构件同时配置箍筋和弯起钢筋的承载力计算应按下式进行：

$$V \leqslant V_{cs} + V_{sb} = 0.7 f_t b h_0 + \frac{f_{yv} A_{sv}}{s} h_0 + 0.8 f_y A_{sb} \sin \alpha_s \tag{7-14}$$

（2）对集中荷载作用下的矩形截面独立梁（包括作用有多种荷载，且其中集中荷载在支座截面或节点边缘所产生的剪力值占总剪力值的 75% 以上的情况）同时配置箍筋和弯起钢筋的承载力计算应按下式进行：

$$V \leqslant V_{cs} + V_{sb} = \frac{1.75}{\lambda + 1} f_t b h_0 + \frac{f_{yv} A_{sv}}{s} h_0 + 0.8 f_y A_{sb} \sin \alpha_s \tag{7-15}$$

公式中各符号的含义及适用条件均同仅配置箍筋梁的斜截面承载力计算。

7.4.6 斜截面受剪承载力的计算位置

有腹筋梁斜截面受剪破坏一般是发生在剪力设计值较大或受剪承载力较薄弱处，因此，在进行斜截面承载力设计时，计算截面的选择一般应满足下列规定：

（1）支座边缘处截面，如图 7-19 中的 1-1 截面。

（2）受拉区弯起钢筋起点处截面，如图 7-19 中的 2-2 截面和 3-3 截面。

（3）箍筋截面面积或间距改变处截面，如图 7-19 中的 4-4 截面。

（4）腹板宽度改变处截面。

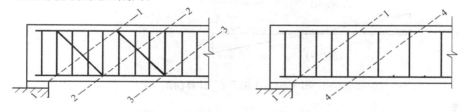

图 7-19 受剪承载力计算的控制截面

【例 7-2】 已知条件同 [例 7-1]，但已在梁内配置双肢箍筋 Φ8@200，试计算需要多少根弯起钢筋（从已配的纵向受力钢筋中选择，弯起角度 $\alpha_s = 45°$）。

【解】 （1）确定计算参数

计算参数的确定与 [例 7-1] 相同，纵筋为 4 Φ 22，一排布置。

（2）截面尺寸验算

验算同 [例 7-1]，满足要求。

（3）求弯起钢筋截面面积 A_{sb}

由式（7-7）可得：

$$
\begin{aligned}
V_{cs} &= 0.7 f_t b h_0 + \frac{f_{yv} A_{sv}}{s} h_0 \\
&= 0.7 \times 1.43 \times 250 \times 460 + \frac{270 \times 2 \times 50.3}{200} \times 460 \\
&= 177.58 \text{kN} < 300 \text{kN}
\end{aligned}
$$

故要配弯起钢筋。

又因为
$$V = 0.7 f_t b h_0 + \frac{f_{yv} A_{sv}}{s} h_0 + 0.8 f_y A_{sb} \sin \alpha_s$$

所以由式（7-14）可得：
$$A_{sb} \geqslant \frac{V - V_{cs}}{0.8 f_y \sin \alpha_s} = \frac{300000 - 177588}{0.8 \times 360 \times \sin 45°} = 602 \, mm^2$$

故应选择下排纵筋的中间两根$\oplus$22纵筋弯起，则$A_{sb} = 760.2 \, mm^2$，满足要求。工程实际中一般按对称弯起配置，并应验算弯起点处箍筋所能承担的剪力，若不足时应减小箍筋间距。

【例7-3】 如图7-20所示的预制钢筋混凝土简支独立梁，处于一类环境，截面尺寸为$b \times h = 250mm \times 600mm$，混凝土等级采用C25，纵筋采用HRB400钢筋4$\oplus$22，箍筋采用HPB300钢筋，荷载设计值如图7-20所示，$P = 120kN$，$q = 12.0kN/m$（含梁自重）。试计算抗剪腹筋。

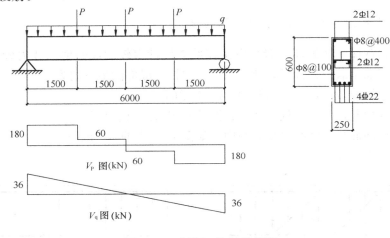

图7-20 ［例7-3］计算简图

【解】

（1）确定计算参数

查附表2-2和附表2-6可知，$f_c = 11.9 \, N/mm^2$，$f_t = 1.27 \, N/mm^2$，$f_{yv} = 270 \, N/mm^2$，$f_y = 360 \, N/mm^2$；查附表6-4可知$c = 25mm$，a_s可取45mm，则$h_0 = h - a_s = 555mm$，$h_w = h_0 = 555mm$，$\beta_c = 1.0$。

（2）验算截面尺寸

因为$h_w/b = 555/250 = 2.22 < 4.0$，属一般梁。故由式（7-9）可得：

$0.25 \beta_c f_c b h_0 = 0.25 \times 1.0 \times 11.9 \times 250 \times 555 = 412.8kN > V = 180 + 36 = 216kN$，满足要求。

（3）判别是否需要计算腹筋

因为集中荷载在支座截面产生的剪力与总剪力之比为$\frac{180}{216} = 83\% > 75\%$，所以要考虑$\lambda$的影响。因为$\lambda = \frac{a}{h_0} = \frac{1500}{555} = 2.70 < 3$，故由式（7-4）可得：

$$\frac{1.75}{\lambda + 1.0} f_t b h_0 = \frac{1.75}{2.70 + 1.0} \times 1.27 \times 250 \times 555 = 83.34kN < 216kN$$

需按计算配置腹筋。

（4）计算腹筋

方案一：仅配箍筋，选择双肢箍筋 $\Phi 8$（$A_{sv} = 2 \times 50.3$）。则由式（7-8）可得：

$$s \leqslant \dfrac{f_{yv}A_{sv}h_0}{V - \dfrac{1.75}{\lambda + 1.0}f_t b h_0} = \dfrac{270 \times 2 \times 50.3 \times 555}{216000 - 83340} = 113.6\text{mm}$$

实取 $s = 100\text{mm}$，可得验算配箍率为：

$$\rho_{sv} = \dfrac{A_{sv}}{bs} = \dfrac{2 \times 50.3}{250 \times 100} = 0.402\% > \rho_{sv,\min} = 0.24\dfrac{f_t}{f_{yv}} = 0.24 \times \dfrac{1.27}{270} = 0.113\%$$

满足要求，且所选箍筋直径和间距均符合构造规定。

方案二：既配箍筋又配弯起钢筋。

根据设计经验和构造规定，本例选用 $\Phi 8 @ 200$ 的箍筋，弯起钢筋利用梁底 HRB400 级纵筋弯起，弯起角 $\alpha_s = 45°$，则由式（7-15）可得：

$$A_{sb} \geqslant \dfrac{V - \dfrac{1.75}{\lambda + 1.0}f_t b h_0 - f_{yv}\dfrac{A_{sv}}{s}h_0}{0.8 f_y \sin \alpha_s} = \dfrac{216000 - 83340 - 270 \times \dfrac{2 \times 50.3}{200} \times 555}{0.8 \times 360 \times 0.707}$$

$$= 281.34\text{mm}^2$$

弯起 $1\Phi 22$，$A_{sb} = 380\text{ mm}^2 > 281.34\text{ mm}^2$，满足要求。

（5）验算弯起钢筋弯起点处斜截面的抗剪承载力：

取弯起钢筋（$1\Phi 22$）的弯终点到支座边缘的距离 $s_1 = 50\text{mm}$，由 $\alpha_s = 45°$ 可求出弯起钢筋的弯起点到支座边缘的距离为 $50 + 555 - 40 = 565\text{mm}$，故弯起点的剪力设计值为 $V = 216 - 12 \times 0.565 = 209.22\text{kN} > V_{cs} = V_c + V_s = 83.34 + 75.37 = 158.71\text{kN}$，不能满足要求，需再弯起一根纵筋或进行箍筋加密，直至满足。

7.4.7 截面复核

当已知材料强度、构件的截面尺寸，配箍数量以及弯起钢筋的截面面积时，想知道斜截面所能承受的剪力设计值这一类问题，属于构件斜截面承载力的复核问题。这类问题的计算步骤如下：

（1）根据已知条件检验已配腹筋是否满足构造要求，如果不满足，则应该调整或只考虑混凝土的抗剪承载力 V_c。

（2）利用式（7-5）和式（7-12）验算已配箍筋是否满足最小配箍率的要求，如不满足，则只考虑混凝土的抗剪承载力 V_c。

（3）当前面两个条件都满足时，则可把已知条件直接代入式（7-7）、式（7-8）或式（7-14）、式（7-15）复核斜截面承载力。

（4）利用式（7-9）、式（7-10）或者式（7-11）验算截面尺寸是否满足要求，如不满足，则按式（7-9）、式（7-10）或者式（7-11）的计算结果确定斜截面抗剪承载力。

【例 7-4】 已知一钢筋混凝土矩形截面简支梁，安全等级二级，处于二 a 类环境，两端搁在 240mm 厚的砖墙上，梁的净跨为 4.0m，矩形截面尺寸为 $b \times h = 200\text{mm} \times 450\text{mm}$，混凝土强度等级为 C30，箍筋采用 HPB300 级钢筋，弯起钢筋用 HRB400 级钢筋，在支座边缘截面配有双肢箍筋 $\Phi 8 @ 150$，并有弯起钢筋 $2\Phi 14$，弯起角 $\alpha_s = 45°$，荷载 p 为均布荷载设计值（包括自重）。求该梁可承受的均布荷载设计值 p？

【解】 （1）确定计算参数

查附表 2-2、附表 2-6 及附表 5-1 可知，

$f_c = 14.3\,\text{N/mm}^2$，$f_t = 1.43\,\text{N/mm}^2$，$f_{yv} = 270\,\text{N/mm}^2$，$f_y = 360\,\text{N/mm}^2$，$A_{sv1} = 50.3\,\text{mm}^2$，$A_{sb} = 308\,\text{mm}^2$；查附表 6-4，$c = 25\text{mm}$，$a_s = 25+8+14/2 = 40\text{mm}$，则 $h_0 = h - a_s = 410\text{mm}$。

（2）验算配箍率

由式（7-5）、式（7-12）可得：

$$\rho_{sv.min} = 0.24\frac{f_t}{f_{yv}} = 0.24 \times \frac{1.43}{270} = 0.127\%$$

$$\rho_{sv} = \frac{A_{sv}}{bs} = \frac{2 \times 50.3}{200 \times 150} = 0.335\% > \rho_{sv.min}，$$

故满足要求。

（3）计算斜截面承载力设计值 V_u

由于构造要求都满足，故可直接用式（7-14）计算斜截面承载力，即：

$$V_u = V_{cs} + V_{sb} = 0.7f_t bh_0 + f_{yv}\frac{A_{sv}}{s}h_0 + 0.8f_y A_{sb}\sin\alpha_s$$

$$= (0.7 \times 1.43 \times 200 \times 410 + 270 \times \frac{50.3 \times 2}{150} \times 410 + 0.8 \times 360$$

$$\times 308 \times 0.707)\text{N}$$

$$= 219.03\text{kN}$$

（4）计算均布荷载设计值 P

因为是简支梁，故根据力学公式可得：

$$p = \frac{2V_u}{l_n} = \frac{2 \times 219.03}{4.0} = 109.52\text{kN/m}$$

（5）验算截面限制条件

因为 $\dfrac{h_w}{b} = \dfrac{410}{200} = 2.05 < 4$，属一般梁。

故利用式（7-9）可得：

$$0.25f_c bh_0 = 0.25 \times 14.3 \times 200 \times 410 = 293.15\text{kN} > V_u = 219.03\text{kN}$$

满足要求，故该梁可以承受的均布荷载设计值为 109.52kN/m。

7.5 梁斜截面受弯承载力

在梁的斜截面上除了剪力形成的截面主拉应力及斜裂缝开展引起的破坏外，如果梁纵筋有截断或弯起，还存在斜裂缝开展后引起梁斜截面的受弯承载力问题。如前所述，由于斜裂缝的开展，裂缝扩展处的纵筋应力有增大现象，当梁内纵筋无截断一直伸入支座内时，不存在斜截面的受弯承载力问题。但在一些实际工程中，纵筋会弯起作为抗剪用腹筋，或进行必要的截断，以达到经济目的，此时，钢筋的弯起或截断需考虑斜裂缝开展后裂缝截面处的受弯承载力问题。

7.5.1 抵抗弯矩图及绘制方法

1. 抵抗弯矩图

抵抗弯矩图是梁各个截面配置的纵向受力钢筋所确定的各正截面抗弯承载力沿梁轴线分布的图形，它反映了沿梁长正截面的抗力。抵抗弯矩图的竖向坐标表示正截面受弯承载力设计值 M_u，也称为抵抗弯矩。

对于一单筋矩形截面梁，若已知其纵向受力钢筋面积为 A_s，则可通过下式计算正截面受弯承载力。

$$M_u = f_y A_s \left(h_0 - \frac{f_y A_s}{2\alpha_1 f_c b} \right) \tag{7-16}$$

对于图 7-21 所示的均布荷载作用下的钢筋混凝土简支梁，应按跨中最大弯矩计算所需纵筋 $2\Phi25 + 1\Phi22$。由于纵筋全部锚入支座，故该梁任一截面处的 M_u 值均相等，则其抵抗弯矩图为一矩形，它所包围的曲线即梁所受荷载引起的弯矩图，即 $M_u > M$，因此该梁的任一正截面都是安全的；但同时，由于梁靠近支座的弯矩较小，所以，为节约钢材，可以根据荷载弯矩图的变化而将一部分纵向受拉钢筋在正截面受弯不需要的地方截断，或弯起作为受剪钢筋。

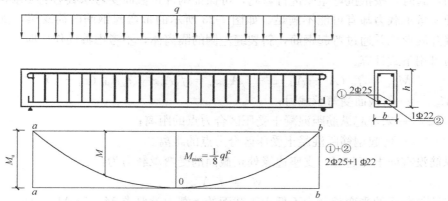

图 7-21　纵筋伸入支座时的抵抗弯矩图

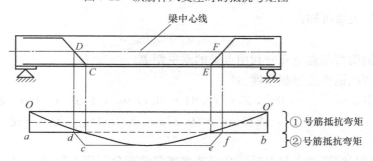

图 7-22　部分纵筋弯起时的抵抗弯矩图

如图 7-22 所示的纵筋弯起简支梁，假设梁截面高度的中心线为中性轴，将梁正截面每根纵筋的抵抗弯矩近似按式（7-16）计算后画出（如图 7-22 中各虚线所示），如果其中一根纵筋在 C 或 E 截面处弯起，则由于在弯起过程中弯起钢筋对受压区合力点的力臂是逐渐减小的，因而其抗弯承载力也逐渐减小；当弯起钢筋穿过梁的中性轴 D 或 F 处基本上进入受压区后，其正截面抗弯作用将完全消失。从 C、E 两点作垂直投影线与 M_u 图的轮廓线相交于 c、e，再从 D、F 点作垂直投影线与不考虑弯起筋的 M_u 图相交于 d、f，则连线 $adcefb$ 即为弯起钢筋弯起后的抵抗弯矩图。

2. 抵抗弯矩图的作用

（1）反映材料利用的程度。材料抵抗弯矩图越接近荷载弯矩图，表示材料利用程度越高。

（2）确定纵向钢筋的弯起数量和位置。纵向钢筋弯起的目的，一是用于斜截面抗剪，二是抵抗支座负弯矩。只有当材料抵抗弯矩图包住荷载弯矩图，才能确定弯起钢筋的数量和位置。

（3）确定纵向钢筋的截断位置。根据抵抗弯矩图上的理论断点，考虑锚固长度后，即可确定纵筋的截断位置。

7.5.2 保证截面受弯承载力的构造措施

1. 纵筋弯起保证斜截面受弯承载力的构造措施

纵筋弯起时，按抵抗弯矩图进行弯起，可保证构件正截面受弯承载力的要求，但是构件斜截面受弯承载力却有可能不满足。如图 7-23 所示的带弯起钢筋的简支梁，支座截面有斜裂缝开展形成并通过弯起钢筋，斜裂缝左侧的隔离体，不考虑箍筋作用时，斜截面受弯承载力可用下式计算：

$$M_{b,u} = f_y (A_s - A_{sb}) z + f_y A_{sb} z_b = f_y A_s z + f_y A_{sb} (z_b - z)$$

式中　$M_{b,u}$——斜截面受弯承载力；

　　　z——未弯起纵筋距混凝土受压区合力点的距离；

　　　z_b——弯起钢筋距混凝土受压区合力点的距离。

当纵筋没有向上弯起时，支座边缘处正截面的受弯承载力为：

$$M_u = f_y A_s z \tag{7-17}$$

要保证斜截面的受弯承载力不低于正截面的承载力就要求 $M_{b,u} \geqslant M_u$，即：

$$z_b \geqslant z \tag{7-18}$$

而且由几何关系可知：

$$z_b = z\cos\alpha_s + a\sin\alpha_s \tag{7-19}$$

式中　a——钢筋弯起点至充分利用点处的水平距离；

　　　α_s——弯起钢筋的弯起角度。

一般情况下 α_s 为 $45° \sim 60°$，$Z = (0.91 \sim 0.77)h_0$，由式（7-18）及式（7-19）可知，$a \geqslant z(1 - \cos\alpha_s)/\sin\alpha_s$，故有：$a \geqslant (0.372 \sim 0.525)h_0$，为了方便，统一取值为：

$$a \geqslant 0.5h_0 \tag{7-20}$$

即在确定弯起钢筋的弯起点时，必须选在离它的充分利用点至少 $0.5h_0$ 距离以外，这样就能保证不需要验算斜截面受弯承载力。

2. 纵向钢筋截断时保证正截面受弯承载力的构造措施

出于经济的考虑，纵向受拉钢筋也可按抵抗弯矩进行分批次截断，但因为荷载、材料和截面尺寸的变异性，以及计算弯矩图和实际弯矩图可能存在的差异性，所以理论断点并

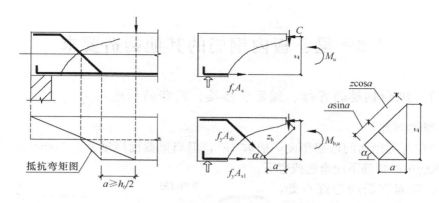

图 7-23　纵向受拉钢筋弯起点位置

不确定。故即使混凝土没有产生剪切斜裂缝，纵筋也不应在理论上的不需要处截断。而对于出现斜裂缝的梁，由于斜裂缝的存在，使得弯矩值理论上较小的截面因受力状态的改变而使纵筋的拉力变大（见本教材 7.2 节）。出于以上考虑，梁纵筋的截断位置需要满足一定的构造要求。

对于梁底部承受正弯矩的纵向受拉钢筋，由于弯矩变化较平缓，在考虑锚固要求后一般都距离支座也已不远，故不考虑其在跨中截断。但是对于连续梁和框架梁等构件，由于在其支座处承受负弯矩的纵向受拉钢筋弯矩变化显著，所以，为了节约钢筋和施工方便，可在不需要处将部分钢筋截断（如图 7-24 所示），并满足表 7-1 的构造要求。

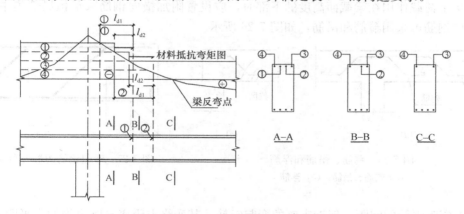

图 7-24　纵筋截断位置图

连续梁、框架梁支座截面负弯矩钢筋的延伸长度　　　　　　　　　　表 7-1

截面条件	充分利用点伸出 l_{d1}	理论断点伸出 l_{d2}
$V \leqslant 0.7 f_t b h_0$	$1.2 l_a$	$20 d$
$V > 0.7 f_t b h_0$	$1.2 l_a + h_0$	$20 d$ 且 $\geqslant h_0$
$V > 0.7 f_t b h_0$ 且截断点仍位于负弯矩受拉区内	$1.2 l_a + 1.7 h_0$	$20 d$ 且 $1.3 h_0$

注：l_a 为受拉钢筋的锚固长度，详见第 2 章。

7.6 梁、板内钢筋的其他构造要求

7.6.1 纵向钢筋的弯起、锚固、搭接、截断的构造要求

1. 纵筋的弯起

(1) 梁中弯起钢筋的弯起角度一般取 45°，但当梁截面高度大于 700mm，则宜采用 60°。梁纵筋中的角筋不应弯起或弯下。

(2) 在弯起钢筋的弯终点处，应留有平行于梁轴线方向的锚固长度，且锚固长度在受拉区不应小于 $20d$，在受压区不应小于 $10d$（d 为弯起钢筋的直径），如为光圆钢筋，还应在末端设置弯钩，如图 7-25 所示。

图 7-25 弯起钢筋的锚固示意图

(3) 弯起钢筋的形式。弯起钢筋一般都是利用纵向钢筋在按正截面受弯和斜截面受弯计算已不需要时才弯起来的，但当剪力仅靠箍筋难以满足时，弯筋也可单独设置，但此时应将其布置成鸭筋形式，而不能采用浮筋，否则会由于浮筋滑动而使斜裂缝开展过大。对于有集中荷载作用在梁截面高度的下部时，应设置附加横向钢筋来承担局部集中荷载，附加横向钢筋可采用箍筋和吊筋，如图 7-26 所示。

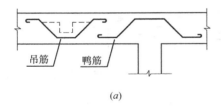

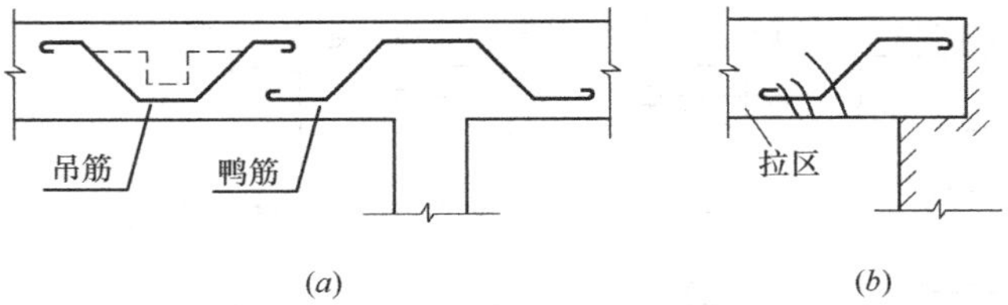

图 7-26 鸭筋、吊筋和浮筋
(a) 鸭筋、吊筋；(b) 浮筋

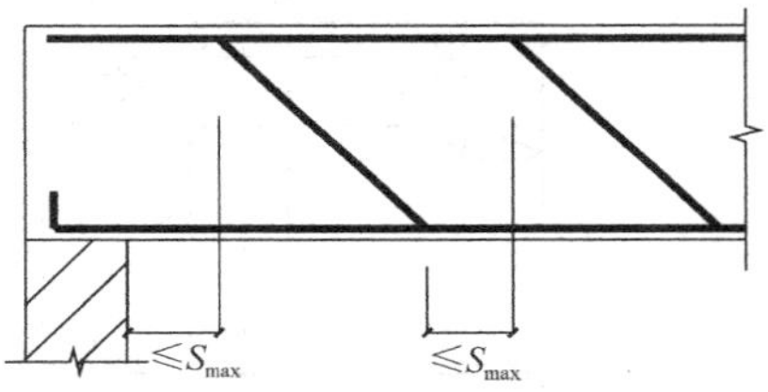

图 7-27 弯起钢筋的最大间距图

(4) 弯起钢筋的间距。邻近支座的弯起钢筋，其弯终点距离支座边缘的水平距离，以及相邻弯起钢筋弯起点与弯终点间的距离不得大于 表 7-3 中 $V > 0.7f_t bh_0$ 一栏规定的箍筋最大间距，如图 7-27 所示。弯起钢筋间距过大，将出现不与弯起钢筋相交的斜裂缝，使弯起钢筋发挥不了应有的功能。

2. 纵筋的锚固

纵向钢筋伸入支座后，应有充分的锚固（如图 7-28 所示），以避免钢筋产生过大的滑动，甚至会从混凝土中拔出造成锚固破坏。

(1) 简支梁或连续梁简支端支座处的锚固长度 l_{as}。对于简支梁支座，由于下部混凝土有支座的反力约束，故可适当降低锚固要求：当 $V \leqslant 0.7f_t bh_0$

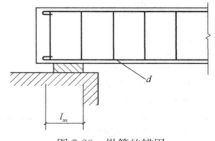

图 7-28 纵筋的锚固

时，$l_{as} \geqslant 5d$；当 $V > 0.7f_t bh_0$ 时，带肋钢筋 $l_{as} \geqslant 12d$，光圆钢筋 $l_{as} \geqslant 15d$。

对于板，一般剪力较小，通常都能满足 $V < 0.7f_t bh_0$ 的条件，所以板的简支支座和连续板下部纵向受力钢筋伸入支座的锚固长度 l_{as} 不应小于 $5d$。当板内温度和收缩应力较大时，伸入支座的锚固长度宜适当增加。

（2）中间支座的钢筋锚固要求。框架梁或连续梁、板在中间支座处，一般上部纵向钢筋都受拉，而且应贯穿中间支座节点或中间支座范围；下部钢筋受压，且其伸入支座的锚固长度分下面几种情况考虑。

① 当计算中不利用钢筋的抗拉强度时，不论支座边缘剪力设计值的大小，其下部纵向钢筋伸入支座的锚固长度 l_{as} 都应满足简支支座 $V > 0.7f_t bh_0$ 时的规定。

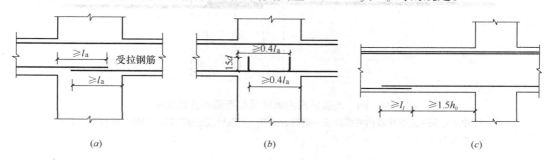

图 7-29　梁中间支座下部纵向钢筋的锚固

② 当计算中充分利用钢筋的抗拉强度时，下部纵向钢筋应锚固于支座节点内。若柱截面尺寸足够，可采用直线锚固方式，如图 7-29（a）所示；若柱截面尺寸不够或两侧梁不等宽时，可将下部纵筋向上弯折，如图 7-29（b）所示。

③ 当计算中充分利用钢筋的受压强度时，下部纵向钢筋伸入支座的直线锚固长度不应小于 $0.7l_a$，也可以伸过节点或支座范围，并在梁中弯矩较小处设置搭接接头，搭接长度的起始点至节点或支座边缘的距离不应小于 $1.5h_0$，如图 7-29（c）所示。

上述提及的 l_a 为纵向受拉钢筋的锚固长度，可见第 2 章有关说明。

3. 纵筋搭接

梁中钢筋长度不够时，可采用互相搭接、焊接或机械连接的方法，宜优先采用焊接或机械连接。当采用搭接接头时，其搭接长度 l_l 规定如下。

（1）受拉钢筋

受拉钢筋的搭接长度应根据位于同一连接范围内的搭接钢筋面积百分率按下式计算，且不得小于 300mm，即：

$$l_l = \zeta_l l_a \tag{7-21}$$

式中　l_a——纵向受拉钢筋的锚固长度；

　　　ζ_l——受拉钢筋搭接长度修正系数，按表 7-2 取用。

受拉钢筋搭接长度修正系数 ζ_l 　　　　　　　　　　　　　　　　　　　　　表 7-2

同一连接区段内搭接钢筋面积百分率	$\leqslant 25\%$	50%	100%
搭接长度修正系数 ζ_l	1.2	1.4	1.6

143

当受拉钢筋直径大于 28mm 时，不宜采用搭接接头。

钢筋绑扎搭接接头连接区段的长度为搭接长度的 1.3 倍，凡搭接接头中点位于该连接区段长度内的搭接接头均属于同一连接区段。同一连接区段内纵向钢筋搭接接头面积百分率，是指在同一连接范围内，有搭接接头的受力钢筋与全部受拉钢筋的面积之比，如图 7-30 所示。

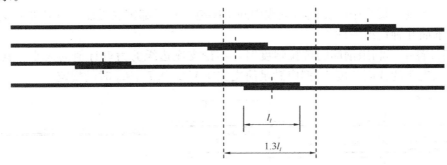

图 7-30 同一连接区段内纵向受拉钢筋绑扎搭接接头

注：图中所示同一连接区段内的搭接接头钢筋为两根，当钢筋直径相同时，钢筋搭接接头面积百
分率为 50%。

位于同一连接区段内的受拉钢筋搭接接头面积百分率为：对于梁类、板类及墙类构件，不宜大于 25%；对于柱类构件，不宜大于 50%。当工程中确有必要增大受拉钢筋搭接接头面积百分率时，对于梁类构件，不应大于 50%，对于板、墙、柱及预制构件的拼接处，可根据实际情况放宽。

（2）受压钢筋

受压钢筋的搭接长度取纵向受拉钢筋搭接长度的 0.7 倍，且在任何情况下不应小于 200mm。

4. 纵筋的截断

简支梁的下部纵向受拉钢筋通常不在跨中截断。在悬臂梁中，应有不少于两根上部钢筋伸至悬臂梁外端，并向下弯折不少于 $12d$，其余钢筋不应在梁的上部截断，而应向下弯折并在梁的下部锚固。

为节约钢筋，在框架梁或连续梁的中间支座附近，可以将上部纵向受拉钢筋按弯矩包络图截断，但其截断位置必须满足前一节中有关延伸长度的构造要求。

7.6.2 箍筋的构造要求

箍筋宜采用 HRB400、HRBF400、HPB300、HRB500、HRBF500 钢筋，也可采用 HRB335 钢筋。

1. 箍筋的形式和肢数

梁内箍筋除承受剪力以外，还起到固定纵筋位置、与纵筋形成骨架的作用，并和纵筋共同形成对混凝土的约束，增强受压混凝土的延性等。

箍筋的形式有封闭式和开口式两种，如图 7-31（d）、（e）所示。一般梁多采用封闭式箍筋，尤其当梁中配有按计算需要的纵向受压钢筋时；而对于现浇 T 形梁，当其不承受扭矩和动荷载时，在跨中截面上部受压区的区段内，可采用开口式。

箍筋有单肢箍、双肢箍和四肢箍等，如图 7-31 (a)、(b)、(c) 所示。一般当梁宽不大于 400mm 时，可采用双肢箍筋；当梁宽大于 400mm 且一层内的纵向受压钢筋多于 3 根时，或者当梁宽小于等于 400mm，但一层内的纵向受压钢筋多于 4 根时，应设置复合箍筋；当梁宽小于 100mm 时，可采用单肢箍筋。

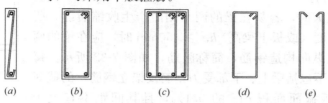

图 7-31　箍筋的形式及肢数
(a) 单肢箍；(b) 双肢箍；(c) 四肢箍；(d) 封闭箍；(e) 开口箍

2. 箍筋的直径和间距

箍筋应具有一定的刚性，且应便于制作和安装，因此其直径不应过小，也不应过大。当梁截面高度不大于 800mm 时，箍筋直径不宜小于 6mm；当梁截面高度大于 800mm 时，箍筋直径不宜小于 8mm；当梁中配有计算需要的纵向受压钢筋时，箍筋直径尚不应小于 $d/4$ (d 为受压钢筋的最大直径)。

箍筋的间距除应满足计算要求外，为使斜裂缝形成截面上有箍筋通过并控制斜裂缝的宽度，还应符合表 7-3 的规定。当梁中配有按计算需要的纵向受压钢筋时，箍筋的间距尚不应大于 $15d$ (d 为纵向受压钢筋的最小直径)，同时不应大于 400mm。当一层内的纵向受压钢筋多于 5 根且直径大于 18mm 时，箍筋间距不应大于 $10d$。同时，框架梁箍筋的设置应满足抗震性能的相关要求。

3. 箍筋的布置

对于按计算不需要箍筋抗剪的梁，当截面高度大于 300mm 时，仍应沿梁全长设置构造箍筋；当截面高度在 150~300mm 时，可仅在构件端部各 $l/4$ 跨度范围内设置箍筋，但当在构件中部 $l/2$ 跨度范围内有集中荷载作用时，则应沿梁全长设置箍筋；截面高度小于 150mm 时，可不设置箍筋。

梁中箍筋的最大间距（mm）　　　　　　　　　　　表 7-3

梁高	$V > 0.7 f_t b h_0$	$V \leqslant 0.7 f_t b h_0$
$150 < h \leqslant 300$	150	200
$300 < h \leqslant 500$	200	300
$500 < h \leqslant 800$	250	350
$h > 800$	300	400

7.6.3　架立钢筋及纵向构造钢筋

1. 架立钢筋的构造要求

梁内架立钢筋主要用来固定箍筋，与纵筋、箍筋形成骨架，以抵抗温度和混凝土收缩变形引起的应力。

梁内架立钢筋的直径主要与梁的跨度有关：当梁的跨度小于 4m 时，钢筋直径不宜小于 8mm；当梁的跨度为 4～6m 时，钢筋直径不应小于 10mm；当梁的跨度大于 6m 时，钢筋直径不宜小于 12mm。

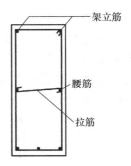

图 7-32　架立筋、腰筋及拉筋

2. 纵向构造钢筋

当梁的高度较大时，容易在梁的两个侧面产生收缩裂缝。所以，当梁的腹板高度（或板下梁高）$h_w \geqslant 450$mm 时，应在梁的两个侧面沿高度配置纵向构造钢筋，简称腰筋，如图 7-32 所示。每侧纵向构造钢筋（不包括梁上、下部受力钢筋及架立钢筋）的截面面积不应小于腹板截面面积 bh_w 的 0.1%，且其间距不宜大于 200mm。两侧腰筋之间用直径不小于 6mm 的钢筋按间距不大于 600mm 进行拉结。

7.7　连续梁受剪性能及轴力对斜截面受剪承载力的影响

7.7.1　连续梁受剪性能

框架梁或连续梁在剪跨段内作用有正负两个方向的弯矩（如图 7-33a 所示），故其斜截面受力状态、斜裂缝的分布及破坏特点都与简支梁有明显不同。

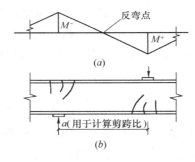

图 7-33　集中荷载下连续梁的裂缝图
（a）内力图；（b）斜向开裂

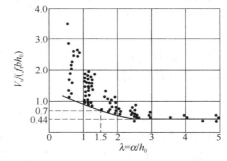

图 7-34　集中荷载下连续梁斜截面受剪试验结果

连续梁在支座截面区域有负弯矩，在梁跨中有正弯矩。斜截面的破坏和支座与跨中的弯矩比值有很大关系，$\phi = |M^-/M^+|$ 是支座负弯矩与跨内正弯矩两者之比的绝对值；另外，对于承受集中力的简支梁，剪跨比 $\lambda = M/(Vh_0) = a/h_0$；但对于承受集中荷载的连续梁，其剪跨比：$\lambda_g = M^+/(Vh_0) = a/h_0[1/(1+\phi)]$。把 a/h_0 称为计算剪跨比，其值将大于广义剪跨比 $M^+/(Vh_0)$。图 7-33 所示为受集中荷载作用的连续梁局部剪跨段，由于在该段内存在有正负两向弯矩，因而，在弯矩和剪力的作用下，剪跨段内会出现两条临界斜裂缝，一条位于正弯矩范围内，从梁下部伸向集中荷载作用点，另一条则位于负弯矩范围内，从梁上部伸向支座。在斜裂缝处的纵向钢筋拉应力，因内力重分布而突然增大，但在反弯点处附近的纵筋拉应力却很小，造成这一不长的区段内钢筋拉应力差值过大，从而导致钢筋和混凝土之间的粘结破坏，沿纵筋水平位置混凝土上出现一些断断续续的粘结裂

缝。临近破坏时，上下粘结裂缝分别穿过反弯点向压区延伸，使原先受压纵筋变成受拉，造成在两条临界裂缝之间的纵筋都处于受拉状态，梁截面只剩中间部分承受压力和剪力，相应增加了截面的压应力和剪应力，降低了连续梁的受剪承载力。因而，与相同广义剪跨比的简支梁相比，其受剪能力要低。

对于受均布荷载的连续梁，弯矩比 ϕ 的影响也较明显。当 $\phi < 1.0$ 时，由于 $|M^+| > |M^-|$，临界斜裂缝将出现于跨中正弯矩区段内，连续梁的抗剪能力随 ϕ 的增大而增大，当 $\phi > 1.0$ 时，因支座负弯矩超过跨中正弯矩，临界斜裂缝的位置移到跨中负弯矩区内，这时候，连续梁的受剪能力随 ϕ 的增大而降低。

与集中荷载作用下的连续梁相比，均布荷载作用下的连续梁，一般不会出现前述的沿纵筋的粘结裂缝。这是由于梁顶的均布荷载对混凝土保护层起着侧向约束作用，从而提高了钢筋与混凝土之间的粘结强度，故负弯矩区段内不会有严重的粘结裂缝，即使在正弯矩区段内虽存在有粘结破坏，但也不严重。

如图 7-33 所示集中荷载作用下的连续梁，取其广义剪跨比 λ_g 来分析其对斜截面抗剪承载力的影响，其试验结果如图 7-34 所示。从试验结果可知，以广义剪跨比 λ_g 代入式 (7-8)、式 (7-15) 计算所得的斜截面抗剪承载力比试验所得的抗剪极限承载力略高。若用计算剪跨比代替广义剪跨比，则按式 (7-8)、式 (7-15) 计算出的承载力数值会减小。根据对比结果，采用计算剪跨比计算所得的斜截面抗剪承载力处于图 7-34 试验结果的下包线位置，表明按计算剪跨比进行斜截面承载力计算可以满足构件的安全性要求，所以，对于集中荷载作用下的连续梁，其受剪承载力仍是将计算剪跨比 $\lambda = a/h_0$ 代入式 (7-8)、式 (7-15) 进行计算。

根据大量试验可知，均布荷载作用下连续梁的抗剪承载力不低于相同条件下简支梁的受剪承载力，因此，对于均布荷载作用下的连续梁，其受剪承载力仍按式 (7-7)、式 (7-14) 计算。此外，连续梁的截面尺寸限制条件和配筋构造要求均与简支梁相同。

7.7.2　轴向力对构件斜截面受剪承载力的影响

对于轴心受力和偏心受力构件，轴向力的存在对构件的斜截面抗剪承载力有显著的影响。试验研究表明，偏心受压构件的受剪承载力随轴压比 $N/(f_c bh)$ 的增大而增大，当轴压比约为 $0.4 \sim 0.5$ 时，受剪承载力达到最大值；若轴压比值更大，则受剪承载力会随着轴压比的增大而降低，如图 7-35 所示。对不同剪跨比的构件，轴向压力对受剪承载力的影响规律基本相同。

轴向压力对构件受剪承载力起有利作用，是因为轴向压力能阻滞斜裂缝的出现和开展，增加了混凝土剪压区高度，从而提高了构件的受剪承载力；同样，轴向拉力则对构件的受剪承载力起不利作用。但由上述可知，轴向压力对受剪承载力的有利作用是

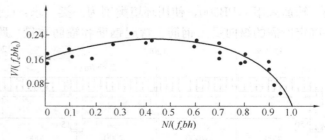

图 7-35　轴向压力对受剪承载力的影响

有限的，故应对轴向压力的受剪承载力提高范围予以限制。在轴压比的限值内，斜截面水

平投影长度与相同参数的梁（无轴向压力）基本相同，故轴向压力对箍筋所承担的剪力没有明显影响。

通过试验资料分析和可靠度计算，对承受轴压力和横向力作用的矩形、T形和I形截面偏心受压构件，其斜截面受剪承载力应按下列公式计算：

$$V = \frac{1.75}{\lambda + 1.0} f_t b h_0 + f_{yv} \frac{A_{sv}}{s} h_0 + 0.07N \tag{7-22}$$

式中 λ——偏心受压构件计算截面的剪跨比；对各类结构的框架柱，取 $\lambda = M/Vh_0$；当框架结构中柱的反弯点在层高范围内时，可取 $\lambda = H_n/2h_0$（H_n 为柱的净高）；当 $\lambda < 1$ 时，取 $\lambda = 1$；当 $\lambda > 3$ 时，取 $\lambda = 3$；此处，M 为计算截面上与剪力设计值 V 相应的弯矩设计值。对其他偏心受压构件，当承受均布荷载时，取 $\lambda = 1.5$；当承受集中荷载时（包括作用有多种荷载、且集中荷载对支座截面或节点边缘所产生的剪力值占总剪力的 75% 以上的情况），取 $\lambda = a/h_0$；当 $\lambda < 1.5$ 时，取 $\lambda = 1.5$；当 $\lambda > 3$ 时，取 $\lambda = 3$；此处，a 为集中荷载至支座或节点边缘的距离；

N——与剪力设计值 V 相应的轴向压力设计值；当 $N > 0.3f_cA$ 时，取 $N = 0.3f_cA$（A 为构件的截面面积）。

若符合下列公式的要求时，则可不进行斜截面受剪承载力计算，而仅需根据构造要求配置箍筋。

$$V \leqslant \frac{1.75}{\lambda + 1.0} f_t b h_0 + 0.07N \tag{7-23}$$

偏心受压构件的受剪截面尺寸尚应符合《混凝土结构设计规范》有关规定。

对于偏心受拉构件，其斜截面受剪承载力应符合下列规定：

$$V = \frac{1.75}{\lambda + 1.0} f_t b h_0 + f_{yv} \frac{A_{sv}}{s} h_0 - 0.2N \tag{7-24}$$

式中 λ——计算截面的剪跨比，与偏压构件的规定相同；

N——与剪力设计值 V 相应的轴向拉力设计值。

当上式等号右侧的计算值小于 $f_{yv} \dfrac{A_{sv}}{s} h_0$，应取等于 $f_{yv} \dfrac{A_{sv}}{s} h_0$，且 $f_{yv} \dfrac{A_{sv}}{s} h_0$ 值不应小于 $0.36f_t b h_0$。

【例7-5】 一钢筋混凝土现浇楼盖中的两跨连续梁，其跨度、截面尺寸以及所受荷载设计值（包括自重）如图 7-36 所示，混凝土强度等级为C30，纵向受力钢筋采用 HRB400 级，箍筋采用 HPB300，使用环境类别为一类。求：①进行正截面及斜截面承载力计算，并确定所需的纵向受力钢筋、弯起钢筋和箍筋数量（跨中正截面设计时考虑其为矩形截

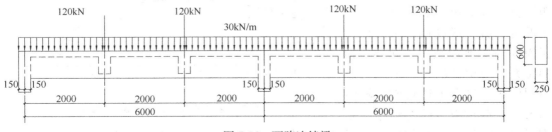

图 7-36 两跨连续梁

面）；②绘制抵抗弯矩图和分离钢筋图，并绘出各根弯起钢筋的弯起位置。

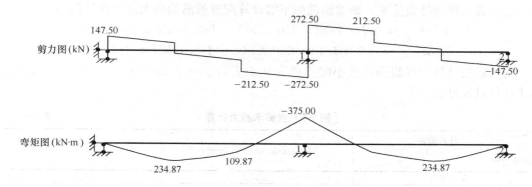

图 7-37　两跨连续梁内力图

【解】　（1）梁内力计算

两跨连续梁按结构力学的弹性分析方法得到如图 7-37 所示：

（2）验算截面尺寸

查附表 2-2、附表 2-6 可知，

$f_c = 14.3 \text{ N/mm}^2$，$\beta_c = 1.0$，$f_t = 1.43 \text{ N/mm}^2$，$f_{yv} = 270 \text{ N/mm}^2$，$f_y = 360 \text{ N/mm}^2$

考虑弯矩大小和截面尺寸，跨中纵筋按一排布置，支座负筋按两排布置，则 $b = 250 \text{mm}$，$h_{0中} = 600 - 40 = 560 \text{mm}$，$h_{0支座} = 600 - 60 = 540 \text{mm}$。因 $h_w/b = 560/250 = 2.24 < 4$。则对于 0 支座截面：

$$0.25\beta_c f_c b h_0 = 0.25 \times 1.0 \times 14.3 \times 250 \times 560 = 500.5 \text{kN} > 147.5 \text{kN}$$

则对于 1 支座截面：

$$0.25\beta_c f_c b h_0 = 0.25 \times 1.0 \times 14.3 \times 250 \times 540 = 482.6 \text{kN} > 272.5 \text{kN}$$

截面尺寸均满足斜截面受剪承载力的上限要求。

（3）正截面受弯承载力计算

混凝土强度等级为 C30，与 HRB400 级钢筋相应的 $\xi_b = 0.518$，最小配筋率为：0.2%。受弯构件承载力计算过程见表 7-4。

[例 7-5] 受弯承载力计算　　　　　　　　　　　　　　　　表 7-4

计算截面 计算过程	跨中截面（$h_0 = 560$mm）	支座截面（$h_0 = 540$mm）
M(kN·m)	234.87	−375.00
受压区高度 x(mm)	133.15	254.0
ξ	0.238	0.470
$A_s = \dfrac{M}{f_y(h_0 - x/2)}$ (mm²)	1322	2522.20
选配钢筋	2 Φ 22＋2 Φ 20	8 Φ 20
实际面积 A_s (mm²)	1388	2513
纵筋全截面配筋率 $A_s/(bh)$	0.925%	1.68%

（4）斜截面受剪承载力计算

由于其为现浇楼盖体系，则梁斜截面不需计算配置箍筋的最大剪力设计值为：

$$0.7f_tbh_{0中} = 0.7 \times 1.43 \times 250 \times 560 = 140.14\text{kN} < 147.5\text{kN}$$

$$0.7f_tbh_{0支座} = 0.7 \times 1.43 \times 250 \times 540 = 135.14\text{kN} < 272.5\text{kN}$$

则均需按计算配置腹筋，最小配箍率为 $0.24f_t/f_{yv} = 0.24 \times 1.43/270 = 0.127\%$。具体计算过程见表 7-5。

[例 7-5] 受剪承载力计算 表 7-5

计算过程 \ 计算截面	左端支座（$h_0=560$mm）	中间支座（$h_0=540$mm）
V（kN）	147.5	272.5
$0.7f_tbh_0$	140.14	135.14
A_{sv}/s	0.049	0.942
选箍筋（$n=2$）	Φ8@250	Φ8@150
配箍率 $A_{sv}/(bs)$	0.160%	0.268%
V_{cs}	200.9	232.92
$A_{sb} = \dfrac{V-V_{cs}}{0.8f_y\sin\alpha_s}$（mm²）	—	194.39
选配钢筋 A_s（mm²）	—	1Φ20（314）

第一根弯起筋终点距离主梁支座边 200mm，在第一根弯起筋弯起点再验算斜截面承载力，需要相隔 200mm 处再次弯起一根下部纵筋后才能满足斜截面承载力要求。

（5）集中荷载处附加横向钢筋计算

梁中集中荷载由次梁传来，且荷载作用位置为梁的下部，应局部设置附加横向钢筋来承担，优先采用箍筋。箍筋应布置在长度为（$2h_1+3b$）的范围内（图 7-38）；当采用吊筋时，弯起段应伸至梁的上边缘，末端水平段长度满足 7.6 节的规定。

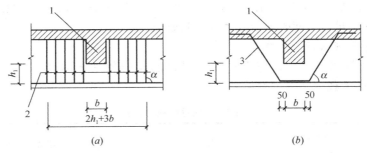

图 7-38 梁截面高度范围内有集中荷载作用时附加横向钢筋的布置

（a）附加箍筋；（b）附加吊筋

1—传递集中荷载的位置；2—附加箍筋；3—附加吊筋

则所需附加横向箍筋的面积：

$$A_{sv} = \frac{F}{f_{yv}\sin\alpha} = \frac{120 \times 10^3}{270 \times \sin90} = 444.44\text{mm}^2$$

采用双肢箍时，每侧需要三道，则总附加横向钢筋面积为：

$$A_{sv} = 2 \times 3 \times 2 \times 50.3 = 603.6\text{mm}^2$$

（6）钢筋布置

纵向钢筋的布置可通过绘制抵抗弯矩图来进行设计，将构件纵剖面图、横剖面图及设计弯矩图均按比例绘出，如图7-39所示。利用梁底部1Φ20钢筋弯起后伸入另一跨作

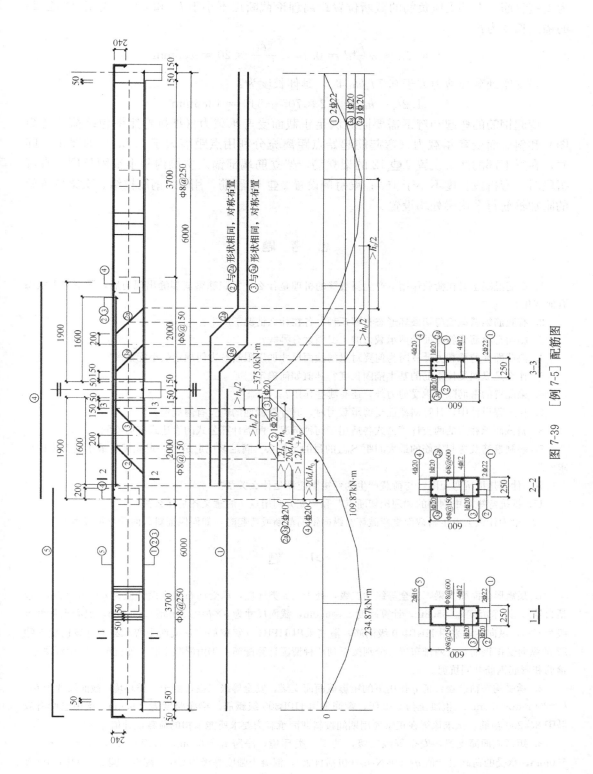

图 7-39　[例 7-5] 配筋图

为支座负筋。上部支座负筋的截断位置距离理论截断点不小于 h_0 和 $20d$，支座负筋Φ 20 的锚固长度为：

$$l_{\mathrm{a}} = l_{\mathrm{ab}} = \alpha \frac{f_{\mathrm{y}}}{f_{\mathrm{t}}} d = 0.14 \times \frac{360}{1.43} \times 20 = 705 \mathrm{mm}$$

当支座处截面剪力大于 $0.7 f_{\mathrm{t}} b h_0$ 时，延伸长度为：

$$1.2 l_{\mathrm{a}} + h_0 = 1.2 \times 705 + 540 = 1386 \mathrm{mm}$$

弯起钢筋的弯起和弯下需要同时满足正截面受弯承载力（抵抗弯矩图包络荷载弯矩图）和斜截面受弯承载力（弯起筋起始点距离充分利用点距离大于 $0.5h_0$）的要求。同时，在梁上部的两端设置 2 Φ 12 的架立筋，架立筋端部锚入主梁内基本锚固长度，有弯折段时，弯折段长度不小于 $15d$；梁每侧设置 2 Φ 12 腰筋，用Φ 8 钢筋拉结。次梁位置处的附加箍筋每个次梁处均设置。

思 考 题

1. 钢筋混凝土梁在荷载作用下产生斜裂缝的机理是什么？无腹筋梁斜裂缝出现前后，梁中应力状态有何变化？

2. 有腹筋梁斜截面剪切破坏形态有哪几种？各在什么情况下产生？

3. 影响有腹筋梁斜截面受剪承载力的主要因素有哪些？

4. 斜截面受剪承载力计算时为何要对梁的截面尺寸加以限制？为何规定最小配箍率？

5. 什么是纵向受拉钢筋的基本锚固长度？其值如何确定？

6. 梁配置的箍筋除了承受剪力外，还有哪些作用？

7. 在工程设计中，计算斜截面受剪承载力时，其计算截面的位置有何规定？

8. 斜截面承载力的两类计算公式各适用于何种情况？两类计算公式的表达式有何不同？

9. 限制箍筋及弯起钢筋的最大间距 $S_{\max}$ 的目的是什么？满足该规定是否一定能满足最小配箍率的要求？

10. 什么是抵抗弯矩图？与荷载产生的弯矩图应满足什么关系？

11. 抵抗弯矩图中钢筋的"理论切断点"和"充分利用点"的意义各是什么？

12. 梁为什么会发生斜截面受弯破坏？纵向钢筋截断或弯起时，如何保证斜截面受弯承载力？

习 题

1. 某矩形截面简支梁，安全等级为二级，处于二 a 类环境，承受均布荷载设计值为 $q = 50 \mathrm{kN/m}$（包括自重）。梁净跨度 $l_{\mathrm{n}} = 5.8 \mathrm{m}$，计算跨度 $l_0 = 6.0 \mathrm{m}$，截面尺寸为 $b \times h = 250 \mathrm{mm} \times 500 \mathrm{mm}$，混凝土强度等级为 C30，纵向钢筋采用 HRB400 级钢筋，箍筋采用 HPB300 级钢筋。正截面受弯承载力计算已配 6 Φ 22 的纵向受拉钢筋，按两排布置。分别按下列两种情况计算配筋：①由混凝土和箍筋抗剪；②由混凝土、箍筋和弯起钢筋共同抗剪。

2. 承受均布荷载设计值 q 作用下的矩形截面简支梁，安全等级二级，处于一类环境，截面尺寸为 $b \times h = 200 \mathrm{mm} \times 550 \mathrm{mm}$，混凝土为 C30 级，箍筋采用 HPB300 级钢筋。梁净跨度 $l_{\mathrm{n}} = 6.0 \mathrm{m}$。梁中已配有双肢 Φ 8@200 箍筋，试求该梁在正常使用期间按斜截面承载力要求所能承担的荷载设计值 q。

3. 矩形截面简支梁，安全等级二级，处于一类环境，净跨 $l_{\mathrm{n}} = 6.0 \mathrm{m}$，截面尺寸 $b \times h = 250 \mathrm{mm} \times 550 \mathrm{mm}$，承受的荷载设计值 $q = 90 \mathrm{kN/m}$（包括自重），混凝土强度等级为 C30，配有 4 Φ 22，HRB400 级的纵向受拉钢筋，箍筋采用 HPB300 级钢，试按下列两种方式配置腹筋：①只配置箍筋；②按构造要求配置Φ 8@200，计算弯起钢筋的数量。

4. 一钢筋混凝土矩形截面外伸梁，支承于砖墙上。梁跨度、截面尺寸及均布荷载设计值（包括梁自重）如图 7-40 所示，$h_0 = 640mm$。混凝土强度等级为 C30，纵向钢筋采用 HRB400 级，箍筋采用 HPB300 级。根据正截面受弯承载力计算，应配 3 Φ 22＋3 Φ 20。求箍筋和弯筋的数量。

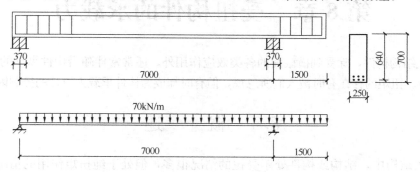

图 7-40　习题 4 图

5. 一两端支承于砖墙上的钢筋混凝土 T 形截面简支梁，截面尺寸及配筋如图 7-41 所示。混凝土强度等级为 C25，纵筋采用 HRB400 级，箍筋采用 HPB300 级。试按斜截面受剪承载力计算梁所能承受的均布荷载设计值。

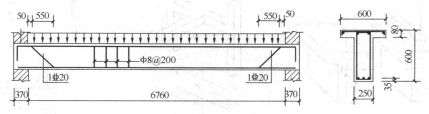

图 7-41　习题 5 图

6. 如图 7-42 所示钢筋混凝土外伸梁，支承于砖墙上。截面尺寸 $b \times h = 300mm \times 700mm$。均布荷载设计值 80kN/m（包括梁自重）。混凝土强度等级为 C30，纵筋采用 HRB400 级，箍筋采用 HPB300 级。求：进行正截面及斜截面承载力计算，并确定纵筋、箍筋和弯起钢筋的数量。

图 7-42　习题 6 图

第8章 受扭构件的承载力

混凝土结构构件，除受到横截面的各类效应作用外，还常常伴随沿构件纵轴的力矩作用，称之为扭矩。扭矩的存在有时被人们所忽视，但有时却成为构件承载力设计的控制因素。

8.1 概　述

在工程结构中，结构或构件处于受扭的情况很多，但处于纯扭矩作用的情况很少，大多数都是处于弯矩、剪力、扭矩共同作用下的复合受扭情况，比如吊车梁、框架边梁和雨篷梁等，如图 8-1 所示。

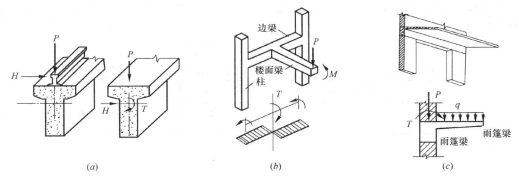

图 8-1　受扭构件实例
(*a*) 吊车梁；(*b*) 框架边梁；(*c*) 雨篷梁

对于静定的受扭构件，由荷载产生的扭矩是由构件的静力平衡条件确定的，与受扭构件的扭转刚度无关，此时称为平衡扭转。如图 8-1 (*a*) 所示的吊车梁，在竖向轮压和吊车横向刹车力的共同作用下，对吊车梁截面产生扭矩 T 的情形即为平衡扭转问题。对于超静定结构体系，构件上产生的扭矩除了静力平衡条件以外，还必须由相邻构件的变形协调条件才能确定，此时称为协调扭转。如图 8-1 (*b*) 所示的框架楼面梁体系，框架梁和楼面梁的刚度比对框架梁的扭转影响显著，当框架梁刚度较大时，对楼面梁的约束大，则楼面梁的支座弯矩就大，此支座弯矩作用在框架梁上即是其承受的扭矩。该扭矩由楼面梁支承点处的转角与该处框架边梁扭转角的变形协调条件所决定，即为协调扭转。

8.2 纯扭构件的扭曲截面承载力

8.2.1 破坏形态

对于承受扭矩 T 作用的矩形截面构件，在加载初始阶段，截面的剪应力分布基本符合弹性分析，最大剪应力发生在截面长边的中部，最大主拉应力亦发生在同一位置，为 $\sigma_1 = \tau_{max}$，与纵轴成 45°角，如图 8-2 所示。此时扭矩—扭转角关系曲线为直线。对于钢筋混凝土构件，裂缝出现前，纵筋和箍筋的应力都很小。随着扭矩的增大，当截面长边中部混凝土的主拉应力达到其抗拉强度后，混凝土将开裂形成 45°方向的斜裂缝，而与裂缝相交的箍筋和纵筋的拉应力突然增大，构件扭转角迅速增加，在扭矩—扭转角曲线上出现转折。扭矩继续增大，截面短边也会出现 45°方向的斜裂缝，斜裂缝在构件表面形成螺旋状的平行裂缝组，并逐渐加宽。随着裂缝的开展和深入，表层混凝土将退出工作，箍筋和纵筋承担更大的扭矩，钢筋应力增长加快，构件扭转角也迅速增大，构件截面的扭转刚度降低较多。当与斜裂缝相交的一些箍筋和纵筋达到屈服强度后，扭矩不再增大，扭转变形充分发展，直至构件破坏，如图 8-3 所示。钢筋混凝土纯扭构件的最终破坏形态为三面螺旋形受拉裂缝和一面（截面长边）斜压破坏面。试验研究表明，钢筋混凝土构件截面的极限扭矩比相应的素混凝土构件增大很多，但开裂扭矩增大不多。

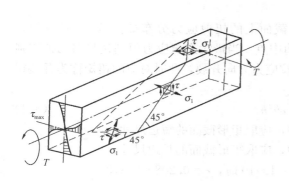

图 8-2　未开裂的混凝土构件受扭

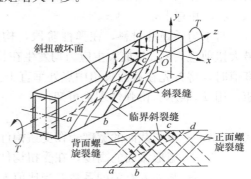

图 8-3　开裂混凝土构件的受力状态

8.2.2　纵筋和箍筋配置的影响

受扭构件的破坏形态与受扭纵筋和受扭箍筋配筋率的大小有关，大致可分为适筋破坏、部分超筋破坏、完全超筋破坏和少筋破坏四类。

对于正常配筋条件下的钢筋混凝土构件，在扭矩作用下，纵筋和箍筋先到达屈服强度，然后混凝土被压碎而破坏。这种破坏与受弯构件适筋梁类似，属于延性破坏。此类受扭构件称为适筋受扭构件。

若纵筋和箍筋不匹配，两者的配筋率相差较大，例如，纵筋的配筋率比箍筋的配筋率小很多，破坏时仅纵筋屈服，而箍筋不屈服，反之，则箍筋屈服，纵筋不屈服，此类构件称为部分超筋受扭构件。部分超筋受扭构件破坏时，亦具有一定的延性，但较适筋受扭构件破坏时的截面延性小。

当纵筋和箍筋配筋率都过高，致使纵筋和箍筋都没有达到屈服强度，而混凝土先行压坏，这种破坏和受弯构件超筋梁类似，属于脆性破坏类型。此类受扭构件称为超筋受扭构件。

若纵筋和箍筋配置均过少，裂缝一旦出现，构件就会立即发生破坏。此时，纵筋和箍筋不仅达到屈服强度而且可能进入强化阶段，其破坏特性类似于受弯构件中的少筋梁，称为少筋受扭构件。这种破坏以及上述超筋受扭构件的破坏，均属于脆性破坏，在设计中应予以避免。

8.2.3 开裂扭矩

纯扭构件在裂缝出现前，构件内纵筋和箍筋的应力都很小，因此，当扭矩不足以使构件开裂时，按构造要求配置受扭钢筋即可。当扭矩较大致使构件形成裂缝后，此时需按计算配置受扭纵筋及箍筋，以满足构件的承载力要求。扭曲截面承载力计算中，构件开裂扭矩的大小决定了受扭构件的钢筋配置是否仅按构造或尚需计算确定。

根据试验结果可知，由于钢筋混凝土纯扭构件在裂缝出现前的钢筋应力很小，钢筋的存在对开裂扭矩的影响也不大，故构件截面开裂扭矩的确定可以忽略钢筋的作用。

对于图 8-2 所示的矩形截面受扭构件，扭矩使截面上产生扭剪应力 τ，由于扭剪应力的作用，在与构件轴线呈 45°和 135°角的方向相应地产生了主拉应力 $\sigma_{tp}=\sigma_1$ 和主压应力 $\sigma_{cp}=\sigma_3$，并有 $|\sigma_{tp}|=|\sigma_{cp}|=|\tau|$。

对于匀质弹性材料，在弹性阶段，构件截面上的扭剪应力分布如图 8-4（a）所示。最大扭剪应力 τ_{max} 及最大主应力均发生在长边中点。当最大主拉应力值到达材料的抗拉强度值时，将首先在截面长边中点处垂直于主拉应力方向开裂，此时对应的扭矩称为开裂扭矩，用 T_{cr} 表示。由弹性理论可知：

$$T_{cr} = \alpha b^2 h f_t \tag{8-1}$$

式中　b——矩形截面的宽度，在受扭构件中，应取矩形截面的短边尺寸；

　　　h——矩形截面的高度，在受扭构件中，应取矩形截面的长边尺寸；

　　　α——与 h/b 有关的系数，当比值 $h/b=1\sim10$ 时，$\alpha=0.208\sim0.313$。

对于理想弹塑性材料而言，截面上某点的应力达到抗拉强度时并未立即破坏，该点能保持极限应力不变而继续变形，整个截面仍能继续承受荷载，截面上各点的应力也逐渐全部达到材料的抗拉强度，直到截面边缘的拉应变达到材料的极限拉应变，截面才会开裂。此时，截面承受的扭矩称为理想弹塑性材料的开裂扭矩 T_{cr}，如图 8-4（b）所示。根据塑性理论，可以得出：

$$T_{cr} = \tau_{max} \cdot b^2(3h-b)/6 = f_t \cdot b^2(3h-b)/6 \tag{8-2}$$

由于混凝土既非完全弹性材料，又非理想塑性材料。而是介于两者之间的弹塑性材料。试验表明，当按式（8-1）计算开裂扭矩时，计算值总较试验值低，而按式（8-2）计算时，计算值较试验值高。为实用方便起见，根据试验结果可将理想弹塑性材料开裂扭矩的计算结果乘以 0.7 的降低系数，作为混凝土材料开裂扭矩的计算公式，即：

$$T_{cr} = 0.7W_t f_t \tag{8-3}$$

式中　W_t——受扭构件的截面受扭塑性抵抗矩，对于矩形截面，$W_t = b^2(3h-b)/6$。

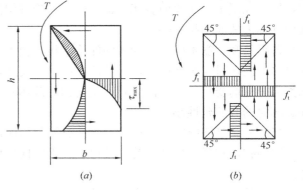

图 8-4　扭剪应力分布

（a）弹性理论；（b）塑性理论

8.2.4 纯扭构件的承载力

试验表明：受扭的素混凝土构件一旦出现斜裂缝即完全破坏，但若配置适量的受扭纵筋和受扭箍筋，则不但其承载力会有较显著的提高，而且构件破坏时会具有较好的延性。

通过对钢筋混凝土矩形截面纯扭构件的试验研究和统计分析，在满足可靠度要求的前提下，提出了如下半经验半理论的纯扭构件承载力计算公式。

1. $h_w/b \leqslant 6$ 矩形截面钢筋混凝土纯扭构件受扭承载力的计算

$h_w/b \leqslant 6$ 矩形截面钢筋混凝土纯扭构件受扭承载力的计算公式为：

$$T_u = 0.35 f_t W_t + 1.2 \sqrt{\zeta} \frac{f_{yv} A_{st1} A_{cor}}{s} \tag{8-4}$$

$$\zeta = \frac{f_y A_{stl} \cdot s}{f_{yv} A_{st1} \cdot u_{cor}} \tag{8-5}$$

式中　ζ——受扭纵向钢筋与箍筋的配筋强度比；

　　　A_{stl}——对称布置受扭用的全部纵向钢筋截面面积；

　　　A_{st1}——受扭计算中沿截面周边配置的箍筋单肢截面面积；

　　　f_{yv}, f_y——受扭箍筋和受扭纵筋的抗拉强度设计值；

　　　A_{cor}——截面核心部分的面积，$A_{cor} = b_{cor} h_{cor}$，此处 b_{cor}, h_{cor} 分别为从箍筋内表面范围内的截面核心部分的短边和长边的尺寸；

　　　u_{cor}——截面核心部分的周长，$u_{cor} = 2(b_{cor} + h_{cor})$；

　　　s——受扭箍筋间距。

式（8-4）由两项组成：第一项为开裂混凝土承担的扭矩；第二项为钢筋承担的扭矩，它是建立在适筋破坏形式的基础上的。

系数 ζ 为受扭纵向钢筋与箍筋的配筋强度比，主要是考虑纵筋与箍筋不同配筋和不同强度比对受扭承载力的影响，以避免某一种钢筋配置过多而形成部分超筋破坏。试验表明，若 ζ 在 $0.5 \sim 2.0$ 内变化，构件破坏时，其受扭纵筋和箍筋应力均可达到屈服强度。为稳妥见，取 ζ 的限制条件为 $0.6 \leqslant \zeta \leqslant 1.7$，当 $\zeta > 1.7$ 时，按 $\zeta = 1.7$ 计算。

对于在轴向压力和扭矩共同作用下的矩形截面钢筋混凝土构件，其受扭承载力应按下列公式计算：

$$T_u = 0.35 f_t W_t + 1.2 \sqrt{\zeta} \frac{f_{yv} A_{st1} A_{cor}}{s} + 0.07 \frac{N}{A} W_t \tag{8-6}$$

式中　N——与扭矩设计值 T 对应的轴向压力设计值，当 $N > 0.3 f_c A$ 时，取 $N = 0.3 f_c A$；

　　　A——构件截面积。

2. $h_w/t_w \leqslant 6$ 箱形截面钢筋混凝土纯扭构件受扭承载力的计算

试验和理论研究表明，一定壁厚箱形截面的受扭承载力与相同尺寸的实心截面构件是相同的。对于箱形截面纯扭构件，受扭承载力应采用下列计算公式：

$$T_u = 0.35 \alpha_h f_t W_t + 1.2 \sqrt{\zeta} \cdot f_{yv} \frac{A_{st1} A_{cor}}{s} \tag{8-7}$$

式中　t_w——箱形截面壁厚，其值不应小于 $b_h/7$（b_h 为箱形截面的宽度）；

α_h——箱形截面壁厚影响系数，$\alpha_h = 2.5t_w/b_h$，当 $\alpha_h > 1.0$ 时，取 $\alpha_h = 1.0$。

ζ 值应按式（8-5）计算，且应符合 $0.6 \leqslant \zeta \leqslant 1.7$ 的要求。

箱形截面受扭塑性抵抗矩为：

$$W_t = \frac{b_h^2}{6}(3h_h - b_h) - \frac{(b_h - 2t_w)^2}{6}\left[3h_w - (b_h - 2t_w)\right] \tag{8-8}$$

式中 b_h，h_h——箱形截面的宽度和高度；

$\quad\quad h_w$——箱形截面的腹板净高；

$\quad\quad t_w$——箱形截面壁厚。

3. T形和工字形截面纯扭构件的受扭承载力的计算

对于 T形和工字形截面纯扭构件，可将其截面划分为几个矩形截面进行配筋计算。矩形截面划分的原则是首先满足腹板截面的完整性，然后再划分受压翼缘和受拉翼缘的面积，如图 8-5 所示。划分的各矩形截面所承担的扭矩值，按各矩形截面的受扭塑性抵

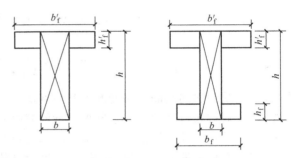

图 8-5 T形和工字形截面的矩形划分方法

抗矩与截面总的受扭塑性抵抗矩的比值进行分配的原则确定，并分别按式（8-4）计算受扭钢筋。每个矩形截面的扭矩设计值可按下列规定计算：

腹板
$$T_w = \frac{W_{tw}}{W_t} \cdot T \tag{8-9}$$

受压翼缘
$$T'_f = \frac{W'_{tf}}{W_t} \cdot T \tag{8-10}$$

受拉翼缘
$$T_f = \frac{W_{tf}}{W_t} \cdot T \tag{8-11}$$

式中 T——整个截面所承受的扭矩设计值；

$\quad\quad T_w$——腹板截面所承受的扭矩设计值；

$\quad T'_f$，T_f——受压翼缘、受拉翼缘截面所承受的扭矩设计值；

W_{tw}、W'_{tf}、W_{tf}——腹板、受压翼缘、受拉翼缘受扭塑性抵抗矩。

T形和工字形截面的腹板、受压翼缘和受拉翼缘部分的矩形截面受扭塑性抵抗矩 W_{tw}，W'_{tf} 和 W_{tf} 可分别按下列公式计算：

$$W_{tw} = \frac{b^2}{6}(3h - b) \tag{8-12}$$

$$W'_{tf} = \frac{h'^2_f}{2}(b'_f - b) \tag{8-13}$$

$$W_{tf} = \frac{h^2_f}{2}(b_f - b) \tag{8-14}$$

截面总的受扭塑性抵抗矩为：$W_t = W_{tw} + W'_{tf} + W_{tf}$ \qquad (8-15)

计算受扭塑性抵抗矩时取用的翼缘宽度尚应符合 $b'_f \leqslant b + 6h'_f$ 及 $b_f \leqslant b + 6h_f$ 的规定。

8.3 弯剪扭构件承载力的计算

对于工程中大多处于弯矩、剪力、扭矩共同作用的受扭构件，其受扭承载力的大小与受弯和受剪承载力是相互影响的，即构件的受扭承载力随同时作用的弯矩、剪力的大小而发生变化，同样，构件的受弯和受剪承载力也随同时作用的扭矩的大小而发生变化。对于复杂受力构件，其各类承载力之间存在显著的相关性，必须加以考虑。

8.3.1 破坏形式

处于弯矩、剪力和扭矩共同作用下的钢筋混凝土结构，构件的破坏特征及其承载力与构件截面所受内力及构件的内在因素有关。对于截面内力，主要应考虑其弯矩和扭矩的相对大小或剪力和扭矩的相对大小；构件的内在因素则是指构件的截面尺寸、配筋及材料强度。试验表明，弯剪扭构件有以下几种破坏类型。

1. 弯型破坏

在配筋适当的条件下，若弯矩相比扭矩较大时，裂缝首先在弯曲受拉底面出现，然后发展到 2 个侧面。3 个面上的螺旋形裂缝形成一个扭曲破坏面，而第 4 面即弯曲受压顶面却无裂缝。构件破坏时与螺旋形裂缝相交的纵筋及箍筋均受拉并达到屈服强度，构件顶部受压，形成如图 8-6（a）所示的弯型破坏。

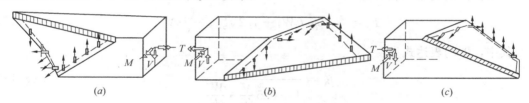

图 8-6　弯剪扭构件的破坏类型
(a) 弯型破坏；(b) 扭型破坏；(c) 剪扭型破坏

2. 扭型破坏

若扭矩相对于弯矩和剪力都较大，当构件顶部纵筋少于底部纵筋时，可形成如图 8-6（b）所示的受压区在构件底部的扭型破坏。这种现象出现的原因是：虽然弯矩作用会使顶部纵筋受压，但由于弯矩较小，从而其压应力亦较小。又由于顶部纵筋少于底部纵筋，故扭矩产生的拉应力有可能抵消弯矩产生的压应力并使顶部纵筋先达到屈服强度，最后促使构件底部受压而破坏。

3. 剪扭型破坏

若剪力和扭矩起控制作用，则裂缝将首先出现在侧面（在某一侧面上，剪力和扭矩产生的主应力方向是相同的），然后向底面和顶面扩展，在这三个面上的螺旋形裂缝构成扭曲破坏面，破坏时与螺旋形裂缝相交的纵筋和箍筋受拉并达到屈服强度，而受压区则靠近另一个侧面（在这个侧面上，剪力和扭矩产生的主应力方向是相反的），形成如图 8-6（c）所示的剪扭型破坏。

如第 7 章所述，受弯矩和剪力作用的构件斜截面会发生剪压破坏。对于弯剪扭共同作用下的构件，除了前述的三种破坏形态外，当剪力作用十分显著而扭矩较小时，还会发生与剪压破坏十分相近的剪切破坏形态。

8.3.2 弯剪扭构件的承载力

构件在扭矩作用下处于三维应力状态，平截面假定已不适用。对于非线性混凝土材料和开裂后的钢筋混凝土构件，在弯剪扭共同作用时准确计算的理论难度更大。为了便于工程设计使用，《混凝土结构设计规范》以变角度空间桁架模型为基础，结合大量试验结果，给出了弯扭及剪扭构件扭曲截面的实用配筋计算方法。

1. 剪力和扭矩共同作用下构件承载力的计算

试验结果表明，同时受到剪力和扭矩作用的构件，其承载力低于剪力和扭矩单独作用时的承载力。考虑两者的剪应力在构件一个侧面上属叠加关系，要通过计算来确定其大小十分困难。为简单起见，对截面中的箍筋可按受扭承载力和受剪承载力分别计算其用量，然后进行叠加；对于混凝土部分，在剪扭承载力计算中有一部分被重复利用，所以对其抗扭和抗剪能力应予以降低。《混凝土结构设计规范》采用折减系数 β_t 来考虑剪扭共同作用的影响。

（1）一般的矩形截面构件：

剪扭构件的受剪承载力为：

$$V_u = 0.7(1.5 - \beta_t)f_t b h_0 + f_{yv}\frac{A_{sv}}{s}h_0 \tag{8-16}$$

剪扭构件的受扭承载力为：

$$T_u = 0.35\beta_t f_t W_t + 1.2\sqrt{\zeta}f_{yv}\frac{A_{st1}}{s}A_{cor} \tag{8-17}$$

其中，β_t 的表达式为：

$$\beta_t = \frac{1.5}{1 + 0.5\dfrac{V}{T}\cdot\dfrac{W_t}{bh_0}} \tag{8-18}$$

对于集中荷载作用下独立的钢筋混凝土剪扭构件（包括作用有多种荷载，且集中荷载对支座截面或节点边缘所产生的剪力值占总剪力值的 75% 以上的情况），式（8-16）应改为：

$$V_u = \frac{1.75}{\lambda + 1}(1.5 - \beta_t)f_t b h_0 + f_{yv}\frac{A_{sv}}{s}h_0 \tag{8-19}$$

且公式中剪扭构件混凝土受扭承载力降低系数 β_t 应按下式计算：

$$\beta_t = \frac{1.5}{1 + 0.2(\lambda + 1)\dfrac{V}{T}\cdot\dfrac{W_t}{bh_0}} \tag{8-20}$$

对于集中荷载作用下独立的钢筋混凝土剪扭构件的受扭承载力仍按式（8-17）进行计算，但式中的 β_t 应按式（8-20）计算。

按式（8-18）及式（8-20）计算得出的剪扭构件混凝土受扭承载力降低系数 β_t 值，若小于 0.5，则不考虑扭矩对混凝土受剪承载力的影响，故此时取 $\beta_t = 0.5$；大于 1.0，则可不考虑剪力对混凝土受扭承载力的影响，故此时取 $\beta_t = 1.0$。式（8-20）中 λ 为计算截面的剪跨比，按第 7 章所述采用。

（2）箱形截面的钢筋混凝土一般剪扭构件

剪扭构件的受剪承载力表达式形式上同式（8-16），但式中的 β_t 按下式计算：

$$\beta_t = \frac{1.5}{1 + 0.5 \dfrac{V}{T} \cdot \dfrac{\alpha_h W_t}{bh_0}} \tag{8-21}$$

剪扭构件的受扭承载力为：

$$T_u = 0.35 \alpha_h \beta_t f_t W_t + 1.2 \sqrt{\zeta} f_{yv} \frac{A_{st1}}{s} A_{cor} \tag{8-22}$$

此处，对 α_h 值和 ζ 值应按箱形截面钢筋混凝土纯扭构件的受扭承载力计算规定要求取值。箱形截面一般剪扭构件受扭承载力降低系数 β_t 近似按式 (8-21) 计算。

对于集中荷载作用下独立的箱形截面剪扭构件（包括作用有多种荷载，且集中荷载对支座截面或节点边缘所产生的剪力值占总剪力值的 75% 以上情况），其受剪承载力的表达式形式上同式 (8-19)，其受扭承载力按式 (8-22) 进行，但两式中的 β_t 按式 (8-23) 计算：

$$\beta_t = \frac{1.5}{1 + 0.2(\lambda + 1) \dfrac{V}{T} \cdot \dfrac{\alpha_h W_t}{bh_0}} \tag{8-23}$$

（3）T 形和工字形截面剪扭构件的受剪扭承载力：

① 剪扭构件的受剪承载力，按式 (8-16) 与式 (8-18) 或按式 (8-19) 与式 (8-20) 进行计算，但计算时应将 T 及 W_t 分别以 T_w 及 W_{tw} 代替，即假设剪力全部由腹板承担。

② 剪扭构件的受扭承载力，可按纯扭构件的计算方法，将截面划分为几个矩形截面进行计算。腹板可按式 (8-17)、式 (8-18) 或式 (8-20) 进行计算，但计算时应将 T 及 W_t 分别以 T_w 及 W_{tw} 代替；受压翼缘及受拉翼缘可按矩形截面纯扭构件的规定进行计算，但计算时应将 T 及 W_t 分别以 T_f' 及 W_{tf}' 和 T_f 及 W_{tf} 代替。

对于弯扭（M、T）构件截面的配筋计算，《混凝土结构设计规范》采用按纯弯矩（M）和纯扭矩（T）计算所需的纵筋和箍筋，然后将相应的钢筋截面面积叠加的计算方法。因此，弯扭构件的纵筋用量为受弯（弯矩为 M）所需的纵筋和受扭（扭矩为 T）所需的纵筋截面面积之和，而箍筋用量则由受扭（扭矩为 T）箍筋所决定。

2. 弯矩、剪力和扭矩共同作用下构件承载力的计算

矩形、T 形、工字形和箱形截面钢筋混凝土弯剪扭构件配筋计算的一般原则是：纵向钢筋应按受弯构件的正截面受弯承载力和剪扭构件的受扭承载力分别计算所需的纵筋截面面积，按各自的功能进行相应位置的面积分配后，进行面积叠加再确定最后的纵筋配筋方案；箍筋应按剪扭构件的受剪承载力和受扭承载力分别计算所需的箍筋截面面积，按各自的功能进行相应位置的面积分配后，进行面积叠加再确定最后的箍筋配筋方案。

《混凝土结构设计规范》规定，在弯矩、剪力和扭矩共同作用下但剪力或扭矩较小的矩形、T 形、工字形和箱形钢筋截面混凝土弯剪扭构件，当符合下列条件时，可按下列规定进行承载力计算：

（1）当 $V \leqslant 0.35 f_t bh_0$ 或对于集中荷载下的独立构件 $V \leqslant 0.875 f_t bh_0 / (\lambda + 1)$ 时，可忽略剪力的作用，仅按受弯构件的正截面受弯承载力和纯扭构件扭曲截面受扭承载力分别进行计算；

（2）当 $T \leqslant 0.175 f_t W_t$ 或对于箱形截面构件 $T \leqslant 0.175 \alpha_h f_t W_t$ 时，可忽略扭矩的作用，仅按受弯构件的正截面受弯承载力和斜截面受剪承载力分别进行计算。

3. 轴力、弯矩、剪力和扭矩共同作用下构件承载力计算

在轴向压力、弯矩、剪力和扭矩共同作用下钢筋混凝土矩形截面框架柱其受剪扭承载力应按下列公式计算：

受剪承载力
$$V_u = (1.5 - \beta_t)\left(\frac{1.75}{\lambda+1}f_t bh_0 + 0.07N\right) + f_{yv}\frac{A_{sv}}{s}h_0 \qquad (8\text{-}24)$$

受扭承载力
$$T_u = \beta_t\left(0.35f_t W_t + 0.07\frac{N}{A}W_t\right) + 1.2\sqrt{\zeta}f_{yv}\frac{A_{st1}}{s}A_{cor} \qquad (8\text{-}25)$$

此处，β_t 近似按式（8-20）计算，剪跨比 λ 按第 7 章中的相关规定取用。

在轴向压力、弯矩、剪力和扭矩共同作用下钢筋混凝土矩形截面框架柱，纵向钢筋应按偏心受压构件的正截面承载力和剪扭构件的受扭承载力分别计算，并按所需的钢筋截面面积在相应的位置进行配置；箍筋应按剪扭构件的受剪承载力和受扭承载力分别计算所需的箍筋截面面积，按各自的功能进行相应位置的面积分配后，进行面积叠加再确定最后的箍筋配筋方案。

在轴向压力、弯矩、剪力和扭矩共同作用下的钢筋混凝土矩形截面框架柱，当 $T \leqslant \left(0.175f_t + 0.035\frac{N}{A}\right)W_t$ 时，可仅按偏心受压构件的正截面承载力和框架柱斜截面受剪承载力分别进行计算。

8.4 构 造 要 求

8.4.1 计算公式的适用条件

与受弯构件和受剪构件类似，为了保证纯扭或弯剪扭构件破坏时有一定的延性，不致出现少筋或超筋的脆性破坏，各受扭承载力计算公式同样有上限和下限条件。

1. 上限条件

当纵筋、箍筋配置较多，或截面尺寸太小或混凝土强度等级过低时，钢筋的作用不能充分发挥。这类构件在受扭纵筋和箍筋屈服前，往往发生混凝土压碎的超筋破坏，此时破坏的扭矩值主要取决于混凝土强度等级及构件的截面尺寸。为了避免发生超筋破坏，对于在弯矩、剪力和扭矩共同作用下且 $h_w/b \leqslant 6$ 的矩形截面、T 形、工字形和 $h_w/t_w \leqslant 6$ 的箱形截面混凝土构件，其截面尺寸应符合下列要求：

（1）当 h_w/b（或 h_w/t_w）$\leqslant 4$ 时：
$$\frac{V}{bh_0} + \frac{T}{0.8W_t} \leqslant 0.25\beta_c f_c \qquad (8\text{-}26)$$

（2）当 h_w/b（或 h_w/t_w）$= 6$ 时：
$$\frac{V}{bh_0} + \frac{T}{0.8W_t} \leqslant 0.2\beta_c f_c \qquad (8\text{-}27)$$

（3）当 $4 < h_w/b$（或 h_w/t_w）< 6 时，应按线性内插法确定。

式中 V，T——剪力设计值、扭矩设计值；

　　　　b——矩形截面的宽度，T 形截面或工字形截面的腹板宽度，箱形截面的侧壁总厚度，$b = 2t_w$；

h_0——截面的有效高度；

h_w——截面的腹板高度，矩形截面应取 h_0，T 形截面应取有效高度减去翼缘高度，工字形截面和箱形截面应取腹板净高；

t_w——箱形截面的壁厚，其值不应小于 $b_h/7$，此处 b_h 为箱形截面的宽度。

当 $V=0$ 时，以上两式即为纯扭构件的截面尺寸限制条件；当 $T=0$ 时，则为纯剪构件的截面限制条件。计算时如不满足上述条件，则一般应加大构件的截面尺寸。也可提高混凝土的强度等级。

2. 下限条件

在弯矩、剪力和扭矩及轴力共同作用下，当构件符合：

$$\frac{V}{bh_0} + \frac{T}{W_t} \leqslant 0.7 f_t \tag{8-28}$$

或

$$\frac{V}{bh_0} + \frac{T}{W_t} \leqslant 0.7 f_t + 0.07 \frac{N}{bh_0} \tag{8-29}$$

时，则可不进行构件截面受剪扭承载力计算，但为防止构件开裂后产生突然的脆性破坏，必须按构造要求来配置钢筋。

式（8-29）中的轴向压力设计值 $N > 0.3 f_c A$ 时，取 $N = 0.3 f_c A$，A 为构件的截面面积。

弯剪扭构件中，受扭构件的最小纵筋和箍筋配筋量，原则上是根据钢筋混凝土构件所能承受的扭矩 T 不低于相同截面素混凝土构件的开裂扭矩 T_{cr} 来确定，即：

受扭纵筋最小配筋率 $\quad \rho_{tl} = \dfrac{A_{stl}}{bh} \geqslant \rho_{tl,min} = 0.6 \sqrt{\dfrac{T}{Vb}} \cdot \dfrac{f_t}{f_y}$ $\qquad$ (8-30)

箍筋的最小配筋率 $\quad \rho_{sv} \geqslant \rho_{sv,min} = 0.28 \dfrac{f_t}{f_{yv}}$ $\qquad$ (8-31)

式（8-30）中，当 $T/(Vb) > 2.0$ 时，取 $T/(Vb) = 2.0$；对于箱形截面构件，式（8-30）中的 b 应以 b_h 代替。

8.4.2 配筋构造

1. 纵筋的构造要求

对于弯剪扭构件，受扭纵向受力钢筋的间距不应大于 200mm 和梁的截面宽度，而且在截面四角必须设置受扭纵向受力钢筋，其余纵向钢筋沿截面周边均匀对称布置。当支座边作用有较大扭矩时，受扭纵向钢筋应按受拉钢筋锚固在支座内。当受扭纵筋按计算确定时，纵筋的接头及锚固均应按受拉钢筋的构造要求处理。

在弯剪扭构件中，弯曲受拉边纵向受拉钢筋的最小配筋量，不应小于按弯曲受拉钢筋最小配筋率计算出的钢筋截面面积，与按受扭纵向受力钢筋最小配筋率计算并分配到弯曲受拉边的钢筋截面面积之和。

2. 箍筋的构造要求

箍筋的间距及直径应符合第 7 章中的关于受剪的相关要求。箍筋应做成封闭式，且应

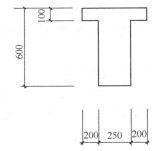

图 8-7 截面尺寸图

沿截面周边布置；当采用复合箍筋时，位于截面内部的箍筋不应计入受扭所需的箍筋面积；受扭所需箍筋的末端应做成135°的弯钩，弯钩端头平直段的长度不应小于$10d$（d为箍筋直径）。

【例 8-1】 已知一均布荷载作用下钢筋混凝土 T 形截面弯剪扭构件，截面尺寸为 $b'_f = 650mm$，$h'_f = 100mm$，$b \times h = 250mm \times 600mm$，构件所承受的弯矩设计值 $M = 120kN \cdot m$，剪力设计值 $V = 120kN$，扭矩设计值 $T = 30kN \cdot m$。混凝土采用 C30（$f_c = 14.3N/mm^2$，$f_t = 1.43N/mm^2$），纵向受力钢筋采用 HRB400 级钢筋（$f_y = 360N/mm^2$），箍筋采用 HPB300 级（$f_{yv} = 270N/mm^2$），环境类别为一类，试计算其配筋。

【解】 （1）验算截面尺寸

$$W_{tw} = \frac{250^2}{6} \times (3 \times 600 - 250)mm^3 = 1.615 \times 10^7 mm^3$$

$$W'_{tf} = \frac{100^2}{2} \times (650 - 250)mm^3 = 2.0 \times 10^6 mm^3$$

$$W_t = W_{tw} + W'_{tf} = 1.815 \times 10^7 mm^3$$

$$T = 30kN \cdot m > 0.175 f_t W_t = 0.175 \times 1.43 \times 1.815 \times 10^7 N \cdot mm = 4.54 kN \cdot m$$

$$V = 120kN > 0.35 f_t b h_0 = 0.35 \times 1.43 \times 250 \times (600 - 40)N = 70.07 kN$$

故剪力和扭矩不能忽略，构件应按弯剪扭构件配筋。因

$$\frac{h_w}{b} = \frac{560 - 100}{250} = 1.84 < 4$$

$$\frac{V}{bh_0} + \frac{T}{0.8W_t} = \left(\frac{120000}{250 \times 560} + \frac{30000000}{0.8 \times 1.815 \times 10^7}\right)N/mm^2 = 2.93N/mm^2 \leqslant 0.25\beta_c f_c$$

$$= 0.25 \times 14.3N/mm^2 = 3.575N/mm^2$$

故截面尺寸符合要求。

又因为

$$\frac{V}{bh_0} + \frac{T}{W_t} = \frac{120000}{250 \times 560} + \frac{30000000}{1.815 \times 10^7} = 2.51 > 0.7 \times 1.43N/mm^2 = 1.001 N/mm^2$$

故需按计算配置受扭钢筋。

（2）扭矩分配

腹板承受扭矩为：

$$T_w = \frac{W_{tw}}{W_t}T = \frac{1.615}{1.815} \times 30.0kN \cdot m = 26.69kN \cdot m$$

受压翼缘承受扭矩为：

$$T'_f = \frac{W'_{tf}}{W_t}T = \frac{0.2}{1.815} \times 30.0kN \cdot m = 3.31kN \cdot m$$

（3）抗弯纵向钢筋计算

因 $h_0 = (600 - 40)mm = 560mm$

$$\alpha_1 f_c b'_f h'_f (h_0 - h'_f/2)$$

$$= 1.0 \times 14.3 \times 650 \times 100 \times (560-50) \mathrm{N \cdot m} = 474.05 \mathrm{kN \cdot m} > 120 \mathrm{kN \cdot m}$$
故属于第一类 T 形截面。

由 $$M = \alpha_1 f_c b'_f x \left(h_0 - \frac{x}{2}\right) \text{ 得}$$

$$120 \times 10^6 = 1.0 \times 14.3 \times 650 x \left(560 - \frac{x}{2}\right)$$

解得：$x=24\mathrm{mm}$，$\xi=0.042 < \xi_b = 0.518$
故可求得：

$$A_s = \frac{M}{f_y(h_0 - x/2)} = \frac{120000000}{360 \times (560 - 24/2)} \mathrm{mm^2} = 608\mathrm{mm^2}$$

$$\rho = \frac{608}{250 \times 600} = 0.40\% > 0.2\% \text{ 及 } 0.45 \frac{f_t}{f_y} = 0.45 \times \frac{1.43}{360} = 0.179\%$$

（4）腹板抗剪及抗扭钢筋计算

$$A_{cor} = 190 \times 540 \mathrm{mm^2} = 102600\mathrm{mm^2}$$

$$u_{cor} = 2 \times (190+540)\mathrm{mm} = 1460\mathrm{mm}$$

$$\beta_t = \frac{1.5}{1 + 0.5 \dfrac{V}{T_w} \cdot \dfrac{W_{tw}}{bh_0}} = \frac{1.5}{1 + 0.5 \dfrac{120}{26690} \cdot \dfrac{16150000}{250 \times 560}} = 1.191 > 1.0, \text{取 } \beta_t = 1.0$$

① 抗剪箍筋

$$\frac{A_{sv}}{s} = \frac{V_u - 0.7 \times (1.5 - \beta_t) f_t b h_0}{f_{yv} h_0} = \frac{120000 - 0.7 \times (1.5-1) \times 1.43 \times 250 \times 560}{270 \times 560} \mathrm{mm^2/mm}$$

$$= 0.330 \mathrm{mm^2/mm}$$

② 抗扭箍筋

取 $\zeta = 1.2$

$$\frac{A_{st1}}{s} = \frac{T_w - 0.35 \beta_t f_t W_{tw}}{1.2 \sqrt{\zeta} f_{yv} A_{cor}} = \frac{2.670 \times 10^7 - 0.35 \times 1 \times 1.43 \times 1.615 \times 10^7}{1.2 \times \sqrt{1.2} \times 270 \times 102600} \mathrm{mm^2/mm}$$

$$= 0.511 \mathrm{mm^2/mm}$$

故可得到腹板单肢箍筋单位间距所需的总面积，即：

$$\frac{A_{st1}}{s} + \frac{A_{sv}}{2s} = \left(0.511 + \frac{0.330}{2}\right) \mathrm{mm^2/mm} = 0.676 \mathrm{mm^2/mm}$$

取箍筋直径为Φ10（$A=78.5\mathrm{mm^2}$），则得箍筋间距为

$$s \leqslant \frac{78.5}{0.676} = 116\mathrm{mm}, \text{故取 } s = 100\mathrm{mm}。$$

故剪扭箍筋在同一截面内的面积总和为 $A_{总} = 2 \times 78.5 = 157\mathrm{mm^2}$

③ 抗扭纵筋

$$A_{st l} = \frac{\zeta f_{yv} A_{st1} \cdot u_{cor}}{f_y \cdot s} = \frac{1.2 \times 270 \times 0.511 \times 1460}{360} \mathrm{mm^2} = 671.5\mathrm{mm^2}$$

④ 梁底所需受弯和受扭纵筋截面面积为

$$A_s + A_{st l} \frac{b_{cor}}{u_{cor}} = \left(608 + 671.5 \frac{190}{1460}\right) \mathrm{mm^2} = 695.4\mathrm{mm^2}$$

实际选用 2 根直径为 18mm、1 根直径 16mm 的 HRB400 级钢筋，$A_s = 710\mathrm{mm^2}$。

⑤ 梁侧边所需受扭纵筋面积

$$A_s = A_{stl} \frac{h_{cor}}{u_{cor}} = 671.5 \times \frac{540}{1460} mm^2 = 248.4 mm^2$$

实际选用 2 根直径为 14mm 的 HRB400 级钢筋，$A_s = 307.8 mm^2$。

⑥ 梁顶面所需的受扭纵筋面积

$$A_s = A_{stl} \frac{b_{cor}}{u_{cor}} = 671.5 \frac{190}{1460} mm^2 = 87.4 mm^2$$

考虑构造要求，顶部选用 2 根直径为 12mm 的 HRB400 级钢筋，$A_s = 226.2 mm^2$。

（5）受压翼缘抗扭钢筋计算

翼缘钢筋保护层按板类构件考虑，按纯扭构件计算有：

$$A_{cor} = (100 - 2 \times 25) \times (650 - 250 - 2 \times 25) mm^2 = 50 \times 350 mm^2 = 17500 mm^2$$

$$u_{cor} = 2 \times (50 + 350) mm = 800 mm$$

① 抗扭箍筋

取 $\zeta = 1.2$，于是有：

$$\frac{A_{stl}}{s} = \frac{T'_f - 0.35 f_t W'_{tf}}{1.2 \sqrt{\zeta} f_{yv} A_{cor}} = \frac{3.31 \times 10^6 - 0.35 \times 1.43 \times 2.0 \times 10^6}{1.2 \times \sqrt{1.2} \times 270 \times 17500} mm^2 / mm$$
$$= 0.372 mm^2 / mm$$

取直径为 Φ10 的箍筋（$A = 78.5 mm^2$），则箍筋间距为：

$$s \leqslant \frac{78.5}{0.372} = 211 mm,$$

故取用 $s = 200 mm$。

② 抗扭纵筋

$$A_{stl} = \frac{\zeta f_{yv} A_{stl} \cdot u_{cor}}{f_y \cdot s} = \frac{1.2 \times 270 \times 0.372 \times 800}{360} mm^2 = 267.84 mm^2$$

故受压翼缘纵筋选用 4 根直径为 10mm 的 HRB400 级钢筋，$A_s = 314.0 mm^2$。

（6）最小配筋率的验算

① 腹板最小配箍率

$$\rho_{sv} = \frac{A_{总}}{bs} = \frac{2 \times 78.5}{250 \times 100} = 0.628\% \geqslant \rho_{sv,min} = 0.28 \cdot \frac{f_t}{f_{yv}}$$
$$= 0.28 \times 1.43 / 270 = 0.148\%$$

故符合要求。

② 腹板弯曲受拉边纵筋配筋率的验算

由受弯构件的最小配筋率为：$\rho_{s,min} = 0.2\%$

因

$$\frac{T}{Vb} = \frac{2.669 \times 10^7}{120 \times 10^3 \times 250} = 0.889 < 2$$

所以受扭构件得最小配筋率为：

$$\rho_{stl,min} = 0.6 \sqrt{\frac{T}{Vb}} \cdot \frac{f_t}{f_y} = 0.6 \times \sqrt{0.889} \times 1.43 / 360 = 0.225\%$$

则截面弯曲受拉边纵向受力钢筋的最小配筋量为：

$$\rho_{s,min} bh + \rho_{stl,min} bh \frac{b_{cor}}{u_{cor}} = (0.2\% \times 250 \times 600 + 0.225\% \times 250 \times 600 \times 190 / 1460) mm^2$$

$$= 343.9\text{mm}^2 < 710\text{m}^2\text{(实际配筋面积)}$$

③ 翼缘按纯扭构件验算。

因实有配箍率为：

$$\rho_{sv} = \frac{nA_{st1}}{h'_f s} = \frac{2 \times 78.5}{100 \times 200} = 0.785\% \geqslant \rho_{sv,min} = 0.148\%$$

故符合要求

纵筋最小配筋率的计算如下：

由于翼缘不考虑受剪，故取$\dfrac{T}{Vb} = 2$，所以有：

$$\rho_{tl,min} = 0.6\sqrt{\frac{T}{Vb}} \cdot \frac{f_t}{f_y} = 0.6 \times \sqrt{2} \times 1.43/360$$
$$= 0.337\%$$

$$\rho_{tl} = \frac{A_{stl}}{h'_f(b'_f - b)} = \frac{314}{100 \times 400} = 0.785\%，均满足要求。$$

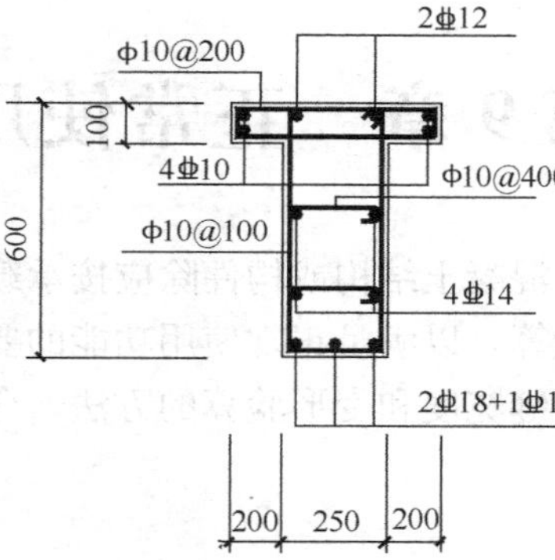

截面配筋图如图 8-8 所示。

图 8-8　截面配筋图

思 考 题

1. 试述素混凝土矩形截面纯扭构件的破坏特征。

2. 试推导矩形截面受扭塑性抵抗矩 W_t 的计算公式。

3. 钢筋混凝土纯扭构件有哪几种破坏形式？各有何特点？

4. 钢筋混凝土弯剪扭构件的钢筋配置有哪些构造要求？

5. 在抗扭计算中，配筋强度比 ζ 的物理意义是什么？有什么限制？

6. 在进行受扭构件设计时，怎样避免出现少筋构件和完全超配筋构件？

7. 剪扭共同作用时，剪扭承载力之间存在怎样的相关性？《混凝土结构设计规范》如何考虑这些相关性？

8. 在弯剪扭构件的承载力计算中，为什么要规定截面尺寸限制条件和构造配筋要求？弯剪扭构件的最小配箍率和最小配筋率是如何规定的？

习 题

1. 已知一钢筋混凝土矩形截面纯扭构件，截面尺寸为 $b \times h = 200\text{mm} \times 450\text{mm}$，所受的扭矩设计值 $T = 9.5\text{kN} \cdot \text{m}$，混凝土强度等级为 C25，纵筋采用 HRB400 级钢筋，箍筋采用 HPB300 级，试配置抗扭箍筋和纵筋。

2. 已知一矩形截面梁 $b \times h = 250\text{mm} \times 500\text{mm}$，采用 C25 级混凝土，纵筋采用 6 Φ 14 的 HRB400 级钢筋，箍筋采用 $\phi10@150$ 的 HPB300 级钢筋，试求其能承担的设计扭矩 T。

第9章 正常使用极限状态验算及耐久性设计

混凝土结构或构件除应按承载能力极限状态进行计算外，还需进行正常使用极限状态的验算，以满足正常使用功能的要求。本章介绍了钢筋混凝土结构构件在正常使用状态下的裂缝宽度和变形验算的方法，介绍混凝土耐久性相关概念及其设计方法。

9.1 概　　述

为保证结构安全可靠，结构设计时必须使结构满足各项预定功能的要求，即安全性、适用性和耐久性的要求。本书第4～8章讨论了各类钢筋混凝土构件承载力的计算和设计方法，主要解决安全性的问题，本章介绍钢筋混凝土结构的适用性和耐久性的具体要求和相关设计方法。

结构的适用性是指不需要对结构进行维修和加固的情况下继续正常使用的性能。对某些混凝土结构或构件，根据使用条件和环境类别，需要进行正常使用状态下的裂缝宽度和变形验算。例如，混凝土构件裂缝宽度过大会影响结构物的外观，引起使用者的不安，还可能使钢筋锈蚀，影响结构的耐久性；楼盖梁、板变形过大会影响精密仪器的正常使用和装修、非结构构件（如粉刷、吊顶和隔墙）的破坏；楼盖的刚度过低导致的振动也会引起人的不舒适；吊车梁的挠度过大造成吊车正常运行困难。影响结构适用性和耐久性的因素很多，许多问题仍然是目前混凝土结构领域的研究热点。

当结构构件不满足正常使用极限状态时，其对生命财产的危害性比不满足承载能力极限状态的危害性要小，所以，相应的目标可靠指标值也可减小，故称裂缝宽度及变形为验算，并在验算时采用荷载标准值和荷载准永久值。由于构件的变形及裂缝宽度都随时间而增大，因此，验算裂缝宽度和变形时，应按荷载效应的标准组合和准永久组合，见式（3-25）与式（3-27）。

本章主要学习影响普通混凝土结构适用性和耐久性的两个主要结构参数——裂缝宽度和变形的验算，关于预应力混凝土结构的裂缝宽度和变形的验算详见第10章。

9.2 裂　缝　验　算

混凝土抗压强度较高，而抗拉强度较低，所以，在荷载作用下，普通混凝土受弯构件大都带裂缝工作，对此，国内外研究者提出了各种不同的方法来获得计算公式。这些计算公式大体可分为两类：一类是数理统计公式，即通过大量实测资料回归分析出不同参数对裂缝宽度的影响，然后用数理统计方法建立起由一些主要参数组成的经验公式。另一类是半理论半经验公式，即根据裂缝出现和开展的机理，在若干假定的基础上建立理论公式，然后根据试验资料确定公式中的参数，从而得到裂缝宽度的计算公式，我国建筑与水工类的规范中的裂缝宽度公式即属于此类。

9.2.1 裂缝的成因及其控制目的和要求

1. 裂缝的分类与成因

混凝土是由水泥、砂、石骨料等组成的材料,在其硬化过程中,就已经存在气穴、微孔和微观裂缝。构件受力以后,微孔和微观裂缝逐渐连通、扩展,形成宏观裂缝。从结构设计的角度来讲,混凝土的裂缝主要是指对混凝土强度及结构适用性和耐久性等结构功能有不利影响的宏观裂缝。混凝土结构中的裂缝有多种类型,其产生原因、特点不同,对结构的影响也不同,但并不是所有的裂缝都会危及结构的适用性和耐久性。

按裂缝产生的原因分类,混凝土结构的裂缝可分为以下几类:

(1) 荷载作用引起的裂缝

混凝土构件在弯、剪、扭及复合受力状态下会产生相应的裂缝,其形状与分布有所不同。通常裂缝的发展方向与主拉应力方向正交。

(2) 温度变化引起的裂缝

混凝土具有热胀冷缩性质,当外部环境或结构内部温度发生变化时,混凝土将发生变形,若变形受到约束,则在结构内将产生应力,当应力超过混凝土抗拉强度时,即产生温度裂缝。如在大体积混凝土凝结和硬化过程中,水泥和水产生化学反应,释放出大量的热量,称为水化热,导致混凝土内部温度升高(可达70℃以上),当内部与外部的温度相差很大时,以致所形成的温度应力超过混凝土的抗拉强度时,就会形成裂缝。

(3) 混凝土收缩引起的裂缝

混凝土收缩主要有塑性收缩和干缩两种。混凝土塑性收缩主要发生在混凝土浇筑后约4~5h,混凝土失水收缩,其塑性塌落受到模板和顶部钢筋的抑制,便形成沿钢筋方向的裂缝。混凝土在硬化过程中,由于干缩而引起体积变化,当这种体积变化受到约束时,则可能产生收缩裂缝。

(4) 钢筋锈蚀引起的裂缝

处于不利环境(如氯离子含量高的海滨和海洋环境、湿度大温度高的大气环境等)中的混凝土结构,当混凝土保护层较薄,或密实性较差时,钢筋极易锈蚀。由于锈蚀产物氢氧化铁的体积比原来增长约2~4倍,从而对周围混凝土产生膨胀应力,导致保护层混凝土开裂,裂缝通常沿纵向钢筋的方向,并有锈迹渗透到混凝土表面。

(5) 冻融循环作用等引起的裂缝

当气温低于0℃时,吸水饱和的混凝土出现冰冻,游离的水变成冰,体积膨胀约9%,因而混凝土产生膨胀应力,且混凝土强度还将降低,从而导致混凝土出现裂缝。

(6) 碱骨料反应引起的裂缝

混凝土组成材料中的碱与骨料中的活性氧化硅等发生化学反应,生成吸水性很强的胶凝物质。当反应产物累积到一定程度,且有充足水分时,就会在混凝土中产生较大的膨胀,其体积可增大到3倍,致使混凝土开裂,且裂缝中会伴有白色浸出物。

混凝土结构出现裂缝的原因有多种,但可概括为两大类,即荷载作用引起的裂缝和变形引起的裂缝。温度变化、混凝土收缩、钢筋锈蚀、冻融循环、碱骨料反应以及基础不均匀沉降等所引起的裂缝均是由于外加变形或变形受到约束而产生的。大量的工程实践表明，在正常设计、正常施工和正常使用的条件下，荷载的直接作用往往不是形成过大裂缝的主要原因，很多裂缝一般是几种原因组合作用的结果，其中温度变化和混凝土收缩作用起着相当主要的影响。

2. 裂缝控制目的与要求

(1) 裂缝控制目的

要求钢筋混凝土构件不出现裂缝既不现实，也没有必要。但要根据裂缝对结构功能的影响进行适当控制。裂缝控制的目的主要有以下几点：

①使用功能的要求。对有些不允许发生渗漏的贮液（气）罐、压力管道或核设施，出现裂缝会直接影响其使用功能。

②建筑外观的要求。裂缝的存在会影响建筑的观瞻，特别是裂缝宽度过大还会引起使用者的心理不安。调查表明，裂缝宽度控制在 0.3mm 以下，对外观没有影响，一般也不会引起人们的特别注意。

③耐久性的要求。这是裂缝控制的最主要目的。当混凝土的裂缝过宽时，就失去混凝土对钢筋的保护作用，气体和水分以及有害化学介质会侵入裂缝，引起钢筋发生锈蚀。特别是近年来，由于高强钢筋和高性能混凝土的广泛应用，构件中钢筋的应力相应提高、应变增大，裂缝也随之加宽，裂缝控制越来越成为需要特别考虑的问题。

(2) 裂缝控制的要求

对于由荷载作用产生的裂缝，需通过计算确定裂缝开展宽度，而非荷载因素产生的裂缝主要是通过构造措施来控制。研究表明，只要裂缝的宽度被限制在一定范围内，就不会对结构的工作性能造成影响。钢筋混凝土结构构件的裂缝控制等级主要是根据其耐久性要求确定的。与结构的功能要求、环境条件对钢筋的腐蚀影响、钢筋种类对腐蚀的敏感性和荷载作用时间等因素有关。控制等级是对裂缝控制的严格程度而言，设计者可根据具体情况选用不同的等级。我国《混凝土结构设计规范》GB 50010—2010 将混凝土构件在荷载作用下正截面的裂缝控制等级分为三级。

①一级裂缝控制等级构件，在荷载效应的标准组合下，受拉边缘应力应符合下列规定：

$$\sigma_{ck} - \sigma_{pc} \leqslant 0 \tag{9-1}$$

②二级裂缝控制等级构件，在荷载效应的标准组合下，受拉边缘应力应符合下列规定：

$$\sigma_{ck} - \sigma_{pc} \leqslant f_{tk} \tag{9-2}$$

③三级裂缝控制等级的钢筋混凝土构件的最大裂缝宽度可按荷载准永久组合并考虑长期作用影响的效应计算；预应力混凝土构件的最大裂缝宽度可按荷载标准组合并考虑长期作用影响的效应计算。最大裂缝宽度应符合下列规定：

$$w_{max} \leqslant w_{lim} \tag{9-3a}$$

对环境类别为二 a 类的预应力混凝土构件，在荷载准永久组合下，受拉边缘应力尚应符合下列规定：

$$\sigma_{cq} - \sigma_{pc} \leqslant f_{tk} \tag{9-3b}$$

式中 σ_{ck}、σ_{cq}——荷载标准组合、准永久组合下抗裂验算边缘混凝土的法向应力；

σ_{pc}——扣除全部预应力损失后在抗裂验算边缘混凝土的预压应力；

w_{max}——按荷载标准组合或准永久组合并考虑长期作用影响计算的最大裂缝宽度；

w_{lim}——最大裂缝宽度限值。

钢筋混凝土结构构件的裂缝控制等级和最大裂缝宽度限值的确定见附表 6-3。

170

9.2.2 裂缝的出现和分布规律

钢筋混凝土结构构件产生裂缝的原因众多，本节主要分析由荷载作用引起的裂缝的出现及其分布规律。

以轴心受拉构件为例，裂缝出现和分布过程如下：

1. 裂缝未出现前

受拉区钢筋与混凝土共同受力，沿构件长度方向，各截面的受拉钢筋应力及受拉区混凝土拉应力大体上保持均等。

2. 裂缝的出现

由于混凝土的不均匀性，各截面混凝土的实际抗拉强度存在差异，随着荷载的增加，在某一最薄弱的截面上将出现第一条裂缝（如图 9-1 所示的 a—a 截面），有时也可能在几个截面上同时出现一批裂缝。在裂缝截面上的混凝土不再承受拉力，这部分拉力转由钢筋来承担，钢筋应力将突然增大，应变也突增。加上原来受拉伸长的混凝土应力释放后又瞬间产生回缩，所以裂缝一出现就会有一定的宽度。

3. 裂缝发展

由于混凝土向裂缝两侧回缩受到钢筋粘结的约束，所以混凝土将在远离裂缝截面外重新建立起拉应力。当荷载再增加时，某截面处混凝土拉应力增大到该处混凝土实际抗拉强度，将会出现第二条裂缝，如图 9-1 所示的 c—c 截面。假设 a—a 截面与 c—c 截面之间的距离为 l，如果 $l \geqslant 2l_{cr,min}$（$l_{cr,min}$ 为最小裂缝间距），则在 a—a 截面与 c—c 截面之间可能在薄弱处 b—b 截面形成新的裂缝。如果 $l \leqslant 2l_{cr,min}$ 由于粘结应力传递长度不够，在 a—a 截面与 c—c 截面之间将不会出现新的裂缝。这意味着裂缝间距将介于 $l_{cr,min}$ 与 $2l_{cr,min}$ 之间，其均值 l_{cr} 将为 $1.5l_{cr,min}$。

在裂缝陆续出现后，沿构件长度方向，钢筋与混凝土的应力是随着裂缝的位置而变化的，如图 9-2 所示。对正常配筋率或配筋率较高的梁来说，约在荷载超过设计使用荷载 50% 以上时裂缝间距已基本趋于稳定。此后再增加荷载，构件也不产生新的裂缝，而只是使原来的裂缝继续扩展与延伸，荷载越大，裂缝越宽。随着荷载的逐步增加，裂缝间的混凝土逐渐脱离受拉工作，钢筋应力逐渐趋于均匀。

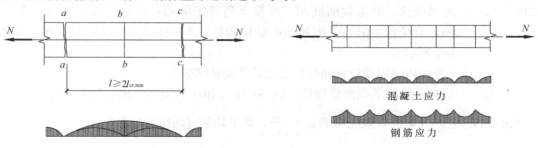

图 9-1　第一条裂缝至将出现第二条裂缝间　　　图 9-2　中性轴、钢筋及混凝土应力分布

混凝土裂缝的出现是由于荷载产生的拉应力超过混凝土实际抗拉强度所致，而裂缝的开展是由于混凝土的回缩，钢筋不断伸长，导致混凝土和钢筋之间变形不协调，也就是钢筋和混凝土之间产生相对滑移的结果。

9.2.3 平均裂缝间距

以轴心受拉构件为例。如图 9-3 所示，当薄弱截面 $a-a$ 出现裂缝后，混凝土的拉应力降为零，在另一截面 $b-b$ 即将出现但尚未出现裂缝，此时，截面 $b-b$ 处混凝土应力达到其抗拉强度 f_t。在截面 $a-a$ 处，拉力全部由钢筋承担；在截面 $b-b$ 处，拉力由钢筋和未开裂的混凝土共同承担。按图 9-3 (a) 内力平衡条件，有：

$$\sigma_{s1}A_s = \sigma_{s2}A_s + f_t A_{te} \tag{9-4}$$

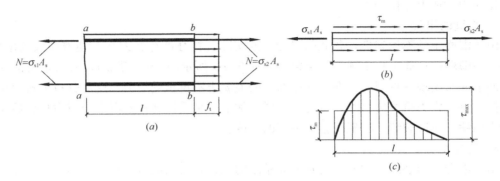

图 9-3 轴心受拉构件受力状态及应力分布

(a) 脱离体；(b) 钢筋受力平衡；(c) 裂缝间的粘结应力分布

取裂缝间距 l 段内的钢筋为隔离体，钢筋两端的不平衡力由粘结力平衡。粘结力为钢筋表面积上粘结应力的总和，考虑到粘结应力的不均匀分布，在此取平均粘结应力 τ_m。由平衡条件可得：

$$\sigma_{s1}A_s = \sigma_{s2}A_s + \tau_m \mu l \tag{9-5}$$

将式 (9-5) 代入式 (9-4) 可得：

$$l = \frac{f_t A_{te}}{\tau_m \mu} \tag{9-6}$$

式中　A_{te}——有效受拉混凝土截面面积［可按下列规定取用：对轴心受拉构件，$A_{te} = bh$；对受弯、偏心受压和偏心受拉构件，$A_{te} = 0.5bh + (b_f - b) h_f$，如图 9-4 所示］；

　　τ_m——l 范围内纵向受拉钢筋与混凝土的平均粘结应力；

　　μ——纵向受拉钢筋截面总周长（$\mu = n\pi d$，n 和 d 为钢筋的根数和直径）。

由于 $A_s = \dfrac{\pi d^2}{4}$ 及截面有效配筋率 $\rho_{te} = \dfrac{A_s}{A_{te}}$，则平均裂缝间距可表示为：

$$l_{cr} = 1.5l = \frac{1.5}{4} \frac{f_t}{\tau_m} \frac{d}{\rho_{te}} = k_2 \frac{d}{\rho_{te}} \tag{9-7}$$

式中，k_2 为一经验系数。另外，试验也表明，混凝土保护层厚度 c 对裂缝间距有一定的影响，保护层厚度大时，l_{cr} 也大些。另外，考虑到不同种类钢筋与混凝土的粘结特性的不

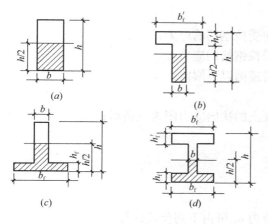

(a)　　　　*(b)*

(c)　　　　*(d)*

图 9-4　有效受拉混凝土截面面积

同，用等效直径 d_{eq} 来表示纵向受拉钢筋的直径，于是构件的平均裂缝间距一般表达式为：

$$l_{cr} = \beta \left(k_1 c + k_2 \frac{d_{eq}}{\rho_{te}} \right) \tag{9-8}$$

式中，k_1、k_2 为经验系数。根据试验结果并参照使用经验，$k_1 = 1.9$；$k_2 = 0.08$，并且当最外层纵向受拉钢筋外边缘至受拉区底边的距离不大于 65mm 时，可以写成：

$$l_{cr} = \beta \left(1.9c + 0.08 \frac{d_{eq}}{\rho_{te}} \right) \tag{9-9}$$

$$d_{eq} = \frac{\sum n_i d_i^2}{\sum n_i v_i d_i} \tag{9-10}$$

式中　β——系数，对轴心受拉构件，取 $\beta=1.1$；对其他受力构件，取 $\beta=1.0$；

　　　c——混凝土保护层厚度；

　　　ρ_{te}——按有效受拉混凝土截面面积计算的纵向受拉钢筋配筋率，$\rho_{te}=A_s/A_{te}$。当 ρ_{te} < 0.01 时，取 $\rho_{te}=0.01$；

　　　d_i——第 i 种纵向受拉钢筋的直径（mm）；

　　　n_i——第 i 种纵向受拉钢筋的根数；

　　　v_i——第 i 种纵向受拉钢筋的相对粘结特性系数，对带肋钢筋，取 1.0；对光圆钢筋，取 0.7。

9.2.4　平均裂缝宽度计算公式

裂缝的开展是由于混凝土的回缩和钢筋伸长所造成的，亦即在裂缝出现后受拉钢筋与相同曲率半径处的受拉混凝土的伸长差异所造成的，因此，平均裂缝宽度即为在裂缝间的一段范围内钢筋平均伸长和混凝土平均伸长之差（如图 9-5 所示），即：

$$w_m = \varepsilon_{sm} l_{cr} - \varepsilon_{cm} l_{cr} = \left(1 - \frac{\varepsilon_{cm}}{\varepsilon_{sm}} \right) \varepsilon_{sm} l_{cr} \tag{9-11}$$

式中　ε_{sm}，ε_{cm}——分别为裂缝间钢筋及混凝土的平均拉应变。

取式（9-11）中等号右边括号项为 $\alpha_c = 1 - \varepsilon_{cm}/\varepsilon_{sm}$ 来反映裂缝间混凝土伸长对裂缝宽度的影响，并引入裂缝间钢筋应变不均匀系数 $\psi = \varepsilon_{sm}/\varepsilon_s$，则上式可改写为：

$$w_m = \alpha_c \psi \frac{\sigma_s}{E_s} l_{cr} \tag{9-12}$$

对于建筑结构的普通钢筋混凝土构件，裂缝宽度按荷载准永久组合计算，对于预应力混凝土结构，荷载按标准组合计算，所以式（9-12）中裂缝截面处的钢筋应力 σ_s 根据具体情况可分别记为 σ_{sq} 或 σ_{sk}。其中的 α_c，对于受弯和偏

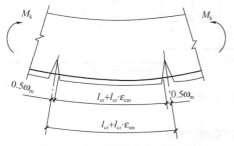

图 9-5　平均裂缝宽度计算图

心受压构件取 0.77，其他构件为 0.85。

σ_{sq}——按荷载效应准永久组合计算的纵向受拉钢筋的应力；

σ_{sk}——按荷载效应标准组合计算的纵向受拉钢筋的应力。

正常使用状态下，钢筋等效应力的计算需遵循以下假定：

①截面应变保持平面；

②对于偏心受压或受弯构件，受压区混凝土的法向应力图为三角形；

③不考虑受拉区混凝土的抗拉强度；

④采用换算截面。

1. 裂缝截面处的钢筋应力

对普通钢筋混凝土构件

按荷载准永久组合计算的纵向受拉钢筋应力 σ_{sq} 可由下列公式计算。

（1）轴心受拉构件

对于轴心受拉构件，裂缝截面的全部拉力均由钢筋承担，故钢筋应力

$$\sigma_{sq} = \frac{N_q}{A_s} \tag{9-13}$$

式中　N_q——按荷载准永久组合计算的轴向拉力值；

A_s——纵向受拉钢筋截面面积，对于轴心受拉构件，取全部纵向钢筋截面面积。

（2）受弯构件

对于受弯构件，假定内力臂 z，一般可近似地取 $z = 0.87h_0$，故：

$$\sigma_{sq} = \frac{M_q}{0.87h_0 A_s} \tag{9-14}$$

式中　M_q——按荷载准永久组合计算的弯矩值；

A_s——纵向受拉钢筋截面面积，对于受弯构件，取受拉区纵向钢筋截面面积。

（3）矩形截面偏心受拉构件

对小偏心受拉构件，直接对拉应力较小一侧的钢筋重心取力矩平衡；对大偏心受拉构件，如图 9-6（a）所示，近似取受压区混凝土压应力合力与受压钢筋合力作用点重合并对受压钢筋重心取力矩平衡，可得：

$$\sigma_{sq} = \frac{N_q e'}{A_s (h_0 - a'_s)} \tag{9-15}$$

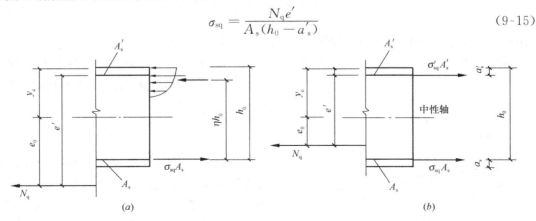

图 9-6　大小偏心受拉构件的截面应力图形

（a）大偏心受拉构件；（b）小偏心受拉构件

式中 N_q——按荷载准永久组合计算的轴向拉力值；

$\qquad$ e'——轴向拉力作用点至纵向受压钢筋或受拉较小边钢筋合力点的距离；

$\qquad$ A_s——纵向受拉钢筋截面面积，对于偏心受拉构件，取受拉应力较大边的纵向钢筋截面面积。

（4）偏心受压构件

其截面受力状态如图 9-7 所示。《混凝土结构设计规范》给出了考虑截面形状的内力臂近似计算公式：

$$\sigma_{sq} = \frac{N_q}{A_s}\left(\frac{e}{z} - 1\right) \qquad (9\text{-}16)$$

其中：

$$z = \left[0.87 - 0.12(1 - \gamma_f')\left(\frac{h_0}{e}\right)^2\right]h_0 \qquad (9\text{-}17)$$

$$e = \eta_s e_0 + y_s \qquad (9\text{-}18)$$

$$\eta_s = 1 + \frac{1}{4000 e_0/h_0}\left(\frac{l_0}{h}\right)^2 \qquad (9\text{-}19)$$

$$\gamma_f' = \frac{(b_f' - b)h_f'}{bh_0} \qquad (9\text{-}20)$$

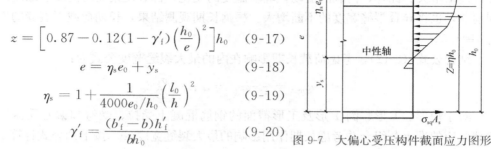

图 9-7 大偏心受压构件截面应力图形

式中 N_q——按荷载准永久组合计算的轴向压力值；

$\qquad$ e——轴向压力作用点至纵向受拉钢筋合力点的距离；

$\qquad$ z——纵向受拉钢筋合力点至受压区合力点的距离；

$\qquad$ η_s——使用阶段的轴向压力偏心距增大系数。当 $l_0/h \leqslant 14$ 时，可取 $\eta_s = 1.0$；

$\qquad$ y_s——截面重心至纵向受拉钢筋合力点的距离；

$\qquad$ γ_f'——受压翼缘面积与腹板有效面积的比值；

$\qquad$ b_f'、h_f'——受压区翼缘的宽度、高度；在公式（9-20）中，当 $h_f' > 0.2h_0$ 时，取 $h_f' = 0.2h_0$。

2. 裂缝间钢筋应变不均匀系数

系数 ψ 是钢筋平均应变与裂缝截面处钢筋应变的比值，即 $\psi = \varepsilon_{sm}/\varepsilon_s$，反映了裂缝间受拉混凝土参与受拉工作的程度。准确地计算 ψ 值是相当复杂的，其半理论半经验公式为：

$$\psi = 1.1 - 0.65 \frac{f_{tk}}{\rho_{te}\sigma_s} \qquad (9\text{-}21)$$

在计算中，当 ψ 计算值较小时会过高估计混凝土的作用，因而规定当 $\psi < 0.2$ 时，取 $\psi = 0.2$；当 $\psi > 1.0$ 时，取 $\psi = 1.0$。对直接承受重复荷载的构件，取 $\psi = 1.0$。

9.2.5　最大裂缝宽度验算

实际观测表明，裂缝宽度具有很大的离散性。取实测裂缝宽度 w_t 与计算的平均裂缝宽度 w_m 的比值为 τ_s（称为短期裂缝宽度扩大系数）。根据试验梁的大量裂缝量测结果统计表明，τ_s 的概率分布基本为正态分布。因此超越概率为 5% 的最大裂缝宽度可由下式求得：

$$w_{max} = w_m(1 + 1.645\delta) \qquad (9\text{-}22)$$

式中 δ——裂缝宽度变异系数。

对受弯构件，由试验统计得 $\delta=0.4$，故取短期裂缝宽度扩大系数 $\tau_s=1.66$；对于轴心受拉和偏心受拉构件，试验结果统计，按超越概率5%得最大裂缝宽度的扩大系数为 $\tau_s=1.9$。

9.2.6 长期荷载影响

在荷载长期作用下，由于钢筋与混凝土的粘结滑移徐变、拉应力的松弛以及混凝土的收缩影响，会导致裂缝间受拉混凝土不断退出工作，钢筋平均应变增大，裂缝宽度随时间推移逐渐增大。此外，荷载的变动，环境温度的变化，都会使钢筋与混凝土之间的粘结受到削弱，也将导致裂缝宽度的不断增大。根据长期观测结果，长期荷载下裂缝的扩大系数为 $\tau_l=1.5$。

结合公式（9-12），考虑荷载长期影响在内的最大裂缝宽度公式为：

$$w_{max}=\tau_s\tau_l w_m=\alpha_c\tau_s\tau_l\psi\frac{\sigma_{sq}}{E_s}l_{cr} \tag{9-23}$$

对于矩形、T形、倒T形及工形截面的钢筋混凝土受拉、受弯和偏心受压构件，按荷载效应的准永久组合并考虑长期作用影响的最大裂缝宽度 w_{max} 按下列公式计算

$$w_{max}=\alpha_{cr}\psi\frac{\sigma_s}{E_s}\left(1.9c_s+0.08\frac{d_{eq}}{\rho_{te}}\right) \tag{9-24}$$

式中 c_s——最外层纵向受力钢筋外边缘至受拉区底边的距离（mm），当 $c_s<20mm$ 时，取 $c_s=20mm$；当 $c_s>65mm$ 时，取 $c_s=65mm$；

α_{cr}——构件受力特征系数，为前述各系数 α_c、τ_s、τ_l 的乘积。对轴心受拉构件取2.7，对偏心受拉构件取2.4；对受弯构件和偏心受压构件取1.9。

根据试验，偏心受压构件 $e_0/h_0\leqslant0.55$ 时，正常使用阶段裂缝宽度较小，均能满足要求，故可不进行验算。对于直接承受重复荷载作用的吊车梁，卸载后裂缝可部分闭合，同时由于吊车满载的概率很小，吊车最大荷载作用时间很短暂，可将计算所得的最大裂缝宽度乘以系数0.85。

如果 w_{max} 超过允许值，则应采取相应措施，如适当减小钢筋直径，使钢筋在混凝土中均匀分布；采用与混凝土粘结较好的变形钢筋；适当增加配筋量（不够经济合理），以降低使用阶段的钢筋应力；或增加表层钢筋网片。这些方法都能一定程度减小正常使用条件下的裂缝宽度。但对限制裂缝宽度而言，最根本的方法则是采用预应力混凝土结构。

【例9-1】 某屋架下弦按轴心受拉构件设计，处于一类环境，截面尺寸为 $b\times h=200mm\times200mm$，纵向配置 HRB335 级钢筋 $4\,\Phi\,16$（$A_s=804mm^2$），采用 C40 混凝土，纵筋保护层厚度30mm。按荷载准永久组合计算的轴向拉力 $N_q=180kN$，试验算其裂缝宽度是否满足控制要求。

【解】 查表得 C40 混凝土 $f_{tk}=2.39N/mm^2$；HRB335 级钢筋的 $E_s=2.0\times10^5N/mm^2$；一类环境最外层钢筋保护层最小厚度 $c=20mm$，箍筋假定为 $\Phi\,10$，由此纵筋保护层厚度30mm，而且有：

$$w_{lim}=0.3mm$$
$$d_{eq}=16mm$$

176

$$\rho_{te} = \frac{A_s}{A_{te}} = \frac{A_s}{b \times h} = \frac{804}{200 \times 200} = 0.0201 > 0.01$$

$$\sigma_{sq} = \frac{N_q}{A_s} = \frac{180000}{804} = 223.9 \text{N/mm}^2$$

$$\psi = 1.1 - 0.65 \frac{f_{tk}}{\rho_{te}\sigma_{sq}} = 1.1 - 0.65 \times \frac{2.39}{0.0201 \times 223.9} = 0.755 > 0.2 \text{ 且 } \psi < 1.0$$

因轴心受拉构件 $\alpha_{cr} = 2.7$，则

$$w_{max} = \alpha_{cr}\psi\frac{\sigma_{sq}}{E_s}\left(1.9c_s + 0.08\frac{d_{eq}}{\rho_{te}}\right) = 2.7 \times 0.755 \times \frac{223.9}{2.0 \times 10^5}\left(1.9 \times 30 + 0.08 \times \frac{16}{0.0201}\right)$$

$$= 0.275\text{mm} < w_{lim} = 0.30\text{mm}$$

因此，裂缝宽度满足控制要求。

【例 9-2】 一矩形截面梁，处于二 a 类环境，$b \times h = 250\text{mm} \times 600\text{mm}$，采用 C40 混凝土，配置 HRB335 级纵向受拉钢筋 $4 \Phi 22$（$A_s = 1521\text{mm}^2$），按荷载准永久组合计算的弯矩 $M_q = 130\text{kN} \cdot \text{m}$。试验算其裂缝宽度是否满足控制要求。

【解】 查表得 C40 混凝土 $f_{tk} = 2.39\text{N/mm}^2$；HRB335 级钢筋 $E_s = 2.0 \times 10^5 \text{N/mm}^2$；二 a 类环境最外层钢筋最小保护层厚度 $c = 25\text{mm}$，箍筋假定为 $\Phi 10$，由此纵筋保护层厚度 $c_s = 35\text{mm}$，而且有：

$$w_{lim} = 0.2\text{mm}$$

$$d_{eq} = 22\text{mm}$$

$$a_s = c_s + d/2 = 35 + 22/2 = 46\text{mm}$$

$$h_0 = h - a_s = 600 - 46 = 554\text{mm}$$

$$\rho_{te} = \frac{A_s}{A_{te}} = \frac{A_s}{0.5bh} = \frac{1521}{0.5 \times 250 \times 600} = 0.0203 > 0.01$$

$$\sigma_{sq} = \frac{M_q}{0.87h_0A_s} = \frac{130 \times 10^6}{0.87 \times 554 \times 1521} = 177.3\text{N/mm}^2$$

$$\psi = 1.1 - 0.65\frac{f_{tk}}{\rho_{te}\sigma_{sq}} = 1.1 - 0.65 \times \frac{2.39}{0.0203 \times 177.3} = 0.668 > 0.2 \text{ 且 } \psi < 1.0$$

受弯构件 $\alpha_{cr} = 1.9$，则

$$w_{max} = \alpha_{cr}\psi\frac{\sigma_{sq}}{E_s}\left(1.9c_s + 0.08\frac{d_{eq}}{\rho_{te}}\right) = 1.9 \times 0.668 \times \frac{177.3}{2.0 \times 10^5}\left(1.9 \times 35 + 0.08 \times \frac{22}{0.0203}\right)$$

$$= 0.171\text{mm} < w_{lim} = 0.20\text{mm}$$

因此满足裂缝宽度控制要求。

9.3 变 形 验 算

9.3.1 变形控制的目的和要求

对受弯构件进行变形控制的目的主要是出于以下几方面的考虑：

1. 保证结构的使用功能要求

结构构件的变形过大时，会严重影响甚至丧失其使用功能。如屋面梁、板挠度过大时会发生积水；精密仪器生产车间楼板挠度过大会影响产品质量；吊车梁挠度过大会影响吊

车的正常运行等。

2. 避免非结构构件的损坏

受弯构件挠度过大会导致其上的非结构构件发生破坏，如隔墙会因挠度过大而产生裂缝；门、窗会因挠度过大而不能正常开关或发生破坏等。

3. 满足外观和使用者的心理要求

受弯构件挠度过大，不仅有碍观瞻，还会引起使用者的不适和不安全感。

4. 避免对其他结构构件的不利影响

受弯构件挠度过大，会导致结构构件的实际受力与计算假定不符，并影响到与其相连的其他构件也发生过大变形。如支承在砖墙上的梁端产生过大转角，将使支承面积减小，支承反力的偏心增大而引起墙体开裂。

对于适用性和耐久性，结构构件满足正常使用要求的限值大都凭长期使用经验确定，《混凝土结构设计规范》规定了各种情况下变形的限值。

对于受弯构件，挠度变形的验算表达式为：

$$f \leqslant f_{\text{lim}} \tag{9-25}$$

式中　f——荷载作用产生的挠度变形；

f_{lim}——挠度变形限值。

《混凝土结构设计规范》根据我国长期工程经验，对受弯构件挠度限值的规定见附表6-1。

9.3.2　截面抗弯刚度的主要特点

由材料力学可知，均质弹性体梁满足下列条件：（1）物理条件——应力与应变满足虎克定律；（2）几何条件——平截面假定；（3）平衡条件——钢筋混凝土构件中钢筋屈服前变形的计算。材料力学中已给出线弹性体梁跨中最大挠度的一般公式为：

$$f = C\frac{M}{EI}l^2 = C\phi l^2 \tag{9-26}$$

$$\phi = \frac{M}{EI} \rightarrow EI = \frac{M}{\phi} \rightarrow M = EI\phi \tag{9-27}$$

以上述三个条件为基础，并在物理条件中考虑混凝土受压 $\sigma - \varepsilon$ 的非线性。

当截面及材料给定后，EI 为常数，即挠度 f 与 M 为直线关系（图 9-8 中虚线）。

加载到破坏实测的混凝土适筋梁 $M/M_u - f$ 关系曲线如图 9-8 所示，钢筋混凝土受弯构件的刚度不是一个常数，裂缝的出现与开展对其有显著影响。对普通钢筋混凝土受弯构件来讲，在使用荷载作用下，绝大多数处于第二阶段，因此，正常使用阶段的变形验算，主要是指这一阶段的变形验算。另外，试验还表明，截面刚度随时间的增长而减小。所以，在普通钢筋混凝土受弯构件的变形验算中，除考虑荷载效应准永久组合以外，还应考虑荷载长期作用的

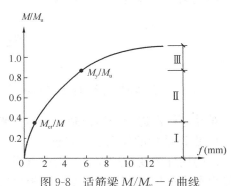

图 9-8　适筋梁 $M/M_u - f$ 曲线

影响。受弯构件的截面刚度记为 B，受弯构件在荷载效应准永久组合下的刚度（短期刚度）记为 B_s。

9.3.3 短期刚度计算公式

1. 使用阶段受弯构件的应变分布特征

钢筋混凝土受弯构件变形计算是以适筋梁第Ⅱ阶段应力状态为计算依据。取梁的纯弯曲段来研究其应力、应变特点。由试验可知，在第Ⅱ阶段，从裂缝出现到裂缝稳定，沿构件的长度方向应力和应变分布如图 9-9 所示，具有以下特点：

（1）钢筋应变沿梁长分布不均匀，裂缝截面处应变较大，裂缝之间应变较小。其不均匀程度可以用受拉钢筋应变不均匀系数 $\psi = \varepsilon_{sm}/\varepsilon_s$ 来反映。ε_{sm} 为裂缝间钢筋的平均应变，ε_s 为裂缝截面处的钢筋应变。所以有：

$$\varepsilon_{sm} = \psi \varepsilon_s \tag{9-28}$$

（2）压区混凝土的应变沿梁长分布也是不均匀的。裂缝截面处应变较大，裂缝之间应变较小。则可得：

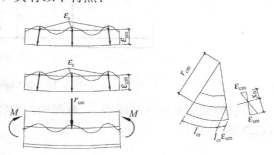

图 9-9 钢筋混凝土梁纯弯段的应变分布

$$\varepsilon_{cm} = \psi_c \varepsilon_c \tag{9-29}$$

（3）由于裂缝的影响，截面中和轴的高度 x_n 也呈波浪形变化，开裂截面处 x_n 小而裂缝之间 x_n 较大。其平均值 x_{nm} 称为平均中性轴高度，相应的中性轴为平均中性轴，相应截面称为平均截面，相应曲率为平均曲率，平均曲率半径记为 r_{cm}。试验表明，平均应变 ε_{sm}、ε_{cm} 符合平截面假定，即沿平均截面平均应变呈直线分布。

2. 钢筋混凝土受弯构件的短期刚度 B_s

几何关系：在梁的纯弯段内，其平均应变 ε_{sm}、ε_{cm} 符合平截面假定。仍可采用材料力学中匀质弹性体曲率相似的公式，即：

$$\phi = \frac{1}{r_{cm}} = \frac{\varepsilon_{sm} + \varepsilon_{cm}}{h_0} = \frac{M_q}{B_s} \tag{9-30}$$

式中，r_{cm} 为平均曲率半径。利用弯矩曲率关系，见式（9-27），可求得受弯构件的短期刚度 B_s：

$$B_s = \frac{M_q}{\phi} = \frac{M_q}{\dfrac{\varepsilon_{sm} + \varepsilon_{cm}}{h_0}} \tag{9-31}$$

物理关系：钢筋平均应变与裂缝截面钢筋应力的关系为：

$$\varepsilon_{sm} = \psi \varepsilon_{sq} = \psi \frac{\sigma_{sq}}{E_s} \tag{9-32}$$

另外，由于受压区混凝土的平均应变 ε_{cm} 与裂缝截面的应变 ε_c 相差很小，再考虑到混凝土的塑性变形而采用的变形模量 E_c'（$E_c' = \nu E_c$，ν 为弹性系数），则

$$\varepsilon_{cm} = \psi_c \varepsilon_{cq} = \psi_c \frac{\sigma_{cq}}{E_c'} = \psi_c \frac{\sigma_{cq}}{\nu E_c} \tag{9-33}$$

裂缝截面的实际应力分布如图 9-10 所示，计算时可把混凝土受压应力图取作等效矩形应力图形，并取平均应力为 $\omega\sigma_{cq}$，ω 为压应力图形系数。

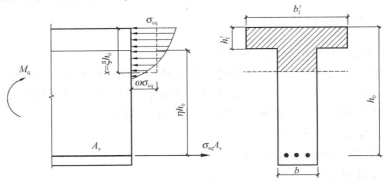

图 9-10　裂缝截面计算图形

设裂缝截面受压区高度 ξh_0，截面的内力臂为 ηh_0。由图 9-10 所示，对受压区合力作用点取矩，可得：

$$\sigma_{sq} = \frac{M_q}{A_s \eta h_0} \tag{9-34}$$

受压区面积为 $(b'_f - b)h'_f + bx = (\gamma'_f + \xi)bh_0$，将曲线分布的压应力图形换算成平均压应力 $\omega\sigma_{cq}$，再对受拉钢筋的重心处取矩，则得：

$$\sigma_{cq} = \frac{M_q}{\omega(\gamma'_f + \xi)\eta bh_0^2} \tag{9-35}$$

式中　ω——压应力图形丰满程度系数；

η——裂缝截面处内力臂长度系数；

ξ——裂缝截面处相对受压区高度；

γ'_f——受压翼缘的加强系数，$\gamma'_f = (b'_f - b)h'_f / bh_0$。

综合上述 3 项关系，代入式（9-30）即可得到：

$$\phi = \frac{\varepsilon_{sm} + \varepsilon_{cm}}{h_0} = \frac{\psi\dfrac{\sigma_{sq}}{E_s} + \psi_c\dfrac{\sigma_{cq}}{\nu E_c}}{h_0} = \frac{\psi\dfrac{M_q}{A_s \eta h_0 E_s} + \psi_c\dfrac{M_q}{\omega(\gamma'_f + \xi)\eta bh_0^2 \nu E_c}}{h_0}$$

$$= M_q\left(\frac{\psi}{A_s \eta h_0^2 E_s} + \frac{\psi_c}{\omega(\gamma'_f + \xi)\eta bh_0^3 \nu E_c}\right) \tag{9-36}$$

上式即为 M_q 与曲率 ϕ 的关系式。设 $\zeta = \omega\nu(\gamma'_f + \xi)\eta / \psi_c$，并称为混凝土受压边缘平均应变综合系数。经整理，可得短期刚度的表达式：

$$B_s = \frac{M_q}{\phi} = \frac{1}{\dfrac{\psi}{A_s \eta h_0^2 E_s} + \dfrac{\psi_c}{\omega(\gamma'_f + \xi)\eta bh_0^3 \nu E_c}} = \frac{E_s A_s h_0^2}{\dfrac{\psi}{\eta} + \dfrac{\alpha_E \rho}{\zeta}} \tag{9-37}$$

式中，$\alpha_E = \dfrac{E_s}{E_c}$，$\rho = \dfrac{A_s}{bh_0}$。

试验表明，受压区边缘混凝土平均应变综合系数 ζ 随荷载增大而减小，在裂缝出现后降低很快，而后逐渐减缓，在使用荷载范围内则基本稳定。因此，ζ 的取值可不考虑荷载的影响。根据试验资料统计分析可得：

$$\frac{\alpha_E \rho}{\zeta} = 0.2 + \frac{6\alpha_E \rho}{1 + 3.5\gamma_f'} \tag{9-38}$$

式中　γ_f'——受压翼缘加强系数，对于矩形截面，$\gamma_f' = 0$；对于 T 形截面，当 $h_f' > 0.2h_0$ 时取 $h_f' = 0.2h_0$。

将式（9-38）代入式（9-37），则受弯构件短期刚度公式可写为：

$$B_s = \frac{E_s A_s h_0^2}{1.15\psi + 0.2 + \dfrac{6\alpha_E \rho}{1 + 3.5\gamma_f'}} \tag{9-39}$$

式中，ψ 参照式（9-21）进行计算。

9.3.4　长期刚度计算公式

在荷载长期作用下，受压区混凝土将发生徐变，裂缝间仍处于受拉状态，裂缝附近混凝土的应力松弛以及它与钢筋间的滑移使受拉混凝土不断退出工作，因而钢筋应变随时间而增大。此外，由于纵向受拉钢筋周围混凝土的收缩受到钢筋的抑制，当受压纵向钢筋用量较少时，受压区混凝土可较自由地收缩变形，梁产生弯曲使梁的刚度降低，导致梁挠度增长。

荷载长期作用下挠度增长的主要原因是混凝土的徐变和收缩，因此，凡是影响混凝土徐变和收缩的因素：如受压钢筋的配筋率、加载龄期、温度、湿度及养护条件等，都对长期挠度有影响。

试验表明，在加载初期，梁的挠度增长较快，随后，在荷载长期作用下，其增长趋势逐渐减缓，后期挠度虽继续增长，但增值很小。实际应用中，对一般尺寸的构件，可取 1000 天或 3 年挠度作为最终值。对于大尺寸构件，挠度增长在 10 年后仍未停止。

《混凝土结构设计规范》通过试验确定钢筋混凝土受弯构件的挠度增大系数 θ，来计算荷载长期影响的刚度。当 $\rho' = 0$ 时，$\theta = 2.0$；当 $\rho' = \rho$ 时，$\theta = 1.6$；当 ρ' 为中间数值时，θ 按线性内插法取用。此处 $\rho' = A_s' / (bh_0)$，$\rho = A_s / (bh_0)$。

上述 θ 值适用于一般情况下的矩形、T 形和 I 形截面梁。由于 θ 值与温湿度有关，对于干燥地区，收缩影响大，由此建议 θ 应酌情增加 15%～20%。对翼缘位于受拉区的倒 T 形截面，θ 应增加 20%。

根据国内的试验分析结果，受压钢筋对荷载短期作用下挠度影响较小，但对荷载长期作用下受压区混凝土徐变以至梁的挠度增长起着抑制作用。抑制程度与受压钢筋和受拉钢筋的相对数量有关，并且对早龄期的梁，受压钢筋对减小梁的挠度作用大些。

《混凝土结构设计规范》给出普通钢筋混凝土构件按荷载准永久组合并考虑长期作用影响的矩形、T 形、倒 T 形和工字形截面受弯构件的刚度计算公式，如下：

$$B = \frac{B_s}{\theta} \tag{9-40}$$

式中　B——按荷载效应的准永久组合，并考虑荷载长期作用影响的刚度；

　　　B_s——荷载效应的准永久组合作用下受弯构件的短期刚度。

9.3.5 最小刚度原则

式（9-39）及式（9-40）都是指纯弯区段内平均的截面弯曲刚度。但就一般受弯构件而言，在其跨度范围内各截面的弯矩一般是不相等的，故各截面弯曲刚度也不相同。实际应用中为了简化计算，常采用同一符号弯矩区段内最大弯矩 M_{max} 处的截面刚度 B_{min} 作为该区段的刚度 B 以计算构件的挠度，这就是受弯构件挠度计算中的"最小刚度原则"。

对于简支梁，根据"最小刚度原则"，可按梁全跨范围内弯矩最大处的截面弯曲刚度，亦即最小的截面弯曲刚度（如图 9-11b 中虚线所示），用结构力学方法中不考虑剪切变形影响的等截面梁公式来计算挠度。对于等截面连续梁，存在正、负弯矩，可假定各同一符号弯矩区段内的刚度相等，并分别取正、负弯矩区段处截面的最小刚度按变刚度连续梁计算挠度。当计算跨度内的支座截面弯曲刚度不大于跨中截面弯曲刚度的 2 倍或不小于跨中截面弯曲刚度的 1/2 时，该跨也可按等刚度构件进行计算，且其构件刚度可取跨中最大弯矩截面的弯曲刚度。

采用"最小刚度原则"表面上看会使挠度计算值偏大，但由于计算中多不考虑

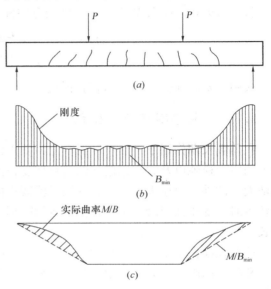

图 9-11　简支梁沿梁长的刚度和曲率分布

剪切变形及其裂缝对挠度的贡献，两者相比较，误差大致可以互相抵消。对国内外约 350 根试验梁验算结果表明，计算值与试验值符合较好。因此，采用"最小刚度原则"可以满足工程要求。用 B_{min} 代替匀质弹性材料梁截面弯曲刚度 EI 后，梁的挠度计算十分简便。

【例 9-3】　钢筋混凝土矩形截面梁，$b \times h = 200mm \times 400mm$，计算跨度 $l_0 = 5.4m$，采用 C20 混凝土，配有 3 Φ 18（$A_s = 763mm^2$）HRB335 级纵向受力钢筋，纵筋保护层厚度 25mm。承受均布永久荷载标准值为 $g_k = 5.0kN/m$，均布活荷载标准值 $q_k = 20kN/m$，活荷载准永久系数 $\psi_q = 0.5$。如果该构件的挠度限值为 $l_0/250$，试验算该梁的跨中最大挠度是否满足要求。

【解】　（1）求弯矩标准值

准永久组合下的弯矩值

$$M_q = \frac{1}{8}(g_k + \psi_q q_k)l_0^2 = \frac{1}{8} \times (5 + 0.5 \times 20) \times 5.4^2 = 54.68kN \cdot m$$

（2）有关参数计算

查表得 C20 混凝土 $f_{tk} = 1.54N/mm^2$，$E_c = 2.55 \times 10^4 N/mm^2$；查得 HRB335 级钢筋 $E_s = 2.0 \times 10^5 N/mm^2$

$$\rho_{te} = \frac{A_s}{0.5bh} = \frac{763}{0.5 \times 200 \times 400} = 0.0191 > 0.010$$

$$\sigma_{sq} = \frac{M_q}{0.87h_0A_s} = \frac{54.68 \times 10^6}{0.87 \times 365 \times 763} = 225.68 \text{N/mm}^2$$

$$\psi = 1.1 - 0.65\frac{f_{tk}}{\rho_{te}\sigma_{sq}} = 1.1 - 0.65 \times \frac{1.54}{0.0191 \times 225.68} = 0.868 > 0.2 \text{ 且 } \psi < 1.0$$

$$\alpha_E = \frac{E_s}{E_c} = \frac{2.0 \times 10^5}{2.55 \times 10^4} = 7.84 \qquad \rho = \frac{A_s}{bh_0} = \frac{763}{200 \times 365} = 0.0105$$

（3）计算短期刚度 B_s

$$B_s = \frac{E_sA_sh_0^2}{1.15\psi + 0.2 + 6\alpha_E\rho} = \frac{2.0 \times 10^5 \times 763 \times 365^2}{1.15 \times 0.868 + 0.2 + 6 \times 7.84 \times 0.0105} = 1.20 \times 10^{13} \text{N} \cdot \text{mm}^2$$

（4）计算长期刚度 B

$$\rho' = 0, \theta = 2.0 \text{ 则}$$

$$B = \frac{B_s}{\theta} = \frac{1.20 \times 10^{13}}{2} = 6.0 \times 10^{12} \text{N} \cdot \text{mm}^2$$

（5）挠度计算

$$f_{max} = \frac{5}{48} \cdot \frac{M_q l_0^2}{B} = \frac{5}{48} \times \frac{54.68 \times 10^6 \times 5.4^2 \times 10^6}{6.0 \times 10^{12}} = 27.65\text{mm} > \frac{l_0}{250} = 21.6\text{mm}$$

该梁跨中挠度不满足要求，可采取增加梁截面高度进行重新设计。

【例 9-4】 如［例 9-3］中矩形梁，截面尺寸为 $b \times h = 250\text{mm} \times 500\text{mm}$，其他条件不变，试验算该梁的跨中最大挠度是否满足要求。

【解】 由［例 9-3］可得：

$$M_q = 54.68\text{kN} \cdot \text{m}, E_c = 2.55 \times 10^4 \text{N/mm}^2, \alpha_E = 7.84$$

$$\rho_{te} = \frac{A_s}{0.5bh} = \frac{763}{0.5 \times 250 \times 500} = 0.0122 > 0.01$$

$$\sigma_{sq} = \frac{M_q}{0.87h_0A_s} = \frac{54.68 \times 10^6}{0.87 \times 465 \times 763} = 177.15\text{N/mm}^2$$

$$\rho = \frac{A_s}{bh_0} = \frac{763}{250 \times 465} = 6.56 \times 10^{-3}$$

则：

$$\psi = 1.1 - 0.65\frac{f_{tk}}{\rho_{te}\sigma_{sq}} = 1.1 - 0.65 \times \frac{1.54}{0.0122 \times 177.15} = 0.637 > 0.2 \text{ 且 } \psi < 1.0$$

故短期刚度 B_s 为：

$$B_s = \frac{E_sA_sh_0^2}{1.15\psi + 0.2 + 6\alpha_E\rho} = \frac{2.0 \times 10^5 \times 763 \times 465^2}{1.15 \times 0.637 + 0.2 + 6 \times 7.84 \times 6.56 \times 10^{-3}}$$

$$= 2.66 \times 10^{13} \text{N} \cdot \text{mm}^2$$

长期刚度 B 为：

$$B = \frac{B_s}{\theta} = \frac{2.66 \times 10^{13}}{2.0} = 1.33 \times 10^{13} \text{N} \cdot \text{mm}^2$$

挠度为：

$$f_{max} = \frac{5}{48} \cdot \frac{M_q l_0^2}{B} = \frac{5}{48} \times \frac{54.68 \times 10^6 \times 5.4^2 \times 10^6}{1.33 \times 10^{13}} = 12.49\text{mm} < \frac{l_0}{250} = 21.6\text{mm}$$

满足要求。

9.4 结构耐久性设计

9.4.1 耐久性的概念

结构耐久性是指结构及其构件在预计的设计使用年限内，在正常维护和使用条件下，在指定的工作环境中，结构不需要进行大修即可满足正常使用和安全功能的能力。在传统的观念中，混凝土是一种很耐久的材料，混凝土结构似乎不存在耐久性问题，实际上这是认识上的误区。试验和工程实践表明，由于混凝土结构本身的组成成分及承载力特点，其抗力有初期增长和强盛阶段，在外界环境和各种因素作用下也存在逐渐削弱和衰减的时期，经历一定年代后，甚至会不能满足设计应有的功能而"失效"。我国混凝土结构量大面广，若因耐久性不足而失效，或为了继续正常使用而进行相当规模的维修、加固或改造，势必要付出高昂的代价。混凝土耐久性问题已引起学术界、工程界以及政府职能部门的高度重视。随着现代科学技术的发展，对混凝土耐久性的研究已取得了丰硕的成果，但是，由于混凝土材料和耐久性影响因素的复杂性以及它们之间的相互交叉作用，使得混凝土耐久性破坏至今仍困扰着人们，因此，认识、了解、检测、控制并最终消除混凝土耐久性破坏，一直是混凝土科学工作者的一项重任。

混凝土结构设计时，为保证结构的安全性和适用性，除了进行承载力计算和裂缝、变形验算外，还必须进行结构的耐久性设计。由于混凝土结构耐久性设计涉及面广，影响因素多，而且对有些影响因素及其规律的研究尚欠深入，难以达到进行定量设计的程度，我国规范采用了宏观控制的方法，即根据环境类别和设计使用年限对混凝土结构提出相应的安全性、适用性和耐久性这三方面的要求。按国家标准《工程结构可靠性设计统一标准》GB 50153—2008 的有关规定，我国的建筑结构、结构构件及地基基础的设计规范、规程所采用的设计基准期为 100 年。同时，根据建筑物的使用要求和重要性，设计使用年限分别采用 5 年、25 年、50 年和 100 年。按国家标准《工程结构可靠性设计统一标准》GB 50153—2008 规定铁路桥涵结构的安全等级为一级，设计基准期为 100 年，设计使用年限应为 100 年；公路桥涵结构的安全等级划分为三级，设计基准期为 100 年。同时，根据桥涵的规模和重要性，设计使用年限分别采用 30 年、50 年和 100 年。

9.4.2 影响混凝土结构耐久性能的主要因素

影响混凝土结构耐久性能的因素很多，主要有内部和外部因素两个方面。内部因素指混凝土自身结构的缺陷。如表层混凝土的孔结构不合理，孔径较大，连续孔隙较多，或有裂缝，为外界环境中水、氧气以及侵蚀物质向混凝土中的扩散、迁移、渗透提供了通道；而混凝土保护层偏薄、钢筋间距太小，则缩短了外界环境中水、氧气以及侵蚀物质向混凝土中的扩散、迁移、渗透的路径，加速钢筋锈蚀；如混凝土配制时使用了海水、海砂或者掺加了含氯盐的外加剂，氯离子含量过高导致钢筋锈蚀；又如混凝土中使用了碱活性的骨料，与混凝土中的碱发生碱骨料反应，导致混凝土胀裂。混凝土结构的自身缺陷主要是设计不合理、材料不合格、施工质量低劣、使用维护不当引起的。外部因素则主要有二氧化碳、酸雨等使混凝土中性化，引起其中的钢筋发生脱钝锈蚀；工业建筑环境中酸、碱、盐侵蚀物质将导致混凝土腐蚀破坏、钢筋锈蚀；海洋环境中氯盐侵蚀将引起钢筋锈蚀。

混凝土结构的耐久性问题往往是由于内部存在不完善、外部存在不利因素综合作用的结果。造成结构内部不完善或有缺陷往往是由设计不周、施工不良引起的，也有因使用或维修不当等引起的。每一种材料劣化过程中有环境条件的影响，也有自身因素的影响。实际工程中的耐久性破坏往往是多个因素交织在一起的，如海水环境下混凝土结构的破坏可能由冻融循环、盐类结晶破坏（盐冻破坏）、钢筋锈蚀等多个因素引起；路面撒除冰盐引起的混凝土结构破坏，既有盐冻破坏，又有氯离子引起的钢筋锈蚀破坏。

1. 混凝土的碳化

混凝土的碳化是指大气中的二氧化碳（CO_2）与混凝土中碱性物质氢氧化钙发生反应，使混凝土的 pH 值下降。其他酸性物质如二氧化硫（SO_2）、硫化氢（H_2S）等也能与混凝土中碱性物质发生类似反应，使混凝土 pH 值下降。由于大气中二氧化碳普遍存在，因此碳化是最普遍的混凝土中性化过程。

混凝土碳化是一个复杂的物理化学过程。水泥熟料充分水化后，生成氢氧化钙 $Ca(OH)_2$ 和水化硅酸钙 $3CaO \cdot 2SiO_2 \cdot 3H_2O$，混凝土孔隙水溶液为氢氧化钙饱和溶液，其 pH 值约为 $12 \sim 13$，呈强碱性。孔隙水与环境湿度之间通过温湿度平衡形成稳定的孔隙水膜。环境中的 CO_2 气体通过混凝土孔隙气相向混凝土内部扩散并在孔隙水中溶解，同时，固态 $Ca(OH)_2$ 在孔隙水中溶解并向其浓度低的区域（已碳化区域）扩散。溶解在孔隙水中的 CO_2 与 $Ca(OH)_2$ 发生化学反应生成 $CaCO_3$，同时，水化硅酸钙 $3CaO \cdot 2SiO_2 \cdot 3H_2O$ 也在固液界面上发生碳化反应，反应方程如下：

$$Ca(OH)_2 + CO_2 \longrightarrow CaCO_3 + H_2O$$

$$(3CaO \cdot 2SiO_2 \cdot 3H_2O) + 3CO_2 \longrightarrow 3CaCO_3 + 2SiO_2 + 3H_2O$$

混凝土碳化对混凝土本身并无破坏作用，其生成的 $CaCO_3$ 和其他固态物质堵塞在混凝土孔隙中，使混凝土的孔隙率下降，减弱了后续 CO_2 的扩散，并使混凝土的密实度与强度有所提高，但脆性变大；碳化的主要危害是使混凝土中的保护膜受到破坏，引起钢筋锈蚀。混凝土的碳化是影响混凝土耐久性的重要因素之一。

影响混凝土碳化的因素有：属于材料本身的因素，如水灰比、水泥品种、水泥用量、骨料品种与粒径、外掺加剂、养护方法与龄期、混凝土强度等；属于环境条件的因素，如相对湿度、CO_2 浓度、温度；混凝土表面的覆盖层、混凝土的应力状态、施工质量等，详述如下：

1）水灰比

水灰比 W/C 是决定混凝土孔结构与孔隙率的主要因素，其中游离水的多少还关系着孔隙饱和度（孔隙水体积与孔隙总体积之比）的大小，因此，水灰比是决定 CO_2 有效扩散系数及混凝土碳化速度的主要因素之一。水灰比增加，则混凝土的孔隙率加大，CO_2 有效扩散系数扩大，混凝土的碳化速度也加大。

2）水泥品种与用量

水泥品种决定着各种矿物成分在水泥中的含量，水泥用量决定着单位体积混凝土中水泥熟料的多少。两者是决定水泥水化后单位体积混凝土中碳化物质含量的主要材料因素，因而也是影响混凝土碳化速度的主要因素之一。水泥用量越大，则单位体积混凝土中可碳化物质的含量越多，消耗的 CO_2 也越多，从而使碳化越慢。在水泥用量相同时，掺混合材的水泥水化后单位体积混凝土中可碳化物质含量减少，且一般活性混合材由于二次水化反应还要消耗一部分可碳化物质 $Ca(OH)_2$，使可碳化物质含量更少，故碳化加快。因此，相同水泥用量的硅酸盐水泥混凝土的碳化速度最小，普通硅酸盐水泥混凝土次之，粉煤灰水泥、火山硅质硅酸盐水泥和矿渣硅酸盐水泥混凝土最大。同一品种的掺混合材水泥，碳化速度随混合材掺量的增加而加大。

3）骨料品种与粒径

骨料粒径的大小对骨料——水泥浆粘结有重要影响，粗骨料与水泥浆粘结较差，CO_2 易从骨料——水泥浆界面扩散；另外，很多轻骨料中的火山灰在加热养护过程中会与 $Ca(OH)_2$ 结合，某些硅质骨料发生碱骨料反应时也消耗 $Ca(OH)_2$，这些因素都会使碳化加快。

4）外掺加剂

混凝土中掺加减水剂，能直接减少用水量使孔隙率降低，而引气剂使混凝土中形成很多封闭的气泡，切断毛细管的通路，两者均可以使 CO_2 有效扩散系数显著减小，从而大大降低混凝土的碳化速度。

5）养护方法与龄期

养护方法与龄期的不同导致水泥水化程度不同，在水泥熟料一定的条件下生成的可碳化物质含量不等，因此也影响混凝土碳化速度。若混凝土早期养护不良，会使水泥水化不充分，从而加快碳化速度。

6）混凝土强度

混凝土强度能反映其孔隙率、密实度的大小，因此混凝土强度能宏观地反映其抗碳化性能。总体而言，混凝土强度越高，碳化速度越小。

7）CO_2 浓度

环境中 CO_2 浓度越大，混凝土内外 CO_2 浓度梯度就越大，CO_2 越易扩散进入孔隙，化学反应速度也加快。因此，CO_2 浓度是决定碳化速度的主要环境因素之一。一般农村室外大气中 CO_2 浓度为 0.03%，城市为 0.04%，而室内可达 0.1%。

8）相对湿度

环境相对湿度通过温湿平衡决定着孔隙水饱和度，一方面影响着 CO_2 的扩散速度，另一方面，由于混凝土碳化的化学反应均需在溶液中或固液界面上进行，相对湿度也是决定碳化反应快慢的主要环境因素之一。

若环境相对湿度过高，混凝土接近饱水状态，则 CO_2 的扩散速度缓慢，碳化发展很慢；若相对湿度过低，混凝土处于干燥状态，虽然 CO_2 的扩散速度很快，但缺少碳化化学反应所需的液相环境，碳化难以发展；70%～80% 左右的中等湿度时，碳化速度最快。

9）环境温度

温度的升高可促进碳化反应速度的提高，更主要的是加快了 CO_2 的扩散速度，温度的交替变化也有利于 CO_2 的扩散。

10）表面覆盖层

表面覆盖层对碳化起延缓作用。如表面覆盖层不含可碳化物质（如沥青、涂料、瓷砖等），则能封堵混凝土表面部分开口孔隙，阻止 CO_2 扩散，从而延缓碳化速度。

11）应力状态

实际工程中的混凝土碳化均处于结构的应力状态下，当压应力较小时，由于混凝土受压密实，影响 CO_2 的扩散，对碳化起延缓作用；压应力过大时，由于微裂缝的开展加剧，碳化速度加快。拉应力较小时（$<0.3f_t$），应力作用不明显，当拉应力较大时，随着裂缝的产生与发展，碳化速度显著增大。

2. 钢筋的锈蚀

混凝土孔隙中存在碱度很高的 $Ca(OH)_2$ 饱和溶液，其 pH 值在 12.5 左右，由于混凝土中还含有少量 NaOH、KOH 等，实际 pH 值可达 13。在这样的高碱性环境中，钢筋表面被氧化，形成一层厚仅 $(2\sim6)\times10^{-9}m$ 的水化氧化膜 $mFe_2O_3 \cdot nH_2O$。这层膜很致密，牢固地吸附在钢筋表面，使钢筋处于钝化状态，即使在有水分和氧气的条件下钢筋也不会发生锈蚀，故称"钝化膜"。在无杂散电流的环境中，有两个因素可以导致钢筋钝化膜破坏：混凝土中性化（主要形式是碳化）使钢筋位置的 pH 值降低，或足够浓度的游离 Cl^- 扩散到钢筋表面。

碳化（或 H_2SO_4 等引起的其他中性化）使孔溶液中的 $Ca(OH)_2$ 含量逐渐减少，pH 值逐渐下降。当 pH 值下降到 11.5 左右时，钝化膜不再稳定，当 pH 值降至 $9\sim10$ 时，钝化膜的作用完全被破坏，钢筋处于脱钝状态，锈蚀就有条件发生了。由于部分碳化区的存在，钢筋经历了从钝化状态经逐步脱钝转化为完全脱钝状态的过程。

当钢筋表面的混凝土孔溶液中的游离 Cl^- 浓度超过一定值时，即使在碱度较高，pH 值大于 11.5 时，Cl^- 也能破坏钝化膜，从而使钢筋发生锈蚀。因为 Cl^- 的半径小，活性大，容易吸附在位错区、晶界区等氧化膜有缺陷的地方。Cl^- 有很强的穿透氧化膜的能力，在氧化物内层（铁与氧化物界面）形成易溶的 $FeCl_2$，使氧化膜局部溶解，形成坑蚀现象。如果 Cl^- 在钢筋表面分布比较均匀，这种坑蚀现象便会广泛地发生，点蚀坑扩大、合并，发生大面积腐蚀。

影响钢筋锈蚀的因素很多，主要有以下几个方面：

1）pH 值

研究证明，钢筋锈蚀与 pH 值有密切关系。当 pH 值>11 时，钢筋锈蚀速度很小；当 pH 值<4 时，锈蚀速度迅速增大。

2）含氧量

钢筋锈蚀反应必须有氧参加，因此溶液中的含氧量对钢筋锈蚀有很大的影响。

3）氯离子含量

碳化是使钢筋脱钝的重要原因，但还不是唯一的原因。混凝土中氯离子的存在（如掺盐的混凝土、使用海砂的混凝土、环境大气中氯离子渗入混凝土等），即使钢筋外围混凝土仍处于高碱性，但由于氯离子被吸附在钢筋氧化膜表面，使氧化膜中的氧离子被氯离子代替，生成金属氯化物，也会使钝化膜遭到破坏。同样，在氧和水的作用下，钢筋表面开始电化学腐蚀。因此，氯离子的存在对钢筋锈蚀有很大的影响。常见的如海洋环境及近海建筑、化工厂污染、盐渍土及含氯地下水的侵入、冬季使用除雪剂（盐的渗入等），都可能引起氯离子污染而导致钢筋锈蚀。

4）混凝土的密实性

钢筋在混凝土中受到保护，主要有两个方面：一个是混凝土的高碱性使钢筋表面形成钝化膜；另一个方面是对外界腐蚀介质、氧、水分等渗入有阻止作用。显然，即使混凝土已碳化，但无氧、氯等侵入，锈蚀也不会发生。所以，混凝土越密实，则保护钢筋不锈蚀的作用也越大，而混凝土的密实性主要取决于水灰比、混凝土强度、级配、施工质量和养护条件等。

5）混凝土裂缝

混凝土构件上裂缝存在，将增大混凝土的渗透性，增加腐蚀介质、水分和氧的渗入，从而加剧腐蚀的发展。长期暴露试验发现，钢筋锈蚀首先在横向裂缝处，其锈蚀速度取决于阴极处氧的可用度，即氧在混凝土保护层中向钢筋表面阴极处扩散的速度，而这种扩散速度主要取决于混凝土的密实度，与裂缝关系不大，故横向裂缝的作用仅仅使裂缝处钢筋局部脱钝，使得腐蚀过程得以开始，但它对锈蚀速度不起控制作用。研究表明，当裂缝宽度小于 0.4mm 时对钢筋锈蚀影响很小。而纵向裂缝引起的锈蚀不是局部的，相对来说有一定长度，它更容易使水分、氧、腐蚀介质等渗入，则会加速钢筋锈蚀，对钢筋锈蚀的危害较大。

6）其他影响因素

粉煤灰等掺合料会降低混凝土的碱性，故对钢筋锈蚀有不利影响。但掺加粉煤灰后，可提高混凝土的密实性，改善混凝土的孔隙结构，阻止外界氧、水分等侵入，这对防止钢筋锈蚀又是有利的；综合起来，掺加粉煤灰不会降低结构的耐久性。环境条件对锈蚀影响很大，如温度、湿度及干湿交替作用、海浪飞溅、海盐渗透、冻融循环作用对混凝土中钢筋的锈蚀有明显作用，尤其当混凝土质量较差、密实性不好、有缺陷时，这些因素的影响就会更特殊。

防止钢筋锈蚀的措施有很多种，主要有降低水灰比，增加水泥用量，加强混凝土的密实性；保证有足够的混凝土保护层厚度；采用涂面层，防止 CO_2、O_2 和 Cl^- 的渗入；采用钢筋阻锈剂；使用防腐蚀钢筋，如环氧涂层钢筋、镀锌钢筋、不锈钢钢筋等；对钢筋采用阴极防护法等。

3. 混凝土的冻融破坏

混凝土水化结硬后，内部有很多毛细孔。在浇筑混凝土时，为了得到必要的和易性，往往会比水泥水化所需要的水多些。多余的水分滞留在混凝土的毛细孔中。遇到低温时水分因结冰产生体积膨胀，引起混凝土内部结构破坏。反复冻融多次，就会使混凝土的损伤积累达到一定程度而引起结构破坏。

冻融破坏在水利水电、港口码头、道路桥梁等工程中较为常见。防止混凝土冻融循环的主要措施是降低水灰比，减少混凝土中多余的水分。冬期施工时应加强养护，防止早期受冻，并掺入防冻剂等。

4. 混凝土的碱集料反应

混凝土集料中的某些活性矿物与混凝土微孔中碱性溶液产生化学反应称为碱集料反应。碱集料反应产生的碱——硅酸盐凝胶，吸水后会产生膨胀，体积可增大 3～4 倍，从而使混凝土开裂、剥落、强度降低，甚至导致破坏。

引起碱集料反应有三个条件：一是混凝土的凝胶中有碱性物质，其主要来自于水泥；二是骨料中有活性骨料，如蛋白石、黑硅石、燧石、玻璃质火山石等含 SiO_2 的骨料；三是发生碱集料反应的充分条件，即有水分，在干燥环境下很难发生碱集料反应。因此，防止碱集料反应的主要措施是采用低碱水泥，或掺入粉煤灰降低碱性，也可对含活性成分的骨料加以控制。

5. 侵蚀性介质的腐蚀

在石油、化学、轻工、冶金及港湾工程中，化学介质对混凝土的腐蚀很普遍。有些化学介质侵入造成混凝土中的一些成分被溶解、流失，从而引起裂缝、孔隙，甚至松软破碎；有些化学介质侵入，与混凝土中的一些成分发生化学反应，生成的物质体积膨胀，引起混凝土破坏。常见的侵蚀性介质主要有：

1）硫酸盐腐蚀

硫酸盐溶液与水泥石中的氢氧化钙及水化铝酸钙发生化学反应，生成石膏和硫铝酸钙，产生体积膨胀，使混凝土破坏。硫酸盐除在一些化工企业存在外，海水及一些土壤中也存在。

2）酸腐蚀

混凝土是碱性材料，遇到酸性物质会产生化学反应，使混凝土产生裂缝、脱落，并导致破坏。酸不仅仅存在于化工企业中，在地下水，特别是沼泽地区或泥炭地区也广泛存在碳酸及溶有 CO_2 的水。

3）海水腐蚀

在海港、近海结构中的混凝土构筑物，经常受到海水的侵蚀。海水中的氯离子和硫酸镁对混凝土有较强的腐蚀作用。在海岸飞溅区，受到干湿的物理作用，极易造成钢筋锈蚀。

9.4.3 混凝土结构耐久性设计的主要内容

混凝土结构耐久性设计涉及面广，影响因素多，一般说来应包括以下几个方面：

1. 确定结构所处的环境类别

混凝土结构的耐久性与结构所处的环境有密切关系，同一结构在强腐蚀环境中要比在一般大气环境中的使用年限短，对混凝土结构使用环境进行分类，可以在设计时针对不同的环境类别，采取相应的措施，满足达到设计使用年限的要求。我国规范规定，混凝土结构的耐久性应根据环境类别和设计使用年限进行设计。环境类别的划分见附表 6-2 所示。

2. 提出材料的耐久性质量要求

合理设计混凝土的配合比，严格控制集料中的含盐量、含碱量，保证混凝土必要的强度，提高混凝土的密实性和抗渗性是保证混凝土耐久性的重要措施。规范对处于一、二、三类环境中，设计使用年限为 50 年的结构混凝土材料耐久性的基本要求，如最大水胶比、最低强度等级、最大氯离子含量和最大碱含量等，均作了明确规定，见表 9-1。

对在一类环境中设计使用年限为 100 年的混凝土结构，钢筋混凝土结构的最低强度等级为 C30，预应力混凝土结构的最低强度等级为 C40；混凝土中的最大氯离子含量为 0.06%；宜使用非碱活性骨料，当使用碱活性骨料时，混凝土中的最大碱含量为 3.0 kg/m³。

3. 确定构件中钢筋的保护层厚度

混凝土保护层对减小混凝土的碳化，防止钢筋锈蚀，提高混凝土结构的耐久性有重要作用，各国规范都有关于混凝土最小保护层厚度的规定。我国《混凝土结构设计规范》GB 50010—2010 规定：构件中受力钢筋的保护层厚度不应小于钢筋的直径；对设计使用年限为 50 年的混凝土结构，最外层钢筋（包括箍筋和构造钢筋）的保护层厚度应符合附表 6-4 的规定；对设计使用年限为 100 年的混凝土结构，保护层厚度不应小于表中数值的 1.4 倍。当有充分依据并采取有效措施时，可适当减小混凝土保护层的厚度，这些措施包括：构件表面有可靠的防护层；采用工厂化生产预制构件，并能保证预制构件混凝土的质量；在混凝土中掺加阻锈剂或采用阴极保护处理等防锈措施；另外，当对地下室墙体采取可靠的建筑防水做法时，与土壤接触侧钢筋的保护层厚度可适当减少，但不应小于 25mm。

结构混凝土材料耐久性基本要求 表 9-1

环境等级	最大水胶比	最低强度等级	最大氯离子含量（%）	最大碱含量（kg/m³）
一	0.60	C20	0.30	不限制
二 a	0.55	C25	0.20	
二 b	0.50 (0.55)	C30 (C25)	0.15	3.0
三 a	0.45 (0.50)	C35 (C30)	0.15	
三 b	0.40	C40	0.10	

注：1. 氯离子含量系指其占胶凝材料总量的百分比；
2. 预应力构件混凝土中的最大氯离子含量为 0.06%；最低混凝土强度等级应按表中的规定提高两个等级；
3. 素混凝土构件的水胶比及最低强度等级的要求可适当放松；
4. 有可靠工程经验时，二类环境中的最低混凝土强度等级可降低一个等级；
5. 处于严寒和寒冷地区二 b、三 a 类环境中的混凝土应使用引气剂，并可采用括号中的有关参数；
6. 当使用非碱活性骨料时，对混凝土中的碱含量可不作限制。

4. 提出满足耐久性要求相应的技术措施

对处在不利的环境条件下的结构，以及在二类和三类环境中设计使用年限为 100 年的混凝土结构，应采取专门的有效防护措施。这些措施包括：

1）预应力混凝土结构中的预应力筋应根据具体情况采取表面防护、管道灌浆、加大混凝土保护层厚度等措施，外露的锚固端应采取封锚和混凝土表面处理等有效措施；

2）有抗渗要求的混凝土结构，混凝土的抗渗等级应符合有关标准的要求；

3）严寒及寒冷地区的潮湿环境中，混凝土结构应满足抗冻要求，混凝土抗冻等级应符合有关标准的要求；

4）处在三类环境中的混凝土结构，钢筋可采用环氧涂层钢筋或其他具有耐腐蚀性能的钢筋，也可采取阴极保护处理等防锈措施；

5）处于二、三类环境中的悬臂构件宜采用悬臂梁板的结构形式，或在其上表面增设防护层；

6）处于二、三类环境中的结构，其表面的预埋件、吊钩、连接件等金属部件应采取可靠的防锈措施。

5. 提出结构使用阶段的维护与检测要求

要保证混凝土结构的耐久性，还需要在使用阶段对结构进行正常的检查维护，不得随意改变建筑物所处的环境类别，这些检查维护的措施包括：

1）结构应按设计规定的环境类别使用，并定期进行检查维护；

2）设计中的可更换混凝土构件应定期按规定更换；

3）构件表面的防护层应按规定进行维护或更换；

4）结构出现可见的耐久性缺陷时，应及时进行检测处理。

我国《混凝土结构设计规范》GB 50010—2010 主要对处于一、二、三类环境中的混凝土结构的耐久性要求作了明确规定；对处于四、五类环境中的混凝土结构，其耐久性要求应符合有关标准的规定。

对临时性（设计使用年限为 5 年）的混凝土结构，可不考虑混凝土的耐久性要求。

9.4.4 公路桥涵混凝土结构的耐久性设计

1. 耐久性设计原则

混凝土桥涵结构的耐久性取决于混凝土材料自身性能和结构的使用环境，与结构设计、施工及养护管理密切相关。综合国内外的研究成果和工程经验，一般从以下三个方面解决混凝土桥涵结构的耐久性：

1）采用高耐久性混凝土，提高自身抗损能力；

2）加强桥面排水和防水层设计，改善桥梁的环境作用条件；

3）改进桥涵结构设计，采用具有防腐保护的钢筋（如无粘结预应力钢筋、环氧涂层钢筋等）。

2. 使用环境条件分类

使用环境条件是影响混凝土结构耐久性的外部因素，《公路钢筋混凝土及预应力混凝土桥涵设计规范》JTG D62—2004 根据公路桥涵的使用情况，将桥涵结构的使用环境分为四类，见表 9-2。表中除冰盐环境是指北方城市依靠喷洒盐水除冰化雪，且结构受到侵蚀的环境；滨海环境是指海水浪溅区以外，且其前无建筑物遮挡的环境；海水环境是指潮汐区、浪溅区及海水中的环境；受侵蚀性物质影响的环境是指某些化学工业和石油化工厂的气态、液态和固态侵蚀物质影响的环境。

3. 桥涵结构混凝土耐久性的基本要求

公路桥涵结构应根据所处的环境进行耐久性设计，其耐久性的基本要求见表 9-2。对水位变动区有抗冻要求的结构混凝土，其抗冻性等级不应低于表 9-3 的规定。位于Ⅲ类或Ⅳ类环境的桥梁，当耐久性确实需要时，其主要受拉钢筋宜采用环氧树脂涂层钢筋。

结构混凝土耐久性的基本要求   表 9-2

环境类别	环境条件	最大水灰比	最小水泥用量（kg/m^3）	最低混凝土强度等级	最大氯离子含量（%）	最大碱含量（kg/m^3）
Ⅰ	温暖或寒冷地区的大气环境；与无侵蚀性的水或土接触的环境	0.55	275	C25	0.30	3.0
Ⅱ	严寒地区的大气环境；使用除冰盐环境；滨海环境	0.50	300	C30	0.15	3.0
Ⅲ	海水环境	0.45	300	C35	0.10	3.0
Ⅳ	受侵蚀性物质影响的环境	0.40	325	C35	0.10	3.0

注：1. 有关规范对海水环境结构混凝土中最大水灰比和最小水泥用量有关详细规定时，可参照执行；

2. 表中氯离子含量系指其与水泥用量的百分率；

3. 当有实际工程经验时，处于Ⅰ类环境中结构混凝土的最低强度等级可比表中降低一个等级；

4. 预应力混凝土构件混凝土中的最大氯离子含量为 0.06%，最小水泥用量为 350kg/m³，最低混凝土强度等级为 C40，或按表中规定Ⅰ类环境提高三个等级，其他环境类别提高二个等级；

5. 特大桥和大桥混凝土中的最大碱含量为 1.8kg/m³，当处于Ⅲ、Ⅳ类或使用除冰盐和滨海环境时，宜使用非碱活性集料。

桥梁所在地区	海水环境	淡水环境
严重受冻地区（最冷月月平均气温低于−8℃）	F350	F250
受冻地区（最冷月月平均气温在−8～−4℃）	F300	F200
微冻地区（最冷月月平均气温在−4～0℃）	F250	F150

注：1. 混凝土抗冻性试验方法应符合现行标准《公路工程水泥及水泥混凝土试验规程》JTG E30—2005 的规定；

　　2. 墩、台混凝土应选比表列值高一级的抗冻等级。

9.4.5　铁路混凝土结构的耐久性设计

1. 铁路混凝土结构耐久性设计原则：

1）采用合理的结构构造，便于施工、检查和维护，减少环境因素对结构的不利影响；

2）选用优质的混凝土原材料、合理的混凝土配合比、适当的混凝土耐久性指标；

3）对主要混凝土施工过程的质量控制提出要求；

4）对于严重腐蚀环境条件下的混凝土结构，除了对混凝土本身提出严格的耐久性要求外，还应提出可靠的附加防腐蚀措施，并对结构在设计使用年限内的检测作出规划，明确跟踪检测内容。

2. 铁路混凝土结构耐久性设计应包括以下内容：

1）结构及主要可更换部件的设计使用年限；

2）结构所处的环境类别及其作用等级；

3）结构耐久性要求的混凝土原材料品质、配合比参数限值以及耐久性指标要求；

4）结构耐久性要求的构造措施（包括钢筋的混凝土保护层厚度）；

5）与结构耐久性有关的主要施工控制要求；

6）严重腐蚀环境条件下采取的附加防腐蚀措施；

7）与结构耐久性有关的跟踪检测要求；

8）与结构耐久性有关的养护维修要求。

3. 使用环境条件分类

铁路混凝土结构所处环境类别分为碳化环境、氯盐环境、化学侵蚀环境、冻融破坏环境和磨蚀环境。不同类别环境的作用等级可按表 9-4～表 9-8 所列环境条件特征进行划分。

碳化环境　　　　　　　　　　　　　　　　　　　表 9-4

环境作用等级	环境条件特征
T1	室内环境
	长期在水下（不包括海水）或土中
T2	室外环境
T3	水位变动区
	干湿交替

注：1. 当钢筋混凝土薄型结构的一侧干燥而另一侧湿润或饱水时，其干燥一侧混凝土的碳化作用等级应按 T3 级考虑。

　　2. 对于梁部结构，碳化作用等级应按不低于 T2 级考虑。

氯盐环境　　　　　　　　　　　　　　　　　　　　　　　　　　　　　表 9-5

环境作用等级	环境条件特征
L1	长期在海水水下区
	离平均水位 15m 以上的海上大气区
	离涨潮岸线 100～300m 的陆上近海区
L2	离平均水位 15m 以内的海上大气区
	离涨潮岸线 100m 以内的陆上近海区
	海水潮汐区或浪溅区（非炎热地区）
L3	海水潮汐区或浪溅区（南方炎热地区）
	盐渍土地区露出地表的毛细吸附区
	遭受氯盐冷冻液和氯盐化冰盐侵蚀部位

化学侵蚀环境　　　　　　　　　　　　　　　　　　　　　　　　　　表 9-6

化学侵蚀类型		环境作用等级			
		H1	H2	H3	H4
硫酸盐侵蚀	环境水中 SO_4^{2-} 含量，mg/L	≥200 ≤600	>600 ≤3000	>3000 ≤6000	>6000
	强透水性环境土中 SO_4^{2-} 含量，mg/kg	≥2000 ≤3000	>3000 ≤12000	>12000 ≤24000	>24000
	弱透水性环境土中 SO_4^{2-} 含量，mg/kg	≥3000 ≤12000	>12000 ≤24000	>24000	—
盐类结晶侵蚀	环境土中 SO_4^{2-} 含量，mg/kg	—	≥2000 ≤3000	>3000 ≤12000	>12000
酸性侵蚀	环境水中 pH 值	≤6.5 ≥5.5	<5.5 ≥4.5	<4.5 ≥4.0	
二氧化碳侵蚀	环境水中侵蚀性 CO_2 含量，mg/L	≥15 ≤40	>40 ≤100	>100	
镁盐侵蚀	环境水中 Mg^{2+} 含量，mg/L	≥300 ≤1000	>1000 ≤3000	>3000	—

注：1. 对于盐渍土地区的混凝土结构，埋入土中的混凝土遭受化学侵蚀；当环境多风干燥时，露出地表的毛细吸附区内的混凝土遭受盐类结晶型侵蚀。

　　2. 对于一面接触含盐环境水（或土）而另一面临空且处于干燥或多风环境中的薄壁混凝土，接触含盐环境水（或土）的混凝土遭受化学侵蚀，临空面的混凝土遭受盐类结晶侵蚀。

　　3. 当环境中存在酸雨时，按酸性环境考虑，但相应作用等级可降一级。

冻融破坏环境　　　　　　　　　　　　　　　　　　　　　　　　　　表 9-7

环境作用等级	环境条件特征
D1	微冻地区＋频繁接触水
D2	微冻地区＋水位变动区
	严寒和寒冷地区＋频繁接触水
	微冻地区＋氯盐环境＋频繁接触水
D3	严寒和寒冷地区＋水位变动区
	微冻地区＋氯盐环境＋水位变动区
	严寒和寒冷地区＋氯盐环境＋频繁接触水
D4	严寒和寒冷地区＋氯盐环境＋水位变动区

注：严寒地区、寒冷地区和微冻地区是根据其最冷月的平均气温划分的。严寒地区、寒冷地区和微冻地区最冷月的平均气温 t 分别为：$t≤-8℃$，$-8℃<t≤-3℃$ 和 $-3℃<t≤2.5℃$

磨蚀环境　　　　　　　　　　　　　　　　表 9-8

环境作用等级	环境条件特征	
M1	风蚀（有砂情况）	风力等级≥7 级，且年累计刮风时间大于 90d
M2	风蚀（有砂情况）	风力等级≥9 级，且年累计刮风时间大于 90d
	流冰冲刷	被强烈流冰撞击、磨损、冲刷（冰层水位下 0.5m～冰层水位上 1.0m）
M3	风蚀（有砂情况）	风力等级≥11 级，且年累计刮风时间大于 90d
	泥砂冲刷	被大量夹杂泥砂或物体磨损、冲刷

注：环境作用等级为 L3、H3、H4、D3、D4、M3 级的环境为严重腐蚀环境。

4. 保护层厚度

钢筋的混凝土保护层厚度除遵守现行铁路工程有关专业标准的规定外，还应符合以下规定：离混凝土表面最近的普通钢筋（主筋、箍筋和分布筋）的混凝土保护层厚度 c（钢筋外缘至混凝土表面的距离）应不小于表 9-9 规定的最小厚度 c_{min} 与混凝土保护层厚度施工允许偏差负值 Δ 之和。

普通钢筋的混凝土保护层最小厚度 C_{min}（mm）　　　　　　表 9-9

结构类别	设计使用年限	碳化环境			氯盐环境			磨蚀环境			冻融破坏环境				化学侵蚀环境			
		T1	T2	T3	L1	L2	L3	M1	M2	M3	D1	D2	D3	D4	H1	H2	H3	H4
桥梁涵洞	100 年	35	35	45	45	50	60	35	40	45	35	45	50	60	35	45	50	60
隧道衬砌	100 年	35	35	40	40	45	55	—	—	—	35	40	45	55	30	40	45	55
路基支挡	60 年	20	20	30	30	40	50	25	25	35	25	30	40	50	25	30	40	50
	100 年	30	30	40	40	45	55	30	30	40	30	40	45	55	30	40	45	55

注：1. 钢筋的混凝土保护层最小厚度应与《铁路混凝土结构耐久性设计规范》TB 10005—2010 规定的混凝土配合比参数限值相匹配。如实际采用的水胶比《铁路混凝土结构耐久性设计规范》TB 10005—2010 中的规定值小 0.1 及以上时，保护层厚度可适当减少，但减少量最多不超过 10mm，且减少后的保护层厚度不得小于 30mm。

2. 钢筋的混凝土保护层最小厚度不得小于所保护钢筋的直径。

3. 直接接触土体浇筑的基础结构，钢筋的混凝土保护层最小厚度不得小于 70mm。

4. 如因条件所限钢筋的混凝土保护层最小厚度必须采用低于表中规定的数值时，除了混凝土的实际水胶比应低于《铁路混凝土结构耐久性设计规范》TB 10005—2010 中的规定值外，应同时采取其他经试验证明能确保混凝土耐久性的有效附加防腐蚀措施。

5. 对于轨道结构、抗滑桩，钢筋的混凝土保护层最小厚度可根据结构构造型式和耐久性要求等另行研究确定。

思　考　题

1. 设计结构构件时，为什么要控制裂缝宽度和变形？受弯构件的裂缝宽度和变形计算应以哪一受力阶段为依据？

2. 简述裂缝的出现、分布和开展的过程和机理。

3. 为什么说混凝土保护层厚度是影响构件表面裂缝宽度的一项主要因素？影响构件裂缝宽度的主要

因素还有哪些？

4. 半理论半经验方法建立裂缝宽度计算公式的思路是怎样的？其中，参数 ψ 的物理意义如何？

5. 最大裂缝宽度公式是怎样建立起来的？为什么不用裂缝宽度的平均值而用最大值作为评价指标？

6. 何谓构件的截面抗弯刚度？怎样建立受弯构件的刚度公式？

7. 何谓最小刚度原则？试分析应用该原则的合理性。

8. 影响受弯构件长期挠度变形的因素有哪些？如何计算长期挠度？

9. 试分析影响混凝土结构耐久性的主要因素。《混凝土结构设计规范》采用了哪些措施来保证结构的耐久性？

10. 试述混凝土碳化和钢筋锈蚀的机理及其主要影响因素？

习 题

1. 某矩形截面简支梁，处于一类环境，截面尺寸为 $200mm \times 500mm$，计算跨度 $l_0 = 4.5m$，混凝土强度等级采用 C30，纵向配有受拉钢筋为 $4 \Phi 14$ 和 $2 \Phi 16$ 的 HRB400 级钢筋。承受永久荷载（包括自重在内）标准荷载值 $g_k = 17.5kN/m$，楼面活荷载的标准值 $q_k = 11.5kN/m$，准永久值系数 $\varphi_q = 0.5$。试计算最大裂缝宽度。

2. 受均布荷载作用的简支梁，计算跨度 $l_0 = 5.2m$。永久荷载（包括自重在内）标准荷载值 $g_k = 5kN/m$，楼面活荷载的标准值 $q_k = 10kN/m$，准永久值系数 $\varphi_q = 0.5$。截面尺寸为 $200mm \times 450mm$，混凝土强度等级采用 C30，纵向受拉钢筋为 $3 \Phi 16$ 的 HRB335 级钢筋，混凝土保护层厚度 $c = 25mm$，试验算梁的跨中最大挠度是否满足规范允许挠度的要求。

第 10 章　预应力混凝土构件

预应力混凝土结构是由配置受力的预应力钢筋通过张拉或其他方法建立预应力的混凝土制成的结构。它从本质上改善了钢筋混凝土结构受力性能，具有技术革命的意义。本章介绍预应力混凝土结构的基本概念、分类、各项预应力损失值的意义和计算方法、预应力损失值的组合。要求掌握预应力轴心受拉构件各阶段的应力状态、设计计算方法和主要构造要求。掌握预应力混凝土受弯构件各阶段的应力状态、设计计算方法和主要构造要求。

10.1　概　　述

10.1.1　预应力混凝土的概念

普通钢筋混凝土构件是由钢筋和混凝土结合在一起而共同工作的，其充分利用了钢筋和混凝土两种材料受力特点具有诸多优点，但也存在如下缺点：①由于混凝土的极限拉应变很小，在正常使用条件下，构件受拉区裂缝的存在不仅导致了受拉区混凝土的浪费，还使得构件刚度降低，变形增大；②考虑到结构的耐久性与适用性，必须控制构件的裂缝宽度和变形。如果采用增加截面尺寸和用钢量的方法，一般来讲不经济，特别是荷载或跨度较大时；如果提高混凝土的强度等级，由于其抗拉强度提高得很少，对提高构件抗裂性和刚度的效果也不明显；而若利用钢筋来抵抗裂缝，则当混凝土达到极限拉应变时，受拉钢筋的应力只有 30 N/mm² 左右。因此，在普通钢筋混凝土结构中，高强混凝土和高强钢筋的强度是不能被充分利用的。

在很多情况下，普通钢筋混凝土结构在用于大跨度、大开间工程结构时，为满足变形和裂缝控制的要求，将导致结构的截面尺寸和自重过大，以至于无法建造。

为了避免混凝土结构中出现裂缝或推迟裂缝的出现，充分利用高强度材料，目前最好的方法是在结构构件受外部荷载作用前，预先对外部荷载产生拉应力的混凝土部位施加压力，造成人为的压应力状态。它所产生的预压应力可以抵消外荷载所引起的大部分或全部拉应力，从而使结构构件在使用时的拉应力不大，甚至处于受压状态，这样，结构构件在外荷载作用下就不致产生裂缝；即使产生裂缝，开展宽度也不致于过大。这种在构件受荷前预先对混凝土受拉区施加压应力的结构称为预应力混凝土结构。

预加应力的概念和方法在日常生活和生产实践中早已有很多应用。如图 10-1 (a) 所示木桶是用环向竹箍对桶壁预先施加环向压应力，当桶中盛水后，水压引起的拉应力小于预加压应力时，木桶就不会漏水。又如图 10-1 (b) 所示，撑起布伞（引入预应力）可以防雨挡风。此外，预先张紧自行车车轮的钢辐条也是这个道理，如图 10-1 (c) 所示。

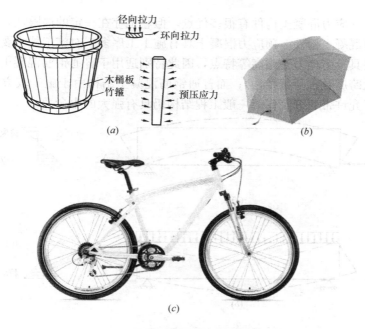

径向拉力
环向拉力
木桶板
竹箍
预压应力

图 10-1　生活中预应力的应用

10.1.2　预应力混凝土的特点

现以预应力简支梁的受力情况为例，说明预应力的基本原理，如图 10-2 所示。在外荷载作用前，预先在梁的受拉区施加一对大小相等、方向相反的偏心预压力 N，使得梁截面下边缘混凝土产生预压应力 σ_{cp}，如图 10-2（a）所示。当外荷 q 作用时，截面下边缘将产生拉应力 σ_{ct}，如图 10-2（b）所示。在两者共同作用下，梁的应力分布为上述两种情况的叠加，故梁的下边缘应力 σ_c 可能是数值很小的拉应力（如图 10-2c 所示），也可能是压应力。也就是说，由于预压力的作用，可部分抵消或全部抵消外荷载所引起的拉应力，因而延缓了混凝土构件的开裂。

预应力混凝土与普通混凝土相比，具有以下优点：

1. 构件的抗裂度和刚度提高，以及构件抗剪承载力和抗疲劳强度提高。由于构件中预应力的作用，在使用阶段，当构件在外荷载作用下产生拉应力时，首先要抵消预压应力。这就推迟了混凝土裂缝的出现并限制了裂缝的发展，从而提高了混凝土构件的抗裂度和刚度，同时提高了构件的抗剪承载力和抗疲劳强度。

2. 构件的耐久性增加。预应力混凝土能避免或延缓构件出现裂缝，而且能限制裂缝的扩大，构件内的预应力筋不容易锈蚀，从而延长了使用期限。

3. 自重减轻。由于采用高强度材料，构件的截面尺寸相应减小，自重也随之减轻。

4. 节省材料。预应力混凝土可以发挥钢材与高强混凝土的强度，故钢材和混凝土的用量均可减少。

5. 扩大了构件的应用范围。由于预应力混凝土改善了构件的抗裂性能，因而可用于有防水、抗渗透及抗腐蚀要求的环境；采用高强度材料，结构轻巧，刚度大、变形小，可用于大跨度、重荷载及承受反复荷载的结构。

如上所述，预应力混凝土构件有很多优点，但它也存在一定的局限性，因而并不能完全代替普通钢筋混凝土构件。预应力混凝土具有施工工序多、对施工技术要求高，且需要张拉设备、锚夹具及劳动力费用高等特点，因此特别适用于普通钢筋混凝土构件能力所不及的情形（如大跨度及重荷载结构）；而普通钢筋混凝土结构由于施工较方便，造价较低等特点，应用于允许带裂缝工作的一般工程结构仍具有强大的生命力。

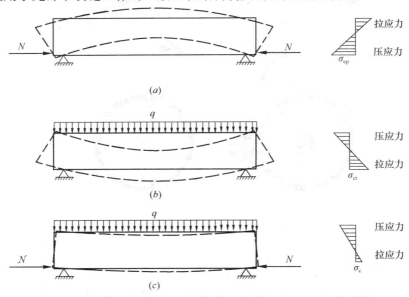

图 10-2 预应力混凝土简支梁

（a）预应力作用下；（b）外荷载作用下；（c）预应力与外荷载共同作用下

10.1.3 预应力混凝土的分类

根据制作、设计和施工的特点，预应力混凝土可以有不同的分类。

1. 先张法与后张法

先张法是制作预应力混凝土构件时，先张拉预应力钢筋后浇灌混凝土的一种方法；而后张法是先浇灌混凝土，待混凝土达到规定强度后再张拉预应力钢筋的一种预加应力方法。

2. 全预应力和部分预应力

全预应力是在使用荷载作用下，构件截面混凝土不出现拉应力，即为全截面受压。部分预应力是在使用荷载作用下，构件截面混凝土允许出现拉应力或开裂，即只有部分截面受压。部分预应力又分为 A、B 两类：A 类指在使用荷载作用下，构件预压区混凝土正截面的拉应力不超过规定的容许值；B 类则指在使用荷载作用下，构件预压区混凝土正截面的拉应力允许超过规定的限值，但当裂缝出现时，其宽度不超过容许值。可见，全预应力和部分预应力都是按照构件中预加应力大小来划分的。

3. 有粘结预应力与无粘结预应力

有粘结预应力，是指沿预应力筋全长其周围均与混凝土粘结、握裹在一起的预应力。先张预应力结构及预留孔道穿筋压浆的后张预应力结构均属此类。

缓粘结预应力筋是处在无粘结筋与有粘结筋间的一种新的预应力筋粘结形式，他既具有无粘结筋的布索自由、使用方便、无需孔道的设置和压浆的优点，又具有粘结筋在后期使用上的特点和安全性的一种新预应力工艺。缓粘结筋的作用机理是在预应力筋的外侧包裹一种特殊的缓凝砂浆，这种砂浆要求在5～40℃密闭条件下，能在30天前不凝结，这就满足了现场张拉力筋的时间要求。在30天后开始逐渐硬化，并对预应力筋产生握裹、保护作用，并能最终达到30MPa以上的抗压强度。

无粘结预应力钢筋由高强钢丝组成钢丝束或用高强钢丝扭结而成的钢绞线，通过防锈、防腐润滑油脂等涂层包裹塑料套管而构成的新型预应力筋。它与施加预应力的混凝土之间没有粘结力，可以永久地相对滑动，预应力全部由两端的锚具传递。这种预应力筋的涂层材料要求化学稳定性高，对周围材料如混凝土、钢材和包裹材料不起化学反应，防腐性能好，润滑性能好，摩阻力小。对外包层材料要求具有足够的韧性，抗磨性强，对周围材料无侵蚀作用。

这种结构施工较简便，可把无粘结预应力筋同非预应力筋一道按设计曲线铺设在模板内，待混凝土浇筑并达到强度后，张拉无粘结筋并锚固，借助两端锚具，达到对结构产生预应力效果。由于预应力全部由锚具传递，故此种结构的锚至少应能发挥预应力钢材实际极限强度的95%且不超过预期的变形。施工后必须用混凝土或砂浆妥加保护，以保证其防腐蚀及防火要求。

无粘结预应力混凝土的设计理与有粘结预应力混凝土相似，一般需增设普通受力钢筋以改善结构的性能，避免构件在极限状态下发生集中裂缝。无粘结预应力混凝土结构适用于多跨、连续的整体现浇结构。

10.1.4 预应力钢筋的张拉方法

预应力混凝土中施加预应力的方法较多，如电热法，采用电力为能源，将电能转换为热能，把钢筋加热膨胀，待冷却后产生预应力的方法；自应力混凝土法，该方法用铝酸盐自应力水泥来配制的可以自身膨胀的混凝土，这种自应力来源于混凝土的膨胀和预先施加的约束（比如在混凝土管件缠绕的钢筋），一般用于生产预应力混凝土水管。但常用的方法是通过张拉设备对高强钢筋（丝）、钢绞线等预先张拉拉产生预应力，张拉预应力钢筋的方法常用有以下两种：

1. 先张法

在浇灌混凝土之前张拉钢筋的方法称为先张法。制作先张法预应力构件一般都需要台座、拉伸机、传力架和夹具等设备，其工序如图10-3所示。当构件尺寸不大时，可不用台座，而在钢模上直接进行张拉。先张法预应力混凝土构件，预应力是靠钢筋与混凝土之间的粘结力来传递的。

2. 后张法

在结硬后的混凝土构件上张拉钢筋的方法称为后张法。其工序如图10-4所示。通过张拉钢筋后，在孔道内灌浆，使预应力钢筋与混凝土形成整体，预应力是依靠钢筋和混凝土的粘结和钢筋端部的锚具来传递的，如图10-4（d）所示；也可不灌浆，完全通过锚具传递预压力，形成无粘结的预应力构件。

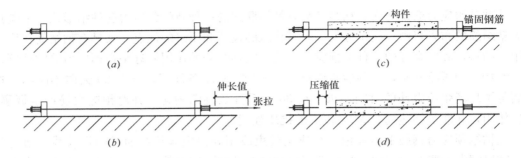

图 10-3　先张法主要工序示意图

(a) 钢筋就位；(b) 张拉钢筋；(c) 浇筑混凝土并养护；(d) 放松钢筋使混凝土产生预应力

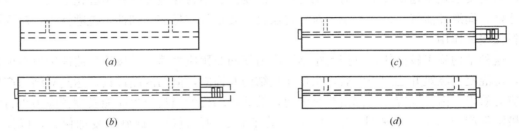

图 10-4　后张法主要工序示意图

(a) 制作构件，预留孔道；(b) 穿筋，安装拉伸机；

(c) 预拉钢筋同时对混凝土施加压力；(d) 锚固钢筋，孔道灌浆

10.1.5　夹具与锚具

夹具和锚具是在制作预应力构件时锚固预应力钢筋的工具。一般来说，当预应力构件制成后能够取下重复使用的工具称为夹具，而留在构件上不再取下的工具称为锚具。夹具和锚具主要依靠摩阻、握裹和承压锚固来夹住或锚住预应力钢筋。

建筑工程中，常用的锚具有以下几种：

1. 螺丝端杆锚具

在单根预应力钢筋的两端各焊上一短段螺丝端杆，套以螺母和垫板，可形成一种最简单的锚具，如图 10-5 所示。

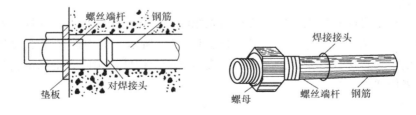

图 10-5　螺丝端杆锚具

2. 锥形锚具

锥形锚具是用于锚固多根直径为 5～12mm 的平行钢丝束，或者锚固多根直径为 13～15mm 的平行钢绞线束，如图 10-6 所示。预应力钢筋依靠摩擦力将预拉力传到锚环，再

由锚环通过承压力和粘结力将预拉力传到混凝土构件上。这种锚具的缺点是滑移大，而且不易保证每根钢筋或钢丝中的应力均匀。

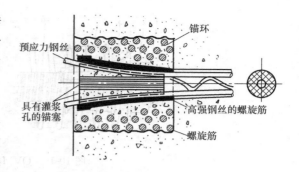

图 10-6 锥形锚具

3. 镦头锚具

镦头锚具用于锚固多根直径为 10～18mm 的平行钢丝束或者锚固 18 根以下直径 5mm 的平行钢丝束，如图 10-7 所示。预应力钢筋的预拉力依靠镦头的承压力传到锚环，再依靠螺纹上的承压力传到螺母，最后经过垫板传到混凝土构件上。这种锚具的锚固性能可靠，锚固力大，张拉操作方便。但要求钢筋或钢丝束的长度有较高的精度。

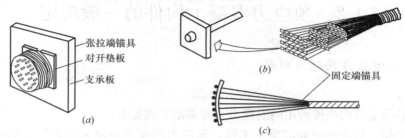

图 10-7 镦头锚具

（a）张拉端；（b）分散式固定端；（c）集中式固定端

4. 夹具式锚具

这种锚具由锚环和夹片组成，可锚固钢绞线或钢丝束。

夹具式锚具主要有 JM12 型（如图 10-8 所示）、QM 型（如图 10-9 所示）、OVM 型（如图 10-10 所示）和 XM 型等。

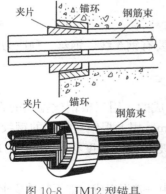

图 10-8 JM12 型锚具

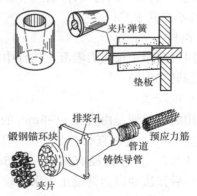

图 10-9 QM 型锚具及配件

JM12 型锚具主要缺点是钢筋内缩量较大。其余几种锚具有锚固较可靠、互换性好、自锚性能强、张拉钢筋的根数多、施工操作也较简便等优点。

除了上述几种锚具外，近年来，我国对预应力混凝土构件的锚具进行了大量试验研制

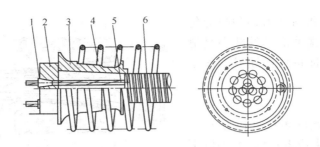

图 10-10　OVM 型锚具

1—夹片；2—锚板；3—锚垫板；4—螺旋筋；5—钢绞线；6—波纹管

工作，例如：JM、SF、YM、VLM 型等锚具，主要是将夹片等进行了改进和调整，使锚固性能得到进一步提高。

10.2　预应力混凝土构件的一般规定

10.2.1　预应力混凝土材料

1. 混凝土

预应力混凝土结构构件所用的混凝土，需满足下列要求：

（1）强度高。与普通钢筋混凝土不同，预应力混凝土必须采用强度高的混凝土。因为，强度高的混凝土对采用先张法的构件可提高钢筋与混凝土之间的粘结力，对采用后张法的构件可提高锚固端的局部承压承载力。

（2）收缩、徐变小。以减少因收缩、徐变引起的预应力损失。

（3）快硬、早强。可尽早施加预应力，加快台座、锚具、夹具的周转率，以加快施工进度。

因此，《混凝土结构设计规范》规定，预应力混凝土构件的混凝土强度等级不宜低于 C40，且不应低于 C30。

2. 钢材

我国目前用于预应力混凝土构件中的预应力钢材主要有钢绞线、钢丝、预应力混凝土用螺纹钢筋三大类。

（1）钢绞线

常用的钢绞线是由直径 5～6mm 的高强度钢丝捻制成的。用三根钢丝捻制的钢绞线，其结构为 1×3，公称直径有 8.6mm、10.8mm、12.9mm。用七根钢丝捻制的钢绞线，其结构为 1×7，公称直径有 9.5～21.6mm。钢绞线的极限抗拉强度标准值可达 1960N/mm^2，在后张法预应力混凝土中采用较多。

钢绞线经最终热处理后以盘或卷供应，每盘钢绞线应由一整根组成，如无特殊要求，每盘钢绞线长度应不低于 200m。成品的钢绞线表面不得带有润滑剂、油渍等，以免降低钢绞线与混凝土之间的粘结力。钢绞线表面允许有轻微的浮锈，但不得锈蚀成目视可见的麻坑。

（2）钢丝

预应力混凝土所用钢丝包括消除应力钢丝和中等强度预应力钢丝。按外形分有光面钢丝、螺旋肋钢丝；按应力松弛性能则分为普通松弛即Ⅰ级松弛及低松弛即Ⅱ级松弛两种。钢丝的公称直径有 5mm、7mm、9mm，消除应力钢丝的极限抗拉强度标准值可达 1860N/mm²。中等强度预应力钢丝的极限强度可达到 1270 N/mm²。要求钢丝表面不得有裂纹、小刺、机械损伤、氧化铁皮和油污。

（3）预应力混凝土用螺纹钢筋

预应力螺纹钢筋是采用热轧、轧后余热处理或热处理等工艺生产的预应力混凝土用螺纹钢筋。其公称直径有 18mm、25mm、32mm、40mm、50mm，极限抗拉强度标准值可达 1230N/mm²。

10.2.2 张拉控制应力 σ_{con}

张拉控制应力是指预应力钢筋在进行张拉时所控制达到的最大应力值。其值为张拉设备（如千斤顶油压表）所指示的总张拉力除以预应力钢筋截面面积而得的应力值，以 σ_{con} 表示。

张拉控制应力的取值，会直接影响预应力混凝土的使用效果，如果张拉控制应力取值过低，则预应力钢筋经过各种损失后，对混凝土产生的预压应力将过小，从而不能有效地提高预应力混凝土构件的抗裂度和刚度。如果张拉控制应力取值过高，则可能会引起以下问题：

1. 在施工阶段会使构件的某些部位受到拉力（称为预拉力）甚至开裂，对后张法构件还可能造成端部混凝土局压破坏；

2. 构件出现裂缝时的荷载值与极限荷载值很接近，从而使构件在破坏前无明显的预兆，构件的延性较差；

3. 为了减少预应力损失，有时需进行超张拉，如果张拉控制应力取值过高，则有可能在超张拉过程中使个别钢筋的应力超过它的实际屈服强度，使钢筋产生较大塑性变形或脆断。

张拉控制应力值的大小与施加预应力的方法有关，对于相同的钢种，先张法取值高于后张法。这是由于先张法和后张法建立预应力的方式不同。先张法是在浇灌混凝土之前在台座上张拉钢筋，故在预应力钢筋中建立的拉应力就是张拉控制应力 σ_{con} 。后张法是在混凝土构件上张拉钢筋，在张拉的同时，混凝土被压缩，张拉设备千斤顶所指示的张拉控制应力已扣除混凝土弹性压缩所损失的钢筋应力。

张拉控制应力值大小的确定，还与预应力的钢种有关。由于预应力混凝土采用的都为高强度钢筋，其塑性较差，故控制应力不能取太高。

根据长期积累的设计和施工经验，《混凝土结构设计规范》规定，在一般情况下，张拉控制应力不宜超过表 10-1 的规定。

张拉控制应力限值 表 10-1

钢筋种类	最大值	最小值
消除应力钢丝、钢绞线	$0.75 f_{ptk}$	$0.40 f_{ptk}$
中强度预应力钢丝	$0.70 f_{ptk}$	$0.40 f_{ptk}$
预应力螺纹钢筋	$0.85 f_{pyk}$	$0.5 f_{pyk}$

f_{ptk}——预应力筋极限强度标准值；
f_{pyk}——预应力螺纹钢筋屈服强度标准值。

符合下列情况之一时，表 10-1 中的张拉控制应力限值可提高 $0.05 f_{ptk}$ 或 $0.05 f_{pyk}$：

（1）要求提高构件在施工阶段的抗裂性能，而在使用阶段受压区内设置的预应力钢筋；

（2）要求部分抵消由于应力松弛、摩擦、钢筋分批张拉以及预应力钢筋与张拉台座之间的温度等因素产生的预应力损失。

10.2.3 预应力损失

预应力混凝土构件在制造、运输、安装、使用的各个过程中，由于张拉工艺和材料特性等原因，使钢筋中的张拉应力逐渐降低的现象，称为预应力损失。

引起预应力损失的因素很多，下面将讨论引起预应力损失的原因，损失值的计算方法和减少预应力损失的措施。

1. 锚固回缩损失 σ_{l1}

直线预应力钢筋锚固时，由于锚具、垫板与构件之间的所有缝隙都被挤紧，钢筋和楔块在锚具中的滑移，使已拉紧的钢筋内缩了 a(mm)，造成预应力损失 σ_{l1}，其预应力损失值可按下式计算：

$$\sigma_{l1} = \frac{a}{l} E_s \tag{10-1}$$

式中　a——张拉端锚具变形和钢筋内缩值（mm），按表 10-2 取用；

　　　l——张拉端至锚固端之间距离（mm）；

　　　E_s——预应力钢筋的弹性模量。

锚具损失中只需考虑张拉端，因为固定端的锚具在张拉钢筋的过程中已被挤紧，不会引起预应力损失。

锚具变形和钢筋的内缩值 a（mm）　　　　表 10-2

锚具类别		a
支承式锚具（钢丝束镦头锚具等）	螺母缝隙	1
	每块后加垫板的缝隙	1
夹片式锚具	有顶压时	5
	无顶压时	6~8

减少 σ_{l1} 损失的措施有：

（1）选择锚具变形小或使预应力钢筋内缩小的锚具和夹具，并尽量少用垫板，因为每增加一块垫板，a 值就增加 1mm。

（2）增加台座长度。因为 σ_{l1} 值与台座长度成反比，采用先张法生产的构件，当台座长度为 100m 以上时，σ_{l1} 可忽略不计。

对于配置预应力曲线钢筋或折线钢筋的后张法构件，当锚具变形和预应力钢筋内缩发生时会引起预应力曲线钢筋或折线钢筋与孔道壁之间反向摩擦（与张拉钢筋时预应力钢筋和孔道壁间的摩擦力方向相反），σ_{l1} 应根据反向摩擦影响长度 l_f 范围内的预应力钢筋变形值等于锚具变形和预应力钢筋内缩值的条件确定，即

$$\int_0^{l_f} \frac{\sigma_{l1}(x)}{E_s} \mathrm{d}x = a \tag{10-2}$$

常用束形的后张预应力钢筋在反向摩擦影响长度 l_f 范围内的预应力损失值 σ_{l1}，可按《混凝结构设计规范》附录 J 的规定计算，下面就其中一种情况进行说明。

在后张法构件中，应计算曲线预应力筋由锚具变形和预应力筋内缩引起的预应力损失。反摩擦影响长度 l_f（mm）可按下列公式计算：

$$l_f = \sqrt{\frac{a \cdot E_p}{\Delta\sigma_d}} \qquad (10\text{-}3)$$

$$\Delta\sigma_d = \frac{\sigma_0 - \sigma_l}{l} \qquad (10\text{-}4)$$

式中 a ——张拉端锚具变形和预应力筋内缩值（mm），按表 10-2 采用；

   $\Delta\sigma_d$ ——单位长度由管道摩擦引起的预应力损失（MPa/mm）；

   σ_0 ——张拉端锚下控制应力；

   σ_l ——预应力筋扣除沿途摩擦损失后锚固端应力；

   l ——张拉端至锚固端的距离（mm）。

①当 $l_f \leqslant l$ 时，预应力筋离张拉端 x 处考虑反摩擦后的预应力损失 σ_l，可按下列公式计算：

$$\sigma_{l1} = \Delta\sigma \frac{l_f - x}{l_f} \qquad (10\text{-}5)$$

$$\Delta\sigma = 2\Delta\sigma_d l_f \qquad (10\text{-}6)$$

式中 $\Delta\sigma$ ——预应力筋考虑反向摩擦后在张拉端锚下的预应力损失值。

②当 $l_f > l$ 时，预应力筋离张拉端 x' 处考虑反向摩擦后的预应力损失 σ'_{l1}，可按下列公式计算：

$$\sigma'_{l1} = \Delta\sigma' - 2x'\Delta\sigma_d \qquad (10\text{-}7)$$

式中 $\Delta\sigma'$ ——预应力筋考虑反向摩擦后在张拉端锚下的预应力损失值，可按以下方法求得：在图 10-11 中设 "$ca'bd$" 等腰梯形面积 $A = a \cdot E_p$，试算得到 cd，则 $\Delta\sigma' = cd$。

2. 摩擦损失 σ_{l2}

在后张法预应力混凝土结构构件的张拉过程中，由于预留孔道偏差、内壁不光滑及预应力筋表面粗糙等原因，使预应力筋在张拉时与孔道壁之间产生摩擦。随着计算截面距张拉端距离的增大，预应力钢筋的实际预拉应力将逐渐减小。各截面实际所受的拉应力与张拉控制应力之间的这种差值，称为摩擦损失。如图 10-12 所示，σ_{l2} 可按下式进行计算：

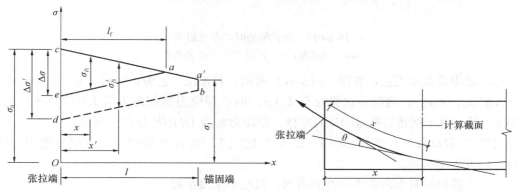

图 10-11 考虑反向摩擦后预应力损失计算

图 10-12 预应力摩擦损失计算

1—caa' 表示预应力筋扣除管道正摩擦损失后的应力分布线；

2—eaa' 表示 $l_f \leqslant l$ 时，预应力筋扣除管道正摩擦和内缩（考虑反摩擦）损失后的应力分布线；

3—db 表示 $l_f > l$ 时，预应力筋扣除管道正摩擦和内缩（考虑反摩擦）损失后的应力分布线

$$\sigma_{l2} = \sigma_{con}\left(1 - \frac{1}{e^{(kx+\mu\theta)}}\right) \tag{10-8}$$

当 $kx + \mu\theta \leqslant 0.3$ 时，σ_{l2} 可按下式近似计算：$\sigma_{l2} = \sigma_{con}(kx + \mu\theta)$

式中　x——从张拉端至计算截面的孔道长度，亦可近似取该段孔道在纵轴上的投影长度（m）；

　　　θ——从张拉端至计算截面曲线孔道部分切线的夹角之和（rad）；

　　　k——考虑孔道每 1m 长度局部偏差的摩擦系数，可按表 10-3 采用；

　　　μ——预应力筋与孔道壁之间的摩擦系数，可按表 10-3 采用。

钢丝束、钢绞线摩擦系数　　　　　　　　　　表 10-3

孔道成型方式	k	μ	
		钢绞线，钢丝束	预应力螺纹钢筋
预埋金属波纹管	0.0015	0.25	0.50
预埋塑料波纹管	0.0015	0.15	—
预埋钢管	0.0010	0.30	—
抽芯成型	0.0014	0.55	0.60
无粘结预应力筋	0.0040	0.09	—

为了减少摩擦损失，可采用以下措施：

（1）对于较长的构件可在两端进行张拉，如图 10-13 所示，比较图 10-13（a）与图 10-13（b）的最大摩擦损失值可以看出，两端张拉可减少一半摩擦损失。

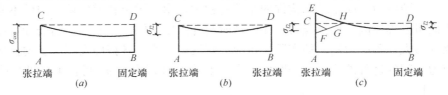

图 10-13　张拉钢筋时的摩擦损失
（a）一端张拉；（b）两端张拉；（c）超张拉

（2）采用超张拉工艺，如图 10-13（c）所示，若张拉工艺为：$0 \rightarrow 1.1\sigma_{con}$，持荷两分钟 $\rightarrow 0.85\sigma_{con} \rightarrow \sigma_{con}$。当第一次张拉至 $1.1\sigma_{con}$ 时，预应力钢筋应力沿 EHD 分布。退至 $0.85\sigma_{con}$ 后，由于钢筋与孔道的反向摩擦，预应力将沿 $DHGF$ 分布。当再张拉至 σ_{con} 时，预应力沿 $CGHD$ 分布。显然，图 10-13（c）比图 10-13（a）所建立的预应力要均匀些，预应力损失也小一些。

（3）在接触材料表面涂水溶性润滑剂，以减小摩擦系数。

（4）提高施工质量，减小钢筋的位置偏差。

3. 温差损失 σ_{l3}

为了缩短先张法构件的生产周期，常采用蒸汽养护混凝土的办法。升温时，新浇的混凝土尚未结硬，钢筋受热自由膨胀，但两端的台座是固定不动的，距离保持不变，故钢筋将会松弛；降温时，混凝土已结硬并和钢筋结成整体，钢筋不能自由回缩，构件中钢筋的应力也就不能恢复到原来的张拉值，于是就产生了温差损失 σ_{l3}。

σ_{l3} 可近似地作以下计算：若预应力钢筋与承受拉力的设备之间的温差为 Δt（℃），钢筋的线膨胀系数为 α_s（$1 \times 10^{-5}/℃$），那么由温差引起的钢筋应变为 $\alpha_s \times \Delta t$，则应力损失为：

$$\sigma_{l3} = \alpha_s E_s \Delta t = 0.00001 \times 2 \times 10^5 \times \Delta t = 2\Delta t \tag{10-9}$$

为减少温差损失，可采取以下措施：

（1）采用两次升温养护，即先在常温下养护，待混凝土强度等级达到 C7 至 C10 时，再逐渐升温。此时可以认为钢筋与混凝土已结成整体，能一起胀缩而无应力损失。

（2）在钢模上张拉预应力构件，因钢模和构件一起加热养护，不存在温差，所以，可不考虑此项损失。

4. 应力松弛损失 σ_{l4}

钢筋的应力松弛是指钢筋受力后，在长度不变的条件下，钢筋的应力随时间的增长而降低的现象。显然，预应力钢筋张拉后固定在台座或构件上时，都会引起应力松弛损失 σ_{l4}。

应力松弛与时间有关：在张拉初期发展很快，第 1min 内大约完成 50%，24h 内约完成 80%，1000h 以后增长缓慢，5000h 后仍有所发展。应力松弛损失值与钢材品种有关：冷拉热轧钢筋的应力松弛比碳素钢丝、冷拔低碳钢丝、钢绞线钢筋的应力松弛小。应力松弛损失值还与初始应力有关：当初始应力小于 $0.7f_{ptk}$ 时，松弛与初始应力呈线性关系；当初始应力大于 $0.7f_{ptk}$ 时，松弛显著增大，在高应力下短时间的松弛可达到低应力下较长时间才能达到的数值。根据这一原理，若采用短时间内超张拉的方法，可减少松弛引起的预应力损失。常用的超张拉程序为：$0 \rightarrow 1.05\,\sigma_{con} \sim 1.1\,\sigma_{con} \rightarrow$ 持荷 $2\sim5min \rightarrow \sigma_{con}$。

《混凝土结构设计规范》中规定预应力钢筋的应力松弛损失 σ_{l4} 按下列方法计算：

（1）普通松弛预应力钢丝和钢绞线：

$$\sigma_{l4} = 0.4\left(\frac{\sigma_{con}}{f_{ptk}} - 0.5\right)\sigma_{con} \tag{10-10}$$

（2）低松弛预应力钢丝和钢绞线：

当 $\sigma_{con} \leqslant 0.7f_{ptk}$ 时，

$$\sigma_{l4} = 0.125\left(\frac{\sigma_{con}}{f_{ptk}} - 0.5\right)\sigma_{con} \tag{10-11}$$

当 $0.7f_{ptk} < \sigma_{con} \leqslant 0.8f_{ptk}$ 时，

$$\sigma_{l4} = 0.2\left(\frac{\sigma_{con}}{f_{ptk}} - 0.575\right)\sigma_{con} \tag{10-12}$$

（3）中等强度预应力钢丝：

$$\sigma_{l4} = 0.08\sigma_{con} \tag{10-13}$$

（4）预应力螺纹钢筋：

$$\sigma_{l4} = 0.03\sigma_{con} \tag{10-14}$$

当 $\sigma_{con}/f_{ptk} \leqslant 0.5$ 时，预应力筋的应力松弛损失值可取为零。

5. 收缩徐变损失 σ_{l5}

在一般湿度条件下（相对湿度 60%~70%），混凝土结硬时体积收缩；而在预压力作用下，混凝土又发生徐变。徐变、收缩都会使构件的长度缩短，造成预应力损失 σ_{l5}。

由于收缩和徐变是伴随产生的，且两者的影响因素很相似，而由收缩和徐变引起的钢筋应力变化的规律也基本相同，故可将两者合并在一起予以考虑，《混凝土结构设计规范》

规定，由混凝土收缩及徐变引起的受拉区和受压区预应力钢筋的预应力损失 σ_{l5}、σ'_{l5} 可按下列公式计算：

先张法构件：
$$\sigma_{l5} = \frac{60 + 340\dfrac{\sigma_{pc}}{f'_{cu}}}{1 + 15\rho} \tag{10-15}$$

$$\sigma'_{l5} = \frac{60 + 340\dfrac{\sigma'_{pc}}{f'_{cu}}}{1 + 15\rho'} \tag{10-16}$$

后张法构件：
$$\sigma_{l5} = \frac{55 + 300\dfrac{\sigma_{pc}}{f'_{cu}}}{1 + 15\rho} \tag{10-17}$$

$$\sigma'_{l5} = \frac{55 + 300\dfrac{\sigma'_{pc}}{f'_{cu}}}{1 + 15\rho'} \tag{10-18}$$

式中
σ_{pc}、σ'_{pc}——在受拉区、受压区预应力钢筋合力点处的混凝土法向压应力；

f'_{cu}——施加预应力时的混凝土立方体抗压强度；

ρ、ρ'——受拉区，受压区预应力钢筋和非预应力钢筋的配筋率：对先张法构件 $\rho = (A_p + A_s)/A_0$，$\rho' = (A'_P + A'_s)/A_0$；对后张法构件，$\rho = (A_p + A_s)/A_n$，$\rho' = (A'_P + A'_s)/A_n$。对于对称配置预应力钢筋和非预应力钢筋的构件，取 $\rho = \rho'$，此时配筋率应按其钢筋截面面积的一半进行计算；

A_p、A'_P——分别为受拉区、受压区纵向预应力钢筋的截面面积；

A_s、A'_s——分别为受拉区、受压区纵向非预应力钢筋的截面面积；

A_0——混凝土换算截面面积（包括扣除孔道，凹槽等削弱部分以外的混凝土全部截面面积以及全部纵向预应力钢筋和非预应力钢筋截面面积换算成混凝土的截面面积）；

A_n——净截面面积（换算截面面积减去全部纵向预应力钢筋截面面积换算成混凝土的截面面积）。

由式（10-15）～式（10-18）可见，后张法构件的 σ_{l5} 取值比先张法构件要低，这是因为后张法构件在施加预应力时，混凝土已完成部分收缩。

计算 σ_{pc}、σ'_{pc} 时，预应力损失仅考虑混凝土预压前（第一批）的损失，其非预应力钢筋中的应力 σ_{l5}、σ'_{l5} 的值应取为零；σ_{pc}、σ'_{pc} 值不得大于 $0.5f'_{cu}$；当 σ'_{pc} 为拉应力时，式（10-16）与式（10-18）中的 σ'_{pc} 应取为零。计算混凝土法向应力 σ_{pc}、σ'_{pc}，可根据构件制作情况考虑自重的影响。

对处于干燥环境（年平均相对湿度低于 40%）的结构，σ_{l5} 及 σ'_{l5} 值应增加 30%。

混凝土收缩和徐变引起的应力损失值，在曲线配筋构件中可占总损失值的 30%左右，而在直线配筋构件中则占 60%左右。所以，为了减少这种应力损失，应采取减少混凝土收缩和徐变的各种措施，同时应控制混凝土的预压应力，使 σ_{pc}、$\sigma'_{pc} \leqslant 0.5f'_{cu}$。由此可见，过大的预应力以及放张时过低的混凝土抗压强度均是不妥的。

6. 环形构件用螺旋式预应力钢筋作配筋时所引起的预应力损失 σ_{l6}

当环形构件采用缠绕螺旋式预应力钢筋时，混凝土在环向预应力的挤压作用下产生局部压陷，预应力钢筋环的直径减少，造成应力损失 σ_{l6}，其值与环形构件的直径成反比。《混凝土结构设计规范》规定：当 $d \leqslant 3\text{m}$ 时，$\sigma_{l6} = 30\text{N}/\text{mm}^2$；当 $d > 3\text{m}$ 时 $\sigma_{l6} = 0$。

10.2.4　预应力损失的组合

上述六种应力损失，它们有的只发生在先张法构件中，有的只发生在后张法构件中，有的两种构件均有，而且是分批产生的。为了便于分析计算，《混凝土结构设计规范》规定：预应力构件在各阶段的预应力损失值宜按表 10-4 的规定进行组合。

各阶段的预应力损失值的组合　　　　　　　　　　　　表 10-4

预应力损失值的组合	先张法结构	后张法结构	预应力损失值的组合	先张法结构	后张法结构
混凝土预压前（第一批）的损失 σ_{lI}	$\sigma_{l1} + \sigma_{l3} + \sigma_{l4}$	$\sigma_{l1} + \sigma_{l2}$	混凝土预压后（第二批）的损失 σ_{lII}	σ_{l5}	$\sigma_{l4} + \sigma_{l5} + \sigma_{l6}$

注：先张法结构由于钢筋应力松弛引起的损失值 σ_{l4} 在第一批和第二批损失中所占的比例，如需区分，可根据实际情况确定。

考虑到各项预应力的离散性，实际损失值有可能比按《混凝土结构设计规范》的计算值高，所以，当求得的预应力总损失值 σ_l 小于下列数值时，则按下列数值取用：先张法构件应不小于 $100\ \text{N}/\text{mm}^2$；后张法构件应不小于 $80\ \text{N}/\text{mm}^2$。

10.3　预应力混凝土轴心受拉构件的分析

10.3.1　轴心受拉构件各阶段的应力分析

预应力轴心受拉构件从张拉钢筋开始到构件破坏，截面中混凝土和钢筋应力的变化可以分为两个阶段：施工阶段和使用阶段。各阶段中又包括若干个受力过程，其中各过程中的预应力筋与混凝土分别处于不同的应力状态，参见图 10-14 所示。因此，在设计预应力混凝土轴心受拉构件时，除了应保证荷载作用下的承载力、抗裂度或裂缝宽度要求外，还应对各中间过程的承载力和裂缝宽度进行验算。本节将介绍预应力混凝土轴心受拉构件从张拉预应力、施加外荷载直至构件破坏各受力阶段的截面应力状态和应力分析。

1. 先张法构件

（1）施工阶段

①张拉并锚固钢筋。混凝土浇筑前，在台座上张拉预应力筋（截面面积为 A_p）至张拉控制力为 σ_con，此过程中预应力筋完成第一批预应力损失 $\sigma_{lI} = \sigma_{l1} + \sigma_{l3} + \sigma_{l4}$（假定采用的是直线钢筋，张拉时无转角，$\sigma_{l2} = 0$；且假定预应力钢筋的松弛损失在第一阶段全部发生）。此时钢筋的总拉力为 $\sigma_\text{con}A_\text{p}$（拉应力为正，压应力为负），浇筑后混凝土、预应力筋和非预应力钢筋的应力分别为：

混凝土：$\qquad\qquad\qquad\qquad \sigma_\text{pc} = 0$

预应力钢筋：$\sigma_\text{p} = 0 \xrightarrow[\text{损失 } \sigma_{l1}、\sigma_{l3}、\sigma_{l4}]{\text{张拉至 } \sigma_\text{con}} \sigma_\text{con} - (\sigma_{l1} + \sigma_{l3} + \sigma_{l4}) = \sigma_\text{con} - \sigma_{lI}$，拉应力

非预应力筋：$\qquad\qquad\qquad\qquad\qquad\qquad\quad \sigma_s = 0$

②放松预应力筋。当混凝土达到 75% 以上设计强度后，放松预应力筋，但预应力筋与混凝土的变形是协调的，即两者的回缩变形相等。

设放张时混凝土所获得的预压应力为 σ_{pcI}，令 $\alpha_p = \dfrac{E_p}{E_c}$，$\alpha_s = \dfrac{E_s}{E_c}$。此时，混凝土、预应力钢筋和非预应力钢筋的应力分别为：

混凝土 $\qquad\qquad\qquad\qquad \sigma_{pc} = 0 \longrightarrow \sigma_{pc} = \sigma_{pcI}$，为压应力

预应力钢筋

$$\sigma_p = \sigma_{con} - \sigma_{l1} \xrightarrow[\Delta\sigma_{pI} = -\frac{E_p}{E_c}\Delta\sigma_{pc} = -\alpha_p\sigma_{pcI}]{\text{变形协调 } \Delta\varepsilon_c = -\Delta\varepsilon_p,\ \frac{\Delta\sigma_{pc}}{E_c} = -\frac{\Delta\sigma_p}{E_p}} \sigma_{con} - \sigma_{l1} - \alpha_p\sigma_{pcI} = \sigma_{pI}\text{，为拉应力}$$

非预应力筋 $\quad \sigma_s = 0 \xrightarrow[\text{可得 } \Delta\sigma_s = \alpha_s\Delta\sigma_{pc} = \alpha_s\sigma_{pcI}]{\text{变形协调 } \Delta\varepsilon_c = \Delta\varepsilon_s} \alpha_s\sigma_{pcI} = \sigma_{sI}\text{，为压应力}$

式中 σ_{con}、σ_{l1} 及 α_p、α_s 都已能求出，故混凝土的预压应力为 σ_{pcI} 可由截面内力平衡条件求得，即：

$$(\sigma_{con} - \sigma_{l1} - \alpha_p\sigma_{pcI})A_p = \sigma_{pcI}A_c + \alpha_s\sigma_{pcI}A_s$$

整理后得： $\qquad\qquad \sigma_{pcI} = \dfrac{(\sigma_{con} - \sigma_{lI})A_p}{A_c + \alpha_pA_p + \alpha_sA_s} = \dfrac{N_{pI}}{A_0} \qquad\qquad\qquad (10\text{-}19)$

式中 $\quad A_c$ ——扣除预应力和非预应力筋截面面积后的混凝土截面面积；

$\qquad A_p$ ——预应力筋截面面积；

$\qquad A_s$ ——非预应力筋截面面积；

$\qquad A_0$ ——构件换算截面面积，$A_0 = A_c + \alpha_pA_p + \alpha_sA_s$；

$\qquad N_{pI}$ ——完成第一批损失后预应力筋的总预拉力，$N_{pI} = (\sigma_{con} - \sigma_{l1})A_p$。

式（10-19）可以理解为把混凝土未压缩前（混凝土应力为零时）第一批损失后的预应力筋总预压力 N_{pI} 看作外力，作用在整个构件的换算截面 A_0 上，由此所产生的预压应力 σ_{pcI}。

③ 第二批损失完成后（混凝土受到预压应力一定时期之后），预应力钢筋将产生第二批预应力损失 σ_{lII}，即混凝土的收缩徐变产生的损失 σ_{l5}。此时，预应力钢筋的应力损失全部发生，钢筋和混凝土进一步缩短，在这个过程中，预应力钢筋的拉应力本应该下降 σ_{l5}，但由于混凝土收缩徐变基础上的弹性变形部分在预应力筋应力降低后有回弹趋势，所以预应力筋实际的应力降低小于 σ_{l5}。而普通钢筋由于混凝土收缩徐变也应在第一批损失时的压应力基础上产生附加压应力 σ_{l5}，但由于混凝土的弹性回弹则也未完全达到。而混凝土压应力则由 σ_{pcI} 降为 σ_{pcII}。此时混凝土、预应力钢筋和非预应力钢筋的应力分别为：

混凝土 $\qquad\qquad\qquad\qquad \sigma_{pc} = \sigma_{pcII}$，为压应力

预应力钢筋

$$\sigma_p = \sigma_{con} - \sigma_{l1} - \alpha_p\sigma_{pcI} \xrightarrow[\text{变形协调}: \Delta\sigma_{pII} = -\alpha_p(\sigma_{pcII} - \sigma_{pcI})]{\text{损失 } \sigma_{lII} = \sigma_{l5},\ \text{总损失 } \sigma_{l'}} \sigma_{con} - \sigma_l - \alpha_p\sigma_{pcII} = \sigma_{pII}\text{，为拉应力}$$

非预应力筋

$$\sigma_s = \alpha_s\sigma_{pcI} \xrightarrow[\text{第二批损失后变形协调}: \Delta\sigma_{sII} = \alpha_s(\sigma_{pcII} - \sigma_{pcI})]{\text{附加压力 } \sigma_{l5}} \alpha_s\sigma_{pcII} + \sigma_{l5} = \sigma_{sII}\text{，为压应力}$$

混凝土的预压应力 σ_{pcII} 可由截面内力平衡条件求得，即：

$$(\sigma_{con} - \sigma_l - \alpha_p\sigma_{pcII})A_p = \sigma_{pcII}A_c + (\alpha_s\sigma_{pcII} + \sigma_{l5})A_s$$

整理后得：

$$\sigma_{pcII} = \frac{(\sigma_{con} - \sigma_l)A_p - \sigma_{l5}A_s}{A_c + \alpha_pA_p + \alpha_sA_s} = \frac{N_{pII} - \sigma_{l5}A_s}{A_0} \tag{10-20}$$

式中 σ_{pcII} ——预应力混凝土中所建立的"有效预压应力"；

σ_l ——预应力钢筋的应力总损失；

N_{pII} ——完成全部损失后预应力钢筋的总预拉力，$N_{pII} = (\sigma_{con} - \sigma_l)A_p$。

（2）使用阶段

①混凝土的消压状态。当有外荷载（设此时外荷载为 N_0）引起的截面拉应力大小恰好与混凝土的有效预压应力 σ_{pcII} 全部抵消，混凝土的压力为零。此时混凝土、预应力筋和非预应力钢筋的应力分别为：

混凝土 $\qquad\qquad\qquad\qquad \sigma_{pc} = 0$

预应力钢筋 $\sigma_p = \sigma_{con} - \sigma_l - \alpha_p\sigma_{pcII} \xrightarrow{\text{变形协调得：}\Delta\sigma_p = \alpha_p\sigma_{pcII}} \sigma_{con} - \sigma_l = \sigma_{p0}$，为拉应力

非预应力筋 $\sigma_s = \alpha_s\sigma_{pcII} + \sigma_{l5} \xrightarrow{\text{变形协调得：}\Delta\sigma_s = -\alpha_s\sigma_{pcII}} \sigma_{l5}$，为压应力

外荷载轴向拉力 N_0 可由材料的应力变化或截面上内外力平衡条件求得，即：

$$N_0 = \sigma_{pcII}A_c + \alpha_p\sigma_{pcII}A_p + \alpha_s\sigma_{pcII}A_s = \sigma_{pcII}(A_c + \alpha_pA_p + \alpha_sA_s) = \sigma_{pcII}A_0 \tag{10-21}$$

②混凝土的开裂界限状态。当 $N > N_0$ 后，混凝土开始受拉，当外荷载增加到 N_{cr} 时，混凝土的拉应力达到了混凝土抗拉强度标准值 f_{tk}，混凝土即将开裂。此时混凝土、预应力筋和非预应力钢筋的应力分别为：

混凝土 $\qquad\qquad\qquad\qquad \sigma_{pc} = f_{tk}$，为拉应力

预应力钢筋 $\quad \sigma_p = \sigma_{con} - \sigma_l \xrightarrow{\text{变形协调得：}\Delta\sigma_p = \alpha_pf_{tk}} \sigma_{con} - \sigma_l + \alpha_pf_{tk} = \sigma_{pcr}$，为拉应力

非预应力筋 $\quad \sigma_s = \sigma_{l5} \xrightarrow{\text{变形协调得：}\Delta\sigma_s = -\alpha_sf_{tk}} \sigma_{l5} - \alpha_sf_{tk}$

混凝土开裂外荷载 N_{cr} 可由材料的应力变化或截面上内外力平衡条件求得：

$$N_{cr} = N_0 + f_{tk}A_c + \alpha_pf_{tk}A_p + \alpha_sf_{tk}A_s = N_0 + f_{tk}A_0 = (\sigma_{pcII} + f_{tk})A_0 \tag{10-22}$$

比较普通混凝土轴心受拉构件可知，由于预应力混凝土轴心受拉构件开裂荷载 N_{cr} 中的 $\sigma_{pcII} \gg f_{tk}$，所以预应力混凝土轴心受拉构件的开裂时间大大推迟，构件的抗裂度大大提高。

③构件破坏。当轴向拉力超过 N_{cr}，混凝土开裂，裂缝截面的混凝土退出工作，截面上拉力全部由预应力筋与非预应力筋承担，当预应力筋与非预应力筋分别达到其抗拉设计强度 f_{py} 和 f_y 时，构件破坏，此时，混凝土、预应力筋和非预应力钢筋的应力分别为：

混凝土 $\qquad\qquad\qquad\qquad \sigma_{pc} = 0$

预应力钢筋 $\qquad \sigma_p = \sigma_{con} - \sigma_l + \alpha_pf_{tk} \longrightarrow f_{py}$，为拉应力

非预应力筋 $\qquad \sigma_s = -\sigma_{l5} + \alpha_sf_{tk} \rightarrow f_y$，为拉应力

破坏外荷载 N_u 可由截面上内外力平衡条件求得，即：

$$N_u = f_{py}A_p + f_yA_s \tag{10-23}$$

从式（10-17）中可以看出，预应力混凝土构件不能提高构件的正截面承载力。

2. 后张法构件

（1）施工阶段

①浇筑混凝土，养护直至钢筋张拉前，可认为截面中不产生任何应力。

②张拉预应力钢筋产生了摩擦损失 σ_{l2}，此时，混凝土、预应力筋和非预应力钢筋的应力分别为：

混凝土 $\qquad\qquad \sigma_{pc}=0 \longrightarrow \sigma_{pc}$，为压应力

预应力钢筋 $\qquad \sigma_p=0 \xrightarrow[\text{损失}\ \sigma_{l2}]{\text{张拉至}\ \sigma_{con}} \sigma_{con}-\sigma_{l2}$，为拉应力

非预应力筋 $\qquad \sigma_s=0 \xrightarrow{\text{变形协调得：}\Delta\sigma_s=\alpha_s\sigma_{pc}} \alpha_s\sigma_{pc}$，为压应力

混凝土的预应力为 σ_{pc} 可由截面内力平衡条件确定，即：

$$\sigma_p A_p=\sigma_s A_s+\sigma_{pc}A_c \qquad \text{即}\ (\sigma_{con}-\sigma_{l2})A_p=\alpha_s\sigma_{pc}A_s+\sigma_{pc}A_c$$

故有：
$$\sigma_{pc}=\frac{(\sigma_{con}-\sigma_{l2})A_p}{A_c+\alpha_s A_s}=\frac{(\sigma_{con}-\sigma_{l2})A_p}{A_n} \qquad (10\text{-}24)$$

式中 A_c——混凝土截面面积，应扣除非预应力筋截面面积及预留孔道的面积；

A_n——净截面面积（换算截面面积减去全部纵向预应力筋截面面积换算成混凝土的截面积，即 $A_n=A_0-\alpha_p A_p=A_c+\alpha_s A_s$）。

③完成第一批损失后，预应力筋张拉完毕，用锚具在构件上锚住钢筋，则锚具变形引起的应力损失为 σ_{l1}，此时混凝土、预应力筋和非预应力钢筋的应力分别为：

混凝土 $\quad \sigma_{pc}=\sigma_{pcI}$，为压应力

预应力钢筋 $\quad \sigma_p=\sigma_{con}-\sigma_{l2} \xrightarrow{\text{损失}\ \sigma_{lI}} \sigma_{con}-\sigma_{l2}-\sigma_{l1}=\sigma_{con}-\sigma_{lI}$，为拉应力

非预应力筋： $\quad \sigma_s=\alpha_s\sigma_{pc} \xrightarrow{\text{变形协调得：}\Delta\sigma_s=\alpha_s(\sigma_{pcI}-\sigma_{pc})} \sigma_s=\alpha_s\sigma_{pcI}$ 为压应力

完成第一批损失混凝土压应力定义为 σ_{pcI}，其可由截面内力平衡条件求得，即：

$$\sigma_p A_p=\sigma_s A_s+\sigma_{pc}A_c$$

整理后得： $\qquad (\sigma_{con}-\sigma_{lI})A_p=\alpha_s\sigma_{pcI}A_s+\sigma_{pcI}A_c$

故有：
$$\sigma_{pcI}=\frac{(\sigma_{con}-\sigma_{lI})A_p}{A_c+\alpha_s A_s}=\frac{N_{pI}}{A_n} \qquad (10\text{-}25)$$

式中 N_{pI}——完成第一批损失后，预应力筋的总预拉力，$N_{pI}=(\sigma_{con}-\sigma_{lI})A_p$。

④ 混凝土受到预压应力之后完成第二批损失，由于预压力筋松弛、混凝土的收缩和徐变而引起的应力损失 σ_{l4}、σ_{l5}（可能还有 σ_{l6}），此时，混凝土、预应力钢筋和非预应力钢筋的应力分别为：

混凝土 $\qquad\qquad \sigma_{pc}=\sigma_{pcII}$，为压应力

预应力钢筋 $\quad \sigma_p=\sigma_{con}-\sigma_{lI} \xrightarrow{\text{损失}\ \sigma_{lII}} \sigma_{con}-\sigma_{lI}-\sigma_{lII}=\sigma_{con}-\sigma_l$，为拉应力

非预应力筋 $\quad \sigma_s=\alpha_s\sigma_{pcI} \xrightarrow{\text{变形协调得：}\Delta\sigma_s=\alpha_s\sigma_{pcII}} \alpha_s\sigma_{pcII}+\sigma_{l5}$，为压应力

完成第二批损失混凝土压应力定义为 σ_{pcII} 可由截面内力平衡条件求得，即：

$$\sigma_p A_p=\sigma_s A_s+\sigma_{pc}A_c$$

整理后得： $\qquad (\sigma_{con}-\sigma_l)A_p=(\alpha_s\sigma_{pcII}+\sigma_{l5})A_s+\sigma_{pcII}A_c$

故有：
$$\sigma_{pcII} = \frac{(\sigma_{con} - \sigma_l)A_p - \sigma_{l5}A_s}{A_c + \alpha_s A_s} = \frac{N_{pII} - \sigma_{l5}A_s}{A_n} \qquad (10\text{-}26)$$

式中　　N_{pII}——完成全部损失后预应力钢筋的总预拉力，$N_{pII} = (\sigma_{con} - \sigma_l)A_p$。

（2）使用阶段

①混凝土处于消压状态。当有外荷载（设此时外荷载为 N_0）引起的截面拉应力大小恰好与混凝土的有效预压应力 σ_{pcII} 全部抵消，此时混凝土、预应力筋和非预应力钢筋的应力分别为：

混凝土　　　　　　　　　　　　$\sigma_{pc} = 0$

预应力钢筋　　$\sigma_p = \sigma_{con} - \sigma_l \xrightarrow{\text{变形协调得}:\sigma_p = \alpha_p \sigma_{pcII}} \sigma_{con} - \sigma_l + \alpha_p \sigma_{pcII} = \sigma_{p0}$ ，为拉应力

非预应力筋　　$\sigma_s = \alpha_s \sigma_{pcII} + \sigma_{l5} \xrightarrow{\text{变形协调得}:\Delta\sigma_s = -\alpha_s \sigma_{pcII}} \sigma_{l5}$，为压应力

外荷载轴向拉力 N_0 可由材料的应力变化或截面上内力外平衡条件求得，即：
$$N_0 = \sigma_{pcII}A_c + \alpha_p \sigma_{pcII}A_p + \alpha_s \sigma_{pcII}A_s = \sigma_{pcII}(A_c + \alpha_p A_p + \alpha_s A_s) = \sigma_{pcII}A_0 \quad (10\text{-}27)$$

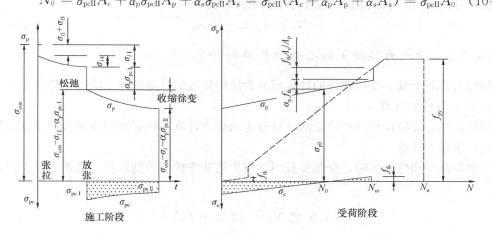

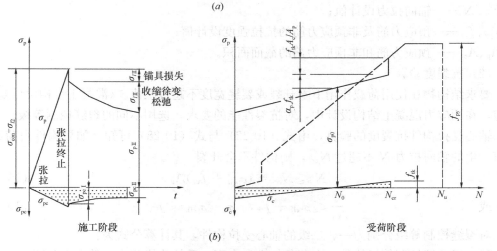

图 10-14　轴心受拉构件预应力钢筋应力 σ_p 混凝土应力 σ_c 发展全过程

（a）先张法构件；（b）后张法构件

（此图不包含非预应力钢筋）

213

②混凝土的开裂界限状态。此时混凝土、预应力筋和非预应力钢筋的应力分别为：

混凝土 $\qquad \sigma_{pc} = f_{tk}$ ，拉应力

预应力钢筋

$$\sigma_p = \sigma_{con} - \sigma_l + \alpha_p \sigma_{pcII} \xrightarrow{\text{变形协调得：}\sigma_p = \alpha_p f_{tk}} \sigma_{con} - \sigma_l + \alpha_p \sigma_{pcII} + \alpha_p f_{tk} = \sigma_{pcr}，\text{拉应力}$$

非预应力筋 $\qquad \sigma_s = -\sigma_{l5} \xrightarrow{\text{变形协调得：}\sigma_s = \alpha_s f_{tk}} -\sigma_{l5} + \alpha_s f_{tk}$

混凝土开裂外荷载 N_{cr} 可由材料的应力变化或截面上内外力平衡条件求得，即：

$$N_{cr} = N_0 + f_{tk}A_c + \alpha_p f_{tk}A_p + \alpha_s f_{tk}A_s = N_0 + f_{tk}A_0 = (\sigma_{pcII} + f_{tk})A_0 \quad (10\text{-}28)$$

③构件破坏。此时混凝土、预应力筋和非预应力钢筋的应力分别为：

混凝土 $\qquad \sigma_{pc} = 0$

预应力钢筋 $\qquad \sigma_p = \sigma_{con} - \sigma_l + \alpha_p \sigma_{pcII} + \alpha_p f_{tk} \rightarrow f_{py}$

非预应力筋 $\qquad \sigma_s = -\sigma_{l5} + \alpha_s f_{tk} \rightarrow f_y$

破坏外荷载 N_u 可由截面上内外力平衡条件求得，即：

$$N_u = f_{py}A_p + f_y A_s \quad (10\text{-}29)$$

10.3.2 预应力混凝土轴心受拉构件的计算

预应力混凝土轴心受拉构件的计算可分为使用阶段的计算和施工阶段验算两部分。

1. 使用阶段的计算

预应力轴心受拉构件使用阶段的计算分为承载力计算、抗裂度验算和裂缝宽度验算。

（1）承载力计算

当加荷载至构件破坏时，全部荷载由预应力筋和非预应力筋承担。其正截面受拉承载力为：

$$\gamma_0 N \leqslant N_u = f_{py}A_p + f_y A_s \quad (10\text{-}30)$$

式中 $\quad N$——轴向拉力设计值；

f_{py}、f_y——预应力筋及非预应力筋的抗拉强度设计值；

A_p、A_s——预应力筋和非预应力筋的截面面积。

（2）抗裂度验算

要求结构物在使用荷载作用下不开裂或裂缝宽度不超过限值。《混凝土结构设计规范》规定，在预应力混凝土结构设计中，对抗裂性能的要求，选用不同的裂缝控制等级。

轴心受拉构件抗裂度的验算，由式（10-22）与式（10-28）可知，如果构件由荷载标准值产生的轴向拉力 N 不超过 N_{cr}，则构件不会开裂。

$$N \leqslant N_{cr} = (\sigma_{pcII} + f_{tk})A_0 \quad (10\text{-}31)$$

或 $\qquad \dfrac{N}{A_0} \leqslant \sigma_{pcII} + f_{tk}，\quad \sigma_c - \sigma_{pcII} \leqslant f_{tk} \quad (10\text{-}32)$

对裂缝控制等级分别为一、二级的轴心受拉构件，其计算公式为：

①一级裂缝控制等级构件。在荷载标准组合下，受拉边缘应力应符合下列要求：

$$\sigma_{ck} - \sigma_{pc} \leqslant 0 \quad (10\text{-}33)$$

②二级裂缝控制等级构件。在荷载标准组合下，受拉边缘应力应符合下列要求：

$$\sigma_{ck} - \sigma_{pc} \leqslant f_{tk} \qquad (10\text{-}34)$$

其中：
$$\sigma_{ck} = \frac{N_k}{A_0}$$

式中 σ_{ck} ——荷载效应的标准组合下抗裂验算边缘的混凝土法向应力；

N_k ——按荷载效应标准组合计算的轴向拉力值；

σ_{pcII} ——扣除全部预应力损失后，混凝土的预压应力，按式（10-20）和式（10-26）计算。

（3）裂缝宽度验算

当预应力混凝土构件为三级裂缝控制等级时，允许开裂，其最大裂缝宽度按荷载标准组合并考虑荷载长期作用的影响，满足（10-35）式；对于环境类别为二 a 类的预应力混凝土构件，在荷载准永久值组合下，受拉边缘应力尚应满足式（10-36）的要求。

$$w_{max} = \alpha_{cr}\psi\frac{\sigma_{sk}}{E_s}\left(1.9c_s + 0.08\frac{d_{eq}}{\rho_{te}}\right) \leqslant w_{lim} \qquad (10\text{-}35)$$

$$\sigma_{cq} - \sigma_{pc} \leqslant f_{tk} \qquad (10\text{-}36)$$

其中：
$$\sigma_{sk} = \frac{N_k - N_{p0}}{A_p + A_s}$$

$$d_{eq} = \frac{\sum n_i d_i^2}{\sum n_i \upsilon_i d_i}$$

$$\rho_{te} = \frac{A_s + A_p}{A_{te}}$$

$$\sigma_{cq} = \frac{N_q}{A_0}$$

式中 α_{cr} ——构件受力特征系数，对预应力轴心受拉构件取 $\alpha_{cr} = 2.2$；

σ_{sk} ——按荷载效应标准组合计算的预应力混凝土构件纵向受拉钢筋的等效应力；

N_k, N_q ——按荷载效应标准组合、准永久组合计算的轴向拉力值；

N_{p0} ——混凝土法向预应力等于零时，全部纵向预应力筋和非预应力筋的合力；

d_{eq} ——纵向受拉钢筋的等效直径，mm；对于无粘结后张构件，仅为受拉区纵向受拉普通钢筋的等效直径；

d_i ——受拉区第 i 种纵向钢筋的公称直径，mm，对于有粘结预应力钢绞线束的直径取为 $d_{p1}\sqrt{n_1}$，其中 d_{p1} 为单根钢绞线的公称直径，n_1 为单束钢绞线根数；

n_i ——受拉区第 i 种纵向钢筋的根数，对于有粘结预应力钢绞线，取为钢绞线束数；

υ_i ——受拉区第 i 种纵向钢筋的相对粘结特性系数，可按表 10-5 取用。

其他符号含义同第 9 章。

钢筋的相对粘结特性系数 表 10-5

钢筋	非预应力钢筋		先张法预应力钢筋			后张法预应力钢筋		
	光圆钢筋	带肋钢筋	带肋钢筋	螺旋肋钢丝	钢绞线	带肋钢筋	钢绞线	光面钢丝
υ_i	0.7	1.0	1.0	0.8	0.6	0.8	0.5	0.4

注：对环氧树脂涂层带肋钢筋，其相对粘结特性系数应按表中系数的 0.8 倍取用。

2. 施工阶段的验算

（1）张拉预应力钢筋的构件承载力验算

当先张法放张预应力钢筋或后张法张拉预应力钢筋完毕时，混凝土将受到最大的预压应力 σ_{cc}，但由于混凝土强度通常仅达到设计强度的 75%，所以，构件强度是否足够，应予以验算，验算式如下：

$$\sigma_{cc} \leqslant 0.8 f'_{ck} \tag{10-37}$$

式中 f'_{ck} ——放张或张拉预应力筋完毕时混凝土的轴心抗压强度标准值；

σ_{cc} ——放松或张拉预应力筋完毕时，混凝土承受的预压应力。先张法按第一批损失出现后计算 σ_{cc}，即 $\sigma_{cc} = \dfrac{(\sigma_{con} - \sigma_{l1})A_p}{A_0}$；后张法按未加锚具前的张拉端计算 σ_{cc}，即不考虑锚具和摩擦损失，$\sigma_{cc} = \dfrac{\sigma_{con} A_p}{A_n}$。

（2）构件端部锚固区的局部受压承载力验算

后张法混凝土的预压应力是通过锚头对端部混凝土的局部压力来维持的。锚头下局部受压使混凝土处于三向受力状态，不仅有压应力，而且还存在不小的拉应力，如图 10-15 所示，当拉应力超过混凝土的抗拉强度时，混凝土开裂。

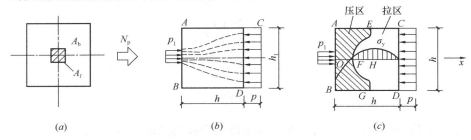

图 10-15 构件端部混凝土局部受压时内力分布

①为了满足构件端部局部受压的抗裂要求，防止由于间接钢筋配置过多，局部受压混凝土可能产生锚头下沉等问题，《混凝土结构设计规范》规定，局部受压区的截面尺寸应满足式（10-38）要求：

$$F_l \leqslant 1.35 \beta_c \beta_l f_c A_{ln} \tag{10-38}$$

其中：
$$\beta_l = \sqrt{\dfrac{A_b}{A_l}}$$

式中 F_l ——局部受压面上作用的局部荷载或局部压力设计值，在后张法有粘结预应力混凝土构件中的锚头局压区，取 $F_l = 1.2\sigma_{con} A_p$；对无粘结预应力混凝土取 $F_l = \max (1.2\sigma_{con} A_p, f_{ptk} A_p)$；

β_c ——混凝土强度影响系数：当混凝土强度等级不超过 C50 时，取 $\beta_c = 1.0$；当混凝土强度等级等于 C80 时，取 $\beta_c = 0.8$，期间按线性内插法取用；

β_l ——混凝土局部受压时的强度提高系数；

A_b ——局部受压计算底面积，可按局部受压面积与计算底面积同心对称的原则进行计算。如图 10-16 取用；

A_l ——局部承压面积，如有钢垫板可考虑垫板按 45° 扩散后的面积，不扣除开孔构件的孔道面积；

f_c——混凝土轴心抗压强度设计值，在后张法预应力混凝土构件的张拉阶段验算中，可根据相应阶段的混凝土立方体抗压强度 f'_{cu}，按附表 2-1 中立方体抗压强度与轴心抗压强度的关系，线性内插法得到；

A_{ln}——混凝土局部受压净面积，对于后张法构件，应在混凝土局部受压面积中扣除孔道和凹槽部分的面积。

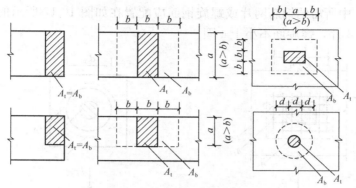

图 10-16　局部受压的计算底面积 A_b

当局部受压承载力验算不能满足式（10-38）时，应加大端部锚固区的截面尺寸、调整锚具位置或提高混凝土强度等级。

②端部混凝土局部受压的问题，在锚固区段配置间接钢筋（焊接钢筋网或螺旋式钢筋）可以有效地提高锚固区段的局部受压强度，防止局部受压破坏。《混凝土结构设计规范》规定，当配置间接钢筋（方格网或螺旋钢筋），局部受压承载力按式（10-39）计算：

$$F_l \leqslant 0.9(\beta_c \beta_l f_c + 2\alpha \rho_v \beta_{cor} f_y) A_{ln} \tag{10-39}$$

式中　α——间接钢筋对混凝土约束的折减系数，当混凝土强度等级为 C80 时，取 0.85；当混凝土强度等级不超过 C50 时，取 1.0；其间按线性内插法取用；

ρ_v——间接钢筋的体积配筋率，要求 $\rho_v \geqslant 0.5\%$；

β_{cor}——配置间接钢筋的局部受压承载力提高系数，$\beta_{cor} = \sqrt{\dfrac{A_{cor}}{A_l}}$。当 $A_{cor} > A_b$ 时，取

$A_{cor} = A_b$；当 $A_{cor} \leqslant 1.25 A_l$ 时，取 $\beta_{cor} = 1.0$。

体积配筋率 ρ_v 是核芯面积 A_{cor} 范围内单位混凝土体积所含间接钢筋的体积。当配置方格钢筋时，如图 10-17（a）所示：

$$\rho_v = \frac{n_1 A_{s1} l_1 + n_2 A_{s2} l_2}{A_{cor} s} \tag{10-40}$$

此时钢筋网两个方向上单位长度钢筋截面面积的比值不宜大于 1.5 倍；当配置螺旋筋时，如图 10-17（b）所示：

$$\rho_v = \frac{4 A_{ss1}}{d_{cor} s} \tag{10-41}$$

式中　l_1, l_2——钢筋两个方向的长度，$l_2 \geqslant l_1$；

n_1, A_{s1}——方格网沿 l_1 方向的钢筋根数和单根钢筋的截面面积；

n_2, A_{s2}——方格网沿 l_2 方向的钢筋根数和单根钢筋的截面面积；

A_{cor} —— 配置方格网或螺旋式间接钢筋内表面范围以内的混凝土核心面积（不扣除孔道面积），应大于混凝土局部受压面积 A_l，且其重心应与 A_l 的重心重合；

s —— 方格网式或螺旋式间接钢筋的间距，宜取 30～80mm；

A_{ss1} —— 螺旋式单根间接钢筋的截面面积；

d_{cor} —— 螺旋式间接钢筋内表面范围内的混凝土截面直径。

式（10-39）中所需的钢筋网片或螺旋钢筋应配置在如图 10-17 所示的 h 范围内，且分格网片不小于 4 片，螺旋筋不小于 4 圈。

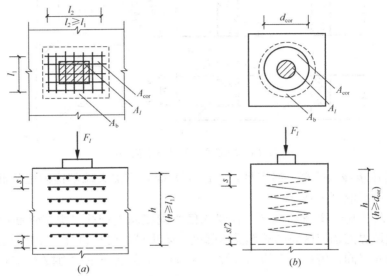

图 10-17 局部受压区的间接钢筋

（a）方格网式配筋；（b）螺旋式配筋

【例 10-1】 某 24m 跨度预应力混凝土拱形屋架下弦杆如图 10-18 所示，设计条件见表 10-6。试对该下弦杆进行使用阶段承载力计算、抗裂验算，施工阶段验算及端部受压承载力计算。

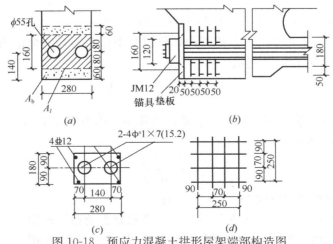

图 10-18 预应力混凝土拱形屋架端部构造图

材料	混凝土	预应力钢筋	非预应力钢筋
品种和强度等级	C60	钢绞线	HRB400
截面（mm^2）	280×180 孔道 $2A55$	$4\Phi^s 1 \times 7 (d = 15.2mm)$	$4\Phi 12 (A_s = 452mm^2)$
材料强度（N/mm^2）	$f_c = 27.5 f_{ck} = 38.5$ $f_t = 2.04 f_{tk} = 2.85$	$f_{py} = 1320 f_{ptk} = 1860$	$f_y = 360 f_{yk} = 400$
弹性模量（N/mm^2）	$E_c = 3.6 \times 10^4$	$E_p = 1.95 \times 10^5$	$E_s = 2 \times 10^5$
张拉工艺	后张法，一端超张拉 5%，OVM 型锚具，孔道为充压橡皮管抽芯成型		
张拉控制应力（N/mm^2）	$\sigma_{con} = 0.70 f_{ptk} = 0.70 \times 1860 = 1302 \, N/mm^2$		
张拉时混凝土立方体强度（N/mm^2）	$f'_{cu} = 60 \, N/mm^2$		
下弦拉力（kN）	永久荷载标准值产生的轴力 $N_{Gk} = 820kN$，可变荷载标准值产生的轴力 $N_{Qk} = 320kN$		
裂缝控制等级	二级		

【解】（1）使用阶段承载力计算。

轴力设计值

由可变荷载效应控制组合

$$N = 1.2N_{Gk} + 1.4N_{Qk} = 1.2 \times 820 + 1.4 \times 320 = 1432kN$$

由永久荷载效应控制组合

$$N = 1.35N_{Gk} + 1.4\psi_c N_{Qk} = 1.35 \times 820 + 1.4 \times 0.7 \times 320 = 1420.6kN$$

采用 $N = 1432kN$ 进行计算

由式（10-29）得：

$$N_u = f_{py}A_p + f_yA_s$$

即 $\quad\quad A_p \geqslant \dfrac{N - f_yA_s}{f_{py}} = \dfrac{1432 \times 10^3 - 360 \times 452}{1320} = 961.6 \, mm^2$

选 2 束 $4\Phi^s 1 \times 7 (d = 15.2mm)$ 钢绞线，$A_p = 1112mm^2$

（2）截面几何特征。

预应力钢筋

$$\alpha_p = E_p / E_c = 1.95 \times 10^5 / 3.6 \times 10^4 = 5.42$$

非预应力钢筋

$$\alpha_s = E_s / E_c = 2 \times 10^5 / 3.6 \times 10^4 = 5.56$$

$$A_n = A_c + \alpha_s A_s = 280 \times 180 - 2 \times \frac{\pi}{4} \times 55^2 - 452 + 5.56 \times 452 = 47709 \, mm^2$$

$$A_0 = A_n + \alpha_p A_p = 47709 + 5.42 \times 1112 = 53736 \, mm^2$$

（3）计算预应力损失。

①第一批预应力损失：

锚具变形损失：OVM 锚具，查表 10-2，得 $a = 5mm$，

由式（10-1）得：

$$\sigma_{l1} = E_p a / l = 1.95 \times 10^5 \times 5 / (24 \times 10^3) = 40.63 N/ mm^2$$

②孔道摩擦损失：

按锚固端计算该项损失，$l=24$m，直线配筋 $\theta=0^\circ$，$\kappa x=0.0015\times24=0.036$，由式（10-8）得：

$$\sigma_{l2}=\sigma_{con}\left(1-\frac{1}{e^{\kappa x+\mu\theta}}\right)=1302\times\left(1-\frac{1}{e^{0.036}}\right)=46.04\text{ N/mm}^2$$

按表10-4进行预应力损失组合，第一批预应力损失

$$\sigma_{l\mathrm{I}}=\sigma_{l1}+\sigma_{l2}=86.67\text{ N/mm}^2$$

③钢筋应力损失，由式（10-11）得：

$$\sigma_{l4}=0.125\times(\sigma_{con}/f_{ptk}-0.5)\sigma_{con}=0.125\times(1302/1860-0.5)\times1302=32.55\text{ N/mm}^2$$

④混凝土的收缩徐变损失：

由式（10-25）得：

$$\sigma_{pc\mathrm{I}}=\frac{(\sigma_{con}-\sigma_{l\mathrm{I}})A_p}{A_c+\alpha_sA_s}=\frac{N_{p\mathrm{I}}}{A_n}=\frac{(1302-86.67)\times1112}{47709}=28.32\text{ N/mm}^2$$

$$\sigma_{pc\mathrm{I}}/f'_{cu}=28.32/60=0.472<0.5$$

$$\rho=0.5(A_p+A_s)/A_n=0.5\times(1112+452)/47709=0.017$$

所以

$$\sigma_{l5}=(55+300\sigma_{pc\mathrm{I}}/f'_{cu})/(1+15\rho)=\frac{55+300\times0.472}{1+15\times0.017}=156.65\text{ N/mm}^2$$

第二批预应力损失

$$\sigma_{l\mathrm{II}}=\sigma_{l4}+\sigma_{l5}=32.55+156.65=189.2\text{ N/mm}^2$$

总损失：

$$\sigma_l=\sigma_{l\mathrm{I}}+\sigma_{l\mathrm{II}}=86.67+189.2=275.87\text{ N/mm}^2>80\text{ N/mm}^2$$

（4）抗裂验算，裂缝控制等级为二级。

混凝土有效预应力：

$$\sigma_{pc\mathrm{II}}=[(\sigma_{con}-\sigma_l)A_p-\sigma_{l5}A_s]/A_n$$

$$=[(1302-275.87)\times1112-133.20\times452]/47709$$

$$=22.66\text{N/mm}^2$$

在荷载标准效应组合下：

$$N_k=N_{Gk}+N_{Qk}=820+320=1140\text{ N/mm}^2$$

$$\sigma_{ck}=N_k/A_0=1140\times10^3/53736=21.2\text{ N/mm}^2$$

$\sigma_{ck}-\sigma_{pc\mathrm{II}}=21.21-22.66=-1.45\text{ N/mm}^2<f_{tk}=2.45\text{ N/mm}^2$ 满足要求。

（5）施工阶段验算。

最大张拉力

$$N_p=1.05\sigma_{con}A_p=1.05\times1302\times1112=1520215\text{N}=1520\text{kN}$$

截面上混凝土压应力

$$\sigma_{cc}=\frac{N_p}{A_n}=\frac{1520\times10^3}{47709}=31.86\text{ N/mm}^2>0.8f'_{ck}=0.8\times38.5=30.8\text{ N/mm}^2$$

$$\frac{(31.86-30.8)}{30.8}=3.5\%<5\%$$

满足要求。

（6）锚具下局部受压验算。

①端部受压区截面尺寸验算

OVM 锚具的直径为 120mm，锚具下垫板厚 20mm，局部受压面积可按压力 F_l 从锚具边缘在垫板中按 45°扩散的面积计算，在计算局部受压计算底面积时，近似地可按图 10-18（a）两实线所围的矩形面积代替两个圆面积。

$$A_l = 280 \times (120 + 2 \times 20) = 44800 \text{ mm}^2$$

锚具下局部受压计算底面积

$$A_b = 280 \times (160 + 2 \times 60) = 78400 \text{ mm}^2$$

混凝土局部受压净面积

$$A_{ln} = 44800 - 2 \times \frac{\pi}{4} \times 55^2 = 40048 \text{ mm}^2$$

$$\beta_l = \sqrt{\frac{A_b}{A_l}} = \sqrt{\frac{78400}{44800}} = 1.323$$

当 $f_{cuk} = 60 \text{ N/mm}^2$ 时，按直线内插法得 $\beta_c = 0.933$。

按式（10-38）计算：

$$F_l = 1.2\sigma_{con}A_p = 1.2 \times 1302 \times 1112 = 1737388 \approx 1737.4\text{kN}$$

$$< 1.35\beta_c\beta_l f_c A_{ln} = 1.35 \times 0.933 \times 1.323 \times 27.5 \times 40048$$

$$= 1835 \times 10^3 \text{N} = 1835\text{kN}$$

满足要求。

②局部受压承载力计算

间接钢筋网片采用 4 片 $\phi8$ 方格焊接网片，见图 10-18（b），间距 $s = 50$mm，网片尺寸见图 10-18（d）。

$$A_{cor} = 250 \times 250 = 62500 \text{ mm}^2 > 1.25A_l = 56000 \text{ mm}^2$$

$$\beta_{cor} = \sqrt{\frac{A_{cor}}{A_l}} = \sqrt{\frac{62500}{44800}} = 1.181$$

间接钢筋的体积配筋率

$$\rho_v = \frac{n_1 A_{s1} l_1 + n_2 A_{s2} l_2}{A_{cor} s} = \frac{4 \times 50.3 \times 250 + 4 \times 50.3 \times 250}{62500 \times 50} = 0.032$$

按式（10-39）

$$0.9(\beta_c\beta_l f_c + 2\alpha\rho_v\beta_{cor}f_y)A_{ln}$$

$$= 0.9 \times (0.933 \times 1.322 \times 27.5 + 2 \times 0.95 \times 0.032 \times 1.181 \times 270) \times 40048$$

$$= 1921 \times 10^3 \text{N} = 1921\text{kN} > F_l = 1737.4\text{kN}$$

满足要求。

10.4 预应力混凝土受弯构件的分析

10.4.1 受弯构件各阶段的应力分析

预应力混凝土受弯构件的受力过程也分为两个阶段：施工阶段和使用阶段。

预应力混凝土受弯构件中，预应力钢筋 A_p 一般都放置在使用阶段的截面受拉区。为了防止在制作、运输和吊装等施工阶段出现裂缝，在梁的受拉区和受压区通常也配置一些非预应力钢筋 A_s 和 A'_s。

1. 施工阶段

(1) 先张法构件

由轴心受拉构件施工阶段应力分析得到的概念，对受弯构件的计算同样适用，如图 10-19（a）所示，则截面混凝土应力计算公式为：

$$\sigma_{pc} = \frac{N_p}{A_0} \pm \frac{N_p e_{p0}}{I_0} y_0 \tag{10-42}$$

其中

$$N_p = \sigma_{p0} A_p + \sigma'_{p0} A'_p - \sigma_{l5} A_s - \sigma'_{l5} A'_s$$

当预应力混凝土构件配置钢筋时，由于混凝土收缩和徐变的影响，会在这些钢筋中产生内力。这些内力减少了受拉区混凝土的法向预压应力，使构件的抗裂性能降低，因而计算时应考虑这种影响。为简化计算，假定钢筋的应力取等于混凝土收缩和徐变引起的预应力损失值 $\sigma_{l5} A_s$ 与 $\sigma'_{l5} A'_s$。

$$e_{p0} = \frac{\sigma_{p0} A_p y_p - \sigma'_{p0} A'_p y'_p - \sigma_{l5} A_s y_s + \sigma'_{l5} A'_s y'_s}{\sigma_{p0} A_p + \sigma'_{p0} A'_p - \sigma_{l5} A_s - \sigma'_{l5} A'_s}$$

式中　σ_{pc}——应力值正号为压应力，负号为拉应力；

　　　A_0——构件换算截面积，包括扣除孔道、凹槽等削弱部分以外的混凝土全部截面面积以及全部纵向预应力钢筋和非预应力钢筋截面面积换算成混凝土的截面面积，对由不同强度混凝土等级组成的截面应根据混凝土的弹性模量比值换算成同一混凝土强度等级的截面面积；

　　　I_0——换算截面惯性矩；

σ_{p0}、σ'_{p0}——受拉区、受压区预应力筋合力点处混凝土法向应力等于零时的预应力筋应力；$\sigma_{p0} = \sigma_{con} - \sigma_l$，$\sigma'_{p0} = \sigma'_{con} - \sigma'_l$。

　　　y_0——换算截面重心至所计算纤维的距离；

y_p、y'_p——受拉区、受压区预应力筋合力点至换算截面重心的距离；

y_s、y'_s——受拉区、受压区非预应力筋合力点至换算截面重心的距离。

相应阶段预应力钢筋和非预应力钢筋的应力分别为：

预应力钢筋：　　　$\sigma_p = \sigma_{con} - \sigma_l - \alpha_p \sigma_{pc}$；$\sigma'_p = \sigma'_{con} - \sigma'_l - \alpha_p \sigma'_{pc}$

非预应力钢筋：　　　$\sigma_s = \alpha_s \sigma_{pc} + \sigma_{l5}$；$\sigma'_s = \alpha_s \sigma'_{pc} + \sigma'_{l5}$

(2) 后张法构件

$$\sigma_{pc} = \frac{N_p}{A_n} \pm \frac{N_p e_{pn}}{I_n} y_n \tag{10-43}$$

其中：　　　　$N_p = \sigma_{pe} A_p + \sigma'_{pe} A'_p - \sigma_{l5} A_s - \sigma'_{l5} A'_s$

$$e_{pn} = \frac{\sigma_{pe} A_p y_{pn} - \sigma'_{pe} A'_p y'_{pn} - \sigma_{l5} A_s y_{sn} + \sigma'_{l5} A'_s y'_{sn}}{\sigma_{pe} A_p + \sigma'_{pe} A'_p - \sigma_{l5} A_s - \sigma'_{l5} A'_s}$$

式中　A_n——构件的净截面面积，换算截面面积减去全部纵向预应力钢筋换算成的混凝土截面面积；

　　　I_n——净截面惯性矩；

σ_{pe}、σ'_{pe} ——受拉区、受压区预应力筋有效预应力；

y_n ——净截面重心至所计算纤维的距离；

y_{pn}、y'_{pn} ——受拉区、受压区预应力筋合力点至净截面重心的距离；

y_{sn}、y'_{sn} ——受拉区、受压区非预应力筋合力点至净截面重心的距离。

相应阶段预应力钢筋和非预应力钢筋的应力分别为：

预应力钢筋： $\sigma_p = \sigma_{con} - \sigma_l$；$\sigma'_p = \sigma'_{con} - \sigma'_l$

非预应力钢筋： $\sigma_s = \alpha_s \sigma_{pc} + \sigma_{l5}$；$\sigma'_s = \alpha_s \sigma'_{pc} + \sigma'_{l5}$

在利用以上各式计算时，均需采用施工阶段的有关数值，如构件截面中 $A'_p = 0$ 时，则以上各式中的 $\sigma'_{l5} = 0$。

2. 使用阶段

（1）加荷至受拉边缘混凝土应力为零

截面在消压弯矩 M_0 作用下受拉边缘的拉应力正好抵消受拉边缘混凝土的预压应力 σ_{pc}，如图 10-19（b）所示则：

$$\frac{M_0}{W_0} - \sigma_{pc} = 0 \quad \text{或} \quad M_0 = \sigma_{pc} W_0 \tag{10-44}$$

式中 W_0 ——换算截面受拉边缘的弹性抵抗矩。

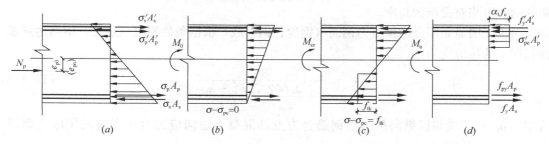

图 10-19 受弯构件截面的应力变化

（a）预应力作用下；（b）受拉区截面下边缘混凝土应力为零；（c）受拉区截面下边缘混凝土即将出现裂缝；

（d）受拉区取钢筋屈服，压区混凝土到受压极限

（2）加荷至受拉区混凝土即将出现裂缝

受拉区混凝土应力达到其抗拉强度标准值 f_{tk} 时，混凝土即将出现裂缝，此时截面上受到的弯矩为 M_{cr}，相当于构件截面在承受消压弯矩 M_0 后，又增加了一个普通钢筋混凝土构件的抗裂弯矩 $\overline{M_{cr}}$，如图 10-19（c），故：

$$M_{cr} = M_0 + \overline{M_{cr}} = \sigma_{pc} W_0 + \gamma f_{tk} W_0 = (\sigma_{pc} + \gamma f_{tk}) W_0 \tag{10-45}$$

式中 γ ——截面抵抗矩塑性影响系数，该系数与截面形状和高度有关，《混凝土结构设计规范》建议 γ 值按下式确定：

$$\gamma = \left(0.7 + \frac{120}{h}\right)\gamma_m \tag{10-46}$$

式中 γ_m ——截面抵抗矩塑性影响系数基本值，取值见附表 6-5；

h ——截面高度。当 $h < 400mm$ 时，取 $h = 400mm$；当 $h > 1600mm$ 时，取 $h = 1600mm$。

比较普通混凝土受弯构件可知，由于预应力混凝土受弯构件开裂弯矩 M_{cr} 中的 $\sigma_{pc} \gg$

f_{tk}，所以预应力混凝土受弯构件的开裂时间大大推迟，构件的抗裂度大大提高。

（3）加荷至构件破坏

当 M 超过 M_{cr} 时，受拉区将出现裂缝，裂缝截面混凝土退出工作，拉力全部由钢筋承受，当加荷至破坏时，与普通混凝土截面应力状态类似，计算方法也基本相同，见图 10-19（d）。

10.4.2 受弯构件使用阶段承载力计算

预应力混凝土受弯构件的计算可分为使用阶段正截面承载力计算、使用阶段斜截面承载力计算、使用阶段抗裂度验算、变形验算和施工阶段验算等。

1. 使用阶段正截面承载力计算

1）截面应力状态

（1）界限破坏时截面相对受压区高度 ξ_b 的计算。对于有明显屈服点的预应力钢筋：

$$\xi_b = \frac{x_b}{h_0} = \frac{\beta_1}{1 + \dfrac{f_{py} - \sigma_{p0}}{E_s \varepsilon_{cu}}} \tag{10-47}$$

对混凝土强度等级不大于 C50，取 $\varepsilon_{cu} = 0.0033$，当 $\sigma_{p0} = 0$ 时，上式即为钢筋混凝土构件的界限相对受压区高度。

对于无明显屈服点的预应力钢筋（钢丝、钢绞线）根据条件屈服点定义，钢筋达到条件屈服点的拉应变为：

$$\xi_b = \frac{\beta_1}{1 + \dfrac{0.002}{\varepsilon_{cu}} + \dfrac{f_{py} - \sigma_{p0}}{E_s \varepsilon_{cu}}} \tag{10-48}$$

式中　σ_{p0}——受拉区纵向预应力钢筋合力点处混凝土法向应力等于零时的预应力钢筋应力。

（2）任意位置处预应力钢筋及非预应力钢筋应力的计算。纵向钢筋应力可按下列近似公式计算：

预应力钢筋：

$$\sigma_{pi} = \frac{f_{py} - \sigma_{p0i}}{\xi_b - \beta_1} \left(\frac{x}{h_{0i}} - \beta_1 \right) + \sigma_{p0i} \tag{10-49}$$

非预应力钢筋：

$$\sigma_{si} = \frac{f_y}{\xi_b - \beta_1} \left(\frac{x}{h_{0i}} - \beta_1 \right) \tag{10-50}$$

式中　σ_{pi}、σ_{si}——第 i 层纵向预应力钢筋、非预应力钢筋的应力，正值代表拉应力、负值代表压应力；

　　　　h_{0i}——第 i 层纵向钢筋截面重心至混凝土受压区边缘的距离；

　　　　x——等效矩形应力图形的混凝土受压区高度；

　　　　σ_{p0i}——第 i 层纵向预应力钢筋截面重心处混凝土法向应力等于零时预应力钢筋的应力。

预应力钢筋的应力 σ_{pi} 应符合条件 $\sigma_{p0i} - f_{py}' \leqslant \sigma_{pi} \leqslant f_{py}$，当 σ_{pi} 为拉应力且其值大于 f_{py} 时，取 $\sigma_{pi} = f_{py}$，当 σ_{pi} 为压应力且其绝对值大于（$\sigma_{p0i} - f_{py}'$）的绝对值时，取 $\sigma_{pi} = \sigma_{p0i} - f_{py}'$；非预应力钢筋的应力 σ_{si} 应符合条件 $-f_y' \leqslant \sigma_{si} \leqslant f_y$，当 σ_{si} 为拉应力且其值大于 f_y 时，取 $\sigma_{si} = f_y$，当 σ_{si} 为压应力且其绝对值大于 f_y' 时，取 $\sigma_{si} = -f_y'$。

（3）受压区预应力钢筋应力 σ'_{pe} 的计算。截面达到破坏时，A'_p 的应力可能仍为拉应力，也可能变为压应力，但其应力值 σ'_{pe} 达不到抗压强度设计值 f'_{py}，而仅为：

先张法构件： $\sigma'_{pe} = (\sigma'_{con} - \sigma'_l) - f'_{py} = \sigma'_{p0} - f'_{py}$

后张法构件： $\sigma'_{pe} = (\sigma'_{con} - \sigma'_l) + \sigma_p \sigma'_{pcII} - f'_{py} = \sigma'_{p0} - f'_{py}$

2）正截面受弯承载力计算

对于图 10-20 所示的矩形截面或翼缘位于受拉边的 T 形截面预应力混凝土受弯构件，其正截面受弯承载力计算的基本公式为：

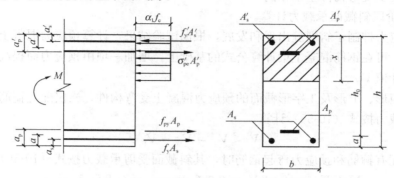

图 10-20　矩形截面受弯构件正截面受弯承载力计算

$$\alpha_1 f_c bx = f_y A_s - f'_y A'_s + f_{py} A_p + \sigma'_{pe} A'_p \tag{10-51}$$

$$M \leqslant M_u = \alpha_1 f_c bx (h_0 - 0.5x) + f'_y A'_s (h_0 - a'_s) - \sigma'_{pe} A'_p (h_0 - a'_p) \tag{10-52}$$

式中　M —— 弯矩设计值；

　　　M_u —— 正截面受弯承载力设计值；

　A_s、A'_s —— 受拉区、受压区纵向非预应力钢筋的截面面积；

　A_p、A'_p —— 受拉区、受压区纵向预应力钢筋的截面面积；

　　　h_0 —— 截面的有效高度；

　　　b —— 矩形截面的宽度或倒 T 形截面的腹板宽度；

　　　α_1 —— 系数，当混凝土强度等级不超过 C50 时，α_1 取为 1.0，当混凝土强度等级为 C80 时，α_1 取为 0.94，其间按线性内插法确定；

　a'_s、a'_p —— 受压区纵向非预应力钢筋合力点、预应力钢筋合力点至截面受压边缘的距离。

混凝土受压区高度尚应符合下列条件：$2a' \leqslant x \leqslant \xi_b h_0$。

式中　a' —— 受压区全部纵向钢筋合力点至截面受压边缘的距离，当受压区未配置纵向预应力钢筋或受压区纵向预应力钢筋应力 $\sigma'_{pe} = \sigma'_{p0} - f'_{py}$ 为拉应力时，则式中的 a' 用 a'_s 代替。

当 $x < 2a'$ 时，正截面受弯承载力可按下列公式计算：

当 σ'_{pe} 为压应力时，取 $x = 2a'_s$，则：

$$M \leqslant M_u = f_{py} A_p (h - a_p - a'_s) + f_y A_s (h - a_s - a'_s) \tag{10-53}$$

当 σ'_{pe} 为拉应力时，取 $x = 2a'_s$，则：

$$M \leqslant M_u = f_{py} A_p (h - a_p - a'_s) + f_y A_s (h - a_s - a'_s) + \sigma'_{pe} A'_p (a'_p - a'_s) \tag{10-54}$$

式中 a_s、a_p——受拉区纵向非预应力钢筋、预应力钢筋合力点至受拉边缘的距离。

在以上的平衡方程中，由于 σ'_{pe} 可能是正也可能是负，故 A'_p 对承载力的影响可能为提高构件承载力，也可能为减少构件承载力，所以，从承载力的角度看，只要满足施工阶段和普通钢筋混凝土抗裂度和裂缝开展的要求，尽量少在使用时的受压区设置预应力钢筋。

除上述设计计算公式略有差别外，预应力混凝土受弯构件正截面承载力的设计计算方法和普通混凝土受弯构件基本相同。

2. 使用阶段斜截面承载力计算

因为预应力抑制了斜裂缝出现和发展，根据试验结果，计算预应力混凝土梁的斜截面受剪承载力，可在钢筋混凝土梁计算公式的基础上，增加一项由预应力而提高的斜截面受剪承载力设计值 V_p。

（1）对矩形、T形及工字形截面的预应力混凝土受弯构件，当仅配置箍筋时，其斜截面的受剪承载力按式（10-55）计算：

$$V \leqslant V_u = V_{cs} + V_p \tag{10-55}$$

（2）当配有箍筋和预应力弯起钢筋时，其斜截面受剪承载力按式（10-56）计算：

$$V \leqslant V_u = V_{cs} + V_p + 0.8 f_y A_{sb} \sin\alpha_s + 0.8 f_{py} A_{pb} \sin\alpha_p \tag{10-56}$$

式中 V_{cs}——构件斜截面上混凝土和箍筋的受剪承载力设计值，对于一般梁，$V_{cs} = 0.7 f_t b h_0 + f_{yv} \dfrac{n A_{sv1}}{s} h_0$；对集中荷载作用下的独立梁，则 $V_{cs} = \dfrac{1.75}{\lambda + 1.0} f_t b h_0 + f_{yv} \dfrac{n A_{sv1}}{s} h_0$，$V_p = 0.05 N_{p0}$，但在计算 N_{p0} 时不考虑预应力弯起钢筋的作用；

N_{p0}——计算截面上混凝土法向应力等于零时的预应力钢筋及非预应力钢筋的合力，先张法构件 $N_{p0} = (\sigma_{con} - \sigma_l) A_p + (\sigma'_{con} - \sigma'_l) A'_p - \sigma_{l5} A_s - \sigma'_{l5} A'_s$；后张法构件 $N_p = (\sigma_{con} - \sigma_l) A_p + (\sigma'_{con} - \sigma'_l) A'_p - \sigma_{l5} A_s - \sigma'_{l5} A'_s$，当 $N_{p0} > 0.3 f_c A_0$ 时，取 $N_{p0} = 0.3 f_c A_0$；

A_{sb}、A_{pb}——同一弯起平面内非预应力弯起钢筋、预应力弯起钢筋的截面面积；

α_s、α_p——斜截面上非预应力弯起钢筋、预应力弯起钢筋的切线与构件纵向轴线的夹角。

（3）为了防止斜压破坏，受剪截面应符合下列条件：

① 当 $h_w/b \leqslant 4$ 时，应满足：$V \leqslant 0.25 \beta_c f_c b h_0$

② 当 $h_w/b \geqslant 6$ 时，应满足：$V \leqslant 0.2 \beta_c f_c b h_0$

式中 f_c——混凝土轴心抗压强度设计值；

β_c——混凝土强度影响系数：当混凝土强度等级不超过 C50 时，取 $\beta_c = 1.0$，当混凝土强度等级为 C80 时，取 $\beta_c = 0.8$，其间按线性内插法取用；

V——计算截面上的最大剪力设计值；

b——矩形截面宽度，T形或工字形截面的腹板宽度；

h_w——截面的腹板高度，矩形截面 $h_w = h_0$，T形截面 $h_w = h_0 - h'_f$，工字形截面 $h_w = h - h'_f - h_f$（h_f 为截面下部翼缘的高度）。

③当 $4 < h_w/b < 6$ 时，按直线内插法取用。

（4）矩形、T 形、工字形截面的一般预应力混凝土受弯构件，当符合式（10-57）的要求时，则可不进行斜截面受剪承载力计算，仅需按构造要求配置箍筋。

$$V \leqslant 0.7 f_t b h_0 + 0.05 N_{p0} \text{ 或 } V \leqslant \frac{1.75}{\lambda + 1.0} f_t b h_0 + 0.05 N_{p0} \tag{10-57}$$

10.4.3　受弯构件抗裂度验算

1. 正截面抗裂度验算

对于使用阶段不允许出现裂缝的受弯构件，其正截面抗裂度根据裂缝控制等级的不同要求，按下列规定验算受拉边缘的应力：

（1）一级裂缝控制等级构件。在荷载标准组合下，受拉边缘应力应符合下列要求：

$$\sigma_{ck} - \sigma_{pc} \leqslant 0 \tag{10-58}$$

（2）二级裂缝控制等级构件。在荷载标准组合下，受拉边缘应力应符合下列要求：

$$\sigma_{ck} - \sigma_{pc} \leqslant f_{tk} \tag{10-59}$$

其中：

$$\sigma_{ck} = \frac{M_k}{W_0}$$

式中　σ_{ck} ——荷载效应的标准组合下抗裂验算边缘的混凝土法向应力；

　　　M_k ——按荷载效应标准组合计算的弯矩值；

　　　W_0 ——构件换算截面受拉边缘的弹性抵抗矩；

　　　σ_{pc} ——扣除全部预应力损失后，在抗裂验算边缘混凝土的预压应力，按式（10-42）和式（10-43）计算。

（3）裂缝宽度验算

当预应力混凝土受弯构件为三级裂缝控制等级时，允许开裂，其最大裂缝宽度按荷载标准组合并考虑荷载长期作用的影响，满足式（10-60）；对于环境类别为二 a 类的预应力混凝土构件，在荷载准永久值组合下，受拉边缘应力尚应满足式（10-61）的要求。

$$w_{max} = \alpha_{cr} \psi \frac{\sigma_{sk}}{E_s} \left(1.9 c_s + 0.08 \frac{d_{eq}}{\rho_{te}} \right) \leqslant w_{lim} \tag{10-60}$$

$$\sigma_{cq} - \sigma_{pc} \leqslant f_{tk} \tag{10-61}$$

其中：

$$\sigma_{sk} = \frac{M_k - N_{p0}(Z - e_p)}{(A_s + \alpha_1 A_p) Z}$$

$$\sigma_{cq} = \frac{M_q}{W_0}$$

式中　α_{cr} ——构件受力特征系数，预应力受弯构件取 1.5；

　　　σ_{sk} ——按荷载效应标准组合计算的预应力混凝土构件纵向受拉钢筋的等效应力；

　　　σ_{cq} ——荷载准永久组合下抗裂验算受拉边缘混凝土的法向应力；

　　　M_q ——按合荷载的准永久组合计算的弯矩值；

　　　Z ——受拉区纵向非预应力和预应力钢筋合力点到受压区合力点的距离，$Z = \left[0.87 - 0.12(1 - \gamma'_f) \left(\frac{h_0}{e} \right)^2 \right] h_0$；

e——轴向压力作用点至纵向受拉钢筋合力点的距离，$e = e_p + \dfrac{M_k}{N_{p0}}$；

e_p——计算截面混凝土法向预应力等于零时预加力 N_{p0} 的作用点到受拉区纵向预应力钢筋和非预应力钢筋合力点的距离，$e_p = y_{ps} - e_{p0}$；

y_{ps}——受拉区纵向预应力筋和普通钢筋合力点的偏心距；

e_{p0}——计算截面混凝土法向预应力等于零时预加力 N_{p0} 的作用点的偏心距，同式（10-42）中 e_{p0}；

α_1——无粘结预应力的等效折减系数，取 α_1 为 0.3；对灌浆的后张预应力筋，取 α_1 为 1.0；

γ'_f——受压翼缘截面面积与腹板有效截面面积的比值（其中 b'_f，h'_f 为受压翼缘的宽度），$\gamma'_f = \dfrac{(b'_f - b)h'_f}{bh_0}$；当 $h'_f > 0.2h_0$ 时，取 $h'_f = 0.2h_0$。

其他符号的物理意义同预应力轴心受拉构件裂缝宽度验算一样。

2. 斜截面抗裂度验算

《混凝土结构设计规范》规定预应力混凝土受弯构件斜截面的抗裂度验算，主要是验算截面上混凝土的主拉应力 σ_{tp} 和主压应力 σ_{cp} 不超过规定的限值。

（1）斜截面抗裂度验算的规定

①混凝土主拉应力

对一级裂缝控制等级的构件，应符合：

$$\sigma_{tp} \leqslant 0.85 f_{tk} \tag{10-62}$$

对二级裂缝控制等级的构件，应符合：

$$\sigma_{tp} \leqslant 0.95 f_{tk} \tag{10-63}$$

式中　0.85、0.95——考虑张拉时的不准确性和构件质量变异影响的经验系数。

②混凝土主压应力

对一、二级裂缝控制等级的构件，均应符合：

$$\sigma_{cp} \leqslant 0.6 f_{ck} \tag{10-64}$$

式中　0.6——主要防止腹板在预应力和荷载作用下压坏，并考虑到主压应力过大会导致斜截面抗裂能力降低的经验系数。

（2）混凝土主拉应力 σ_{tp} 和主压应力 σ_{cp} 的计算

预应力混凝土构件在斜截面开裂前，基本处于弹性工作状态，故主应力可按材料力学的方法计算。

$$\left.\begin{array}{c}\sigma_{tp}\\\sigma_{cp}\end{array}\right\} = \frac{\sigma_x + \sigma_y}{2} \pm \sqrt{\left(\frac{\sigma_x - \sigma_y}{2}\right)^2 + \tau^2} \tag{10-65}$$

$$\sigma_x = \sigma_{pc} + \frac{M_k y_0}{I_0} \tag{10-66}$$

$$\tau = \frac{(V_k - \sum \sigma_{pe} A_{pb} \sin\alpha_p) S_0}{b I_0} \tag{10-67}$$

式中　σ_x——由预应力和按荷载标准组合计算的弯矩值 M_k 在计算纤维处产生的混凝土法

向应力；

y_0、I_0 ——换算截面重心至所计算纤维处的距离和换算截面惯性矩；

σ_y ——由集中荷载标准值 F_k 产生的混凝土竖向压应力；

τ ——由剪力值 V_k 和预应力弯起钢筋的预应力在计算纤维处产生的混凝土剪应力；

V_k ——按荷载标准组合计算的剪力值；

σ_p ——预应力弯起钢筋的有效预应力；

S_0 ——计算纤维以上部分的换算截面面积对构件换算截面重心面积矩；

A_{pb} ——计算截面上同一弯起平面内的预应力弯起钢筋的截面面积；

α_p ——计算截面上预应力弯起钢筋的切线与构件纵向轴线的夹角。

上述公式中，当为拉应力时，以正值代入；当为压应力时，以负值代入。

（3）斜截面抗裂度验算位置。对先张法预应力混凝土构件端部进行斜截面受剪承载力计算以及正截面、斜截面抗裂验算时，应考虑预应力钢筋在其预应力传递长度 l_{tr} 范围内实际应力值的变化，如图10-21所示。预应力钢筋的实际预应力按线性规律增大，在构件端部为零，在其传递长度的末端有效预应力值 σ_{pe}。

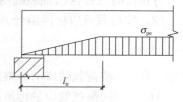

图10-21　预应力的传递范围内有效预应力值的变化

10.4.4　受弯构件的变形验算

构件的挠度由两部分叠加而成：一部分是由荷载产生的挠度 f_{1l}；另一部分是由预加应力产生的反拱 f_{2l}。

1. 荷载作用下构件的挠度 f_{1l}

可按一般材料力学方法进行计算：

$$f_{1l} = S \frac{M l^2}{B} \tag{10-68}$$

其中截面弯曲刚度 B 应分别按下列情况计算。

（1）按荷载效应标准组合下的短期刚度计算。

①对于使用阶段要求不出现裂缝的构件，有：

$$B_s = 0.85 E_c I_0 \tag{10-69}$$

②对于使用阶段允许出现裂缝的构件，有：

$$B_s = \frac{0.85 E_c I_0}{\kappa_{cr} + (1 - \kappa_{cr})\omega} \tag{10-70}$$

$$\omega = \left(1 + \frac{0.21}{\alpha_E \rho}\right)(1 + 0.45 \gamma_f) - 0.7 \tag{10-71}$$

式中　0.85——刚度折减系数，考虑混凝土受拉区开裂前出现的塑性变形；

κ_{cr}——预应力混凝土受弯构件正截面的开裂弯矩 M_{cr} 与荷载标准组合弯矩 M_k 的比值，即 $\kappa_{cr} = \dfrac{M_{cr}}{M_k} \leqslant 1.0$，当 $\kappa_{cr} > 1.0$ 时，取 $\kappa_{cr} = 1.0$；$M_{cr} = (\sigma_{pc} +$

229

$$\gamma f_{tk})W_0 ;$$

α_E——钢筋弹性模量与混凝土弹性模量的比值，$\alpha_E = \dfrac{E_s}{E_c}$ ；

ρ——纵向受拉钢筋配筋率，$\rho = \dfrac{\alpha_1 A_p + A_s}{bh_0}$ ；对无粘结后张预应力筋，取 α_1 为 0.3；对灌浆的后张预应力筋，取 α_1 为 1.0；

γ_f——受拉翼缘面积与腹板有效截面面积的比值，$\gamma_f = \dfrac{(b_f - b)h_f}{bh_0}$ ；

b_f、h_f——受拉区翼缘的宽度、高度；

γ——混凝土构件的截面抵抗拒塑性影响系数。

对预压时预拉区出现裂缝的构件，B_s 应降低 10%。

（2）按荷载效应标准组合并考虑预加应力长期作用影响的刚度，有：

$$B = \frac{M_k}{M_q(\theta - 1) + M_k} B_s \tag{10-72}$$

式中　B——按荷载效应的标准组合，并考虑荷载长期作用影响的刚度；

M_k——按荷载效应的标准组合计算的弯矩值，取计算区段的最大弯矩值；

M_q——按荷载效应的准永久组合计算的弯矩值，取计算区段的最大弯矩值；

θ——考虑荷载长期作用对挠度增大的影响系数，取 2.0；

B_s——荷载效应的标准组合作用下受弯构件的短期刚度，按式（10-69）或式（10-70）计算。

2. 预加应力产生的反拱 f_{2l}

预应力混凝土构件在偏心距为 e_p 的总预压力 N_p 作用下将产生反拱 f_{2l}，设梁的跨度为 l，截面弯曲刚度为 B，则：

$$f_{2l} = \frac{N_p e_p l^2}{8B} \tag{10-73}$$

式中，N_p、e_p 及 B 等按下列不同的规定取用不同的数值。

（1）荷载标准组合下的反拱值。按 $B = E_c I_0$ 计算，此时的 N_p、e_p 均按扣除第一批预应力损失值后的情况计算，先张法构件为 N_{p0I}、e_{p0I}，后张法构件为 N_{pI}、e_{pnI}。

（2）考虑预加应力长期影响的反拱值。按刚度 $B = 0.5 E_c I_0$ 计算，此时 N_p、e_p 应按扣除全部预应力损失后的情况计算，先张法构件为 N_{p0II}、e_{p0II}，后张法构件为 N_{pII}、e_{pnII}。

3. 挠度验算

荷载标准组合下构件产生的挠度扣除预应力产生的反拱，即为预应力受弯构件的挠度，应不超过规定的限值。即：

$$f = f_{1l} - f_{2l} \leqslant f_{lim} \tag{10-74}$$

式中　f_{lim}——受弯构件挠度限值。

10.4.5　受弯构件施工阶段的验算

《混凝土结构设计规范》规定，对制作、运输及安装等施工阶段，除进行承载力极限状态验算外，还应对在预加力、自重及施工荷载作用下截面边缘的混凝土法向拉应力 σ_{ct} 和压应力 σ_{cc} 进行控制，如图 10-22 所示。

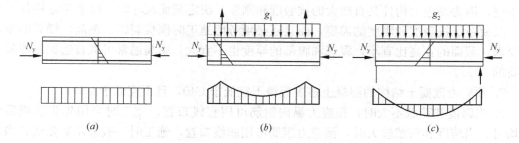

图 10-22　预应力混凝土受弯构件

(a) 制作阶段；(b) 吊装阶段；(c) 使用阶段

1. 对施工阶段不允许出现裂缝的构件

$$\sigma_{ct} \leqslant f'_{tk} \tag{10-75}$$

$$\sigma_{cc} \leqslant 0.8 f'_{ck} \tag{10-76}$$

2. 对施工阶段预拉区允许出现裂缝的构件，当预拉区不配置预应力钢筋时，截面边缘的混凝土方向应力应符合：

$$\sigma_{ct} \leqslant 2.0 f'_{tk},\ \sigma_{cc} \leqslant 0.8 f'_{ck}, \left.\begin{array}{c}\sigma_{cc}\\\sigma_{ct}\end{array}\right\} = \sigma_{pc} + \frac{N_k}{A_0} \pm \frac{M_k}{W_0} \tag{10-77}$$

式中　f'_{tk}、f'_{ck}——按相应施工阶段混凝土强度等级 f'_{cu} 确定的混凝土抗拉强度和抗压强度标准值，按附表 2-1 线性内插法确定；

σ_{ct}、σ_{cc}——相应施工阶段计算截面边缘纤维的混凝土法向拉应力和压应力；

σ_{pc}——由预应力产生的混凝土法向应力，当 σ_{pc} 为压应力时，取正值；当 σ_{pc} 为拉应力时，取负值；

N_k、M_k——构件自重及施工荷载的标准组合在计算截面产生的轴向力值及弯矩值，当 N_k 为轴向压力时取正值，反之取负值，由 M_k 产生的边缘纤维为压应力时取正值，反之取负值。

10.5　预应力混凝土构件的构造要求

预应力混凝土结构构件构造要求，除应满足普通钢筋混凝土结构的有关规定外，还应根据预应力张拉工艺、锚固措施、预应力钢筋种类的不同，满足相应的构造要求。

10.5.1　一般规定

1. 预应力混凝土构件的截面形式应根据构件的受力特点进行合理选择。对于轴心受拉构件，通常采用正方形或矩形截面；对于受弯构件，宜选用 T 形、I 形、箱形截面或其他空心截面。

此外，沿受弯构件纵轴，其截面形式可以根据受力要求改变，如预应力混凝土屋面大梁和吊车梁，其跨中可采用薄壁 I 形截面，而在支座处，为了承受较大的剪力以及能有足够的面积布置曲线预应力钢筋和锚具，往往要加宽截面厚度。

和相同受力情况的普通混凝土构件的截面尺寸相比，预应力构件的截面尺寸可以设计得小些，因为预应力构件具有较大的抗裂度和刚度。决定截面尺寸时，既要考虑构件承载力，又要考虑抗裂度和刚度的需要，而且还必须考虑施工时模板制作、钢筋、锚具的布置等要求。截面的宽高比宜小，翼缘和腹部的厚度也不宜大。梁高通常可取普通钢筋混凝土梁高的 70%。

2. 预应力混凝土结构的混凝土强度等级不宜低于 C40，且不应低于 C30。

3. 当跨度和荷载不大时，预应力纵向钢筋可用直线布置，施工时采用先张法或后张法均可；当跨度和荷载较大时，预应力钢筋可用曲线布置，施工时一般采用后张法；当构件有倾斜受拉边的梁时，预应力钢筋可用折线布置，施工时一般采用先张法。

4. 为了在预应力混凝土构件制作、运输、堆放和吊装时防止预拉区出现裂缝或减小裂缝宽度，可在构件上部（即预拉区）布置适量的非预应力钢筋。当受拉区部分钢筋施加预应力已能满足构件使用阶段的抗裂度要求时，则按承载力计算所需的其余受拉钢筋允许采用非预应力钢筋。

10.5.2 先张法构件的构造要求

1. 先张法预应力钢筋之间的净间距应根据浇筑混凝土、施加预应力及钢筋锚固等要求确定。先张法预应力筋之间的净间距不宜小于其公称直径的 2.5 倍和混凝土粗骨料最大粒径的 1.25 倍，且应符合下列规定：预应力钢丝，不应小于 15mm；三股钢绞线，不应小于 20mm；对七股钢绞线，不应小于 25mm。当混凝土振捣密实性具有可靠保证时，净间距可放宽为最大粗骨料粒径的 1.0 倍。

2. 混凝土保护层厚度

为保证钢筋与混凝土的粘结强度，防止放松预应力钢筋时出现纵向劈裂裂缝，必须有一定的混凝土保护层厚度。对于设计使用年限为 50 年的混凝土结构，最外层钢筋的保护层厚度应符合附表 6-4 的规定；设计使用年限为 100 年的混凝土结构，最外层钢筋的保护层厚度不应小于附表 6-4 中数值的 1.4 倍。

3. 对先张法预应力混凝土构件，预应力钢筋端部周围的混凝土应采取下列加强措施：

1）单根配置的预应力筋，其端部宜设置螺旋筋；

2）分散布置的多根预应力筋，在构件端部 10d 且不小于 100mm 长度范围内，宜设置 3~5 片与预应力筋垂直的钢筋网片，此处 d 为预应力筋的公称直径；

3）采用预应力钢丝配筋的薄板，在板端 100mm 长度范围内宜适当加密横向钢筋；

4）槽形板类构件，应在构件端部 100mm 长度范围内沿构件板面设置附加横向钢筋，其数量不应少于 2 根。

4. 在预应力混凝土屋面梁、吊车梁等构件靠近支座的斜向主拉应力较大部位，宜将一部分预应力钢筋弯起。

5. 对预应力钢筋在构件端部全部弯起的受弯构件或直线配筋的先张法构件，当构件端部与下部支承结构焊接时，应考虑混凝土收缩、徐变及温度变化所产生的不利影响，宜在构件端部可能产生裂缝的部位设置足够的非预应力纵向构造钢筋。

10.5.3 后张法构件的构造要求

1. 后张法预应力钢丝束、钢绞线束的预留孔道应符合下列规定：

1）对预制构件，孔道之间的水平净间距不宜小于 50mm，且不宜小于粗骨料粒径的 1.25 倍；孔道至构件边缘的净间距不宜小于 30mm，且不宜小于孔道直径的 50%。

2）现浇混凝土梁中，预留孔道在竖直方向的净间距不应小于孔道外径，水平方向的净间距不宜小于 1.5 倍孔道外径，且不应小于粗骨料粒径的 1.25 倍；从孔道外壁至构件边缘的净间距，梁底不宜小于 50mm，梁侧不宜小于 40mm，裂缝控制等级为三级的梁，梁底、梁侧分别不宜小于 60mm 和 50mm。

3）预留孔道的内径应比预应力钢丝束或钢绞线束外径及需穿过孔道的连接器外径大 6mm～15mm，且孔道的截面积宜为穿入预应力束截面积的 3.0～4.0 倍。

4）当有可靠经验并能保证混凝土浇筑质量时，预留孔道可水平并列贴紧布置，但并排的数量不应超过 2 束。

5）在现浇楼板中采用扁形锚固体系时，穿过每个预留孔道的预应力筋数量宜为 3～5根；在常用荷载情况下，孔道在水平方向的净间距不应超过 8 倍板厚及 1.5m 中的较大值。

6）板中单根无粘结预应力筋的间距不宜大于板厚的 6 倍，且不宜大于 1m；带状束的无粘结预应力筋根数不宜多于 5 根，带状束间距不宜大于板厚的 12 倍，且不宜大于 2.4m。

7）梁中集束布置的无粘结预应力筋，集束的水平净间距不宜小于 50mm，集束至构件边缘的净距不宜小于 40mm。

2. 对后张法预应力混凝土构件的端部锚固区，应按下列规定配置间接钢筋：

1）采用普通垫板时，应进行局部受压承载力计算，并配置间接钢筋，其体积配筋率不应小于 0.5%，垫板的刚性扩散角应取 45 度；

2）在局部受压间接钢筋配置区以外，在构件端部长度 l 不小于 $3e$（e 为截面重心线上部或下部预应力钢筋的合力点至邻近边缘的距离）但不大于 $1.2h$（h 为构件端部截面高度）、高度为 $2e$ 的附加配筋区范围内，应均匀配置附加箍筋或网片、其体积配筋率不应小于 0.5%。

3. 当构件端部预应力钢筋需集中布置在截面下部或集中布置在上部和下部时，应在构件端部 $0.2h$（h 为构件端部截面高度）范围内设置附加竖向焊接钢筋网、封闭式箍筋或其他形式的构造钢筋（图 10-23），来防止端面裂缝。

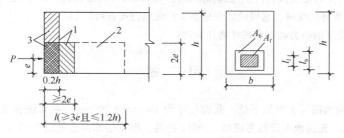

图 10-23 防止端部裂缝的配筋范围
1—局部受压间接钢筋配置区；2—附加防劈裂配筋区；3—附加防端面裂缝配筋区

附加竖向钢筋宜采用带肋钢筋，其截面面积应符合下列要求：

当 $e \leqslant 0.2h$ 时，$A_{sv} = (0.25 - e/h) N_p/f_y$。当 $e > 0.2h$ 时，可根据实际情况适当配

置构造钢筋。式中 N_p 为作用在构件端部截面重心线上部或下部预应力钢筋的合力，并乘以预应力分项系数 1.2，此时，仅考虑混凝土预压前的预应力损失值；e 为截面重心线上部或下部预应力钢筋的合力点至截面近边缘的距离。当端部截面上部和下部均有预应力钢筋时，附加竖向钢筋的总截面面积应按上部和下部的预应力合力分别计算的数值叠加后采用。

4. 当构件在端部有局部凹进时，应增设折线构造钢筋或其他有效的构造钢筋（图 10-24）。

5. 后张法预应力混凝土构件中，曲线预应力钢丝束、钢绞线束的曲率半径不宜小于 4m；对折线配筋的构件，在预应力钢筋弯折处的曲率半径可适当减小。

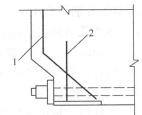

6. 在后张法预应力混凝土构件的预拉区和预压区中，应设置纵向非预应力构造钢筋；在预应力钢筋弯折处，应加密箍筋或沿弯折处内侧设置钢筋网片。

图 10-24 端部凹进处构造钢筋
1—折线构造钢筋；2—竖向构造钢筋

7. 构件端部尺寸应考虑锚具的布置、张拉设备的尺寸和局部受压的要求，必要时应适当加大。在预应力钢筋锚具下及张拉设备的支承处，应设置预埋钢垫板并按规定设置间接钢筋和附加构造钢筋。对外露金属锚具，应采取可靠的防锈措施。

思 考 题

1. 为什么在普通钢筋混凝土受弯构件中不能有效地利用高强度钢筋和高强度混凝土？而在预应力混凝土构件中必须采用高强度钢筋和高强度混凝土？

2. 什么是张拉控制应力 σ_{con}？为什么张拉控制应力不能过高也不能过低？

3. 引起预应力损失的因素有哪些？如何减少各项预应力损失？

4. 何谓预应力钢筋的预应力传递长度？影响预应力钢筋的预应力传递长度的因素有哪些？

5. 两个轴心受拉构件，设二者的截面尺寸、配筋及材料完全相同。一个施加了预应力；另一个没有施加预应力。有人认为前者在施加外荷载前钢筋中已存在有很大的拉应力，因此在承受轴心拉力以后，必然其钢筋的应力先到达抗拉强度。这种看法是否正确，试用公式表达，但不能简单地用 $N_u = f_{py} A_p$ 来说明。

6. 在预应力混凝土轴心受拉构件上施加轴向拉力，并同时开始量测构件的应变。设混凝土的极限拉应变为 ε_{tu}，试问当裂缝出现时，测得的应变是多少？试用公式表示。

7. 混凝土局部受压的应力状态和破坏特征如何？

习 题

1. 18m 跨度预应力混凝土屋架下弦，截面尺寸为 150mm×200mm。后张法施工，一端张拉并超张拉。孔道直径 50mm，充压橡皮管抽芯成型。JM12 锚具。桁架端部构造见图 10-24。预应力钢筋为钢绞线 $d = 12.0$mm（$7\Phi^s4$），非预应力钢筋为 $4\Phi 12$ 的 HRB335 级热轧钢筋。混凝土 C40。裂缝控制等级为二级。永久荷载标准值产生的轴向拉力 $N_{Gk} = 280$kN，可变荷载标准值产生的轴向拉力 $N_{Qk} = 110$kN，可变荷载的组合值系数 $\psi_c = 0.8$。混凝土达 100% 设计强度时张拉预应力钢筋。

要求进行屋架下弦使用阶段承载力计算，裂缝控制验算以及施工阶段验算。由此确定纵向预应力钢筋数量、构件端部的间接钢筋以及预应力钢筋的张拉控制力等。

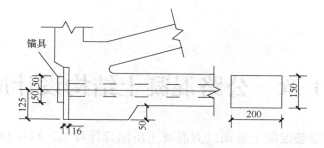

图 10-25 习题 1 图

2. 12m 预应力混凝土工字形截面梁，截面尺寸如图 10-25 所示。采用先张法台座生产，不考虑锚具变形损失，蒸汽养护，温差 $\Delta t = 20℃$，采用超张拉。设钢筋松弛损失在放张前已完成 50%，预应力钢筋采用 Φ^P5 低松弛消除应力钢丝，张拉控制应力 $\sigma_{con} = \sigma'_{con} = 0.75 f_{ptk}$，$f_{ptk} = 1570MPa$，箍筋用 HRB335 级热轧钢筋，混凝土为 C40，放张时 $f'_{cu} = 30N/mm^2$。试计算梁的各项预应力损失。

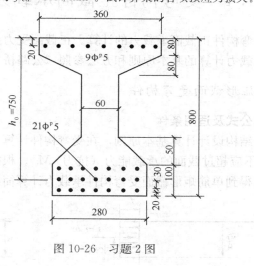

图 10-26 习题 2 图

第11章 公路混凝土结构设计原理

本章以《公路钢筋混凝土及预应力混凝土桥涵设计规范》JTG D62—2004 为依据，介绍采用近似概率极限状态设计法设计公路桥梁混凝土结构的基本内容。在本章下面内容介绍中，将《公路钢筋混凝土及预应力混凝土桥涵设计规范》JTG D62—2004 简称为《公路桥规》。

11.1 受弯构件正截面承载力计算

本节主要讨论受弯构件正截面承载力的计算。正截面受力全过程和破坏形态与第4章所述相同，正截面承载力计算的基本原则和方法参照《公路桥规》相关规定。

11.1.1 单筋矩形截面受弯构件

11.1.1.1 基本公式及适用条件

按照钢筋混凝土结构设计计算基本原则，在受弯构件计算截面上的最不利荷载基本组合效应计算值 $\gamma_0 M_d$ 不应超过截面的承载能力（抗力）M_u。根据受弯构件正截面承载力计算的基本原则，可以得到单筋矩形截面受弯构件承载力计算简图（图11-1）。

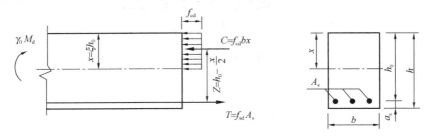

图 11-1 单筋矩形截面正截面承载力计算图示

由截面上水平方向内力之和为零的平衡条件，即 $T + C = 0$，可得

$$f_{cd}bx = f_{sd}A_s \tag{11-1}$$

由截面上对受拉钢筋合力 T 作用点的力矩之和等于零的平衡条件，可得

$$\gamma_0 M_d \leqslant M_u = f_{cd}bx\left(h_0 - \frac{x}{2}\right) \tag{11-2}$$

由对受压区混凝土合力 C 作用点取力矩之和为零的平衡条件，可得

$$\gamma_0 M_d \leqslant M_u = f_{sd}A_s\left(h_0 - \frac{x}{2}\right) \tag{11-3}$$

式中　M_d——计算截面上的弯矩组合设计值；

　　　γ_0——结构的重要性系数（见表11-1）；

M_u ——计算截面的抗弯承载力；

f_{cd} ——混凝土轴心抗压强度设计值（见附表 3-1）；

f_{sd} ——纵向受拉钢筋抗拉强度设计值（见附表 3-4）；

A_s ——纵向受拉钢筋的截面面积；

x ——按等效矩形应力图计算的受压区高度；

b ——截面宽度；

h_0 ——截面有效高度。

公路桥涵结构的安全等级   表 11-1

安全等级	破坏后果	桥涵类型	结构重要性系数 γ_0
一级	很严重	特大桥、重要大桥	1.1
二级	严重	大桥、中桥、重要小桥	1.0
三级	不严重	小桥、涵洞	0.9

式（11-1）、式（11-2）和式（11-3）仅适用于适筋梁，而不适用于超筋梁和少筋梁。因为超筋梁破坏时钢筋的实际拉应力 σ_s 并未达到抗拉强度设计值，故不能按 f_{sd} 来考虑。因此，公式的适用条件为：

（1）为防止出现超筋梁情况，计算受压区高度 x 应满足：

$$x \leqslant \xi_b h_0 \tag{11-4}$$

式中的相对界限受压区高度 ξ_b 可根据混凝土强度等级和钢筋种类由表 11-2 查得。

相对界限受压区高度   表 11-2

混凝土强度等级＼钢筋种类	ξ_b		
	C50 及以下	C55、C60	C65、C70
R235	0.62	0.60	0.58
HRB335	0.56	0.54	0.52
HRB400、KL400	0.53	0.51	0.49

注：截面受拉区内配置不同种类钢筋的受弯构件，其 ξ_b 值应选用相应于各种钢筋的较小者。

由式（11-1）可以得到计算受压区高度 x 为：

$$x = \frac{f_{sd} A_s}{f_{cd} b} \tag{11-5}$$

则相对受压区高度 ξ 为：

$$\xi = \frac{x}{h_0} = \frac{f_{sd}}{f_{cd}} \frac{A_s}{bh_0} = \rho \frac{f_{sd}}{f_{cd}} \tag{11-6}$$

由式（11-6）可见，ξ 不仅反映了配筋率 ρ，而且反映了材料的强度比值的影响，故 ξ 又被称为配筋特征值，它是一个比 ρ 更具有一般性的参数。

当 $\xi = \xi_b$ 时，可得到适筋梁的最大配筋率（ρ_{max}）为：

$$\rho_{max} = \xi_b \frac{f_{cd}}{f_{sd}} \tag{11-7}$$

适筋梁的配筋率 ρ 应满足：

$$\rho \leqslant \rho_{max} \tag{11-8}$$

式（11-8）和式（11-4）具有相同意义，目的都是防止受拉区钢筋过多而形成超筋梁，满足其中一式，另一式必然满足。在实际计算中，多采用式（11-4）。

（2）为防止出现少筋梁的情况，计算的配筋率 ρ 应当满足：

$$\rho \geqslant \rho_{\min} \tag{11-9}$$

式中，$\rho_{\min}$ 为纵向受力钢筋最小配筋率，其取值见表 11-3。

钢筋混凝土构件中纵向受力钢筋的最小配筋率（%）　　　　　表 11-3

受 力 类 型		最小配筋百分率
受压构件	全部纵向钢筋	0.5
	一侧纵向钢筋	0.2
受弯构件、偏心受拉构件及轴心受拉构件的一侧受拉钢筋		0.2 和 $45f_{td}/f_{sd}$ 中较大值
受扭构件		$0.08f_{cd}/f_{sv}$（纯扭时），$0.08(2\beta_t-1)f_{cd}/f_{sv}$（剪扭时）

注：1. 受压构件全部纵向钢筋最小配筋百分率，当混凝土强度等级为 C50 及以上时不应小于 0.6；

2. 关于不同受力类型情况的配筋率计算方法详见规范。

11.1.1.2 截面设计

截面设计是指根据截面上的弯矩组合设计值，选定材料、确定截面尺寸和配筋的计算。在桥梁工程中，最常见的截面设计工作是已知受弯构件控制截面上作用的弯矩计算值（$M = \gamma_0 M_d$）、材料和截面尺寸，要求确定钢筋数量（面积）、选择钢筋规格和进行截面上钢筋布置。

截面设计应满足承载力 M_u 不小于弯矩计算值 M，即确定钢筋数量后的截面承载力至少要等于弯矩计算值 M，所以在利用基本公式进行截面设计时，一般取 $M_u = M$ 来计算。截面设计方法及计算步骤如下：

已知弯矩计算值 M，混凝土和钢筋材料级别，截面尺寸 $b \times h$，求钢筋面积 A_s。

（1）假设钢筋截面重心到截面受拉边缘距离 a_s。在 I 类环境条件下，对于绑扎钢筋骨架的梁，可设 $a_s \approx 40\text{mm}$（布置一层钢筋时）或 65mm（布置两层钢筋时）。对于板，一般可根据板厚假设 a_s 为 25mm 或 35mm。这样可得到有效高度 h_0（最小保护层厚度的选取见表 11-4）。

（2）由式（11-2）解一元二次方程求得受压区高度 x，并满足 $x \leqslant \xi_b h_0$。

（3）由式（11-1）可直接求得所需的钢筋面积。

（4）选择钢筋直径并进行截面上布置后，得到实际配筋面积 A_s、a_s 及 h_0。实际配筋率 ρ 应满足 $\rho \geqslant \rho_{\min}$。

普通钢筋和预应力直线形钢筋最小混凝土保护层厚度（mm）　　　　　表 11-4

序号	构 件 类 别	环境条件		
		I	II	III、IV
1	基础、桩基承台（1）基坑底面有垫层或侧面有模板 （受力钢筋）（2）基坑底面无垫层或侧面无模板	40 60	50 75	60 85
2	墩台身、挡土结构、涵洞、梁、板、拱圈、拱上建筑（受力钢筋）	30	40	45

序号	构 件 类 别	环境条件		
		I	II	III、IV
3	人行道构件、栏杆（受力钢筋）	20	25	30
4	箍筋	20	25	30
5	缘石、中央分隔带、护栏等行车道构件	30	40	45
6	收缩、温度、分布、防裂等表层钢筋	15	20	25

注：I类环境是指非寒冷或寒冷地区的大气环境，与无侵蚀性的水或土接触的环境条件；

II类环境指严寒地区的大气环境，与无侵蚀性的水或土接触的环境；使用除冰盐环境；滨海环境条件；

III类环境是指海水环境；

IV类环境是受人为或自然侵蚀性物质影响的环境。

11.1.1.3 截面复核

截面复核是指已知截面尺寸、混凝土强度等级和钢筋在截面上的布置，要求计算截面的承载力 M_u 或复核控制截面承受某个弯矩计算值 M 是否安全。截面复核方法及计算步骤如下：

已知截面尺寸 b、h，混凝土和钢筋材料级别，钢筋面积 A_s 及钢筋截面重心到截面受拉边缘距离 a_s，求截面承载力 M_u。

（1）检查钢筋布置是否符合规范要求。

（2）计算配筋率 ρ，且应满足 $\rho \geqslant \rho_{min}$。

（3）由式（11-1）计算受压区高度 x。

（4）若 $x > \xi_b h_0$，则为超筋截面，其承载能力为

$$M_u = f_{cd} b h_0^2 \xi_b (1 - 0.5\xi_b) \tag{11-10}$$

当由式（11-10）求得的 $M_u < M$ 时，可采取提高混凝土等级、修改截面尺寸，或改为双筋截面等措施。

（5）当 $x \leqslant \xi_b h_0$ 时，由式（11-2）或式（11-3）可计算得到 M_u。

应该进一步说明的是，在使用基本公式解算截面设计中某些问题时，例如已知弯矩计算值 M 和材料，要求确定截面尺寸和所需钢筋数量时，未知数将会多于基本公式的数目，这时可以根据构造规定或工程经验来提供假设值，如配筋率 ρ，可选取 $\rho=0.6\% \sim 1.5\%$（矩形梁）或取 $\rho=0.3\% \sim 0.8\%$（板），则问题可解。

11.1.2 双筋矩形截面受弯构件

11.1.2.1 双筋截面适用情况

由式（11-10）可知，单筋矩形截面适筋梁的最大承载能力为 $M_u = f_{cd} b h_0^2 \xi_b (1 - 0.5\xi_b)$。因此，当截面承受的弯矩组合设计值 M_d 较大，而梁截面尺寸受到使用条件限制或混凝土强度又不宜提高的情况下，又出现 $\xi > \xi_b$ 而承载能力不足时，则应改用双筋截面。即在截面受压区配置钢筋来协助混凝土承担压力且将 ξ 减小到 $\xi \leqslant \xi_b$，破坏时受拉区钢筋应力可达到屈服强度，而受压区混凝土不致过早压碎。

此外，当梁截面承受异号弯矩时，必须采用双筋截面。有时，由于结构本身受力图式的变化，例如连续梁的内支点处截面，将会产生事实上的双筋截面。

11.1.2.2 基本计算公式及适用条件

双筋矩形截面受弯构件正截面抗弯承载力计算图示如图 11-2。

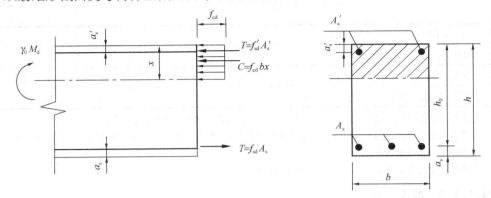

图 11-2 双筋矩形截面的正截面承载力计算图示

由截面上水平方向内力之和为零的平衡条件，即 $T + C + T' = 0$，可得

$$f_{cd}bx + f'_{sd}A'_s = f_{sd}A_s \tag{11-11}$$

由截面上对受拉钢筋合力 T 作用点的力矩之和等于零的平衡条件，可得

$$\gamma_o M_d \leqslant M_u = f_{cd}bx\left(h_0 - \frac{x}{2}\right) + f'_{sd}A'_s(h_0 - a'_s) \tag{11-12}$$

由截面上对受压钢筋合力 T' 作用点的力矩之和等于零的平衡条件，可得

$$\gamma_0 M_d \leqslant M_u = -f_{cd}bx\left(\frac{x}{2} - a'_s\right) + f_{sd}A_s(h_0 - a'_s) \tag{11-13}$$

式中　f'_{sd}——受压区钢筋的抗压强度设计值（见附表 3-4）；

　　　A'_s——受压区钢筋的截面面积；

　　　a'_s——受压区钢筋合力点至截面受压边缘的距离；

其他符号与单筋矩形截面相同。

基本计算公式的适用条件为：

（1）为了防止出现超筋梁情况，计算受压区高度 x 应满足：

$$x \leqslant \xi_b h_0 \tag{11-14}$$

（2）为了保证受压钢筋 A'_s 达到抗压强度设计值 f'_{sd}，计算受压区高度 x 应满足：

$$x \geqslant 2a'_s \tag{11-15}$$

在实际设计中，若求得 $x < 2a'_s$，则表明受压钢筋 A'_s 可能达不到其抗压强度设计值。对于受压钢筋混凝土保护层厚度不大的情况，《公路桥规》规定，这时可取 $x = 2a'_s$，即假设混凝土压应力合力作用点与受压区钢筋 A'_s 合力作用点相重合（图 11-3），对受压钢筋合力作用点取矩，可得到正截面抗弯承载力的近似表达式为

$$M_u = f_{sd}A_s(h_0 - a'_s) \tag{11-16}$$

双筋截面的配筋率 ρ 一般均能大于 ρ_{min}，所以往往不必再予检算。

11.1.2.3 截面设计

双筋截面设计的任务是确定受拉钢筋 A_s 和受压钢筋 A'_s 的数量。利用基本公式进行截面设计时，仍取 $M = \gamma_o M_d = M_u$ 来计算。一般有下列两种计算情况：

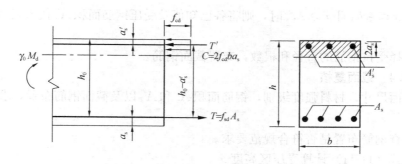

图 11-3　$x < 2a'_s$ 时 M_u 的计算图

情况 1　已知截面尺寸、材料强度级别、弯矩计算值 $M = \gamma_0 M_d$，求受拉钢筋面积 A_s 和受压钢筋面积 A'_s。

（1）假设 a_s 和 a'_s，求得 $h_0 = h - a_s$。

（2）验算是否需要采用双筋截面。当下式满足时，需采用双筋截面：

$$M > M_u = f_{cd} b h_0^2 \xi_b (1 - 0.5\xi_b) \tag{11-17}$$

（3）利用基本公式求解 A'_s，有 A'_s、A_s 及 x 三个未知数，故尚需增加一个条件才能求解。在实际计算中，应使截面的总钢筋截面积（$A_s + A'_s$）为最小。

由式（11-11）和式（11-12）可得 $A_s + A'_s$，即

$$A_s + A'_s = \frac{f_{cd} b h_0}{f_{sd}} \xi + \frac{M - f_{cd} b h_0^2 \xi (1 - 0.5\xi)}{(h_0 - a'_s) f'_{sd}} \left(1 + \frac{f'_{sd}}{f_{sd}}\right)$$

将上式对 ξ 求导数，并令 $d(A_s + A'_s)/d\xi = 0$，可得

$$\xi = \frac{f_{sd} + f'_{sd} \dfrac{a'_s}{h_0}}{f_{sd} + f'_{sd}}$$

当 $f_{sd} = f'_{sd}$，$\dfrac{a'_s}{h_0} = (0.05 \sim 0.15)$ 时，可得 $\xi = (0.525 \sim 0.575)$。为简化，对于普通钢筋，可取 $\xi = \xi_b$，再利用（11-12）求得受压区普通钢筋所需面积 A'_s。

（4）求 A_s。将 $x = \xi_b h_0$ 及受压钢筋 A'_s 计算值代入式（11-11），求得所需受拉钢筋面积 A_s。

（5）分别选择受压钢筋和受拉钢筋直径及根数，并进行截面钢筋布置。

这种情况的配筋计算，实际是利用 $\xi = \xi_b$ 来确定 A_s 与 A'_s，故基本公式适用条件已满足。

情况 2　已知截面尺寸，材料强度等级，受压区普通钢筋面积 A'_s 及布置，弯矩计算值 $M = \gamma_0 M_d$，求受拉钢筋面积 A_s。

（1）假设 a_s，求得 $h_0 = h - a_s$。

（2）求受压区高度 x。将各已知值代入式（11-12），可得

$$x = h_0 - \sqrt{h_0^2 - \frac{2[M - f'_{sd} A'_s (h_0 - a'_s)]}{f_{cd} b}} \tag{11-18}$$

（3）当 $x < \xi_b h_0$ 且 $x < 2a'_s$ 时，根据《公路桥规》规定，可由式（11-16）求得所需受拉钢筋面积为 $A_s = \dfrac{M}{f_{sd}(h_0 - a'_s)}$。

（4）当 $x \leqslant \xi_b h_0$ 且 $x \geqslant 2a'_s$ 时，则将各已知值及受压钢筋面积 A'_s 代入式（11-11），可求得 A_s 值。

（5）选择受拉钢筋的直径和根数，布置截面钢筋。

11.1.2.4 截面复核

已知截面尺寸，材料强度级别，钢筋面积 A_s 和 A'_s 以及截面钢筋布置，求截面承载力 M_u。

（1）检查钢筋布置是否符合规范要求。

（2）由式（11-11）计算受压区高度 x。

（3）若 $x \leqslant \xi_b h_0$ 且 $x < 2a'_s$，则由式（11-16）求得考虑受压钢筋部分作用的正截面承载力 M_u。

（4）若 $2a'_s \leqslant x \leqslant \xi_b h_0$，由式（11-12）或式（11-13）可求得双筋矩形截面抗弯承载力 M_u。

11.2 受弯构件斜截面承载力计算

受弯构件在荷载作用下，除由弯矩作用产生法向应力外，同时还伴随着剪力作用产生剪应力。法向应力和剪应力结合，又产生斜向主拉应力和主压应力。本节简要介绍公路桥梁受弯构件斜截面承载力计算公式，对于斜截面的受力特点和破坏形态，以及影响受弯构件抗剪承载力的主要因素可参考前面相关章节。

11.2.1 受弯构件的斜截面抗剪承载力

11.2.1.1 斜截面抗剪承载力计算的基本公式及适用条件

配有箍筋和弯起钢筋的钢筋混凝土梁，当发生剪压破坏时，其抗剪承载力 V_u 是由剪压区混凝土抗剪力 V_c，箍筋所能承受的剪力 V_{sv} 和弯起钢筋所能承受的剪力 V_{sb} 所组成（图 11-4），即

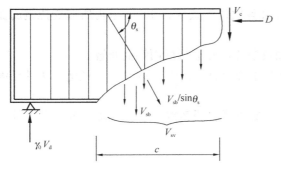

图 11-4 斜截面抗剪承载力计算图

$$V_u = V_c + V_{sv} + V_{sb} \quad (11-19)$$

在有腹筋梁中，箍筋的存在抑制了斜裂缝的开展，使剪压区面积增大，导致了剪压区混凝土抗剪能力的提高。其提高程度与箍筋的抗拉强度和配箍率有关。因而，式（11-19）中的 V_c 与 V_{sv} 是紧密相关的，但两者目前尚无法分别予以精确定量，而只能用 V_{cs} 来表达混凝土和箍筋的综合抗剪承载力，即

$$V_u = V_{cs} + V_{sb} \quad (11-20)$$

《公路桥规》根据国内外的有关试验资料，对配有腹筋的钢筋混凝土梁斜截面抗剪承载力的计算采用下述半经验半理论的公式：

$$\gamma_0 V_d \leqslant V_u = \alpha_1 \alpha_2 \alpha_3 (0.45 \times 10^{-3}) b h_0 \sqrt{(2 + 0.6p) \sqrt{f_{cu,k}} \rho_{sv} f_{sv}}$$
$$+ (0.75 \times 10^{-3}) f_{sd} \Sigma A_{sb} \sin\theta_s \qquad (11\text{-}21)$$

式中　V_d——斜截面受压端正截面上由作用（或荷载）效应所产生的最大剪力组合设计值（kN）；

　　　γ_0——桥梁结构的重要性系数（见表 11-1）；

　　　α_1——异号弯矩影响系数，计算简支梁和连续梁近边支点梁段的抗剪承载力时，$\alpha_1 = 1.0$；计算连续梁和悬臂梁近中间支点梁段的抗剪承载力时，$\alpha_1 = 0.9$；

　　　α_2——预应力提高系数。对钢筋混凝土受弯构件，$\alpha_2 = 1$；

　　　α_3——受压翼缘的影响系数，对具有受压翼缘的截面，取 $\alpha_3 = 1.1$；

　　　p——斜截面内纵向受拉钢筋的配筋率，$p = 100\rho$，$\rho = A_s / bh_0$，当 $p > 2.5$ 时，取 $p = 2.5$；

　　　$f_{cu,k}$——混凝土立方体抗压强度标准值（MPa）；

　　　ρ_{sv}——箍筋配筋率，$\rho_{sv} = \dfrac{A_{sv}}{bS_v}$。$A_{sv}$ 是斜截面内配置在沿梁长度方向一个箍筋间距 s_v 范围内的箍筋各肢总截面面积。S_v 是沿梁长度方向箍筋间距。b 是截面宽度，对 T 形截面梁 b 为肋宽；

　　　f_{sv}——箍筋抗拉强度设计值（MPa）；

　　　f_{sd}——弯起钢筋的抗拉强度设计值（MPa）；

　　　A_{sb}——斜截面内在同一个弯起钢筋平面内的弯起钢筋总截面面积（mm²）；

　　　θ_s——弯起钢筋的切线与构件水平纵向轴线的夹角。

这里需指出以下几点：

（1）式（11-21）所表达的斜截面抗剪承载力中，第一项为混凝土和箍筋提供的综合抗剪承载力，第二项为弯起钢筋提供的抗剪承载力。当不设弯起钢筋时，梁的斜截面抗剪力 V_u 等于 V_{cs}。

（2）斜截面抗剪承载力计算公式的上、下限值。

①一般是用限制截面最小尺寸的办法，防止梁发生斜压破坏。《公路桥规》规定，矩形、T 形和 I 形截面受弯构件，其截面尺寸应符合下列要求（计算公式上限值）：

$$\gamma_0 V_d \leqslant (0.51 \times 10^{-3}) \sqrt{f_{cu,k}} b h_0 \qquad (11\text{-}22)$$

式中　V_d——验算截面处由作用（或荷载）产生的剪力组合设计值（kN）；

　　　$f_{cu,k}$——混凝土立方体抗压强度标准值（MPa）；

　　　b——相应于剪力组合设计值处矩形截面的宽度（mm），或 T 形和 I 形截面腹板宽度（mm）；

　　　h_0——相应于剪力组合设计值处截面的有效高度（mm）。

若式（11-22）不满足，则应加大截面尺寸或提高混凝土强度等级。

②《公路桥规》还规定，矩形、T 形和 I 形截面受弯构件，如符合下式要求时，则不需进行斜截面抗剪承载力计算，仅需按构造要求配置箍筋（计算公式下限值）。

$$\gamma_0 V_d \leqslant (0.5 \times 10^{-3}) \alpha_2 f_{td} b h_0 \qquad (11\text{-}23)$$

式中的 f_{td} 为混凝土抗拉强度设计值（MPa）（见附表 3-1），其他符号的物理意义及相应取用单位与式（11-22）相同。

对于板，可采用下式来计算

$$V_d \leqslant 1.25 \times (0.5 \times 10^{-3}) \alpha_2 f_{td} b h_0 \qquad (11-24)$$

11. 2. 1. 2　等高度简支梁腹筋的初步设计

等高度简支梁腹筋的初步设计，可以按照式（11-21）、式（11-22）和式（11-23）进行，即根据梁斜截面抗剪承载力要求配置箍筋、初步确定弯起钢筋的数量及弯起位置。

已知条件是：梁的计算跨径 L 及截面尺寸、混凝土强度等级、纵向受拉钢筋及箍筋抗拉设计强度，跨中截面纵向受拉钢筋布置，梁的计算剪力包络图（图 11-5）。

（1）根据已知条件及支座中心处的最大剪力计算值 $V_0 = \gamma_0 V_{d,0}$，$V_{d,0}$ 为支座中心处最大剪力组合设计值，按照式（11-22），对截面尺寸做进一步检查，若不满足，必须修改截面尺寸或提高混凝土强度等级，以满足式（11-22）的要求。

（2）由式（11-23）求得按构造要求配置箍筋的剪力 V，由计算剪力包络图可得到按构造配置箍筋的区段长度 l_1。

（3）在支点和按构造配置箍筋区段之间的计算剪力包络图中的计算剪力应该由混凝土、箍筋和弯起钢筋共同承担，但各自承担多大比例，涉及计算剪力包络图面积的合理分配问题。《公路桥规》规定：最大剪力计算值取用距支座中心 $h/2$（梁高一半）处截面的数值（记做 V'），其中混凝土和箍筋共同承担不少于 60%；弯起钢筋（按 45°弯起）承担不超过 40%。

（4）箍筋设计

现取混凝土和箍筋共同的抗剪能力 $V_{cs} = 0.6 V'$，在式（11-21）中不考虑弯起钢筋的部分，则可得

$$0.6 V' = \alpha_1 \alpha_3 (0.45 \times 10^{-3}) b h_0 \sqrt{(2 + 0.6 p) \sqrt{f_{cu,k}} \rho_{sv} f_{sv}}$$

解得斜截面内箍筋配筋率为

$$\rho_{sv} = \frac{1.78 \times 10^6}{(2 + 0.6 p) \sqrt{f_{cu,k}} f_{sv}} \left(\frac{V'}{\alpha_1 \alpha_3 b h_o} \right)^2 > (\rho_{sv})_{min} \qquad (11-25)$$

当选择了箍筋直径（单肢面积为 a_{sv}）及箍筋肢数（n）后，得到箍筋截面积 $A_{sv} = n a_{sv}$，则箍筋计算间距（mm）为

$$S_v = \frac{\alpha_1^2 \alpha_3^2 (0.56 \times 10^{-6})(2 + 0.6 p) \sqrt{f_{cu,k}} A_{sv} f_{sv} b h_0^2}{(V')^2} \qquad (11-26)$$

取整并满足规范要求后，即可确定箍筋间距。

（5）弯起钢筋的数量及初步的弯起位置

弯起钢筋是由纵向受拉钢筋弯起而成，常对称于梁跨中线成对弯起，以承担图 11-5 中计算剪力包络图中分配的计算剪力。

考虑到梁支座处的支承反力较大以及纵向受拉钢筋的锚固要求，《公路桥规》规定，在钢筋混凝土梁的支点处，应至少有两根并且不少于总数 1/5 的下层受拉主钢筋通过。就是说，这部分纵向受拉钢筋不能在梁间弯起，而其余的纵向受拉钢筋可以在满足规范要求的条件下弯起。

根据梁斜截面抗剪要求，所需的第 i 排弯起钢筋的截面面积，要根据图 11-5 分配的、

应由第 i 排弯起钢筋承担的计算剪力值 $V_{\mathrm{sb}i}$ 来决定。由式（11-21），且仅考虑弯起钢筋，则可得到

$$V_{\mathrm{sb}i} = (0.75 \times 10^{-3}) f_{\mathrm{sd}} A_{\mathrm{sb}i} \sin\theta_{\mathrm{s}}$$

$$A_{\mathrm{sb}i} = \frac{1333.33 V_{\mathrm{sb}i}}{f_{\mathrm{sd}} \sin\theta_{\mathrm{s}}} \tag{11-27}$$

式中的符号意义及单位见式（11-21）。

对于式（11-27）中计算剪力 $V_{\mathrm{sb}i}$ 的取值方法，《公路桥规》规定：

①计算第一排（从支座向跨中计算）弯起钢筋（即图 11-5 中所示 $A_{\mathrm{sb}1}$）时，取用距支座中心 $h/2$ 处由弯起钢筋承担的那部分剪力值 $0.4V'$。

②计算以后每一排弯起钢筋时，取用前一排弯起钢筋弯起点处由弯起钢筋承担的那部分剪力值。

同时，《公路桥规》对弯起钢筋的弯角及弯筋之间的位置关系有以下要求：

①钢筋混凝土梁的弯起钢筋一般与梁纵轴成 45°角。弯起钢筋以圆弧弯折，圆弧半径（以钢筋轴线为准）不宜小于 20 倍钢筋直径。

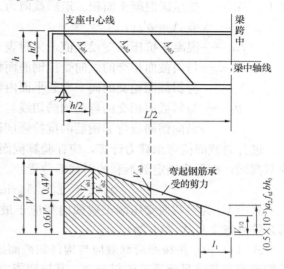

图 11-5 腹筋初步设计计算图

②简支梁第一排（对支座而言）弯起钢筋的末端弯折点应位于支座中心截面处（图 11-5），以后各排弯起钢筋的末端弯折点应落在或超过前一排弯起钢筋弯起点截面。

根据《公路桥规》上述要求及规定，可以初步确定弯起钢筋的位置及要承担的计算剪力值 $V_{\mathrm{sb}i}$，从而由式（11-27）计算得到所需的每排弯起钢筋的数量。

11.2.2 受弯构件的斜截面抗弯承载力

图 11-6 为斜截面抗弯承载力的计算图示，对斜截面顶端受压区压力合力作用点取力矩平衡，可得斜截面抗弯承载力计算的基本公式：

$$\gamma_0 M_{\mathrm{d}} \leqslant M_{\mathrm{u}} = f_{\mathrm{sd}} A_{\mathrm{s}} Z_{\mathrm{s}} + \Sigma f_{\mathrm{sd}} A_{\mathrm{sb}} Z_{\mathrm{sb}} + \Sigma f_{\mathrm{sv}} A_{\mathrm{sv}} Z_{\mathrm{sv}} \tag{11-28}$$

式中 M_{d}——斜截面受压顶端正截面的最大弯矩组合设计值；

A_{s}、A_{sv}、A_{sb}——分别为与斜截面相交的纵向受拉钢筋、箍筋与弯起钢筋的截面面积；

Z_{s}、Z_{sv}、Z_{sb}——分别为钢筋 A_{s}、A_{sv} 和 A_{sb} 的合力点对混凝土受压区中心点 O 的

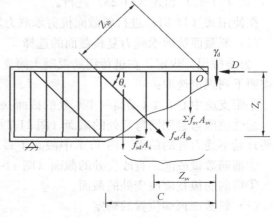

图 11-6 斜截面抗弯承载力计算图示

力臂。

式（11-28）中的 Z_s、Z_{sv} 和 Z_{sb} 值与混凝土受压区中心点位置 o 有关。斜截面顶端受压区高度 x，可由作用于斜截面内所有的力对构件纵轴的投影之和为零的平衡条件得到

$$A_c f_{cd} = f_{sd}A_s + f_{sd}A_{sb}\cos\theta_s \qquad (11\text{-}29)$$

式中　A_c——受压区混凝土面积。矩形截面为 $A_c = bx$；T 形截面为 $A_c = bx + (b'_f - b)h_f$
　　　　　　或 $A_c = b'_f x$；

　　　f_{cd}——混凝土抗压强度设计值，见附表 3-1；

　　　A_s——与斜截面相交的纵向受拉钢筋面积；

　　　A_{sb}——与斜截面相交的同一弯起平面内弯起钢筋总面积；

　　　θ_s——与斜截面相交的弯起钢筋切线与梁水平纵轴的交角；

　　　f_{sd}——纵向钢筋或弯起钢筋的抗拉强度设计值，见附表 3-4。

进行斜截面抗弯承载力计算，应在验算截面处，自下而上沿斜向来计算几个不同角度的斜截面，按下式确定最不利的斜截面位置：

$$\gamma_0 V_d = \Sigma\, f_{sd}A_{sb}\sin\theta_s + \Sigma\, f_{sv}A_{sv} \qquad (11\text{-}30)$$

式中 V_d 为斜截面受压端正截面内相应于最大弯矩组合设计值时的剪力组合设计值，其余符号意义见式（11-29）。

式（11-30）是按照荷载效应与构件斜截面抗弯承载力之差为最小的原则推导出来的，其物理意义是满足此要求的斜截面，其抗弯能力最小。

最不利斜截面位置确定后，才可按式（11-28）来计算斜截面的抗弯承载力。

11.2.3　全梁承载能力校核与构造要求

在梁的弯起钢筋设计中，按照抵抗弯矩图外包弯矩包络图原则，并且使弯起位置符合规范要求，故梁间任一正截面和斜截面的抗弯承载力已经满足要求，不必再进行复核。但是，本章 11.2.1.2 中介绍的腹筋设计，仅仅是根据近支座斜截面上的荷载效应（即计算剪力包络图）进行的，并不能得出梁间其他斜截面抗剪承载力一定大于或等于相应的剪力计算值 $V = \gamma_0 V_d$，因此，应该对已配置腹筋的梁进行斜截面抗剪承载力复核。

对已基本设计好腹筋的钢筋混凝土简支梁的斜截面抗剪承载力复核，采用式（11-21），式（11-22）和式（11-23）进行。

在使用式（11-21）进行斜截面抗剪承载力复核时，应注意以下问题。

（1）斜截面抗剪承载力复核截面的选择

《公路桥规》规定，在进行钢筋混凝土简支梁斜截面抗剪承载力复核时，其复核位置应按照下列规定选取：

①距支座中心 $h/2$（梁高一半）处的截面（图 11-7 中截面 1-1）；

②受拉区弯起钢筋弯起处的截面（图 11-7 中截面 2-2，3-3），以及锚于受拉区的纵向钢筋开始不受力处的截面（图 11-7 中截面 4-4）；

③箍筋数量或间距有改变处的截面（图 11-7 中截面 5-5）；

④梁的肋板宽度改变处的截面。

（2）斜截面顶端位置的确定

按照式（11-21）进行斜截面抗剪承载力复核时，式中的 V_d、b 和 h_0 均指斜截面顶端

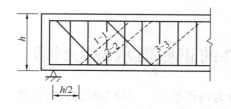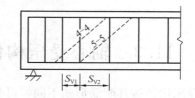

图 11-7　斜截面抗剪承载力的复核截面位置示意图

位置处的数值。但图 11-7 仅指出了斜截面底端的位置，而此时通过底端的斜截面的方向角 β（图 11-8 中 b' 点）是未知的，它受到斜截面投影长度 c 的控制。同时，式（11-21）中计入斜截面抗剪承载力计算的箍筋和弯起钢筋（斜筋）的数量，显然也受到斜截面投影长度 c 的控制。

斜截面投影长度 c 是自纵向钢筋与斜裂缝底端相交点至斜裂缝顶端距离的水平投影长度，其大小与有效高度 h_0 和剪跨比 $\dfrac{M}{Vh_0}$ 有关。根据国内外的试验资料，《公路桥规》建议斜截面投影长度 c 的计算式为：

$$c = 0.6mh_0 = 0.6\frac{M_d}{V_d} \tag{11-31}$$

式中　m——斜截面受压端正截面处的广义剪跨比，$m = \dfrac{M_d}{V_d h_0}$，当 $m > 3$ 时，取 $m = 3$；

$\quad\quad V_d$——通过斜截面顶端正截面的剪力组合设计值；

$\quad\quad M_d$——相应于上述最大剪力组合设计值的弯矩组合设计值。

由此可见，只有通过试算方法，当算得的某一水平投影长度 c' 值正好或接近斜截面底端 a 点时（图 11-8），才能进一步确定验算斜截面的顶端位置。

采用试算方法确定斜截面的顶端位置的工作太麻烦，也可采用下述简化计算方法：

①按照图 11-7 来选择斜截面底端位置。

②以底端位置向跨中方向取距离为 h_0 的截面，认为验算斜截面顶端就在此正截面上。

③由验算斜截面顶端的位置坐标，可以从内力包络图推得该截面上的最大剪力组合设计值 $V_{d,x}$ 及相应的弯矩组合设计值 $M_{d,x}$，进而求得剪跨比 $m = \dfrac{M_{d,x}}{V_{d,x}h_0}$ 及斜截面投影长度 $c = 0.6mh_0$。

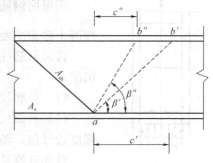

图 11-8　斜截面投影长度

由斜截面投影长度 c，可确定与斜截面相交的纵向受拉钢筋配筋百分率 p、弯起钢筋数量 A_{sb} 和箍筋配筋率 ρ_{sv}。

取验算斜截面顶端正截面的有效高度 h_0 及宽度 b。

④将上述各值及与斜裂缝相交的箍筋和弯起钢筋数量代入式（11-21），即可进行斜截面抗剪承载力复核。

上述简化计算方法，实际上是通过已知的斜截面底端位置（即按《公路桥规》所规定检算斜截面的位置），近似确定斜截面顶端位置，从而减少了斜截面投影长度 c 的试算工作量。

11.3 轴心受压构件的正截面承载力计算

轴心受压构件按其配筋形式不同，可分为两种形式：一种为配有纵向钢筋及普通箍筋的构件，称为普通箍筋柱（直接配筋）；另一种为配有纵向钢筋和密集的螺旋箍筋或焊接环形箍筋的构件，称为螺旋箍筋柱（间接配筋）。在一般情况下，承受同一荷载时，螺旋箍筋柱所需截面尺寸较小，但施工较复杂，用钢量较多，一般只在承受荷载较大，而截面尺寸又受到限制时才采用。

11.3.1 配有纵向钢筋和普通箍筋的轴心受压构件

《公路桥规》规定配有纵向受力钢筋和普通箍筋的轴心受压构件正截面承载力计算式（图 11-9）为

$$\gamma_0 N_d \leqslant N_u = 0.9\varphi(f_{cd}A + f'_{sd}A'_s) \tag{11-32}$$

式中　　N_d——轴向力组合设计值；

　　　　φ——轴心受压构件稳定系数（见附表 7-3）；

　　　　A——构件毛截面面积；

　　　　A'_s——全部纵向钢筋截面面积；

　　　　f_{cd}——混凝土轴心抗压强度设计值；

　　　　f'_{sd}——纵向普通钢筋抗压强度设计值。

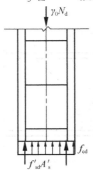

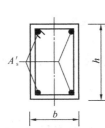

图 11-9　普通箍筋
柱正截面承载力
计算图示

当纵向钢筋配筋率 $\rho' = \dfrac{A'_s}{A} > 3\%$ 时，式（11-32）中 A 应改用混凝土截面净面积 $A_n = A - A'_s$。

普通箍筋柱的正截面承载力计算分为截面设计和强度复核两种情况。

（1）截面设计

已知截面尺寸，计算长度 l_0，混凝土轴心抗压强度和钢筋抗压强度设计值，轴向压力组合设计值 N_d，求纵向钢筋所需面积 A'_s。

首先计算长细比，在式（11-32）中，令 $N_u = \gamma_0 N_d$，γ_0 为结构重要性系数，则可得到

$$A'_s = \frac{1}{f'_{sd}}\left(\frac{\gamma_0 N_d}{0.9\varphi} - f_{cd}A\right) \tag{11-33}$$

由 A'_s 计算值及构造要求选择并布置钢筋。

（2）截面复核

已知截面尺寸，计算长度 l_0，全部纵向钢筋的截面面积 A'_s，混凝土轴心抗压强度和钢筋抗压强度设计值，轴向力组合设计值 N_d，求截面承载力 N_u。

首先应检查纵向钢筋及箍筋布置构造是否符合要求。

由已知截面尺寸和计算长度 l_0，计算长细比，并由附表 7-3 查得相应的稳定系数 φ。由式（11-32）计算轴心受压构件正截面承载力 N_u，且应满足 $N_u > \gamma_0 N_d$。

11.3.2 配有纵向钢筋和螺旋箍筋的轴心受压构件

螺旋箍筋柱的正截面破坏时，核心混凝土压碎、纵向钢筋已经屈服，而在破坏之前，柱的混凝土保护层早已剥落。

根据图 11-10 所示螺旋箍筋柱截面受力情况，由平衡条件可得到

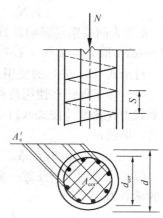

$$N_u = f_{cc} A_{cor} + f'_s A'_s \qquad (11-34)$$

式中　f_{cc}——处于三向压应力作用下核心混凝土的抗压强度；

　　　A_{cor}——核心混凝土面积；

　　　f'_s——纵向钢筋抗压强度；

　　　A'_s——纵向钢筋面积。

螺旋箍筋对其核心混凝土的约束作用，使混凝土抗压强度提高，根据圆柱体三向受压试验结果，约束混凝土的轴心抗压强度可用下式近似表达：

图 11-10　螺旋箍筋柱受力计算图示

$$f_{cc} = f_c + k' \sigma_2 \qquad (11-35)$$

式中　σ_2——作用于核心混凝土的径向压应力值。

螺旋箍筋柱破坏，螺旋箍筋达到了屈服强度，它对核心混凝土提供了最后的侧压应力。现取螺旋箍筋间距 S 范围内，沿螺旋箍筋的直径切开成脱离体（图 11-11），由隔离体的平衡条件可得到

$$\sigma_2 d_{cor} S = 2 f_s A_{s01}$$

整理后为

$$\sigma_2 = \frac{2 f_s A_{s01}}{d_{cor} S} \qquad (11-36)$$

式中　A_{s01}——单根螺旋箍筋的截面面积；

　　　f_s——螺旋箍筋的抗拉强度；

　　　S——螺旋箍筋的间距（图 11-10）；

　　　d_{cor}——截面核心混凝土的直径，$d_{cor} = d - 2c$，c 为纵向钢筋至柱截面边缘的径向混凝土保护层厚度。

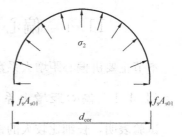

图 11-11　螺旋箍筋的受力状态

现将间距为 S 的螺旋箍筋，按钢筋体积相等的原则换算成纵向钢筋的面积，称为螺旋箍筋柱的间接钢筋换算截面面积 A_{s0}，即

$$\pi d_{cor} A_{s01} = A_{s0} S \qquad A_{s0} = \frac{\pi d_{cor} A_{s01}}{S} \qquad (11-37)$$

将式（11-37）代入式（11-36），则可得到

$$\sigma_2 = \frac{2 f_s A_{s01}}{d_{cor} S} = \frac{2 f_s}{d_{cor} S} \cdot \frac{A_{s0} S}{\pi d_{cor}} = \frac{2 f_s A_{s0}}{\pi (d_{cor})^2} = \frac{f_s A_{s0}}{2 \cdot \frac{\pi (d_{cor})^2}{4}} = \frac{f_s A_{s0}}{2 A_{cor}}$$

将 $\sigma_2 = \dfrac{f_s A_{s0}}{2 A_{cor}}$ 代入式（11-35），可得到

$$f_{cc} = f_c + \frac{k' f_s A_{s0}}{2 A_{cor}} \tag{11-38}$$

将式（11-38）代入式（11-34），整理并考虑实际间接钢筋作用影响，即得到螺旋箍筋柱正截面承载力的计算式并应满足：

$$\gamma_0 N_d \leqslant N_u = 0.9(f_{cd} A_{cor} + k f_{sd} A_{s0} + f'_{sd} A'_s) \tag{11-39}$$

k 称为间接钢筋影响系数，$k = k'/2$，混凝土强度等级为 C50 及以下时，取 $k = 2.0$；C50～C80 取 $k = 2.0 \sim 1.70$，中间值直线插入取用。

对于式（11-39）的使用，《公路桥规》有如下规定条件：

（1）为了保证在使用荷载作用下，螺旋箍筋混凝土保护层不致过早剥落，螺旋箍筋柱的承载力计算值［按式（11-39）计算］不应比按式（11-32）计算的普通箍筋柱承载力大 50%，即满足：

$$0.9(f_{cd} A_{cor} + k f_{sd} A_{s0} + f'_{sd} A'_s) \leqslant 1.35 \varphi(f_{cd} A + f'_{sd} A'_s) \tag{11-40}$$

（2）当遇到下列任意一种情况时，不考虑螺旋箍筋的作用，而按式（11-32）计算构件的承载力。

①当构件长细比 $\lambda = \dfrac{l_0}{r} \geqslant 48$（$r$ 为截面最小回转半径，l_0 为计算长度，其取值见附表 7-2）时，对圆形截面柱，长细比 $\lambda = \dfrac{l_0}{d} \geqslant 12$（$d$ 为圆形截面直径时）。这是由于长细比较大的影响，螺旋箍筋不能发挥其作用；

②当按式（11-39）计算承载力小于按式（11-32）计算的承载力时，因为式（11-39）中只考虑了混凝土核心面积，当柱截面外围混凝土较厚时，核心面积相对较小，会出现这种情况，这时就应按式（11-32）进行柱的承载力计算；

③当 $A_{s0} < 0.25 A'_s$ 时，螺旋钢筋配置得太少，不能起显著作用。

11.4 偏心受压构件的正截面承载力计算

本节主要讲偏心距增大系数以及矩形截面偏心受压构件正截面承载力计算。

11.4.1 偏心距增大系数

试验表明，长细比较大的钢筋混凝土柱，在偏心荷载作用下，构件在弯矩作用平面内将发生纵向弯曲，从而导致初始偏心距的增加，使柱的承载力降低。

初始偏心距为 e_0 的压力 N 引起的截面实际弯矩应为

$$M = N(e_0 + u) = N \frac{e_0 + u}{e_0} e_0$$

令

$$\eta = \frac{e_0 + u}{e_0} = 1 + \frac{u}{e_0} \tag{11-41}$$

则

$$M = N \times \eta e_0$$

η 称为偏心受压构件考虑纵向挠曲影响（二阶效应）的轴向力偏心距增大系数。η 越大表明二阶弯矩的影响越大，则截面所承担的一阶弯矩 Ne_0 在总弯矩中所占比例就相对越小。当偏心受压构件为短柱时，则 $\eta = 1$。

《公路桥规》根据偏心压杆的极限曲率理论分析，规定偏心距增大系数 η 计算表达式为

$$\eta = 1 + \frac{1}{1400(e_0/h_0)} \left(\frac{l_0}{h}\right)^2 \zeta_1 \zeta_2 \qquad (11\text{-}42a)$$

$$\zeta_1 = 0.2 + 2.7 \frac{e_0}{h_0} \leqslant 1.0 \qquad (11\text{-}42b)$$

$$\zeta_2 = 1.15 - 0.01 \frac{l_0}{h} \leqslant 1.0 \qquad (11\text{-}42c)$$

式中　l_0 ——构件的计算长度，见附表 7-2；

　　　e_0 ——轴向力对截面重心轴的偏心距；

　　　h_0 ——截面的有效高度。对圆形截面取 $h_0 = r + r_s$，r 为圆形截面半径，r_s 为等效钢环的壁厚中心至截面圆心的距离；

　　　h ——截面的高度。对圆形截面取 $h = d_1$，d_1 为圆形截面直径；

　　　ζ_1 ——荷载偏心率对截面曲率的影响系数；

　　　ζ_2 ——构件长细比对截面曲率的影响系数。

《公路桥规》规定，计算偏心受压构件正截面承载力时，对长细比 $l_0/r > 17.5$（r 为构件截面回转半径）的构件或长细比 l_0/h（矩形截面）> 5、长细比 l_0/d_1（圆形截面）> 4.4 的构件，应考虑构件在弯矩作用平面内的变形（变位）对轴向力偏心距的影响。此时，应将轴向力对截面重心轴的偏心距 e_0 乘以偏心距增大系数 η。

11.4.2　矩形截面偏心受压构件正截面承载力计算

11.4.2.1　正截面承载力计算基本方程

图 11-12 是矩形截面偏心受压构件正截面承载力计算图式。承载力计算基本公式可通过构件破坏时的内力平衡条件求得。

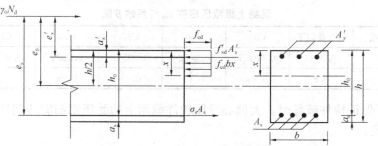

图 11-12　矩形截面偏心受压构件正截面承载力计算图示

取沿构件纵轴方向的内外力之和为零，可得到

$$\gamma_0 N_d \leqslant N_u = f_{sd}bx + f'_{sd}A'_s - \sigma_s A_s \qquad (11\text{-}43)$$

由截面上所有力对钢筋 A_s 合力作用点的力矩之和等于零，可得到

251

$$\gamma_0 N_{\mathrm{d}} e_{\mathrm{s}} \leqslant M_{\mathrm{u}} = f_{\mathrm{cd}} b x \left(h_0 - \frac{x}{2}\right) + f'_{\mathrm{sd}} A'_{\mathrm{s}} (h_0 - a'_{\mathrm{s}}) \tag{11-44}$$

由截面上所有力对钢筋 A'_{s} 合力作用点的力矩之和等于零，可得到

$$\gamma_0 N_{\mathrm{d}} e'_{\mathrm{s}} \leqslant M_{\mathrm{u}} = - f_{\mathrm{cd}} b x \left(\frac{x}{2} - a'_{\mathrm{s}}\right) + \sigma_{\mathrm{s}} A_{\mathrm{s}} (h_0 - a'_{\mathrm{s}}) \tag{11-45}$$

由截面上所有力对 N_{u} 作用点力矩之和为零，可得到

$$f_{\mathrm{cd}} b x \left(e_{\mathrm{s}} - h_0 + \frac{x}{2}\right) = \sigma_{\mathrm{s}} A_{\mathrm{s}} e_{\mathrm{s}} - f'_{\mathrm{sd}} A'_{\mathrm{s}} e'_{\mathrm{s}} \tag{11-46}$$

式中　x ——混凝土受压区高度；

e_{s}、e'_{s} ——分别为偏心压力 N_{d} 作用点至钢筋 A_{s} 合力作用点和钢筋 A'_{s} 合力作用点的距离；

$$e_{\mathrm{s}} = \eta e_0 + h/2 - a_{\mathrm{s}} \tag{11-47}$$

$$e'_{\mathrm{s}} = \eta e_0 - h/2 + a'_{\mathrm{s}} \tag{11-48}$$

e_0 ——轴向力对截面重心轴的偏心距，$e_0 = M_{\mathrm{d}}/N_{\mathrm{d}}$；

η ——偏心距增大系数，按式（11-42）计算。

关于式（11-43）～式（11-46）的使用要求及有关说明如下：

（1）钢筋 A_{s} 的应力 σ_{s} 取值。

当 $\xi = x/h_0 \leqslant \xi_{\mathrm{b}}$ 时，构件属于大偏心受压构件，取 $\sigma_{\mathrm{s}} = f_{\mathrm{sd}}$；

当 $\xi = x/h_0 > \xi_{\mathrm{b}}$ 时，构件属于小偏心受压构件，σ_{s} 应按式（11-49）计算，但应满足 $-f'_{\mathrm{sd}} \leqslant \sigma_{si} \leqslant f_{\mathrm{sd}}$，式中 σ_{si} 为

$$\sigma_{si} = \varepsilon_{\mathrm{cu}} E_{\mathrm{s}} \left(\frac{\beta h_{oi}}{x} - 1\right) \tag{11-49}$$

式中　σ_{si} ——第 i 层普通钢筋的应力，按公式计算正值表示拉应力；

E_{s} ——受拉钢筋的弹性模量（见附表 3-5）；

h_{oi} ——第 i 层普通钢筋截面重心至受压较大边边缘的距离；

x ——截面受压区高度。

$\varepsilon_{\mathrm{cu}}$ 和 β 值可按表 11-5 取用，界限受压区高度 ξ_{b} 值见表 11-2。

混凝土极限压应变 $\varepsilon_{\mathrm{cu}}$ 与系数 β 值 表 11-5

混凝土强度等级	C50 及以下	C55	C60	C65	C70	C75	C80
$\varepsilon_{\mathrm{cu}}$	0.0033	0.00325	0.0032	0.00315	0.0031	0.00305	0.003
β	0.8	0.79	0.78	0.77	0.76	0.75	0.74

（2）为了保证构件破坏时，大偏心受压构件截面上的受压钢筋能达到抗压强度设计值 f'_{sd}，必须满足：

$$x \geqslant 2a'_{\mathrm{s}} \tag{11-50}$$

当 $x < 2a'_{\mathrm{s}}$ 时，受压钢筋 A'_{s} 的应力可能达不到 f'_{sd}。与双筋截面受弯构件类似，这时近似取 $x = 2a'_{\mathrm{s}}$。受压区混凝土所承担的压力作用位置与受压钢筋承担的压力 $f'_{\mathrm{sd}} A'_{\mathrm{s}}$ 作用位置重合。由截面受力平衡条件（对受压钢筋 A'_{s} 合力点的力矩之和为零）可写出：

$$\gamma_0 N_{\mathrm{d}} e'_{\mathrm{s}} \leqslant N_{\mathrm{u}} e'_{\mathrm{s}} = f_{\mathrm{sd}} A_{\mathrm{s}} (h_0 - a'_{\mathrm{s}}) \tag{11-51}$$

（3）当偏心压力作用的偏心距很小，即小偏心受压情况下，全截面受压。对于小偏心

受压构件，若偏心轴向力作用于钢筋 A_s 合力点和 A_s' 合力点之间时，（满足 $\eta e_0 < h/2 - a_s'$），尚应符合下列条件：

$$\gamma_0 N_d e' \leqslant N_u e' = f_{cd} bh \left(h_0' - \frac{h}{2}\right) + f_{sd}' A_s (h_0' - a_s) \tag{11-52}$$

式中　h_0'——纵向钢筋 A_s' 合力点离偏心压力较远一侧边缘的距离，即 $h_0' = h - a_s'$；

　　e'——按 $e' = h/2 - e_0 - a_s'$ 计算。

11.4.2.2　截面设计实用计算方法

在实际设计工作中，偏心受压构件正截面承载力计算通常遇到截面设计和承载力复核两类问题。偏心受压构件的截面尺寸，通常是根据构造要求预先确定好的。因此，截面设计的内容主要是根据已知的内力组合设计值选择钢筋。

（1）非对称配筋

利用上述基本方程式进行配筋设计时，对于非对称配筋情况，存在三个未知数（A_s、A_s' 和 x）。但是在式（11-43）～式（11-46）中，只有两个独立方程式，因而问题的解答有无穷多个。为了求得合理的解答，必须根据不同的设计要求，预先确定其中一个未知数。

当偏心距较大时（$\eta e_0 / h_0 > 0.3$），一般是先按大偏心受压构件计算，通常是先假设 x 值。接着充分利用混凝土抗压强度的设计原则，假设 $x = \xi_b h_0$。x 确定后，只剩下两个未知数（A_s 和 A_s'），问题是可解的。对大偏心受压构件，取 $\sigma_s = f_{sd}$，$x = \xi_b h_0$，分别代入式（11-44）和式（11-45）中，求得受压钢筋面积 A_s' 和受拉钢筋面积 A_s：

$$A_s' = \frac{\gamma_0 N_d e_s - f_{cd} bx (h_0 - x/2)}{f_{sd}'(h_0 - a_s')} \tag{11-53}$$

$$A_s = \frac{\gamma_0 N_d e_s' + f_{cd} bx (x/2 - a_s')}{f_{sd}(h_0 - a_s')} \tag{11-54}$$

若按式（11-53）求得的受压钢筋配筋率小于每侧受压钢筋的最小配筋率（$\rho_{min}' = 0.2\%$），则应按构造要求取 $A_s' = 0.002bh$。这时，应按受压钢筋面积 A_s' 已知的情况，重新求解 x 和 A_s。对于这种情况，应首先由 $\sum M_{A_s} = 0$ 的条件［式（11-44）］，求得混凝土受压区高度 x。若 $x \leqslant \xi_b h_0$，属于大偏心受压构件，则取 $\sigma_s = f_{sd}$；若 $x > \xi_b h_0$，属于小偏心受压构件，应按式（11-49）计算 σ_s 值。然后，将所得 x 值和相应的 σ_s 值代入式（11-43）中，由 $\sum N = 0$ 的平衡条件，或代入式（11-45），由 $\sum M_{A_s'} = 0$ 的平衡条件，求得受拉边（或受压较小边）的钢筋面积 A_s。若按此步骤求得的 A_s 值仍小于最小配筋率限值，则应按构造要求配筋，取 $A_s = 0.002bh$。

当偏心距较小时（$\eta e_0 / h_0 \leqslant 0.3$），受拉边（或受压较小边）钢筋应力很小，对截面承载能力影响不大，通常按构造要求取 $A_s = 0.002bh$。这时，应按受拉边（或受压较小边）钢筋截面积 A_s 已知的情况，求解 x 和 A_s'。对于这种情况，先按小偏心受压构件计算，将 σ_s 的计算表达式（11-49）代入式（11-45），由 $\sum M_{A_s'} = 0$ 的平衡条件，求得混凝土受压高度 x。

若所得 x 满足 $\xi_b h_0 \leqslant x \leqslant h$，则将其代入式（11-49）计算 σ_s 值。然后，将所得 x 和 σ_s 值代入式（11-43）或代入式（11-44），求得受压较大边钢筋面积 A_s'。若按上述步骤求得的 A_s' 仍小于最小配筋率限值，则应按构造要求取 $A_s' = 0.002bh$。

若由式（11-45）求得的 $x > h$，即相当于全截面均匀受压的情况。这时，式（11-45）

中的混凝土应力项应取 $x = h$，而钢筋应力 σ_s 仍以包含未知数 x 的式（11-49）代入，并由此式重新确定 x 值和 σ_s 值。然后，再将 σ_s 代入式（11-43）。求得钢筋截面面积 A'_s。

（2）对称配筋

在桥梁结构中，常由于荷载作用位置不同、在截面中产生方向相反的弯矩，当其绝对值相差不大时，可采用对称配筋方案。

运用式（11-43）~式（11-46），解决对称配筋设计问题，只存在两个未知数（$A_s = A'_s$ 和 x），问题是可解的。

当 $\gamma_0 N_d \leqslant f_{cd} b \xi_b h_0$ 时为大偏心受压构件，取 $\sigma_s = f_{sd}$，由式（11-43）求得混凝土受压区高度：

$$x = \frac{\gamma_0 N_d}{f_{cd} b} \tag{11-55}$$

若所得 $x \leqslant \xi_b h_0$，将其代入式（11-44），求得钢筋面积：

$$A'_s = A_s = \frac{\gamma_0 N_d e_s - f_{cd} b x \left(h_0 - \dfrac{x}{2} \right)}{f_{sd}(h_0 - a'_s)} \tag{11-56}$$

当 $\gamma_0 N_d > f_{cd} b \xi_b h_0$ 时为小偏心受压构件，将 σ_s 的计算式（11-49），代入式（11-45），联立解式（11-45）和式（11-44），并令 $A_s = A'_s$，求得 x 和 $A_s = A'_s$。若 $\xi_b h_0 < x < h$、则所得 $A_s = A'_s$ 即为所求。

11.4.2.3 承载能力复核

对偏心受压构件进行承载能力复核可分为两种情况：

第一类问题是在保持偏心距不变的情况下，计算构件所能承受的轴向力设计值 N_u，若 $N_u > \gamma_0 N_d$，说明构件的承载力是足够的。第二类问题是在保持轴向力设计值不变的情况下，计算构件所能承受的弯矩设计值 M_u，若 $M_u > \gamma_0 M_d$，说明构件的承载力是足够的。

1. 第一类问题

运用式（11-43）~式（11-46），解决第一类偏心受压构件的承载能力复核问题，只存在两个未知数（x 和 N_u），问题是可解的。对于这种情况，应首先由式（11-46），$\Sigma M_{N_u} = 0$ 的平衡条件，确定混凝土受压区高度。当偏心距较大时，可先按大偏心受压构件计算，取 $\sigma_s = f_{sd}$ 代入式（11-46）得：

$$f_{cd} b x \left(e_s - h_0 + \frac{x}{2} \right) = f_{sd} A_s e_s - f'_{sd} A'_s e'_s \tag{11-57}$$

展开整理后为一以 x 为未知数的二次方程，解二次方程求得 x。若 $x \leqslant \xi_b h_0$，则所得 x 即为所求。

当偏心距较小，或按式（11-57）求得的 $x > \xi_b h_0$ 时，则应按小偏心受压构件计算，将式（11-49）代入式（11-46）。经展开整理后为一个以 x 为未知数的三次方程，解三次方程求得 x 值。若 $\xi_b h_0 < x \leqslant h$，则所得 x 即为所求。并代入式（11-49）计算 σ_s 值。

若按小偏心受压构件计算，由式（11-46）求得 $x > h$，即相当于混凝土全截面均匀受压的情况，计算混凝土合力及其作用点位置时，应取 $x = h$；计算钢筋应力 σ_s 时，仍以包含未知数 x 的式（11-49）代入，并由式（11-46）重新确定 x 值和计算相应的 σ_s 值。

求得混凝土受压高度后，将 x 及与其相对应的 σ_s 值，代入式（11-43），求得构件所能承受的轴向力设计值：

$$N_u = f_{cd}bx + f'_{sd}A'_s - \sigma_s A_s \tag{11-58}$$

式中　当 $x \leqslant \xi_b h_0$ 时，取 $\sigma_s = f_{sd}$；

当 $x > \xi_b h_0$ 时，σ_s 按公式（11-49）计算；

当 $x > h$ 时，计算混凝土合力项时取 $x = h$。

若 $N_u > \gamma_0 N_d$ 说明构件的承载力是足够的。

2. 第二类问题

运用式（11-43）～式（11-46）解决第二类偏心受压构件承载力复核问题，只存在两个未知数 e'_s（或 e_s）和 x，问题是可解的。这时，可先按大偏心受压构件，令 $\sigma_s = f_{sd}$ 代入式（11-43），由 $\Sigma N = 0$ 的平衡条件，确定混凝土受压区高度 x。若所得 $x \leqslant \xi_b h_0$，则将所得 x 值代入式（11-44）或式（11-45），求得允许偏心距 e_{su}（或 e'_{su}）。若 $e_{su} > e_s$（或 $e'_{su} > e'_s$）说明构件的承载力是足够的。

若取 $\sigma_s = f_{sd}$，由式（11-43）求得的 $x > \xi_b h_0$，则应改为按小偏心受压构件计算，将 σ_s 计算式（11-49）代入式（11-43），求得混凝土受压区高度 x。若 $\xi_b h_0 < x < h$，则将其代入式（11-44）或式（11-45），计算可承受的偏心距 e_{su}（或 e'_{su}）。若 $e_{su} > e_s$（或 $e'_{su} > e'_s$），说明构件的承载能力是足够的。

11.5　钢筋混凝土受弯构件的裂缝和变形计算

按照《公路桥规》要求，钢筋混凝土构件持久状况正常使用极限状态计算，采用作用（或荷载）的短期效应组合、长期效应组合或短期荷载效应组合并考虑长期效应的影响，对构件的裂缝宽度和挠度进行验算，并使各项计算值不超过《公路桥规》规定的各相应限值。

11.5.1　钢筋混凝土构件裂缝宽度计算

《公路桥规》规定，钢筋混凝土构件计算的最大裂缝宽度不应超过下列规定的限值：Ⅰ类和Ⅱ类环境，0.2mm；Ⅲ类和Ⅳ类环境，0.15mm（见附录7.5）。

目前国内外有关裂缝宽度的计算方法很多，它们大致可以分为两大类。第一类是以粘结—滑移理论为基础的半经验半理论公式。按照这种理论，裂缝的间距取决于钢筋与混凝土间粘结应力的分布，裂缝的开展是由于钢筋与混凝土间的变形不再维持协调，出现相对滑动而产生。第二类是以统计分析方法为基础的经验公式。《公路桥规》推荐采用的裂缝宽度计算公式，即属于第二类经验公式。

《公路桥规》规定矩形、T形和I形截面的钢筋混凝土构件，其最大裂缝宽度，可按下式计算：

$$W_{fk} = C_1 C_2 C_3 \frac{\sigma_{ss}}{E_s}\left(\frac{30+d}{0.28+10\rho}\right) \tag{11-59}$$

式中　C_1——钢筋表面形状系数，对于光圆钢筋，$C_1 = 1.4$；对于带肋钢筋，$C_1 = 1.0$；

C_2———作用（或荷载）长期效应影响系数，$C_2 = 1 + 0.5 \dfrac{N_l}{N_s}$，其中 N_l 和 N_s 分别为按作用（或荷载）长期效应组合和短期效应组合计算的内力值（弯矩或轴力）；

C_3———与构件受力性质有关的系数，当为钢筋混凝土板式受弯构件时，$C_3 = 1.15$；其他受弯构件时，$C_3 = 1.0$；偏心受拉构件时，$C_3 = 1.1$；偏心受压构件时，$C_3 = 0.9$；轴心受拉构件时，$C_3 = 1.2$；

d———纵向受拉钢筋的直径（mm），当用不同直径的钢筋时，改用换算直径 d_e，$d_e = \dfrac{\sum n_i d_i^2}{\sum n_i d_i}$，对钢筋混凝土构件，$n_i$ 为受拉区第 i 种普通钢筋的根数，d_i 为受拉区第 i 种普通钢筋的公称直径；对于焊接钢筋骨架，式（11-59）中的 d 或 d_e 应乘以 1.3 的系数；

ρ———纵向受拉钢筋配筋率，$\rho = \dfrac{A_s}{bh_0 + (b_f - b)h_f}$，对钢筋混凝土构件，当 $\rho > 0.02$ 时，取 $\rho = 0.02$；当 $\rho < 0.006$ 时，取 $\rho = 0.006$；对于轴心受拉构件，ρ 按全都受拉钢筋截面面积 A_s 的一半计算；

b_f、h_f———分别为受拉翼缘的宽度与厚度；

h_0———有效高度；

σ_{ss}———由作用（或荷载）短期效应组合引起的开裂截面纵向受拉钢筋在使用荷载作用下的应力（MPa），对于钢筋混凝土受弯构件，$\sigma_{ss} = \dfrac{M_s}{0.87 A_s h_0}$；其他受力性质构件的 σ_{ss} 计算式参见《公路桥规》；

E_s———钢筋弹性模量（MPa）（见附表 3-5）。

《公路桥规》规定，圆形截面钢筋混凝土偏心受压构件特征裂缝宽度（保证率为 95%），可按下列公式计算：

$$W_{fk} = C_1 C_2 \left[0.03 + \frac{\sigma_{ss}}{E_s} \left(0.004 \frac{d}{\rho} + 1.52c \right) \right] \tag{11-60}$$

$$\sigma_{ss} = \left[59.42 \frac{N_s}{\pi r^2 f_{cu,k}} \left(2.80 \frac{\eta_s e_0}{r} - 1.0 \right) - 1.65 \right] \rho^{-\frac{2}{3}} \tag{11-61}$$

式中　σ_{ss}———荷载短期效应组合作用下，截面受拉边缘钢筋的应力（MPa），若 $\sigma_{ss} \leqslant$ 24MPa 时，可不必验算裂缝宽度。

ρ———截面配筋率，$\rho = A_s / r^2$；

c———混凝土保护层厚度（mm）；

r———构件截面的半径（mm）；

$f_{cu,k}$———混凝土立方体抗压强度标准值（MPa）。

η_s———使用阶段的偏心距增大系数，按 $\eta_s = 1 + \dfrac{1}{4000 e_0 / h_0} \left(\dfrac{l_0}{h} \right)^2$ 计算，当 $\dfrac{l_0}{h} \leqslant 14$ 时，取 $\eta_s = 1$。在此公式中，h 以 $2r$ 代替，h_0 以 $(r + r_s)$ 代替，r_s 为构件截面纵向钢筋所在圆周的半径。其余符号的意义同前。

11.5.2 受弯构件的变形（挠度）验算

1. 挠度限值

受弯构件在使用阶段的挠度应考虑作用（或荷载）长期效应的影响，即按作用（或荷载）短期效应组合和给定的刚度计算的挠度值，再乘以挠度长期增长系数 η_θ。挠度长期增长系数取用规定：当采用 C40 以下混凝土时，$\eta_\theta = 1.60$；当采用 C40 $\sim$ C80 混凝土时，$\eta_\theta = 1.45 \sim 1.35$，中间强度等级可按直线内插取用。

《公路桥规》规定，钢筋混凝土受弯构件按上述计算的长期挠度值，在消除结构自重产生的长期挠度后不应超过以下规定的限值：

梁式桥主梁的最大挠度处 $l/600$；

梁式桥主梁的悬臂端 $l_1/300$。

此处，l 为受弯构件的计算跨径，l_1 为悬臂长度。

钢筋混凝土和预应力混凝土受弯构件，在正常使用极限状态下的挠度，可根据给定的构件刚度用结构力学的方法求解。

2. 受弯构件的刚度计算

钢筋混凝土受弯构件各截面的配筋不一样，承受的弯矩也不相等，弯矩小的截面可能不出现弯曲裂缝，其刚度要较弯矩大的开裂截面大得多，因此沿梁长度的抗弯刚度是个变值。为简化起见，把变刚度构件等效为等刚度构件。

对钢筋混凝土受弯构件，《公路桥规》规定计算变形时的抗弯刚度为：

$$B = \frac{B_0}{\left(\dfrac{M_{cr}}{M_s}\right)^2 + \left[1 - \left(\dfrac{M_{cr}}{M_s}\right)^2\right]\dfrac{B_0}{B_{cr}}} \qquad (11\text{-}62)$$

式中　　B ——开裂构件等效截面的抗弯刚度；

$\quad\quad B_0$ ——全截面的抗弯刚度，$B_0 = 0.95 E_c I_0$；

$\quad\quad B_{cr}$ ——开裂截面的抗弯刚度，$B_{cr} = E_c I_{cr}$；

$\quad\quad E_c$ ——混凝土的弹性模量；

$\quad\quad I_0$ ——全截面换算截面惯性矩；

$\quad\quad I_{cr}$ ——开裂截面的换算截面惯性矩；

$\quad\quad M_s$ ——按短期效应组合计算的弯矩值；

$\quad\quad M_{cr}$ ——开裂弯矩，$M_{cr} = \gamma f_{tk} W_0$；

$\quad\quad f_{tk}$ ——混凝土轴心抗拉强度标准值；

$\quad\quad \gamma$ ——构件受拉区混凝土塑性影响系数，$\gamma = 2S_0/W_0$；

$\quad\quad S_0$ ——全截面换算截面重心轴以上（或以下）部分面积对重心轴的面积矩；

$\quad\quad W_0$ ——全截面换算截面抗裂验算边缘的弹性抵抗矩。

思　考　题

1. 什么称为钢筋混凝土受弯构件的截面相对受压区高度 ξ？它为什么是一个重要的配筋特征值，能反映哪些因素的影响？

2. 在什么情况下可采用钢筋混凝土双筋截面梁？为什么双筋截面梁一定要采用封闭式箍筋？截面受

压区的钢筋设计强度是如何确定的?

3. 影响钢筋混凝土受弯构件斜截面抗弯能力的主要因素有哪些?

4. 钢筋混凝土抗剪承载力复核时,如何选择复核截面?

5. 螺旋箍筋柱正截面承载力计算式在使用中有哪些限制条件?

6. 钢筋混凝土矩形截面(非对称配筋)偏心受压构件的截面设计和截面复核中,如何判断是大偏心受压还是小偏心受压?

7. 受弯构件在使用阶段挠度计算时,如何考虑作用(或荷载)长期效应的影响?

习　题

1. 截面尺寸 $b \times h = 200\text{mm} \times 450\text{mm}$ 的钢筋混凝土矩形截面梁。采用 C20 混凝土和 HRB335 级钢筋 (3 Φ 16),截面构造如图 11-13 所示,弯矩计算值 $M = \gamma_0 M_d = 66\text{kN} \cdot \text{m}$,复核截面是否安全?

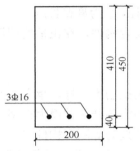

图 11-13　习题 1 图 (mm)

2. 截面尺寸 $b \times h = 200\text{mm} \times 500\text{mm}$ 的钢筋混凝土矩形截面梁,采用 C25 混凝土和 HRB335 级钢筋,Ⅰ类环境条件,安全等级为二级、最大弯矩组合设计值 $M_d = 145\text{kN} \cdot \text{m}$,试采用基本公式法进行截面设计(单筋截面)。

3. 配有纵向钢筋和普通箍筋的轴心受压构件的截面尺寸为 $b \times h = 250\text{mm} \times 250\text{mm}$,构件计算长度 $l_0 = 5\text{m}$;C25 混凝土,HRB335 级钢筋,纵向钢筋面积 $A'_s = 804 \text{ mm}^2$(4 Φ 16);Ⅰ类环境条件,安全等级为二级;轴向压力组合设计值 $N_d = 560\text{kN}$,试进行构件承载力校核。

第 12 章 铁路混凝土结构设计原理

本章以《铁路桥涵钢筋混凝土和预应力混凝土结构设计规范》TB 10002.3—2005 为依据，介绍铁路混凝土结构设计的基本内容，以下以简称《铁路桥规》代替规范的全称。

12.1 受弯构件抗弯强度计算

12.1.1 基本假定和计算应力图形

铁路钢筋混凝土受弯构件强度计算采用容许应力法，是以受弯构件从加载到破坏全过程中的第Ⅱ阶段应力图形为基础。为简化应力图形，使计算方法比较简单实用，特做以下几点假定：

1. 平截面假定

假定所有与梁纵轴垂直的截面，在梁受力弯曲后仍保持为平面。严格地讲，由于混凝土是不均匀的材料，裂缝在部分截面上发生，平面假定不是对所有截面都适合的。但实验表明，在沿梁长一段范围内（一般大于两个裂缝间距）的平均变形，平截面假定基本上是符合实际情况的。由于钢筋与混凝土之间存在着粘结力，钢筋的变形量，与同一水平位置的混凝土纵向纤维的变形量，认为是相等的。

2. 弹性体假定

在第Ⅱ阶段，受压区混凝土的塑性变形还不大，可以近似地将混凝土看作弹性材料，也就是假定应力与应变成正比。根据平截面假定，可将受压区混凝土的应力图形视为三角形。

3. 受拉区混凝土不参加工作

实际上，在第Ⅱ阶段时，受拉区混凝土仍有一小部分参加工作，但其作用很小，可以略去不计，认为全部拉力均由钢筋承受。

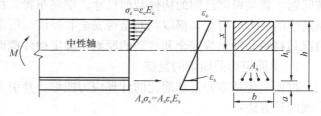

图 12-1 计算应力图形

根据以上三项假定，得出简化后的应力图形，如图 12-1 所示。

12.1.2 换算截面

按容许应力法进行抗弯强度计算，可以直接应用材料力学中匀质梁的公式进行。但钢筋混凝土梁并非匀质弹性材料，而是由钢筋和混凝土两种弹性模量不同的材料组成。所以，计算时需将钢筋和混凝土组成的实际截面，换算为假想的与其拉压性能相同的匀质截面。这种假想的匀质截面，就称为换算截面，如图 12-2（b）所示。这样的换算截面，具

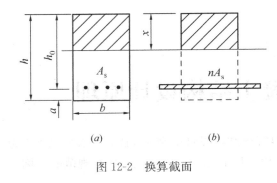

图 12-2 换算截面

有与实际截面相同的变形条件和承载能力，可以用匀质梁的公式进行计算。

换算的方法，一般是将钢筋换算为与它功能相等的，既能受压，也能受拉的假想混凝土，其弹性模量等于混凝土的弹性模量。在横截面上，这种假想混凝土的形心与原来的主筋形心重合，其应变 ε_l 与主筋形心处的应变 ε_s 相等，

即 $\varepsilon_s = \varepsilon_l$ ，而 $\varepsilon_s = \dfrac{\sigma_s}{E_s}$ ，$\varepsilon_l = \dfrac{\sigma_l}{E_c}$

所以 $\sigma_s = E_s \varepsilon_s = E_s \varepsilon_l = \dfrac{E_s}{E_c}\sigma_l$ ，令 $n = \dfrac{E_s}{E_c}$ ，得 $\sigma_s = n\sigma_l$ 或 $\sigma_l = \dfrac{1}{n}\sigma_s$

其中，E_c 为混凝土变形模量；E_s 为钢筋弹性模量，见附表 4-4；n 为钢筋的弹性模量与混凝土的变形模量之比，见附表 8-2。

又因换算截面与实际截面应具有相同的承载能力，故假想的混凝土承受的总拉力应该与钢筋承受的总拉力相等，即 $\sigma_l A_l = \sigma_s A_s = n\sigma_l A_s$ ，可得 $A_l = nA_s$ 。

由此可知，在换算截面中，假想的受拉混凝土的应力，为钢筋应力的 $1/n$ 倍，而该混凝土的面积，则为钢筋面积的 n 倍。如图 12-2 （a）的换算截面为图 12-2 （b）所示。

《铁路桥规》中针对检算构件的不同，n 取值也有变化。如当计算桥跨结构及顶帽时，n 取值较大，是考虑到疲劳及持久荷载下混凝土的徐变，弹性模量降低的影响。

12.1.3 单筋矩形截面梁

仅在受拉区设置主筋的矩形截面梁，称为单筋矩形截面梁。

在工程实践中遇到的计算问题有两类：一类是复核问题，另一类是设计问题。所谓复核问题，就是根据已知的构件截面尺寸、钢筋布置、材料品种和荷载情况，计算混凝土和钢筋中的最大应力值，据以判断是否安全和经济。所谓设计问题，通常是根据已知的荷载情况和材料品种，按安全和经济的原则，确定构件截面尺寸及主筋的用量和布置。

1. 单筋矩形截面梁的复核

根据上述基本假定和简化的计算应力图形，并引入换算截面的概念进行复核，通常有下列两种方法：

1）材料力学公式计算法

已知受弯构件的截面尺寸与钢筋布置，如图 12-3 所示。该截面在弯矩 M 的作用下，受压区混凝土最外边缘的压应力 σ_c 应满足下式：

$$\sigma_c = \dfrac{M}{I_0}x \leqslant [\sigma_b] \tag{12-1}$$

式中 I_0 ——换算截面对中性轴的惯性矩；

   x ——截面受压区高度；

   $[\sigma_b]$ ——混凝土弯曲受压时的容许应力，见附表 8-3。

受拉区主筋拉应力 σ_s 应满足下式：

$$\sigma_s = n\sigma_l = n\frac{M}{I_0}(h_0 - x) \leqslant [\sigma_s] \qquad (12\text{-}2)$$

式中　σ_l——假想受拉区混凝土中的拉应力；

　　　h_0——混凝土截面有效高度，即截面高度 h 减去钢筋形心至受拉区边缘距离 a，h_0 $=h-a$；

　　$[\sigma_s]$——钢筋的容许应力，见附录 8.6 说明。

如图 12-3 所示，当已知受压区混凝土最外边缘应力 σ_c 时，钢筋拉应力 σ_s 可由下式计算：

$$\sigma_s = n\frac{h_0 - x}{x}\sigma_c \qquad (12\text{-}3)$$

应用上列公式核算钢筋和混凝土中的应力时，应首先求出受压区高度 x 以及换算截面对中性轴的惯性矩 I_0。

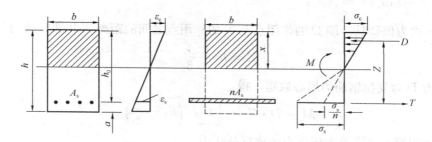

图 12-3　单筋矩形截面计算图示

在匀质梁中，中性轴通过梁截面的形心。引入换算截面的概念后，则钢筋混凝土截面的中性轴，亦应通过其换算截面的形心。因此，换算截面受拉区对中性轴的面积矩 S_l，必等于其受压区对中性轴的面积矩 S_a，即 $S_l = S_a$。通常用该公式定出中性轴的位置。对于图 12-3 所示单筋矩形截面梁的换算截面，则有

$$S_a = bx \cdot \frac{x}{2} = \frac{1}{2}bx^2 \qquad S_l = nA_s(h_0 - x)$$

$$\text{因为 } S_a = S_l \qquad \text{所以} \frac{1}{2}bx^2 = nA_s(h_0 - x)$$

整理得：$bx^2 + 2nA_sx - 2nA_sh_0 = 0$

两边除以 bh_0^2 得　$\left(\frac{x}{h_0}\right)^2 + 2n\left(\frac{A_s}{bh_0}\right)\left(\frac{x}{h_0}\right) - 2n\left(\frac{A_s}{bh_0}\right) = 0$

引入符号　　　$\alpha = \frac{x}{h_0}$（相对受压区高度）；$\mu = \frac{A_s}{bh_0}$（配筋率）

方程式变为：$\alpha^2 + 2n\mu\alpha - 2n\mu = 0$

其解为　　　　　　$\alpha = -n\mu \pm \sqrt{(n\mu)^2 + 2n\mu}$

由物理意义概念，α 值必须是正数，根号前只能取正号，故

$$\alpha = \sqrt{(n\mu)^2 + 2n\mu} - n\mu$$

受压区高度为　　　　$x = \alpha h_0 = \left[\sqrt{(n\mu)^2 + 2n\mu} - n\mu\right]h_0 \qquad (12\text{-}4)$

由上式可见，α 值完全决定于 $n\mu$，即完全决定于材料及配筋比，而与荷载弯矩无关。这与材料力学中中性轴的有关特性是一致的。

换算截面对中性轴的惯性矩为

$$I_0 = \frac{1}{3}bx^3 + nA_s(h_0 - x)^2 \tag{12-5}$$

2）内力偶法

上述方法与匀质梁常用计算公式一致，比较容易掌握，但 I_0 的计算稍显复杂。最常用的方法是利用内力偶的概念建立计算公式。

内力偶，就是受拉区钢筋的合力 T，与受压区混凝土的合力 D 组成力偶，如图 12-3 所示。在计算截面上，由荷载产生的弯矩，必和内力偶矩相平衡。所以

$$M = T \cdot Z = D \cdot Z \tag{12-6}$$

式中　　$D = \frac{1}{2}bx\sigma_c; T = A_s\sigma_s;$

Z——内力偶臂长，即 D 的作用点至 T 的作用点之间的距离。由图 12-3 可知

$$Z = h_0 - \frac{x}{3} \tag{12-7}$$

由压力 D 对受拉钢筋的形心取矩，得：

$$M = D \cdot Z = \frac{1}{2}bx\sigma_c\left(h_0 - \frac{x}{3}\right) \tag{12-8}$$

受压区混凝土边缘最大压应力的核算公式为：

$$\sigma_c = \frac{2M}{bx\left(h_0 - \dfrac{x}{3}\right)} \leqslant [\sigma_b] \tag{12-9}$$

由拉力 T 对受压区混凝土的合力作用点取矩，得 $M = T \cdot Z = A_s\sigma_s\left(h_0 - \dfrac{x}{3}\right)$

钢筋拉应力的核算公式为：

$$\sigma_s = \frac{M}{A_s\left(h_0 - \dfrac{x}{3}\right)} \leqslant [\sigma_s] \tag{12-10}$$

不难证明，用式（12-9）计算混凝土应力，用式（12-10）计算钢筋应力，分别与式（12-1）和式（12-2）的结果是一致的。

最后还应指出两点：

（1）当钢筋成多层布置时，按公式（12-10）求得的 σ_s 是钢筋截面形心处的应力。根据基本假定，各层钢筋中的应力与其至中性轴的距离成正比，在最外层钢筋的应力更大。若最外一层钢筋到梁下缘的距离为 a_1，则它至中性轴的距离为 $h-x-a_1$。故最外一层钢筋应力 σ_{s1} 的核算公式为：

$$\sigma_{s1} = \sigma_s\frac{(h-x-a_1)}{(h_0-x)} \leqslant [\sigma_s] \tag{12-11}$$

（2）梁截面是否安全的检算，除了用复核应力的形式外，也可以用核算截面所能承受的最大弯矩与实际荷载产生的弯矩相比较来判断。

当受压区混凝土的最大应力达到容许应力 $[\sigma_b]$ 时，截面容许承受的最大弯矩为：

$$[M_c] = \frac{1}{2}bx[\sigma_b]\left(h_0 - \frac{x}{3}\right) \tag{12-12}$$

当钢筋拉应力达到容许应力 $[\sigma_s]$ 时，截面容许承受的最大弯矩为：

$$[M_s] = A_s[\sigma_s]\left(h_0 - \frac{x}{3}\right) \tag{12-13}$$

梁在所考虑的截面处，能够承受的最大弯矩为 $[M_c]$、$[M_s]$ 中的最小值。

2. 单筋矩形截面梁的设计

在设计钢筋混凝土梁时，从充分利用材料强度的观点出发，希望将截面的尺寸及配筋率设计成为使梁在设计荷载作用下，钢筋和混凝土的应力同时达到容许值。这种设计称为"平衡设计"。为了降低造价、少用钢材、提高梁的刚度，在实际工程中往往适当加大截面高度，采用较低的配筋率。这样，在钢筋达到容许应力时，混凝土应力仍低于容许值。这种设计称为"低筋设计"。在个别情况下，由于建筑高度受到限制，选用的梁高比平衡设计所需的梁高要小，必须配置更多的钢筋才能承担设计弯矩，这种设计称为"超筋设计"。超筋设计，当受压区混凝土达到容许应力时，钢筋应力仍低于容许值，不能充分利用钢筋的强度，结构破坏前也没有明显预兆。

1）平衡设计

平衡设计的依据，是在设计荷载作用下，使混凝土及钢筋两者的应力同时达到容许值的条件。按下述三个步骤进行。

（1）计算受压区的相对高度

对于平衡设计，公式（12-3）中 σ_c 及 σ_s 为 $[\sigma_b]$ 及 $[\sigma_s]$，因而有

$$[\sigma_s] = n\left(\frac{h_0 - x}{x}\right)[\sigma_b] = n\left(\frac{1-\alpha}{\alpha}\right)[\sigma_b]$$

整理后，得平衡设计时受压区相对高度计算公式为

$$\alpha = \frac{x}{h_0} = \frac{n[\sigma_b]}{n[\sigma_b] + [\sigma_s]} \tag{12-14}$$

（2）确定混凝土截面尺寸 b 和 h

由式（12-12）有

$$M = \frac{1}{2}bh_0^2\frac{x}{h_0}[\sigma_b]\left(1 - \frac{1}{3}\frac{x}{h_0}\right) = \frac{1}{2}bh_0^2\alpha[\sigma_b]\left(1 - \frac{\alpha}{3}\right)$$

可得

$$bh_0^2 = \frac{2M}{\alpha\left(1 - \frac{\alpha}{3}\right)[\sigma_b]} \tag{12-15}$$

根据算出的 bh_0^2 决定 b 和 h_0，然后算得 $h = h_0 + a$。

（3）确定受拉钢筋的截面积 A_s

由式（12-10），令 $\sigma_s = [\sigma_s]$，有

$$M = A_s[\sigma_s]\left(h_0 - \frac{x}{3}\right) = A_s[\sigma_s]\left(1 - \frac{\alpha}{3}\right)h_0$$

$$A_s = \frac{M}{[\sigma_s]\left(1 - \frac{\alpha}{3}\right)h_0} \tag{12-16}$$

这就是平衡设计中的三个计算步骤。显然，在实际设计中，由于混凝土截面尺寸 b 及 h 是按一定的常用整数选择，而钢筋数量也是整数，所以设计结果不会恰好满足式（12-15）和式（12-16）的要求。因此，按上述步骤拟定了 b、h 及 A_s 以后，还应当核算混凝土应力 σ_c 和钢筋应力 σ_s。

2）低筋设计

低筋设计是已知设计弯矩 M，拟定梁的截面尺寸 b 及 h，在使钢筋应力为容许值 $[\sigma_s]$ 的条件下，确定需要的钢筋数量。在计算过程中，利用式（12-3）、式（12-9）、式（12-10），并令式中 $\sigma_s = [\sigma_s]$。根据已知条件，联立解出受压区高度 x，混凝土应力 σ_c 和钢筋面积 A_s。为了实用上的方便，常采用试算法。

试算时，先假定内力偶臂长 $Z = h_0 - \dfrac{x}{3} = 0.9h_0$，代入式（12-10）中，算出所需钢筋面积的近似值 A_{s1}，以 A_{s1} 布置钢筋，并计算 x 和 Z 值。用算出的 Z 值重新代入式（12-10）中，计算钢筋面积 A_{s2}。若 $A_{s2} = A_{s1}$，则试算结束。否则，以新算出的钢筋面积 A_{s2} 重新布置钢筋，重复进行计算，直至前后两次计算的钢筋面积基本相同为止。

钢筋直径和根数的选择，往往实际采用面积与计算面积存在一定的差异。所以，最后应当按式（12-10）核算钢筋应力，按式（12-9）核算混凝土的应力。

应当指出，采用低筋设计时，应注意使其截面配筋率不小于规定的最小配筋率，见附表 8-1。

【例 12-1】 钢筋混凝土简支板的跨度为 1.2m；由构造条件决定板厚为 120mm，承受满布荷载（包括自重）为 50kPa；混凝土等级为 C20，钢筋采用 Q235；$n = 15$。试按低筋设计法计算所需的钢筋截面积并进行配筋。

【解】 取宽为 1m 的板进行计算，则沿着板的跨度方向匀布荷载 $q = 50\text{kN/m}$
跨中截面弯矩，

$$M = \frac{1}{8} \times 50 \times 1.2^2 = 9.0\text{kN} \cdot \text{m}$$

板厚小于 300mm，钢筋的净保护层取 20mm，a 值按 25mm 计算，$h_0 = h - a = 120 - 25 = 95\text{mm}$。用试算法，先假定内力偶臂 $z \approx 0.9h_0 = 0.9 \times 95 = 85.5\text{mm}$，计算钢筋面积为：

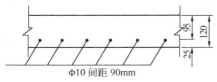

图 12-4 钢筋排列示意图

$$A_s = \frac{M}{[\sigma_s]z} = \frac{9.0}{130000 \times 0.0855}$$
$$= 810 \times 10^{-6}\text{m}^2 = 810\text{mm}^2$$

选用 Φ 10 钢筋，间距为 90mm，查附表 5-2 得知供给的钢筋面积 $A_s = 872\text{mm}^2$。为简化，本文仅试算一次。钢筋的排列如图 12-4 所示。

核算钢筋及混凝土的应力

$$\mu = \frac{872}{1000 \times 95} = 0.00918$$
$$n\mu = 15 \times 0.00918 = 0.1377$$
$$\alpha = \sqrt{(0.1377)^2 + 2 \times 0.1377} - 0.1377 = 0.4048$$

$$\sigma_s = \frac{M}{A_s\left(1-\dfrac{\alpha}{3}\right)h_0}$$

$$= \frac{9.0}{872\times10^{-6}\times\left(1-\dfrac{0.4048}{3}\right)\times0.095}$$

$$= 125589\text{kPa} = 125.589\text{MPa} < [\sigma_s] = 130\text{MPa}$$

$$\sigma_c = \frac{2M}{\alpha\left(1-\dfrac{\alpha}{3}\right)bh_0^2}$$

$$= \frac{2\times9.0}{0.4048\times\left(1-\dfrac{0.4048}{3}\right)\times1.00\times0.095^2}$$

$$= 5695.5\text{kPa} = 5.7\text{MPa} < [\sigma_b] = 7.8\text{MPa}$$

截面容许承受的最大弯矩：

$$[M_s] = A_s[\sigma_s]\left(1-\frac{\alpha}{3}\right)h_0 = 0.000872\times130000\times\left(1-\frac{0.4048}{3}\right)\times0.095$$

$$= 9.32\text{kN}\cdot\text{m}$$

$$[M_c] = \frac{1}{2}\alpha\left(1-\frac{\alpha}{3}\right)[\sigma_b]bh_0^2 = \frac{1}{2}\times0.4048\times\left(1-\frac{0.4048}{3}\right)\times7800$$

$$\times1.0\times0.095^2 = 12.33\text{kN}\cdot\text{m}$$

故知，此截面容许的最大弯矩，由钢筋应力控制，是低筋设计。能承受的最大容许弯矩值为 9.33kN·m。

12.1.4　T 形截面梁

在钢筋混凝土受弯构件中，为了充分利用材料的性能，常采用 T 形截面，如图 12-5 所示。

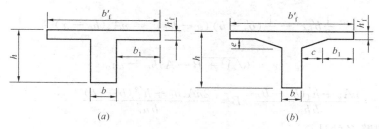

图 12-5　T 形截面

1. T 形截面构造与计算的有关规定

通过试验和理论分析表明，T 形截面梁受弯后，翼缘上的纵向压应力分布是不均匀的，距离梗部越远，压应力越小，如图 12-6 所示。这种分布的不均匀性，与梁的跨度、翼缘板的厚度和宽度等有关。为了使计算应力值与实际相差不致过大，在计算中将翼缘板的有效宽度限制在一定范围内，见附录 8.2，假定其压应力沿有效宽度方向是均匀分布

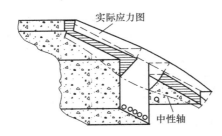

图 12-6　T 形截面应力分布示意

的。为了使翼缘板与梁梗的连接截面混凝土不致因剪力过大而被剪裂，对翼缘板与梁梗连接处的厚度，也应作一定限制。这些限制条件，在各种规范中不完全一致。详细规定见《铁路桥规》。

2. T 形截面的复核

T 形截面的应力计算，可采用换算截面，利用材料力学公式或内力偶的概念进行。随着钢筋用量的不同，中性轴或位于翼缘板内，或位于腹板内。当中性轴位于翼缘板内时（图 12-7a），其计算与宽度为 b'_f 的矩形截面完全相同。当中性轴位于腹板内时（图 12-7b），仍以内力偶法计算较为方便。T 形截面梁受压翼缘参与计算的规定见附录 8.1。

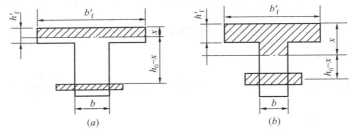

图 12-7　T 形截面受压区高度示意

1）类型判别

先假定中性轴位于宽度为 b'_f 的翼缘板内，可由 $\mu = \dfrac{A_\mathrm{s}}{b'_\mathrm{f} h_0}$，采用式（12-4）计算出 x。

若 $x \leqslant h'_\mathrm{f}$，说明假定合理，即可按单筋矩形截面梁的有关公式计算截面应力。若 $x > h'_\mathrm{f}$，说明中性轴在翼缘板以下，与原假定不符，应按中性轴位于腹板内重新计算。

2）中性轴位置的确定

中性轴位于腹板内时，仍依据截面中性轴通过其换算截面形心的原理，利用 $S_\mathrm{a} = S_l$ 确定中性轴的位置。即：

$$\frac{1}{2} b'_\mathrm{f} x^2 - \frac{1}{2}(b'_\mathrm{f} - b)(x - h'_\mathrm{f})^2 = n A_\mathrm{s}(h_0 - x)$$

解得
$$x = (\sqrt{A^2 + B} - A) h_0 = \alpha h_0 \tag{12-17}$$

式中　$A = \dfrac{n A_\mathrm{s} + h'_\mathrm{f}(b'_\mathrm{f} - b)}{b h_0}$　$B = \dfrac{2 n A_\mathrm{s} h_0 + h'^2_\mathrm{f}(b'_\mathrm{f} - b)}{b h_0^2}$

3）内力偶臂 Z 的计算

$$Z = h_0 - x + y$$

式中，y 为压应力的合力 D 到中性轴的距离，其计算式为：

$$y = \frac{\dfrac{1}{3} b'_\mathrm{f} x^3 - \dfrac{1}{3}(b'_\mathrm{f} - b)(x - h'_\mathrm{f})^3}{\dfrac{1}{2} b'_\mathrm{f} x^2 - \dfrac{1}{2}(b'_\mathrm{f} - b)(x - h'_\mathrm{f})^2} \tag{12-18}$$

4）应力核算

钢筋应力 $\quad \sigma_s = \dfrac{M}{A_s Z} \leqslant [\sigma_s]$

混凝土应力 $\quad \sigma_c = \dfrac{\sigma_s}{n} \dfrac{x}{h_0 - x} \leqslant [\sigma_b]$

3. T 形截面的设计

设计 T 形截面,一般是先根据经验拟定符合规范要求的混凝土截面尺寸。然后,根据已知的设计弯矩及材料品种,计算主筋截面积。

主筋截面积 A_s,可先由下式估算:

$$A_s = \frac{M}{[\sigma_s] Z} \tag{12-19}$$

式中,内力偶臂长 Z 可近似地按 $Z = h_0 - \dfrac{h_f'}{2}$ 或 $Z = 0.90 h_0$ 取用。按式(12-19)算得钢筋用量,进行配筋布置后,复核截面应力。必要时,修改主筋数量,并重新复核,直到满足要求为止。

12.2 受弯构件抗剪强度计算

12.2.1 剪应力和主拉应力的计算

在受弯构件中,弯矩在横截面上将产生正应力,剪力在横截面和水平截面上将产生剪应力。此外,由于正应力和剪应力的组合,在斜截面上将产生主拉应力和主压应力。剪应力和主拉应力有可能导致钢筋混凝土构件开裂,甚至使构件不能正常工作。所以,在设计钢筋混凝土构件时,一般应进行剪应力和主拉应力的计算,必要时应布置相应的钢筋。在受弯构件中,通常设置箍筋和斜筋,以承担主拉应力。

1. 剪应力的计算

1)用材料力学公式计算

钢筋混凝土梁引用换算截面的概念后,可作为匀质构件,用材料力学公式计算截面剪应力 τ。

$$\tau = \frac{QS_0}{I_0 b} \tag{12-20}$$

式中 Q——横截面上的剪力;

S_0——截面计算点以上(或以下)部分的换算截面对中性轴(即形心轴)的面积矩;

I_0——换算截面对中性轴的惯性矩;

b——计算点处横截面的宽度。

由式(12-20)可知,在矩形和 T 形截面梁中,剪应力在横截面上的分布,如图 12-8 所示,在受压区,剪应力按二次抛物线的规律向中性轴方向增加,至中性轴处最大。若 T 形截面梁的中性轴位于腹板内,则在翼缘板与腹板相接处,剪应力发生突变。在受拉区,由于假定其混凝土已开裂,不计抗拉能力,只有换算截面参加工作,因而在中性轴至钢筋间任何高度处的面积矩 $nA_s(h_0 - x)$ 都相等,所以,在图示 $(h_0 - x)$ 高度范围内,剪应力不变。

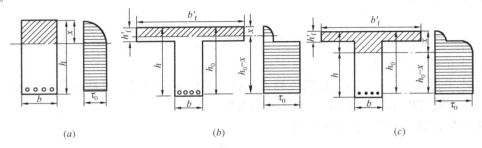

图 12-8 剪应力沿截面高度变化

2）常用计算法

钢筋混凝土梁中的剪应力，一般只需要计算截面中性轴处或以下的最大剪应力（常以 τ_0 表示）。为了方便计算，通常采用简便的公式。兹介绍如下。

如图 12-9 所示，沿梁纵轴取长度为 dl 的一段隔离体进行分析。在中性轴以下，用一水平截面 A-A 将梁段 dl 截开，其上的水平剪力必然与两边钢筋的拉力差相平衡。

根据平衡条件，$\Sigma H = 0$ 得：

$$\tau_0 b dl = dT$$

所以

$$\tau_0 = \frac{dT}{b dl}$$

而 $M = TZ$，因 dl 很小，可以认为在 dl 长度范围内的内力偶臂长 z 值不变。所以 $M + dM = (T + dT)Z$，得 $dM = Z \cdot dT$，即 $dT = \frac{dM}{Z}$。将其代入上式，并根据 $\frac{dM}{dl} = Q$ 得

$$\tau_0 = \frac{dT}{b dl} = \frac{dM}{bZ dl} = \frac{Q}{bZ} \tag{12-21}$$

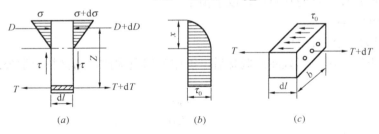

图 12-9 剪应力推导示意图

内力偶臂长 Z，通常在抗弯强度计算时已经求出。在初步计算时，也可以近似地采用下列数值：

对单筋矩形截面

$$Z \approx \frac{7}{8} h_0$$

对 T 形截面

$$Z \approx h_0 - \frac{h'_f}{2} \text{ 或 } Z \approx 0.92 h_0$$

应当指出，采用式（12-20）和式（12-21）计算钢筋混凝土梁横截面中性轴处（及以下）的剪应力，其结果将是一样的，只是后者在计算时较为简便罢了。

2. 主拉应力的计算

1) 用材料力学公式计算

将钢筋混凝土梁作为匀质构件进行分析，便可以利用材料力学的公式计算主拉应力、主压应力和它们的方向。若弯曲正应力以拉为正、以压为负，则计算公式为

主拉应力
$$\sigma_{tp} = \frac{\sigma}{2} + \sqrt{\left(\frac{\sigma}{2}\right)^2 + \tau^2} \qquad (12-22)$$

主压应力
$$\sigma_{cp} = \frac{\sigma}{2} - \sqrt{\left(\frac{\sigma}{2}\right)^2 + \tau^2} \qquad (12-23)$$

主应力与弯曲正应力方向之交角 α

$$\tan 2\alpha = -\frac{2\tau}{\sigma} \qquad (12-24)$$

2) 常用计算法

由式（12-22）可知，在截面受压区，主拉应力必然小于剪应力。在中性轴处及截面受拉区，主拉应力等于剪应力，方向与水平轴的交角为 45°。

由式（12-23）可知，主压应力最大值，位于 $\tau = 0$ 处。在简支梁的顶缘，弯曲正应力就是最大主压应力；在中性轴（及以下）处 $\sigma = 0$，所以，其主压应力等于剪应力，方向与水平轴交角为 45°。

所以，按容许应力法计算钢筋混凝土梁时，主压应力可以不另行计算。主拉应力的最大值，位于截面受拉区，其大小与剪应力相等，方向与梁的纵轴成 45° 角。有

$$\sigma_{tp} = \tau_0 = \frac{Q}{bZ} \qquad (12-25)$$

由于两者数值相等，而混凝土的抗拉强度较低，一般仅为抗剪强度的一半，所以对钢筋混凝土梁一般进行主拉应力检算后，就无需再检算剪应力。

3. 主拉应力图和剪应力图

1) 主拉应力图

按容许应力法设计钢筋混凝土梁时，为了布置箍筋和斜筋，需要绘出梁在某一段长度范围内的主拉应力分布图，即主拉应力图。图 12-10 所示为简支梁在均布荷载作用下的主拉应力图。

主拉应力图表示最大主拉应力 σ_{tp} 沿梁长变化的情况。由于主拉应力的作用面与梁的轴线成 45° 角，所以主拉应力图的基线也与梁的轴线成 45° 角。简支梁在均布荷载作用下，跨中剪力为零，故基线长为 $\frac{L}{2}\cos45°$。总的斜拉力 T_{tp} 等于：

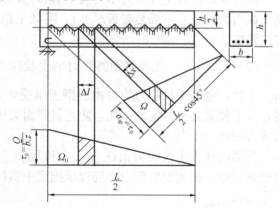

图 12-10 主拉应力图

$$T_{tp} = \int_0^{\frac{L}{2}} \sigma_{tp}(x) b\, dx = \frac{1}{2}\sigma_{tp} b \frac{L}{2}\cos45° = \Omega \cdot b$$

式中　σ_{tp}——距支点 x 处截面的最大主拉应力；

　　　b——梁的腹板厚度；

Ω——主拉应力图的面积。

2）剪应力图

为了使用方便，常以剪应力图代替主拉应力图。剪应力图表示最大剪应力沿梁长变化的情况。它的基线平行于梁轴，如图 12-10 所示。从图中可以看出，主拉应力图和剪应力图其横坐标之间的对应关系为

$$\mathrm{d}x = \mathrm{d}l \cdot \cos 45° \approx 0.707 \mathrm{d}l$$

而各截面最大主拉应力，在数值上等于剪应力，所以主拉应力图的面积为剪应力图的面积 Ω_0 的 0.707 倍，即 $\Omega = 0.707\Omega_0$。总的斜拉力为 $0.707\Omega_0 b$。

在实际设计中，可以只作剪应力图供设计剪力钢筋使用。

12.2.2 腹筋的设计

1. 腹筋设计的一般规定

在钢筋混凝土梁中，若主拉应力超过混凝土的抗拉极限强度 R_l，便会产生斜裂缝。为了防止斜裂缝的进一步开展而引起梁体破坏，需要在梁内设置竖向的箍筋和与梁的纵轴方向成 45°（主拉应力方向）的斜筋。习惯上称它们为腹筋或剪力钢筋。

1）主拉应力容许值

根据梁内剪力钢筋设置的不同情况，《铁路桥规》规定混凝土的主拉应力有三种容许值，见附表 8-3。

（1）$[\sigma_{\mathrm{tp}-1}]$——有箍筋和斜筋时的主拉应力容许值。它略小于混凝土的极限抗拉强度，约为 $\dfrac{1}{1.1}f_{\mathrm{ct}}$。

设计要求计算主拉应力不得大于 $[\sigma_{\mathrm{tp}-1}]$，以防止斜裂缝开展过宽。否则，必须增大混凝土截面的尺寸（主要是腹板厚度），降低主拉应力，或提高混凝土等级，增大混凝土的抗拉强度。

（2）$[\sigma_{\mathrm{tp}-2}]$——无箍筋和斜筋时的主拉应力容许值，约为 $\dfrac{1}{3}f_{\mathrm{ct}}$。当主拉应力不超过 $[\sigma_{\mathrm{tp}-2}]$ 时，全部主拉应力均可由混凝土承受，无需按斜拉力设置剪力钢筋。但实际设计时，为了使梁具有一定的韧性，防止斜截面突然破坏，仍然需要按构造要求配置一定数量的剪力钢筋。

当梁内最大主拉应力值在 $[\sigma_{\mathrm{tp}-1}]$ 和 $[\sigma_{\mathrm{tp}-2}]$ 之间时，混凝土在这样高的拉应力下极易出现斜裂缝，必须设置剪力钢筋以承担梁中斜拉力。

（3）$[\sigma_{\mathrm{tp}-3}]$——梁的部分长度中，全部由混凝土承担的主拉应力最大值，如图 12-11 所示，约为 $\dfrac{1}{6}f_{\mathrm{ct}}$。

2）关于 $[\sigma_{\mathrm{tp}-3}]$ 的规定

在钢筋混凝土梁中，主拉应力较高的区段会出现斜裂缝，而且会向主拉应力较小处延伸。如在 $\sigma_{\mathrm{tp}} \leqslant [\sigma_{\mathrm{tp}-2}]$ 的区段内，本来不至

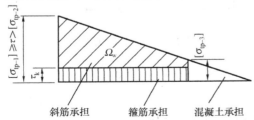

图 12-11　三个主拉应力容许值示意

于产生斜裂缝。但由于$\sigma_{tp} > [\sigma_{tp-2}]$区段内产生的斜裂缝，有可能向该区段延伸，致使混凝土开裂而丧失抗拉能力。至于斜裂缝究竟延伸至何处为止，则很难分析，《铁路桥规》规定以$[\sigma_{tp-3}]$为界。在$\sigma_{tp} \leqslant [\sigma_{tp-3}]$区段内，斜拉力全部由混凝土承担，仅按构造要求配置腹筋即可。一般情况下，钢筋混凝土梁中的主拉应力，由箍筋、斜筋和部分混凝土承受。

2. 箍筋设计

通常，根据构造要求，并参考已有的同类型设计，先定出箍筋的肢数、间距和直径，然后计算所能承受的主拉应力。若选定每道箍筋为n_k肢，每肢的截面积为a_k，所用钢筋的容许应力为$[\sigma_s]$，则每道箍筋所承担的竖直拉力为$n_k a_k [\sigma_s]$。由前述可知，主拉应力与梁的轴线方向成$45°$角，因此，箍筋中的竖直拉力，在主拉应力方向上的分力为$n_k a_k [\sigma_s]\cos 45°$。

假定由箍筋承受的主拉应力为σ_k，它在数值上等于τ_k，如图12-12所示。箍筋间距为S_k，在主拉应力图基线上的投影为$S_k/\sqrt{2}$，则在每一道箍筋所辖属的范围S_k内，由箍筋承担的主拉应力的合力为$b \cdot \dfrac{S_k}{\sqrt{2}} \cdot \sigma_k = b \cdot \dfrac{S_k}{\sqrt{2}} \cdot \tau_k$，式中$b$为梁肋宽度。显然，箍筋在主拉应力方向上的分力，应等于箍筋所辖范围内由箍筋承担的主拉应力的合力，即

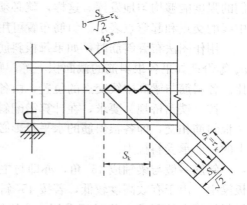

图12-12　箍筋承担的剪应力

$$n_k a_k [\sigma_s]\cos 45° = b\frac{S_k}{\sqrt{2}}\tau_k$$

故
$$\tau_k = \frac{n_k a_k [\sigma_s]}{bS_k} \tag{12-26}$$

由式（12-26）算出由箍筋承担的主拉应力τ_k后，便可以在剪应力图（或主拉应力图）上绘出由箍筋承担的主拉应力部分。若沿梁长上箍筋的直径、肢数、间距均相同，则τ_k沿梁长方向是均匀分布，如图12-11所示。如果箍筋沿梁长的构造不同，则τ_k图呈台阶状变化。在图12-11的剪应力图（亦可视为主拉应力图）中，示出了由混凝土承担的部分和由箍筋承担的部分，剩余部分则由斜筋承担。

3. 斜筋设计

1）斜筋的计算

设计斜筋时，先计算由斜筋承担的斜拉力，以确定斜筋的根数，再进行斜筋布置。为此，应从剪应力图中，划出由$[\sigma_{tp-3}]$和τ_k分别确定的由混凝土和箍筋承担的主拉应力部分，剩余部分为Ω_w，则由斜筋承担。

剩余部分的面积Ω_w（在剪应力图上）表示的斜拉力为$\Omega_w b/\sqrt{2}$。由于斜筋布置的方向与主拉应力的方向相同，所以有

$$A_w [\sigma_s] = \frac{\sqrt{2}}{2}\Omega_w b$$

$$A_\mathrm{w} = \frac{\sqrt{2}}{2} \frac{\Omega_\mathrm{w} b}{[\sigma_\mathrm{s}]} \tag{12-27}$$

式中　A_w、$[\sigma_\mathrm{s}]$——斜筋的截面积和容许应力；

Ω_w——在剪应力图上，由斜筋承担的剪应力面积；

b——梁腹板的厚度。

若斜筋直径相同，每根斜筋的截面积为 a_w。则需要斜筋的根数 n_w 为

$$n_\mathrm{w} = \frac{\sqrt{2}}{2} \frac{\Omega_\mathrm{w} b}{a_\mathrm{w} [\sigma_\mathrm{s}]} \tag{12-28}$$

2）斜筋的布置

斜筋布置的原则，是使各斜筋承受的斜拉力相等，或与各斜筋截面积成正比，以使它们的强度能够均匀地发挥。这样，就必须相应地确定各斜筋的位置，一般以各斜筋与梁高中线的交点和起弯点表示。斜筋布置可用作图法或计算法进行。

用作图法布置斜筋时，如果每根斜筋的截面积相等，可将剪应力图中的面积 Ω_0 分为 n_w 等份；如果各根斜筋的截面积不等，则划分的各小块面积，应与各根斜筋截面积成正比。各斜筋与梁高中线交点的位置，由各小块面积的形心确定。

按《铁路桥规》要求，在计算需配斜筋的区段内，任一与梁轴垂直的截面，至少要与一根斜筋相交，即各根斜筋的水平投影必须稍有搭接，以确保在任意截面上，均有一道以上的斜筋承受斜拉力。

斜筋一般与梁轴成 45°角，亦即与主拉应力方向平行。梁较高时，可用到 60°角。在板梁中，由于有效高度较低，若按 45°斜角布置斜筋，常难以满足上述任一截面至少与一根斜筋相交的要求，此时可采用 30°的斜角。小于 30°斜角的斜筋发挥作用很小，不应采用。

在钢筋混凝土梁中，一般以弯起纵筋作为斜筋。弯起的顺序，一般是先中间，后两边，先上层后下层，尽量做到左右对称。要避免在同一截面附近，弯起过多的纵筋，以免纵筋应力变化过大，也便于混凝土的灌注和振捣。此外，至少还应保留梁肋两侧下角的纵筋，使其伸过支座中心一定的长度，锚固于梁的两端。

4. 抵抗弯矩的检查

1）图解法

梁内部分纵向受拉钢筋弯起成为斜筋后，所余部分是否能满足各截面抗弯强度的要求，需要进行检查。通常采用图解法，将梁的弯矩包络图和材料抵抗弯矩图，以同一比例尺、同一基线绘出，进行比较。抵抗弯矩图的纵坐标，代表该处梁截面所容许承受的最大弯矩值。所以，它应当能全部覆盖弯矩包络图。

2）抵抗弯矩的计算

梁各截面的抵抗弯矩，按下式计算。

$$[M] = A_\mathrm{sz} [\sigma_\mathrm{s}] Z \frac{h_0 - x}{h - x - a_1} \tag{12-29}$$

式中　A_sz——该截面剩余主筋的截面积；

Z——该截面与 A_sz 对应的内力偶臂；

x ——该截面与 A_{sz} 对应的受压区高度;

a_1 ——该截面最外层钢筋重心至梁底的距离。

如果截面内纵向受力钢筋的布置层数不超过 3 层,全梁长范围内 Z 值变化不大,可假定 Z 值沿梁长不变,抵抗弯矩近似地按下式计算。

$$[M] \approx A_{sz}[\sigma_s]Z = \Sigma n_i a_{si}[\sigma_s]Z \tag{12-30}$$

式中 Z ——内力偶臂,可近似地按梁最大弯矩截面处的内力偶臂取用;

a_{si} ——某种直径单根主筋的截面积;

n_i ——某种直径主筋的根数。

12.2.3 T 形截面梁中翼板与梁梗连接处的剪应力计算

同时承受弯矩和剪力作用的 T 形截面梁,在翼板与梁梗连接的竖向截面上,存在着水平剪应力,如图 12-13 (a)。当翼板厚度很小时,此水平剪应力将很大。为了保证翼板能可靠地参加主梁工作,《铁路桥规》要求验算该水平剪应力。

1. 受压区剪应力计算

沿梁的纵轴方向,取长度为 $\mathrm{d}l$ 的分离体,再以 m-m 截面切出翼板部分,则可以看出,切出的翼板处在纵向力 D 和 $D + \mathrm{d}D$ 及剪应力合力的共同作用下。由于翼板很薄,可以近似地假定 τ'_f 沿板厚均匀分布。根据力的平衡条件,在分离体两端的截面上,弯曲正应力的合力之差 $\mathrm{d}D$,等于截面 m-m 上剪应力的合力 $h'_f \mathrm{d}l \tau'_f$,从而有

$$\tau'_f = \frac{\mathrm{d}D}{h'_f \mathrm{d}l} = \frac{1}{h'_f \mathrm{d}l} \mathrm{d} \int_A \sigma \mathrm{d}A$$

$$= \frac{\mathrm{d}M}{h'_f \mathrm{d}l I_0} \int_A y \mathrm{d}A = \frac{Q S_A}{h'_f I_0}$$

式中 S_A ——截面 m-m 以左部分面积对中性轴的面积矩;

Q ——截面的剪力;

I_0 ——T 形梁换算截面对中性轴的惯性矩。上式与 T 形梁中性轴处剪应力的计算

式 $\tau_0 = \dfrac{Q S_0}{b I_0}$ 形式上相似。两式相比,可改成以下形式。

$$\tau'_f = \tau_0 \frac{\dfrac{Q S_A}{h'_f I_0}}{\dfrac{Q S_0}{b I_0}} = \tau_0 \cdot \frac{b}{h'_f} \cdot \frac{S_A}{S_0} \tag{12-31}$$

2. 受拉区剪应力计算

同理可得 T 形梁受拉区翼板与梁肋连接处的水平剪应力,如图 12-13 (b) 所示。

$$\tau = \tau_0 \cdot \frac{b}{h_f} \cdot \frac{A_{sf}}{A_s} \tag{12-32}$$

式中 h_f ——截面 n-n 处的翼板厚度;

A_{sf} ——翼板悬出部分受拉钢筋截面积;

A_s ——受拉钢筋总截面积。

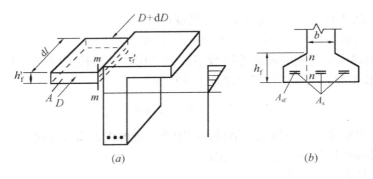

图 12-13　水平剪应力

12.3　轴心受压构件计算

12.3.1　箍筋柱的计算

1. 强度计算

在荷载作用下，考虑到混凝土的塑性变形，短柱截面混凝土及受压钢筋的应力不可避免地存在应力重分布现象。所以，钢筋混凝土轴心受压构件的强度，一般采用破坏阶段的截面应力状态为依据进行计算。

在破坏阶段，截面上混凝土应力达到轴心抗压极限强度 f_c，纵筋达到屈服强度。柱的破坏轴向力 N_p 为：

$$N_p = A_c f_c + A'_s f'_s \tag{12-33}$$

式中　A_c——混凝土的截面积（当纵筋的配筋率不超过 3% 时，A_c 可不扣除纵筋所占的面积）；

　　　f_c——混凝土的极限强度，见附表 4-1；

　　　A'_s——纵筋的截面积；

　　　f'_s——纵筋的屈服强度，即钢筋抗拉强度标准值。

为保证构件在使用阶段不进入破坏状态，应对式（12-33）取安全系数 K。若换算为容许应力的表达形式，则荷载产生的计算轴向压力 N 应满足：

$$\begin{aligned}
N \leqslant \frac{N_p}{K} &= \frac{A_c f_c + A'_s f'_s}{K} \\
&= [\sigma_c] A_c + [\sigma_c] \frac{f'_s}{f_c} A'_s \\
&= [\sigma_c](A_c + m A'_s)
\end{aligned} \tag{12-34}$$

将式（12-34）化为应力复核的形式为

$$\sigma_c = \frac{N}{A_c + m A'_s} \leqslant [\sigma_c] \tag{12-35}$$

式中　σ_c——混凝土压应力；

　　　N——计算轴向压力；

　　　A_c——构件横截面的混凝土面积；

A'_s——受压纵筋截面积；

m——纵筋的抗拉强度标准值（按附表 4-3 取值）与混凝土抗压极限强度之比，按表 12-1 取值；

$[\sigma_c]$——混凝土中心受压时的容许应力，按附表 8-3 采用。

m 值 表 12-1

钢筋种类	混凝土强度等级								
	C20	C25	C30	C35	C40	C45	C50	C55	C60
Q235	17.4	13.8	11.8	10.0	8.7	7.8	7.0	6.4	5.9
HRB335	24.8	19.7	16.8	14.3	12.4	11.2	10.0	9.1	8.4

若计算应力 σ_c 未超过 $[\sigma_c]$，说明构件的承载能力足够。

2. 稳定性计算

当轴心受压构件的长细比超过一定数值时，应将承载能力乘以小于 1 的纵向弯曲系数 ϕ。稳定性的复核公式为：

$$\sigma_c = \frac{N}{\phi(A_c + mA'_s)} \leqslant [\sigma_c] \tag{12-36}$$

构件不同长细比的纵向弯曲系数 ϕ 值，按表 12-2 采用。

纵向弯曲系数 ϕ 值 表 12-2

l_0/b	≤8	10	12	14	16	18	20	22	24	26	28	30
l_0/d	≤7	8.5	10.5	12	14	15.5	17	19	21	22.5	24	26
l_0/i	≤28	35	42	48	55	62	69	76	83	90	97	104
φ	1.0	0.98	0.95	0.92	0.87	0.81	0.75	0.70	0.65	0.60	0.56	0.52

注：l_0—构件的计算长度，两端刚性固定时 $l_0 = 0.5l$；一端刚性固定，另一端为不移动的铰时 $l_0 = 0.7l$；两端均为不移动的铰时 $l_0 = l$；一端刚性固定，另一端为自由端时 $l_0 = 2l$，l—构件的全长。b—矩形截面构件的短边尺寸。d—圆形截面构件的直径。i—任意形状截面构件的回转半径：$i = \sqrt{\dfrac{I_c}{A_c}}$，$I_c$—混凝土截面惯性矩。$A_c$—混凝土截面积。

3. 截面设计

箍筋柱的设计，在已知荷载情况下，可能有两种情况：①已知截面尺寸，配置纵筋及箍筋，②选择截面尺寸和配筋。

用式（12-36）可求算柱中纵筋的面积，并按构造要求设置箍筋。

$$A'_s = \frac{1}{m}\left(\frac{N}{\phi[\sigma_c]} - A_c\right) \tag{12-37}$$

式中符号意义同前，按给定条件选用。

式（12-36）亦可用来计算混凝土截面积。

$$A_c = \frac{N}{\phi[\sigma_c](1 + m\mu')} \tag{12-38}$$

式中 $\mu' = A'_s/A_c$，柱截面的配筋率。

设计时需进行试算。先假定 ϕ 及 μ'（ϕ 值可先取 1；μ' 值按经济配筋率选用），求出 A_c 后，选用合适的截面边长，再算出长细比，并查出 ϕ 值。然后，反算 A_c 值，并修改截面尺寸。经几次试算，即可定出提供的 A_c。最后，按式（12-37）计算需要的纵筋面积 A'_s，并配置纵筋。

【例 12-2】 某钢筋混凝土箍筋柱，承受计算轴向压力 $N = 750$kN；柱截面尺寸 $b \times h = 400$mm$\times 400$mm，长 8m，两端铰支。混凝土为 C20，钢筋为 Q235。要求进行纵筋和箍筋设计。

【解】 （1）计算纵向弯曲系数 ϕ

$$l_0/b = 8000/400 = 20 > 8$$

故必须按长柱计算，并考虑纵向弯曲系数 ϕ。查表 12-2，$\phi = 0.75$。

（2）查有关数值 m、$[\sigma_c]$

由表 12-1 $\quad m = 17.4$

由附表 8-3 $\quad [\sigma_c] = 5.4$MPa

（3）计算钢筋面积 A'_s

按式（12-37）

$$A'_s = \frac{1}{m}\left(\frac{N}{\phi[\sigma_c]} - A_c\right) = \frac{1}{17.4}\left[\frac{750}{0.75 \times 5.4 \times 10^3} - (0.4 \times 0.4)\right] = 0.001447\text{m}^2 = 1447\text{mm}^2$$

选用 $4\phi22$，提供 $A'_s = 1520$mm^2

（4）验算柱的强度

由式（12-36）可知

$$\sigma_c = \frac{N}{\phi(A_c + mA'_s)} = \frac{750}{0.75(0.16 + 17.4 \times 0.00152)}$$
$$= 5363\text{kPa} = 5.363\text{MPa} < [\sigma_c] = 5.4\text{MPa}$$

（5）箍筋设计

箍筋直径选用 $\phi8$ 满足：

① $d = 8$mm > 6mm；

② $d = 8$mm $> 1/4 \times 22 = 5.5$mm。

箍筋间距选用 250mm 满足：

① $S = 250$mm $< b = 400$mm；

② $S = 250$mm $< 15d$（主筋直径）$= 15 \times 22 = 330$mm。

12.3.2 旋筋柱的计算

1. 强度计算

旋筋柱的破坏阶段与箍筋柱的不同点是：混凝土保护层已经剥落，不能再承担荷载，混凝土的有效面积为被螺旋箍筋包围的核心混凝土截面；螺旋箍筋能显著提高构件的强度，其提高幅度与箍筋的直径和间距有关。通过理论可以证明，它相当于同体积纵筋承载能力的 2 倍。

旋筋柱的强度计算原理与箍筋柱相同，唯有在计算中，应考虑螺旋筋对提高柱承载能力的有利影响，并注意采用核心截面积作为混凝土的有效面积。旋筋柱强度计算的公式可表达为：

$$N \leqslant \frac{N_p}{K} = \frac{1}{K}(A_{he}f_c + A'_s f'_s + 2.0A_j f_s)$$

$$= \frac{f_c}{K}\left(A_{he} + \frac{f'_s}{f_c}A'_s + 2.0\frac{f_s}{f_c}A_j\right)$$

$$= [\sigma_c](A_{he} + mA'_s + 2.0m'A_j)$$

即
$$\sigma_c = \frac{N}{A_{he} + mA'_s + 2.0m'A_j} \leqslant [\sigma_c] \qquad (12\text{-}39)$$

式中　N——计算轴向压力；

A_{he}——核心混凝土截面积；

m, m'——纵筋及螺旋筋的抗拉强度标准值（按附表 4-3 取值）与混凝土抗压极限强度之比，皆按表 12-1 采用；

A'_s——纵筋截面积；

A_j——螺旋筋的换算截面积

$$A_j = \frac{\pi d_{he} a_j}{s} \qquad (12\text{-}40)$$

式中　d_{he}——核心截面的直径；

a_j——单根螺旋筋的截面积；

s——螺旋筋的螺距。

为保证在使用荷载作用下，旋筋柱的保护层不致剥落，《铁路桥规》规定：构件因使用螺旋筋而增加的承载能力，不应超过未使用螺旋筋时的 60%。

2. 稳定性计算

螺旋筋虽然能阻止核心部分混凝土的横向胀大，但并不能增加整个构件抵抗纵向弯曲的刚度，即对稳定性并无帮助。因此，当构件的长细比 $l_0/i > 28$ 时（对任意形状截面），则不再考虑螺旋筋的影响，而按箍筋柱的公式进行计算。

3. 截面设计

旋筋柱用钢量较多，施工也较麻烦，一般只在截面尺寸受到限制，需要用螺旋箍筋（或焊接环筋）构造以提高柱的承载力时，才考虑采用。所以，设计时多为截面尺寸已定的条件下，进行纵筋和旋筋的配置。在工程实践中，一般先假定配筋情况，进行截面强度复核。经过几次修改、计算，最后完成设计。

12.4　偏心受压构件强度计算

12.4.1　截面应力状态和两种偏心受压情况的判别

1. 截面应力状态

按容许应力法计算偏心受压构件的强度，只需研究在设计荷载作用下，截面上的应力分布及其计算方法。

1）在荷载作用下截面的应力分布

在使用荷载作用下，钢筋混凝土偏心受压构件的截面应变符合平面假设，且应力呈直线分布。当轴向力的偏心较小时，全截面受压，称为小偏心受压。由于钢筋与所在处混凝土应变相等，所以钢筋的应力可由此处混凝土应力的 n 倍（钢筋弹性模量对混凝土变形模量的比值）来确定。当轴向力的偏心较大时，在偏心的另一侧，截面存在受拉区，称为大偏心受压。此时,同受弯构件的假定一样,受拉区混凝土不参加工作。受拉钢筋及受压钢筋的应力,同样由其应变与该处混凝土的应变相等的条件确定。偏心受压构件的应力状态如图 12-14 所示。图中 k_1,k_2 表示核心距。

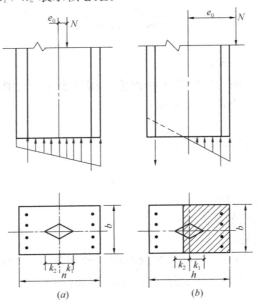

图 12-14　偏心受压构件的截面应力状态

2)截面的应力计算

偏心受压构件的截面应力计算,亦采用换算截面的概念进行。小偏心受压构件,由于全截面受压,可直接采用材料力学应力计算公式进行。大偏心受压时,截面中性轴的位置与轴向力偏心距大小有关,且截面受拉区不参加工作,所以计算比小偏心受压复杂些。

2. 大小偏心受压的判别

可以利用材料力学中截面核心距概念,判别大小偏心受压。据此概念,轴向力偏心距不大于截面核心距时,全截面受压,即为小偏心受压;轴向力偏心距大于截面核心距时,中性轴位于截面内,截面存在受拉区,即为大偏心受压。

1)换算截面形心轴位置的确定

按照"截面各分面积对某轴的面积矩之和,等于全截面面积对同轴的面积矩"的原理,换算截面形心轴的位置,可按下式确定。

$$A_0 y_1 = S_c + n S_s + n S'_s$$

所以
$$y_1 = \frac{S_c + n S_s + n S'_s}{A_0} \tag{12-41}$$

$$y_2 = h - y_1 \tag{12-42}$$

式中　y_1、y_2 ——换算截面形心轴至截面边缘的距离,如图 12-15 所示;

　S_c、S_s、S'_s ——分别为混凝土面积、钢筋面积 A_s、A'_s 对截面 y_1 侧边缘的面积矩;

　　　n ——钢筋的弹性模量与混凝土变形模量之比;

　　　h ——截面高度。

$$A_0 = A_c + n A_s + n A'_s$$

式（12-41）、式（12-42）对任何形状的截面都是适用的。对于不对称配筋的矩形截面

$$y_1 = \frac{\frac{1}{2}bh^2 + n[A_s'a' + A_s(h-a)]}{bh + n(A_s + A_s')} \qquad (12\text{-}43)$$

$$y_2 = h - y_1$$

当截面及配筋都对称时，截面的对称轴就是换算截面的形心轴，即

$$y_1 = y_2 = \frac{h}{2} \qquad (12\text{-}44)$$

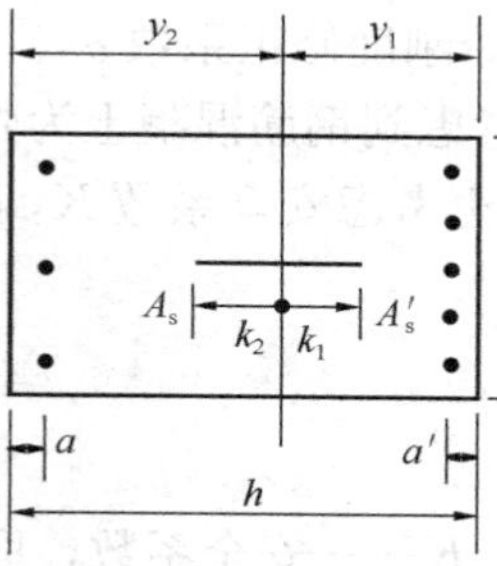

图 12-15　换算截面形
心轴位置确定

2）换算截面核心距的计算

根据截面核心距的定义，当轴向压力作用于截面核心距的边界时，其对面截面边缘的应力为零。若核心距以 k 表示，当轴向力偏心距 $e = k_1$ 时，由力作用的叠加原理，截面边缘应力为零的计算公式为

$$\frac{N}{A_0} - \frac{Nk_1}{I_0}y_2 = 0 \qquad (12\text{-}45)$$

解得

$$k_1 = \frac{I_0}{A_0 y_2} \qquad (12\text{-}46)$$

同理

$$k_2 = \frac{I_0}{A_0 y_1} \qquad (12\text{-}47)$$

式中　A_0、I_0——分别为换算截面积、换算截面对其形心轴的惯性矩。

12.4.2　纵向弯曲影响偏心距增大系数的计算

1. 偏心距增大系数

钢筋混凝土偏心受压构件，在轴向力作用下，构件在弯矩作用的平面内将发生纵向弯曲，如图 12-16 所示，使荷载对截面的偏心距 e_0 增大为 e，由下式表示。

$$e = \eta e_0 \qquad (12\text{-}48)$$

η 称为挠度对偏心距影响的增大系数。由于偏心距增大，截面弯矩应为计算弯矩 M 乘以增大系数，即

$$\eta M = Ne \qquad (12\text{-}49)$$

所以，η 又可称为弯矩增大系数。该增大系数，可通过构件在压力作用下的挠度确定。对柱底截面为

$$\eta = \frac{e_0 + f}{e_0} = 1 + \frac{f}{e_0} \qquad (12\text{-}50)$$

式中，f 为偏心压力作用下柱顶的挠度。对于匀质弹性材料构件，η 可通过力学分析，由下式确定。

$$\eta = \frac{1}{1 - \dfrac{N}{N_k}} = \frac{1}{1 - \dfrac{N}{\dfrac{\pi^2 EI}{l_0^2}}} \qquad (12\text{-}51)$$

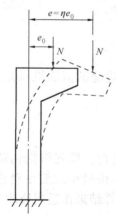

图 12-16　偏心受压

式中　N、N_k——偏心压力和构件的临界压力；

　　　　l_0——构件的计算长度。

2. 刚度修正系数 α

考虑到钢筋混凝土为弹塑性材料，且具有截面受拉区开裂的特点，引入了刚度修正系数 α；再考虑安全系数 K，则偏心距增大系数的计算公式为：

$$\eta = \cfrac{1}{1 - \cfrac{KN}{\alpha \cdot \cfrac{\pi^2 E_c I_c}{l_0^2}}} \tag{12-52}$$

式中　K——安全系数，取值依据规范，当荷载为主力时用 2.0，主力加附加力时用 1.6；

　　　E_c——混凝土受压弹性模量；

　　　I_c——混凝土全截面（不计钢筋）的惯性矩；

　　　α——考虑偏心距影响的刚度修正系数。根据试验资料分析，可按下式确定：

$$\alpha = \cfrac{0.1}{0.2 + \cfrac{e_0}{h}} + 0.16 \tag{12-53}$$

式中　e_0——轴向力作用点至构件截面形心的距离；

　　　h——弯曲平面内的截面高度。

由式（12-51）可以看出，偏心受压构件考虑到挠度。引起的偏心增大后，在弯矩作用平面内，可不再进行稳定性检算。但尚应按轴心受压构件，检算垂直于弯矩作用平面的稳定性。

12.4.3　小偏心受压构件的计算

1. 截面应力复核

小偏心受压构件的轴向压力作用于截面核心范围内（$e \leqslant k$），截面全部受压，混凝土和钢筋的应力，可利用换算截面的概念，直接由材料力学公式求得。由图 12-17 可知，混凝土和钢筋的最大应力都发生在轴向力偏心一侧，可分别按式（12-54）、式（12-55）计算，并进行强度复核。

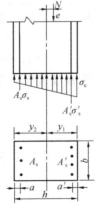

图 12-17　小偏心
受压构件

混凝土应力　　$\sigma_c = \dfrac{N}{A_0} + \dfrac{\eta M}{W_0} \leqslant [\sigma_b]$ 　　(12-54)

钢筋应力　　$\sigma_s' = n\left[\dfrac{N}{A_0} + \dfrac{\eta M}{I_0}(y_1 - a')\right] \leqslant [\sigma_s]$ 　　(12-55)

式中　N——换算截面形心处的计算轴向压力；

　　　M——计算弯矩；

　　　W_0——换算截面对其受压边缘或受压较大边缘的截面抵抗矩；

　　　其余符号同前。

2. 截面设计

1）试算法

偏心受压构件的截面设计，一般采用试算法进行。即先根据构造要求和同类构件设计资料，拟定混凝土截面尺寸，按最小配筋率对称布置钢筋，然后进行应力复核。必要时，再根据计算结果作适当修改。

2）应力复核的几种结果

在应力复核时，可能有以下几种结果。

（1）计算应力比容许应力小得多。这时，如果无构造上的要求，可适当减小混凝土截面的尺寸并相应地减少钢筋用量。

（2）计算应力超出容许应力较多。这时，若正负弯矩相差很大，可以在截面压应力较大侧，适当增加钢筋面积；若正负弯矩相差不多，仍可采用对称配筋，适当增加钢筋面积。

（3）计算应力超出容许应力很多。这时应加大混凝土截面尺寸，相应地增加钢筋用量。对修改后的截面再进行应力核算，直至符合要求为止。

12.4.4 大偏心受压构件的计算

大偏心受压构件的轴向压力，作用于截面核心范围以外（$e > k$），截面一部分受压，一部分受拉，中性轴位于截面内。根据受拉混凝土不参加工作的假设，换算截面不包括受拉区混凝土的面积。

计算时，根据截面尺寸、配筋情况及轴向力偏心的大小，先确定中性轴的位置，然后计算换算截面的面积 A_0 和惯性矩 I_0。按材料力学公式，计算截面混凝土和钢筋的应力，复核构件的强度。

混凝土压应力和钢筋压应力计算公式同式（12-54）、式（12-55），钢筋拉应力为：

$$\sigma_s = n\left[\frac{N}{A_0} - \frac{\eta M}{I_0}(y_2 - a)\right] \leqslant [\sigma_s]$$

式中符号意义参见式（12-54）、式（12-55）及图 12-18。

1. 截面应力复核

以矩形截面为例介绍应力复核的方法。

1）确定中性轴的位置

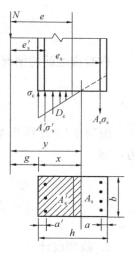

矩形截面的应力计算图形，如图 12-18 所示。根据平衡原理，对纵向压力 N 的作用点取矩，得

$$\sigma_s A_s e_s - \sigma'_s A'_s e'_s - \frac{1}{2}\sigma_c \cdot bx\left(g + \frac{x}{3}\right) = 0 \quad (12\text{-}56)$$

式中　σ_s、σ'_s——分别为受拉及受压钢筋的应力；

　　　e_s、e'_s——分别为 N 至受拉及受压钢筋的距离；

　　　g——N 至受压区截面边缘的距离。

其他符号意义同前。

图 12-18　大偏心受压

由截面应力的比例关系，得

$$\sigma_s = n\sigma_c \frac{h - x - a}{x} \quad (12\text{-}57)$$

$$\sigma'_s = n\sigma_c \frac{x - a'}{x} \quad (12\text{-}58)$$

将上述二式及 $x = y - g$（y 的意义如图 12-18 所示）代入式（12-56）得

$$n\sigma_c \frac{e_s - y}{y - g} A_s e_s - n\sigma_c \frac{y - e'_s}{y - g} A'_s e'_s - \frac{1}{2}\sigma_c b(y - g)\left[g + \frac{1}{3}(y - g)\right] = 0 \quad (12\text{-}59)$$

消去 σ_c，整理后得

$$y^3 + py + q = 0 \qquad\qquad (12\text{-}60)$$

式中
$$p = \frac{6n}{b}(A'_s e'_s + A_s e_s) - 3g^2$$

$$q = -\frac{6n}{b}(A'_s e'^2_s + A_s e^2_s) + 2g^3$$

式（12-60）为一元三次方程式，有多种解法，其中以试算法较为方便。即根据判断假设 y 值，代入式（12-60）。如不满足，再重新假设 y 值，直至满足为止。也可以采用下式计算出 y 值，作为第一次近似值。

$$y = \sqrt[3]{-q} - \frac{p}{3\sqrt[3]{-q}} \qquad\qquad (12\text{-}61)$$

y 值确定后，便可得中性轴的位置。

2）计算截面应力

中性轴的位置确定后，便可以计算出换算截面的几何特性，利用材料力学方法，计算截面应力。但这样做比较麻烦，所以对大偏心受压构件，一般是直接利用力的平衡条件，建立截面应力的计算公式。

如图 12-18 所示，由截面应力的合力与轴向力 N 的平衡关系，有

$$\frac{1}{2}\sigma_c bx + \sigma'_s A'_s - \sigma_s A_s = N$$

将式（12-57），式（12-58）代入，混凝土应力要小于容许应力，即

$$\sigma_c = \frac{N}{\frac{1}{2}bx + n\left[A'_s\left(\frac{x-a'}{x}\right) - A_s\left(\frac{h-x-a}{x}\right)\right]} \leqslant [\sigma_b] \qquad (12\text{-}62)$$

在对称配筋的情况下，$A'_s = A_s$，$a' = a$，于是有

$$\sigma_c = \frac{N}{\frac{1}{2}bx - 2nA_s\left(\frac{h}{2x}-1\right)} \leqslant [\sigma_b] \qquad (12\text{-}63)$$

混凝土应力算出后，钢筋应力由式（12-57）、式（12-58）确定，要小于容许应力，即

$$\sigma_s = n\sigma_c \frac{h-x-a}{x} \leqslant [\sigma_s] \qquad\qquad (12\text{-}64)$$

$$\sigma'_s = n\sigma_c \frac{x-a'}{x} \leqslant [\sigma_s] \qquad\qquad (12\text{-}65)$$

2. 截面设计

1）试算法

大偏心受压构件的截面设计，也多采用试算法。先参考同类结构的设计资料，根据计算压力大小拟定截面尺寸。然后，估算纵筋面积。估算时，为充分发挥混凝土的强度，令 $\sigma_c = [\sigma_b]$。同时，根据偏心大小，假定一个 σ_s 值，于是整个截面的应力状态便确定了。

依据应力比例关系，可算出截面受压区的高度。由力对截面受压钢筋的形心取矩，即可求得 A_s；对截面受拉钢筋的形心取矩，即可求得 A'_s（参见图 12-18）。

2）比选法

设计时，宜假定几个不同的 σ_s 值，分别求出相应的 A_s 及 A'_s。最后，比较选用（$A_s +$

A'_s) 值最小的方案，以节约钢材。若发现配筋设计结果异常，则应考虑是否需要修改混凝土的截面尺寸。

按照常规，配筋设计后，应进行截面应力的复核。

12.5　构件的裂缝宽度和变形计算

12.5.1　裂缝宽度的计算

1. 矩形、T形及工字形截面受弯及偏心受压构件

《铁路桥规》中受弯构件截面受拉边缘处裂缝宽度的计算公式为

$$w_\mathrm{f} = K_1 K_2 r \frac{\sigma_\mathrm{s}}{E_\mathrm{s}} \left(80 + \frac{8+0.4d}{\sqrt{\mu_z}} \right) \tag{12-66}$$

$$K_2 = 1 + \alpha \frac{M_1}{M} + 0.5 \frac{M_2}{M} \tag{12-67}$$

$$\mu_z = \frac{(n_1 \beta_1 + n_2 \beta_2 + n_3 \beta_3) A_{\mathrm{s}1}}{A_{\mathrm{c}1}} \tag{12-68}$$

式中　w_f——裂缝计算宽度（mm），其容许值见附表 8-6；

　　　K_1——钢筋表面形状影响系数，光钢筋取 1，带肋钢筋取 0.8；

　　　K_2——荷载特征影响系数；

　　　α——系数，光钢筋取 0.5，带肋钢筋取 0.3；

　　　M_1——活载作用下弯矩；

　　　M_2——恒载作用下弯矩；

　　　M——全部计算荷载下弯矩；

　　　r——中性轴至受拉边缘的距离与中性轴至受拉钢筋重心的距离之比，对梁和板分别取 1.1 和 1.2；

　σ_s、E_s——受拉钢筋重心处钢筋的应力（MPa）和钢筋的弹性模量（MPa）；

　　　d——受拉钢筋直径（mm），当钢筋直径不相同时，取大者；

　　　μ_z——受拉钢筋的有效配筋率；

n_1、n_2、n_3——单根，两根一束，三根一束钢筋的根数；

β_1、β_2、β_3——考虑钢筋成束布置对粘结力影响的折减系数，对单根钢筋 $\beta_1 = 1.0$，两根一束 $\beta_2 = 0.85$，三根一束 $\beta_3 = 0.70$；

　　　$A_{\mathrm{s}1}$——单根钢筋的面积；

　　　$A_{\mathrm{c}1}$——与受拉钢筋相互作用的受拉混凝土面积，取为与受拉钢筋重心相重的混凝土面积，如图 12-19 中的阴影部分所示，$A_{\mathrm{c}1} = 2ab$；

　　　a——受拉钢筋重心到截面受拉边缘的距离；

　　　b——梁肋（梗）的宽度。设置受拉翼缘的梁，取受拉翼缘宽度。

2. 圆形、环形截面偏心受压构件

钢筋混凝土圆形和环形截面偏心受压构件裂缝宽度的计算，根据试验资料分析，可采用与受弯构件类似的形式。《铁路桥规》中按下式计算：

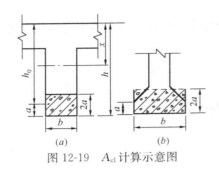

图 12-19　A_{cl} 计算示意图

$$w_{f} = K_{1}K_{2}K_{3}r\frac{\sigma_{s}}{E_{s}}\left(100 + \frac{4 + 0.2d}{\sqrt{\mu_{z}}}\right) \quad (12\text{-}69)$$

$$r = \frac{2R - x}{R + r_{s} - x} \leqslant 1.2 \quad (12\text{-}70)$$

$$\mu_{z} = \frac{(\beta_{1}n_{1} + \beta_{2}n_{2} + \beta_{3}n_{3})A_{s1}}{A_{z}} \quad (12\text{-}71)$$

$$A_{z} = 4\pi r_{s}(R - r_{s}) \quad (12\text{-}72)$$

式中　　K_{1}、K_{2}——意义同前；

　　　　K_{3}——截面形状系数，对圆形截面 $K_{3} = 1.0$，环形截面 $K_{3} = 1.1$；

　　　　r——中性轴至受拉边缘的距离与中性轴至最大拉应力钢筋中心距离之比，按图 12-20 计算，大于 1.2 时，取为 1.2；

　　　　A_{z}——与纵向钢筋相互作用的混凝土面积，如图 12-21 中的阴影面积。

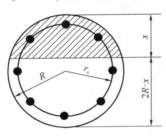

图 12-20　r 计算示意图

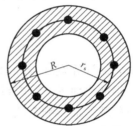

图 12-21　A_{z} 计算示意图

12.5.2　受弯构件挠度的计算

钢筋混凝土梁有较大的刚度，根据以往的设计经验，一般能满足使用要求。但是，在某些特殊情况下，要求尽量压低梁的高度（例如平原地区的跨线桥和河网地区所采用的低高度梁），这时挠度可能成为控制设计的一个因素。

对于铁路桥梁，在列车荷载作用下，如果梁的挠度过大，就会影响列车高速平稳的运行。因此，《铁路桥规》要求，铁路简支梁桥，在不计列车竖向动力作用时的活载作用下，产生的最大竖向挠度不应超过其跨度的 1/800。对于连续梁边跨不应超过跨度的 1/800，中间跨不应超过跨度的 1/700。

1. 受弯构件的刚度特征

钢筋混凝土梁的刚度是沿梁长变化的，无裂缝区段刚度大，有裂缝区段刚度小。裂缝之间与裂缝截面的刚度也不相同。此外，长时间及重复荷载的作用，引起混凝土塑性变形，使梁的整体刚度降低。因此，梁在正常使用情况下带裂缝工作以及材料进入塑性的特点，使其挠度与按传统弹性理论计算的结果有较大差异。

2. 受弯构件挠度的计算

由于影响梁产生挠度的因素很多，而且情况也比较复杂，要想精确计算钢筋混凝土梁的挠度是比较困难的。因此，工程实践中对于钢筋混凝土梁的挠度计算，尤其是截面刚度的取值，通常根据试验研究分析，提出一些近似的方法。《铁路桥规》中规定计算截面刚度时，弹性模量需要适当折减，对截面惯性矩的取值也做了相应规定。

由于按容许设计方法的思想，设计荷载作用下结构处在弹性阶段，混凝土结构变形可以采用弹性阶段结构分析的方法计算。对于超静定结构常需要采用结构分析软件，采用有限元分析方法计算荷载引起的挠度。钢筋混凝土简支梁是静定结构，可以给出跨中挠度的解析解。在均布荷载作用下，铁路简支梁的跨中挠度可按下式计算。

$$f = \frac{5}{48} \frac{Ml^2}{EI_0} \tag{12-73}$$

式中　M——均布荷载作用下梁的跨中弯矩；

　　　E——计算弹性模量，取 $E = 0.8E_c$，E_c 为混凝土的受压弹性模量，按规范采用。考虑折减系数 0.8 是因为，试验表明在多次重复荷载作用后混凝土模量降低约 20%～25%；

　　　I_0——换算截面的惯性矩，不计受拉区的混凝土，只计入钢筋。计算中采用 $n = E_s/0.8E_c$，即受拉区的换算面积按 $nA_s = E_sA_s/0.8E_c$ 计算。

对于静定结构，换算截面惯性矩 I_0 忽略了受拉区混凝土的作用，而只计入钢筋部分，这是因为在使用阶段，受拉区混凝土产生开裂的缘故。但沿梁长的受拉区，混凝土并未完全开裂（尤其是靠近梁的端部），在未开裂的部分梁的刚度较大，完全不考虑受拉区混凝土是偏于安全的。《铁路桥规》中规定，对于超静定结构的变形计算，惯性矩值可近似地采用全部混凝土截面，而不计入钢筋。以上截面刚度的考虑方法，比较简便，但也是比较近似的。

思　考　题

1. 根据单筋矩形梁的强度计算公式，分析提高混凝土等级、提高钢筋级别、加大截面高度、加大截面宽度，对提高截面强度的作用？你认为采用哪种措施最有效？

2. 何谓平衡设计、低筋设计？为什么在一般实际工程中多采用低筋设计？

3. 在钢筋混凝土梁中，剪应力的分布有何特点？

4. 主拉应力图和剪应力图之间有什么关系？

5. 怎样进行钢筋混凝土梁的箍筋和斜筋设计？

6. 《铁路桥规》中三个主拉应力容许值的意义是什么？

7. 按容许应力法公式计算轴心受压构件强度，是否需检算钢筋应力？

8. 大、小偏心受压构件的截面应力状态有何不同？怎样区别两类偏心受压？它们在应力计算方法上有何不同？

9. 什么是偏心增大系数？主要是由哪些因素引起的？

10. 钢筋混凝土梁，其截面刚度的分布有何特点？按《铁路桥规》进行挠度计算时，E 和 I 如何取值？

习　题

1. 某单筋矩形截面梁 $b \times h = 200mm \times 500mm$，梁内配 Q235 钢筋 $3\phi18$，保护层厚为 40mm。混凝土用 C30，截面弯矩 $M = 40kN \cdot m$。试核算截面混凝土及钢筋的应力，并计算截面的容许最大弯矩。

2. 钢筋混凝土矩形截面简支梁，$b \times h = 450mm \times 1200mm$，计算跨度 $L = 10m$，承受均布荷载 $q = 72kN/m$（包括自重）。梁内主筋为 Q235，$4\phi28$，$a = 44mm$，混凝土为 C30。试绘出梁的剪应力图和主拉应

力图，并计算出其图形面积。

3. 某中心受压箍筋柱，截面为 $450\text{mm} \times 450\text{mm}$ 的正方形，柱长为 10m，一端是刚性固定，另一端是不移动铰；混凝土为 C20，纵筋用 $4\phi22$ 的 Q235 钢筋，该柱承受轴向压力 $N = 800\text{kN}$，复核该柱的强度及稳定性。

4. 某偏心受压柱 $b \times h = 250\text{mm} \times 350\text{mm}$，$A_s = A'_s = 1017\text{mm}^2$，$a = a' = 40\text{mm}$，计算长度 $l_0 = 5\text{m}$，混凝土为 C30，Q235 钢筋。该柱承受的轴向压力 $N = 450\text{kN}$，弯矩 $M = 20\text{kN} \cdot \text{m}$。试复核截面混凝土及钢筋的应力，并检算柱的稳定性。

附录1 术 语 及 符 号

附 1.1 《混凝土结构设计规范》GB 50010—2010 的术语

1. 混凝土结构 concrete structure

以混凝土为主制成的结构，包括素混凝土结构，钢筋混凝土结构和预应力混凝土结构等。

2. 素混凝土结构 plain concrete structure

由无筋或不配置受力钢筋的混凝土制成的结构。

3. 钢筋混凝土结构 reinforced concrete structure

由配置受力的普通钢筋、钢筋网或钢筋骨架的混凝土制成的结构。

4. 预应力混凝土结构 prestressed concrete structure

由配置预应力钢筋通过张拉或其他方法建立预加应力的混凝土制成的结构。

5. 框架结构 frame structure

由梁和柱以刚接或铰接构成承重体系的结构。

6. 剪力墙结构 shear wall structure

由剪力墙组成的承受竖向和水平作用的结构。

7. 框架—剪力墙结构 frame-shear wall structure

由剪力墙和框架共同承受竖向和水平作用的结构。

8. 可靠度 degree of reliability

结构在规定的时间内，规定的条件下，完成预定功能的概率。

9. 安全等级 safety class

根据破坏后果的严重程度划分的结构或结构构件的等级。

10. 设计使用年限 design working life

设计规定的结构或结构构件不需要进行大修仍按其预定目的使用的期限。

11. 荷载效应 load effect

由荷载引起的结构或结构构件的反应，例如内力、变形裂缝等。

12. 荷载效应组合 load effect combination

按极限状态设计时，为保证结构的可靠性而对同时出现的各种荷载效应设计值规定的组合。

13. 基本组合 fundamental combination

承载能力极限状态计算时，永久荷载和可变荷载的组合。

14. 标准组合 characteristic combination

正常使用极限状态验算时，对可变荷载采用标准值、组合值为荷载代表值的组合。

15. 准永久组合 quasi-permanent combination

正常使用极限状态验算时，对可变荷载采用准永久值为荷载代表值的组合。

16. 普通钢筋 steel bar

用于混凝土结构构件中的各种非预应力筋的总称。

17. 预应力筋 prestressing tendon and/or bar

用于混凝土结构构件中施加预应力的钢丝、钢绞线和预应力螺纹钢筋等的总称。

18. 现浇混凝土结构 cast-in-situ concrete structure

在现场原位支模并整体现浇而成的混凝土结构。

19. 装配式混凝土结构 precast concrete structure

由预制混凝土构件或部件装配、连接而成的混凝土结构。

20. 装配整体式混凝土结构 assembled monolithic concrete structure

由预制混凝土构件或部件通过钢筋、连接件或施加预应力加以连接，并在连接部位浇筑混凝土而形成整体受力的混凝土结构。

21. 叠合构件 composite member

由预制混凝土构件（或既有混凝土结构构件）和后浇混凝土组成，以两阶段成型的整体受力结构构件。

22. 深受弯构件 deep flexural member

跨高比小于5的受弯构件。

23. 深梁 deep beam

跨高比小于2的简支单跨梁或跨高比小于2.5的多跨连续梁。

24. 先张法预应力混凝土结构 pretensioned prestressed concrete structure

在台座上张拉预应力筋后浇筑混凝土，并通过放张预应力筋由粘结传递而建立预应力的混凝土结构。

25. 后张法预应力混凝土结构 post-tensioned prestressed concrete structure

浇筑混凝土并达到规定强度后，通过张拉预应力筋并在结构上锚固而建立预应力的混凝土结构。

26. 无粘结预应力混凝土结构 unbonded prestressed concrete structure

配置与混凝土之间可保持相对滑动的无粘结预应力筋的后张法预应力混凝土结构。

27. 有粘结预应力混凝土结构 bonded prestressed concrete structure

通过灌浆或与混凝土直接接触使预应力筋与混凝土之间相互粘结而建立预应力的混凝土结构。

28. 结构缝 structural joint

根据结构设计需求而采取的分割混凝土结构间隔的总称。

29. 混凝土保护层 concrete cover

结构构件中钢筋外边缘至构件表面范围用于保护钢筋的混凝土，简称保护层。

30. 锚固长度 anchorage length

受力钢筋依靠其表面与混凝土的粘接作用或端部构造的挤压作用而达到设计承受应力所需的长度。

31. 钢筋连接 splice of reinforcement

通过绑扎搭接、机械连接、焊接等方法实现钢筋之间内力传递的构造形式。

32. 配筋率 ratio of reinforcement

混凝土构件中配置的钢筋面积（或体积）与规定的混凝土截面面积（或体积）的比值。

33. 剪跨比 ratio of shear span to effective depth

截面弯矩与剪力和有效高度乘积的比值。

34. 横向钢筋 transverse reinforcement

垂直于纵向受力钢筋的箍筋或间接钢筋。

附 1.2 《混凝土结构设计规范》GB50010—2010 的符号

1. 材料性能

E_c——混凝土弹性模量；

E_c^f——混凝土疲劳变形模量；

G_c——混凝土剪切变形模量；

v_c——混凝土泊松比；

E_s——钢筋弹性模量；

C30——立方体抗压强度标准值为 30N/mm² 的混凝土强度等级；

HRB500——强度级别为 500MPa 的普通热轧带肋钢筋；

HRBF400——强度级别为 400MPa 的细晶粒热轧带肋钢筋；

RRB400——强度级别为 400MPa 的余热处理带肋钢筋；

HPB300——强度级别为 300MPa 的热轧光圆钢筋；

HRB400E——强度级别为 400MPa 且有较高抗震性能的普通热轧带肋钢筋；

$f_{cu,k}$——边长为 150mm 的混凝土立方体抗压强度标准值；

f'_{cu}——边长为 150mm 的施工阶段混凝土立方体抗压强度；

f_{ck}、f_c——混凝土轴心抗压强度标准值、设计值；

f_{tk}、f_t——混凝土轴心抗拉强度标准值、设计值；

f'_{ck}、f'_{tk}——施工阶段的混凝土轴心抗压、轴心抗拉强度标准值；

f_{yk}、f_{pyk}——普通钢筋、预应力钢筋屈服强度标准值；

f_{stk}、f_{ptk}——普通钢筋、预应力钢筋极限强度标准值；

f_y、f'_y——普通钢筋的抗拉、抗压强度设计值；

f_{py}、f'_{py}——预应力钢筋的抗拉、抗压强度设计值；

f_{yv}——横向钢筋的抗拉强度设计值；

δ_{gt}——钢筋最大力下的总伸长率，也称均匀伸长率。

2. 作用和作用效应

N——轴向力设计值；

N_k、N_q——按荷载效应的标准组合、准永久组合计算的轴向力值；

N_p——后张法构件预应力钢筋及非预应力钢筋的合力；

N_{p0}——混凝土法向预应力等于零时预应力钢筋及非预应力钢筋的合力；

N_{u0}——构件的截面轴心受压或轴心受拉承载力设计值；

N_{ux}、N_{uy}——轴向力作用于 X 轴、Y 轴的偏心受压或偏心受拉承载力设计值；

M——弯矩设计值；

M_k、M_q——按荷载效应的标准组合、准永久组合计算的弯矩值；

M_u——构件的正截面受弯承载力设计值；

M_{cr}——受弯构件的正截面开裂弯矩值；

T——扭矩设计值；

V——剪力设计值；

V_{cs}——构件斜截面上混凝土和箍筋的受剪承载力设计值；

F_l——局部荷载设计值或集中反力设计值；

σ_{ck}、σ_{cq}——荷载效应的标准组合、准永久组合下抗裂验算边缘混凝土的法向应力；

σ_{pc}——由预加应力产生的混凝土法向应力；

σ_{tp}、σ_{cp}——混凝土中的主拉应力、主压应力；

$\sigma_{c,max}^{f}$、$\sigma_{c,min}^{f}$——疲劳验算时受拉区或受压区边缘纤维混凝土的最大应力、最小应力；

σ_s、σ_p——正截面承载力计算中纵向普通钢筋、预应力钢筋的应力；

σ_{sk}——按荷载效应的标准组合计算的纵向受拉钢筋应力或等效应力；

σ_{con}——预应力钢筋张拉控制应力；

σ_{p0}——预应力钢筋合力点处混凝土法向应力等于零时的预应力钢筋应力；

σ_{pe}——预应力钢筋的有效预应力；

σ_l、σ_l'——受拉区、受压区预应力钢筋在相应阶段的预应力损失值；

τ——混凝土的剪应力；

w_{max}——按荷载效应的标准组合并考虑长期作用影响计算时构件的最大裂缝宽度。

3. 几何参数

a、a'——纵向受拉钢筋合力点，纵向受压钢筋合力点至截面近边的距离；

a_s、a_s'——纵向非预应力受拉钢筋合力点、受压钢筋合力点至截面近边的距离；

a_p、a_p'——受拉区纵向预应力钢筋合力点、受压区纵向预应力钢筋合力点至截面近边的距离；

b——矩形截面宽度，T形、I形截面的腹板宽度；

b_f、b_f'——T形或I形截面受拉区、受压区的翼缘宽度；

d——圆形截面的直径或钢筋直径；

c——混凝土保护层厚度；

e、e'——轴向力作用点至纵向受拉钢筋合力点、纵向受压钢筋合力点的距离；

e_0——轴向力对截面重心的偏心距；

e_a——附加偏心距；

e_i——初始偏心距；

h——截面高度；

h_0——截面有效高度；

h_f、h_f'——T形或I形截面受拉区、受压区的翼缘高度；

i——截面的回转半径；

r_c——曲率半径；

l_{ab}、l_a——纵向受拉钢筋的基本锚固长度、锚固长度；

l_0——梁板的计算跨度或柱的计算长度；

s——沿构件轴线方向上横向钢筋的间距，或螺旋筋的间距，或箍筋的间距；

x——混凝土受压区高度；

y_0、y_n —— 换算截面重心、净截面重心至所计算纤维的距离；

z —— 纵向受力钢筋合力点至混凝土受压区合力点之间的距离；

A —— 构件截面面积；

A_0 —— 构件换算截面面积；

A_n —— 构件净截面面积；

A_s、A'_s —— 受拉区、受压区纵向非预应力钢筋的截面面积；

A_p、A'_p —— 受拉区、受压区纵向预应力钢筋的截面面积；

A_{sv1}、A_{st1} —— 在受剪、受扭计算中单肢箍筋的截面面积；

A_{stl} —— 受扭计算中取用的全部受扭纵向非预应力钢筋的截面面积；

A_{sv} —— 同一截面内各肢竖向箍筋的全部截面面积；

A_{sb}、A_{pb} —— 同一弯起平面内非预应力、预应力弯起钢筋的截面面积；

A_l —— 混凝土局部受压面积；

A_{cor} —— 钢筋网、螺旋筋或箍筋内表面范围以内的混凝土核心面积；

B —— 受弯构件的截面刚度；

W —— 截面受拉边缘的弹性抵抗矩；

W_0 —— 换算截面受拉边缘的弹性抵抗矩；

W_n —— 净截面受拉边缘的弹性抵抗矩；

W_t —— 截面受扭塑性抵抗矩；

I —— 截面惯性矩；

I_0 —— 换算截面惯性矩；

I_n —— 净截面惯性矩；

4. 计算系数及其他

α_1 —— 受压区混凝土矩形应力图的应力与混凝土抗压强度设计值的比值；

α_E —— 钢筋弹性模量与混凝土弹性模量的比值；

β_c —— 混凝土强度影响系数；

β_1 —— 矩形应力图受压区高度与中和轴高度（中和轴到受压区边缘的距离）的比值；

β_l —— 混凝土局部受压时的强度提高系数；

γ —— 受拉区混凝土塑性影响系数；

η_{ns} —— 受压构件挠曲二阶效应引起的弯矩增大系数；

η_s —— 受压构件侧移二阶效应效应引起的弯矩增大系数；

λ —— 计算截面的剪跨比；

μ —— 摩擦系数；

ρ —— 纵向受拉钢筋配筋率；

ρ_{sv} —— 竖向箍筋的配筋率；

ρ_v —— 间接钢筋或箍筋的体积配筋率；

φ —— 轴心受压构件的稳定系数；

θ —— 考虑荷载长期作用对挠度增大的影响系数；

ψ —— 裂缝间纵向受拉钢筋应变不均匀系数。

附录 2　《混凝土结构设计规范》GB 50010—2010 规定的材料力学指标

混凝土强度标准值（N/mm²）　　　　　　　　　　　附表 2-1

强度种类	符　号	混凝土强度等级						
		C15	C20	C25	C30	C35	C40	C45
轴心抗压	f_{ck}	10.0	13.4	16.7	20.1	23.4	26.8	29.6
轴心抗拉	f_{tk}	1.27	1.54	1.78	2.01	2.20	2.39	2.51

强度种类	符　号	混凝土强度等级						
		C50	C55	C60	C65	C70	C75	C80
轴心抗压	f_{ck}	32.4	35.5	38.5	41.5	44.5	47.4	50.2
轴心抗拉	f_{tk}	2.64	2.74	2.85	2.93	2.99	3.05	3.11

混凝土强度设计值（N/mm²）　　　　　　　　　　　附表 2-2

强度种类	符　号	混凝土强度等级						
		C15	C20	C25	C30	C35	C40	C45
轴心抗压	f_c	7.2	9.6	11.9	14.3	16.7	19.1	21.1
轴心抗拉	f_t	0.91	1.10	1.27	1.43	1.57	1.71	1.80

强度种类	符　号	混凝土强度等级						
		C50	C55	C60	C65	C70	C75	C80
轴心抗压	f_c	23.1	25.3	27.5	29.7	31.8	33.8	35.9
轴心抗拉	f_t	1.89	1.96	2.04	2.09	2.14	2.18	2.22

注：1. 计算现浇钢筋混凝土轴心受压及偏心受压构件时，如截面的长边或直径小于 300mm，则表中混凝土的强度设计值应乘以系数 0.8；当构件质量（如混凝土成型、截面和轴线尺寸等）确有保证时，可不受此限；
　　2. 离心混凝土的强度设计值应按有关专门规定取用。

混凝土弹性模量 E_c（×10⁴ N/mm²）　　　　　　　　附表 2-3

强度等级	C15	C20	C25	C30	C35	C40	C45	C50	C55	C60	C65	C70	C75	C80
E_c	2.20	2.55	2.80	3.00	3.15	3.25	3.35	3.45	3.55	3.60	3.65	3.70	3.75	3.80

普通钢筋强度标准值（N/mm²）

牌 号	符 号	公称直径 d（mm）	屈服强度标准值 f_{yk}	极限强度标准值 f_{stk}
HPB300	φ	6～14	300	420
HRB335	Φ	6～14	335	455
HRB400 HRBF400 RRB400	Φ ΦF ΦR	6～50	400	540
HRB500 HRBF500	Φ ΦF	6～50	500	630

预应力筋强度标准值（N/mm²）

种 类		符 号	公称直径 d（mm）	屈服强度标准值 f_{pyk}	极限强度标准值 f_{ptk}
中强度预应力钢丝	光面 螺旋肋	φ^PM φ^HM	5、7、9	620	800
				780	970
				980	1270
预应力螺纹钢筋	螺纹	φ^T	18、25、32、40、50	785	980
				930	1080
				1080	1230
消除应力钢丝	光面 螺旋肋	φ^P φ^H	5	—	1570
				—	1860
			7	—	1570
			9	—	1470
				—	1570
钢绞线	1×3 （3股）	φ^S	8.6、10.8、12.9	—	1570
				—	1860
				—	1960
	1×7 （7股）		9.5、12.7、15.2、17.8	—	1720
				—	1860
				—	1960
			21.6	—	1860

注：极限强度标准值为 1960N/mm² 的钢绞线作为后张预应力配筋时，应有可靠的工程经验。

普通钢筋强度设计值（N/mm²）

牌 号	抗拉强度设计值 f_y	抗压强度设计值 f'_y
HPB300	270	270
HRB335	300	300
HRB400、HRBF400、RRB400	360	360
HRB500、HRBF500	435	435

预应力筋强度设计值（N/mm²）

附表 2-7

种　类	极限强度标准值 f_{ptk}	抗拉强度设计值 f_{py}	抗压强度设计值 f'_{py}
中强度预应力钢丝	800	510	410
	970	650	
	1270	810	
消除应力钢丝	1470	1040	410
	1570	1110	
	1860	1320	
钢绞线	1570	1110	390
	1720	1220	
	1860	1320	
	1960	1390	
预应力螺纹钢筋	980	650	400
	1080	770	
	1230	900	

注：当预应力筋的强度标准值不符合上表的规定时，其强度设计值应进行相应的比例换算。

钢筋的弹性模量（×10⁵ N/mm²）

附表 2-8

牌号或种类	弹性模量 E_s
HPB300 钢筋	2.10
HRB335、HRB400、HRB500 钢筋 HRBF400、HRBF500 钢筋 RRB400 钢筋 预应力螺纹钢筋	2.00
消除应力钢丝、中强度预应力钢丝	2.05
钢绞线	1.95

注：必要时可采用实测的弹性模量。

附录3 《公路钢筋混凝土及预应力混凝土桥涵设计规范》JTG D62—2004 规定的材料力学指标

附 3.1 混凝土轴心抗压强度标准值 f_{ck} 和轴心抗拉强度标准值 f_{tk}、轴心抗压强度设计值 f_{cd} 和轴心抗拉强度设计值 f_{td} 应按附表 3-1 采用。

混凝土强度标准值和设计值（MPa）

附表 3-1

强度种类		符号	混凝土强度等级													
			C15	C20	C25	C30	C35	C40	C45	C50	C55	C60	C65	C70	C75	C80
强度标准值	轴心抗压	f_{ck}	10.0	13.4	16.7	20.1	23.4	26.8	29.6	32.4	35.5	38.5	41.5	44.5	47.4	50.2
	轴心抗拉	f_{tk}	1.27	1.54	1.78	2.01	2.20	2.40	2.51	2.65	2.74	2.85	2.93	3.0	3.05	3.10
强度设计值	轴心抗压	f_{cd}	6.9	9.2	11.5	13.8	16.1	18.4	20.5	22.4	24.4	26.5	28.5	30.5	32.4	34.6
	轴心抗拉	f_{td}	0.88	1.06	1.23	1.39	1.52	1.65	1.74	1.83	1.89	1.96	2.02	2.07	2.10	2.14

注：计算现浇钢筋混凝土轴心受压和偏心受压构件时，如截面的长边或直径小于 300mm，表中数值应乘以系数 0.8；当构件质量（混凝土成型、截面和轴线尺寸等）确有保证时，可不受此限。

附 3.2 混凝土受压或受拉时的弹性模量 E_c 应按附表 3-2 采用。

混凝土的弹性模量（$\times 10^4$ MPa）

附表 3-2

混凝土强度等级	C15	C20	C25	C30	C35	C40	C45	C50	C55	C60	C65	C70	C75	C80
E_c	2.20	2.55	2.80	3.00	3.15	3.25	3.35	3.45	3.55	3.60	3.65	3.70	3.75	3.80

注：1. 当采用引气剂及较高砂率的泵送混凝土且无实测数据时，表中 C50～C80 的 E_c 值应乘以折减系数 0.95；

2. 混凝土剪变模量，G_c 按表中数值的 0.4 倍采用。

附 3.3 钢筋的抗拉强度标准值应具有不小于 95％ 的保证率。

普通钢筋的抗拉强度标准值 f_{sk}，应按附表 3-3 采用。

普通钢筋抗拉强度标准值（MPa）

附表 3-3

钢筋种类		符 号	f_{sk}
R235	$d=8\sim20$	Φ	235
HRB335	$d=6\sim50$	Φ	335
HRB400	$d=6\sim50$	Φ	400
KL400	$d=8\sim40$	ΦR	400

注：表中 d 系指国家标准中的钢筋公称直径，单位 mm。

附 3.4 普通钢筋的抗拉强度设计值 f_{sd} 和抗压强度设计值 f'_{sd} 应按附表 3-4 采用。

普通钢筋抗拉、抗压强度设计值（MPa）

钢筋种类		f_{sd}	f'_{sd}
R235	$d=8\sim20$	195	195
HRB335	$d=6\sim50$	280	280
HRB400	$d=6\sim50$	330	330
KL400	$d=8\sim40$	330	330

注：1. 钢筋混凝土轴心受拉和小偏心受拉构件的钢筋抗拉强度设计值大于 330MPa 时，仍应按 330MPa 取用；

2. 构件中配有不同种类的钢筋时，每种钢筋应采用各自的强度设计值。

附 3.5 普通钢筋的弹性模量 E_s 和预应力钢筋的弹性模量 E_p 应按附表 3-5 采用。

钢筋的弹性模量（MPa）

钢筋种类	E_s	钢筋种类	E_p
R235	2.1×10^5	消除应力光面钢筋、螺旋肋钢丝、刻痕钢丝	2.05×10^5
HRB335、HRB400、KL400、精轧螺纹钢筋	2.0×10^5	钢绞线	1.95×10^5

附录4 《铁路桥涵钢筋混凝土和预应力混凝土结构设计规范》TB 10002.3—2005规定的材料力学指标

附4.1 混凝土轴心抗压强度和轴心抗拉强度应按附表4-1采用。

混凝土的极限强度（MPa） 附表4-1

强度种类	符号	混凝土强度等级								
		C20	C25	C30	C35	C40	C45	C50	C55	C60
轴心抗压	f_c	13.5	17.0	20.0	23.5	27.0	30.0	33.5	37.0	40.0
轴心抗拉	f_{ct}	1.70	2.00	2.20	2.50	2.70	2.90	3.10	3.30	3.50

附4.2 混凝土弹性模量按附表4-2采用。

混凝土弹性模量 E_c（MPa） 附表4-2

混凝土强度等级	C20	C25	C30	C35	C40	C45	C50	C55	C60
弹性模量 E_c	2.80×10^4	3.00×10^4	3.20×10^4	3.30×10^4	3.40×10^4	3.45×10^4	3.55×10^4	3.60×10^4	3.65×10^4

附4.3 钢筋抗拉强度标准值按附表4-3采用。

钢筋抗拉强度标准值（MPa） 附表4-3

种类 强度	普通钢筋 f_{sk}		预应力混凝土用螺纹钢筋 f_{pk}
	Q235	HRB335	PSB830
抗拉强度标准值	235	335	830

注：1. 预应力混凝土用螺纹钢筋主要作横、竖向预应力筋；其抗拉强度标准值系屈服强度值；

2. 普通钢筋系指用于钢筋混凝土结构中的钢筋和预应力混凝土结构中的非预应力钢筋。

附4.4 钢筋弹性模量按附表4-4采用。

钢筋弹性模量（MPa） 附表4-4

钢筋种类	符 号	弹性模量
钢 丝	E_p	2.05×10^5
钢绞线	E_p	1.95×10^5
预应力混凝土用螺纹钢筋	E_p	2.0×10^5
Q235	E_s	2.1×10^5
HRB335	E_s	2.0×10^5

注：计算钢丝、钢绞线伸长值时，可按 $E_p \pm 0.1 \times 10^5$ MPa 作为上、下限。

附录5 钢筋的计算截面面积及公称质量

直径 d (mm)	不同根数钢筋的计算截面面积（mm²）									单根钢筋公称质量（kg/m）	螺纹钢筋外径（mm）
	1	2	3	4	5	6	7	8	9		
3	7.1	14.1	21.2	28.3	35.3	42.4	49.5	56.5	63.6	0.055	
4	12.6	25.1	37.7	50.3	62.8	75.4	88.0	100.5	113	0.099	
5	19.6	39	59	79	98	118	138	157	177	0.154	
6	28.3	57	85	113	142	170	198	226	255	0.222	
6.5	33.2	66	100	133	166	199	232	265	299	0.260	
8	50.3	101	151	201	252	302	352	402	453	0.395	
8.2	52.8	106	158	211	264	317	370	423	475	0.432	
10	78.5	157	236	314	393	471	550	628	707	0.617	11.3
12	113.1	226	339	452	565	678	791	904	1017	0.888	13.5
14	153.9	308	461	615	769	923	1077	1231	1385	1.21	15.5
16	201.1	402	603	804	1005	1206	1407	1608	1809	1.58	18
18	254.5	509	763	1017	1272	1527	1781	2036	2290	2.00	20
20	314.2	628	942	1256	1570	1884	2199	2513	2827	2.47	22
22	380.1	760	1140	1520	1900	2281	2661	3041	3421	2.98	24
25	490.9	982	1473	1964	2454	2945	3436	3927	4418	3.85	27
28	615.8	1232	1847	2463	3079	3695	4310	4926	5542	4.83	30.5
32	804.2	1609	2413	3217	4021	4826	5630	6434	7238	6.31	34.5
36	1017.9	2036	3054	4072	5089	6107	7125	8143	9161	7.99	
40	1256.6	2513	3770	5027	6283	7540	8796	10053	11310	9.87	

注：1. 表中直径 $d=8.2$mm 的计算截面面积及公称质量仅适用于有纵肋的热处理钢筋；

2. 公路桥中，当采用螺纹钢筋时，钢筋净距 $1.25d$ 中的 d 是指外径。

钢筋混凝土板每米宽的钢筋面积表（mm²）

附表 5-2

钢筋间距(mm)	钢筋直径（mm）											
	3	4	5	6	6/8	8	8/10	10	10/12	12	12/14	14
70	101.0	180.0	280.0	404.0	561.0	719.0	920.0	1121.0	1369.0	1616.0	1907.0	2199.0
75	94.2	168.0	262.0	377.0	524.0	671.0	859.0	1047.0	1277.0	1508.0	1780.0	2052.0
80	88.4	157.0	245.0	354.0	491.0	629.0	805.0	981.0	1198.0	1414.0	1669.0	1924.0
85	83.2	148.0	231.0	333.0	462.0	592.0	758.0	924.0	1127.0	1331.0	1571.0	1811.0
90	78.5	140.0	218.0	314.0	437.0	559.0	716.0	872.0	1064.0	1257.0	1483.0	1710.0
95	74.4	132.0	207.0	298.0	414.0	529.0	678.0	826.0	1008.0	1190.0	1405.0	1620.0
100	70.6	126.0	196.0	283.0	393.0	503.0	644.0	785.0	958.0	1131.0	1335.0	1539.0
110	64.2	114.0	178.0	257.0	357.0	457.0	585.0	714.0	871.0	1028.0	1214.0	1399.0
120	58.9	105.0	163.0	236.0	327.0	419.0	537.0	654.0	798.0	942.0	1113.0	1283.0
125	56.5	101.0	157.0	226.0	314.0	402.0	515.0	628.0	766.0	905.0	1068.0	1231.0
130	54.4	96.6	151.0	218.0	302.0	387.0	495.0	604.0	737.0	870.0	1027.0	1184.0
140	50.5	89.8	140.0	202.0	281.0	359.0	460.0	561.0	684.0	808.0	954.0	1099.0
150	47.1	83.8	131.0	189.0	262.0	335.0	429.0	523.0	639.0	754.0	890.0	1026.0
160	44.1	78.5	123.0	177.0	246.0	314.0	403.0	491.0	599.0	707.0	834.0	962.0
170	41.5	73.9	115.0	166.0	231.0	296.0	379.0	462.0	564.0	665.0	785.0	905.0
180	39.2	69.8	109.0	157.0	218.0	279.0	358.0	436.0	532.0	628.0	742.0	855.0
190	37.2	66.1	103.0	149.0	207.0	265.0	339.0	413.0	504.0	595.0	703.0	810.0
200	35.3	62.8	98.2	141.0	196.0	251.0	322.0	393.0	479.0	565.0	668.0	770.0
220	32.1	57.1	89.2	129.0	179.0	229.0	293.0	357.0	436.0	514.0	607.0	700.0
240	29.4	52.4	81.8	118.0	164.0	210.0	268.0	327.0	399.0	471.0	556.0	641.0
250	28.3	50.3	78.5	113.0	157.0	201.0	258.0	314.0	383.0	452.0	534.0	616.0
260	27.2	48.3	75.5	109.0	151.0	193.0	248.0	302.0	369.0	435.0	513.0	592.0
280	25.2	44.9	70.1	101.0	140.0	180.0	230.0	280.0	342.0	404.0	477.0	550.0
300	23.6	41.9	65.4	94.2	131.0	168.0	215.0	262.0	319.0	377.0	445.0	513.0
320	22.1	39.3	61.4	88.4	123.0	157.0	201.0	245.0	299.0	353.0	417.0	481.0

钢绞线的公称直径、截面面积及理论质量

附表 5-3

种　类	公称直径(mm)	公称截面面积(mm²)	理论质量(kg/m)
1×3	8.6	37.4	0.298
	10.8	59.3	0.465
	12.9	85.4	0.671
1×7 标准型	9.5	54.8	0.432
	11.1	74.2	0.580
	12.7	98.7	0.774
	15.2	139	1.101

钢丝公称直径、截面面积及理论质量

附表 5-4

公称直径 (mm)	公称截面面积 (mm²)	理论质量 (kg/m)	公称直径 (mm)	公称截面面积 (mm²)	理论质量 (kg/m)
3.0	7.07	0.055	7.0	38.48	0.302
4.0	12.57	0.099	8.0	50.26	0.394
5.0	19.63	0.154	9.0	63.62	0.499
6.0	28.27	0.222			

附录6 《混凝土结构设计规范》
GB 50010—2010 相关规定

受弯构件的挠度限值 附表 6-1

构 件 类 型	挠度限值（以计算跨度 l_0 计算）
吊车梁：手动吊车	$l_0/500$
电动吊车	$l_0/600$
屋盖、楼盖及楼梯构件：	
当 $l_0<7$m 时	$l_0/200$（$l_0/250$）
当 7m$\leqslant l_0\leqslant 9$m 时	$l_0/250$（$l_0/300$）
当 $l_0>9$m 时	$l_0/300$（$l_0/400$）

注：1. 表中 l_0 为构件的计算跨度；计算悬臂构件的极限挠度时，其计算跨度 l_0 按实际悬臂长度的 2 倍取用；
2. 表中括号内的数值适用于使用上对挠度有较高要求的构件；
3. 如果构件制作时预先起拱，且使用上也允许，则在验算挠度时，可将计算所得的挠度值减去起拱值；对预应力混凝土构件，尚可减去预应力所产生的反拱值；
4. 构件制作时的起拱值和预应力所产生的反拱值，不宜超过构件在相应荷载组合作用下的计算挠度值。

混凝土结构的环境类别 附表 6-2

环境类别		说　明
一		室内正常环境 无侵蚀性静水浸没环境
二	a	室内潮湿的环境； 非严寒和寒冷地区露天环境； 非严寒和非寒冷地区与无侵蚀性的水或土壤直接接触的环境； 严寒和寒冷地区的冰冻线以下与无侵蚀性的水或土壤直接接触的环境
	b	干湿交替环境； 水位频繁变动环境； 严寒和寒冷地区的露天环境； 严寒和寒冷地区冰冻线以上与无侵蚀性的水或土壤直接接触的环境
三	a	严寒和寒冷地区冬季水位变动区环境； 受除冰盐影响环境； 海风环境
	b	盐渍土环境； 受除冰盐作用环境； 海岸环境
四		海水环境
五		受人为或自然的侵蚀性物质影响的环境

注：1. 室内潮湿环境是指构件表面经常处于结露或湿润状态的环境；
2. 严寒和寒冷地区的划分应符合现行国家标准《民用建筑热工设计规范》GB 50176 的有关规定；
3. 海岸环境和海风环境宜根据当地情况，考虑主导风向及结构所处迎风、背风部位等因素的影响，由调查研究和工程经验确定；
4. 受除冰盐影响环境是指受到除冰盐盐雾影响的环境；受除冰盐作用环境是指被除冰盐溶液溅射的环境以及使用除冰盐地区的洗车房、停车楼等建筑；
5. 暴露的环境是指混凝土结构表面所处的环境。

环境类别	钢筋混凝土结构		预应力混凝土结构	
	裂缝控制等级	最大裂缝宽度限值	裂缝控制等级	最大裂缝宽度限值
一	三级	0.3 (0.4)	三级	0.20
二 a		0.2		0.10
二 b			二级	—
三 a、三 b			一级	—

注：1. 对处于年平均相对湿度小于 60% 地区一类环境下的受弯构件，其最大裂缝宽度限值可采用括号内的数值；

2. 在一类环境下，对钢筋混凝土屋架、托架及需作疲劳验算的吊车梁，其最大裂缝宽度限值应取为 0.20mm；对钢筋混凝土屋面梁和托架，其最大裂缝宽度限值应取为 0.30mm；

3. 在一类环境下，对预应力混凝土屋架、托架及双向板体系，应按二级裂缝控制等级进行验算；对一类环境下的预应力混凝土屋面梁、托梁、单向板，应按表中二 a 类环境的要求进行验算；在一类和二 a 类环境下需作疲劳验算的预应力混凝土吊车梁，应按裂缝控制等级不低于二级的构件进行验算；

4. 表中规定的预应力混凝土构件的裂缝控制等级和最大裂缝宽度限值仅适用于正截面的验算；预应力混凝土构件的斜截面裂缝控制验算应符合本规范第 7 章的要求；

5. 对于烟囱、筒仓和处于液体压力下的结构构件，其裂缝控制要求应符合专门标准的有关规定；

6. 对于处于四、五类环境下的结构构件，其裂缝控制要求应符合专门标准的有关规定；

7. 表中的最大裂缝宽度限值用于验算荷载作用引起的最大裂缝宽度。

环境类别	板、墙、壳	梁、柱、杆
一	15	20
二 a	20	25
二 b	25	35
三 a	30	40
三 b	40	50

注：1. 混凝土强度等级不大于 C25 时，表中保护层厚度数值应增加 5mm；

2. 钢筋混凝土基础宜设置混凝土垫层，基础中钢筋的混凝土保护层厚度应从垫层顶面算起，且不应小于 40mm。

项　次	1	2	3		4		5
截面形状	矩形截面	翼缘位于受压区的 T 形截面	对称 I 形截面或箱形截面		翼缘位于受拉区的倒 T 形截面		圆形和环形截面
			$b_f/b<2$、h_f/h 为任意值	$b_f/b>2$、$h_f/h<0.2$	$b_f/b\leqslant2$、h_f/h 为任意值	$b_f/b>2$、$h_f/h<0.2$	
r_m	1.55	1.50	1.45	1.35	1.50	1.40	$1.6\sim0.24$ r_1/r

注：1. 对 $b_f'>b_f$ 的 I 形截面，可按项次 2 与项次 3 之间的数值采用；对 $b_f'<b_f$ 的 I 形截面，可按项次 3 与项次 4 之间的数值采用；

2. 对于箱形截面，表中 b 值系指各肋宽度的总和；

3. r_1 为环形截面的内环半径，对圆形截面取 r_1 为零。

钢筋混凝土结构构件中纵向受力钢筋的最小配筋百分率 ρ_{min} （%）   附表 6-6

受 力 类 型			最小配筋百分率
受压构件	全部纵向钢筋	强度等级 500MPa	0.50
		强度等级 400MPa	0.55
		强度等级 300MPa、335MPa	0.60
	一侧纵向钢筋		0.20
受弯构件、偏心受拉、轴心受拉构件一侧的受拉钢筋			0.2 和 $45f_t/f_y$ 中的较大值

注：1. 受压构件全部纵向钢筋最小配筋百分率，当采用 C60 及以上强度等级的混凝土时，应按表中规定增加 0.10；

2. 板类受弯构件（不包括悬臂板）的受拉钢筋，当采用强度等级 400MPa、500MPa 的钢筋时，其最小配筋百分率应允许采用 0.15 和 $45f_t/f_y$ 中的较大值；

3. 偏心受拉构件中的受压钢筋，应按受压构件一侧纵向钢筋考虑；

4. 受压构件的全部纵向钢筋和一侧纵向钢筋的配筋率以及轴心受拉构件和小偏心受拉构件一侧受拉钢筋的配筋率应按构件的全截面面积计算；

5. 受弯构件、大偏心受拉构件一侧受拉钢筋的配筋率应按全截面面积扣除受压翼缘面积 (b'_f-b) h'_f 后的截面面积计算；

6. 当钢筋沿构件截面周边布置时，"一侧纵向钢筋"系指沿受力方向两个对边中的一边布置的纵向钢筋。

附录 7 《公路钢筋混凝土及预应力混凝土桥涵设计规范》JTG D 62—2004 相关规定

附7.1 公路桥涵应根据其所处环境条件进行耐久性设计。结构混凝土耐久性的基本要求应符合附表7-1的规定。

结构混凝土耐久性的基本要求 附表 7-1

环境类别	环境条件	最大水灰比	最小水泥用量（kg/m³）	最低混凝土强度等级	最大氯离子含量（%）	最大碱含量（kg/m³）
I	温暖或寒冷地区的大气环境、与无侵蚀性的水或土接触的环境	0.55	275	C25	0.30	3.0
II	严寒地区的大气环境、使用除冰盐环境、滨海环境	0.50	300	C30	0.15	3.0
III	海水环境	0.45	300	C35	0.10	3.0
IV	受侵蚀性物质影响的环境	0.40	325	C35	0.10	3.0

注：1. 有关现行规范对海水环境中结构混凝土的最大水灰比和最小水泥用量有更详细规定时，可参照执行；

2. 表中氯离子含量系指其与水泥用量的百分率；

3. 当有实际工程经验时，处于 I 类环境中结构混凝土的最低强度等级可比表中降低一个等级；

4. 预应力混凝土构件中的最大氯离子含量为 0.06%，最小水泥用量为 350kg/m³，最低混凝土强度等级为 C40 或按表中规定 I 类环境提高三个等级，其他环境类别提高两个等级；

5. 特大桥和大桥混凝土中的最大碱含量宜降至 1.81kg/m³，当处于 III 类、IV 类或使用除冰盐和滨海环境时，宜使用非碱活性集料。

附7.2 构件纵向弯曲计算长度 l_0。

构件纵向弯曲计算长度 l_0 附表 7-2

杆　　件	杆件及两端固定情况	计算长度 l_0
直　　杆	两端固定	$0.5l$
	一端固定，一端为不移动铰	$0.7l$
	两端均为不移动铰	$1.0l$
	一端固定，一端自由	$2.0l$

附7.3 T 形截面梁的翼缘有效宽度 b'_f，应按下列规定采用：

1. 内梁的翼缘有效宽度取下列三者中的最小值：

1）对于简支梁，取计算跨径的 1/3。对于连续梁，各中间跨正弯矩区段，取该计算跨径的 0.2 倍；边跨正弯矩区段，取该跨计算跨径的 0.27 倍；各中间支点负弯矩区段，取该支点相邻两计算跨径之和的 0.07 倍；

2）相邻两梁的平均间距；

3）$(b+2b_h+12b'_f)$，此处，b 为梁腹板宽度，b_h 为承托长度，b'_f 为受压区翼缘悬出板的厚度。当 $h_h < b_h < 1/3$ 时，上式 b_h 应以 $3h_h$ 代替，此处 h_h 为承托根部厚度。

2．外梁翼缘的有效宽度取相邻内梁翼缘有效宽度的一半，加上腹板宽度的 $1/2$，再加上外侧悬臂板平均厚度的 6 倍或外侧悬臂板实际宽度两者中的较小者。

对超静定结构进行作用（或荷载）效应分析时，T 形截面梁的翼缘宽度可取实际全宽。

附 7.4　钢筋混凝土轴心受压构件的稳定系数按附表 7-3 采用。

钢筋混凝土轴心受压构件的稳定系数　　　　　　　　　附表 7-3

l_0/b	≤8	10	12	14	16	18	20	22	24	26	28
$l_0/2r$	≤7	8.5	10.5	12	14	15.5	17	19	21	22.5	24
l_0/i	≤28	35	42	48	55	62	69	76	83	90	97
φ	1.0	0.98	0.95	0.92	0.87	0.81	0.75	0.70	0.65	0.60	0.56
l_0/b	30	32	34	36	38	40	42	44	46	48	50
$l_0/2r$	26	28	29.5	31	33	34.5	36.5	38	40	41.5	43
l_0/i	104	111	118	125	132	139	146	153	160	167	174
φ	0.52	0.48	0.44	0.40	0.36	0.32	0.29	0.26	0.23	0.21	0.19

注：表中 l_0 为构件计算长度；b 为矩形截面的短边尺寸；r 为圆形截面的半径；i 为截面最小回转半径。

附 7.5　钢筋混凝土构件和 B 类预应力混凝土构件，其计算的最大裂缝宽度不应超过下列规定的限值：

1．钢筋混凝土构件

1）Ⅰ类和Ⅱ类环境　　　　　　　　　0.20mm

2）Ⅲ类和Ⅳ类环境　　　　　　　　　0.15mm

2．采用精轧螺纹钢筋的预应力混凝土构件

1）Ⅰ类和Ⅱ类环境　　　　　　　　　0.20mm

2）Ⅲ类和Ⅳ类环境　　　　　　　　　0.15mm

3．采用钢丝或钢绞线的预应力混凝土构件

1）Ⅰ类和Ⅱ类环境　　　　　　　　　0.10mm

2）Ⅲ类和Ⅳ类环境不得进行带裂缝的 B 类构件设计。

附录8 《铁路桥涵钢筋混凝土和预应力混凝土结构设计规范》TB 10002.3—2005 相关规定

附 8.1 T 形截面梁受压翼缘参与计算的规定

当 T 形截面梁翼缘位于受压区，且符合下列三项条件之一时，可按 T 形截面计算（附图 8-1）：

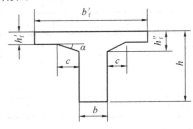

附图 8-1 T 形梁截面计算图

（1）无梗肋翼缘板厚度 h'_f 不小于梁全高 h 的 1/10；

（2）有梗肋而坡度 $\tan \alpha$ 不大于 1/3，且板与梗肋相交处板的厚度 h''_f 不小于梁全高 h 的 1/10；

（3）梗肋坡度 $\tan \alpha$ 大于 1/3，但符合下列条件：

$$h'_f + \frac{1}{3}c \geqslant \frac{h}{10}$$

当不符合上述第 1、2 或 3 款条件时，则应按宽度为 b 的矩形截面计算。

附 8.2 T 形截面梁受压翼缘计算宽度

T 形截面梁当伸出板对称时，板的计算宽度应采用下列三项中的最小值：

（1）对于简支梁，为计算跨度的 1/3；

（2）相邻两梁轴线间的距离；

（3）$b + 2c + 12h'_f$。

当伸出板不对称时，若其最大悬臂一边从梁梗中线算起，宽度小于上述第 1、3 款中较小者的 1/2，可按实际宽度采用。

计算超静定力时，翼缘宽度可取实际宽度。

如无更精确的计算方法，箱形梁也可按 T 形梁的规定办理。

附 8.3 受弯及偏心受压构件的截面最小配筋率（仅计受拉区钢筋）不应低于附表 8-1 所列数值。

截面最小配筋率（%） 附表 8-1

钢筋种类	混凝土强度等级		
	C20	C20~C45	C50~C60
Q235	0.15	0.20	0.25
HRB335	0.10	0.15	0.20

附 8.4 换算截面时，钢筋的弹性模量与混凝土的变形模量之比 n 应按附表 8-2 采用。

混凝土强度等级 结构类型	C20	C25～C35	C40～C60
桥跨结构及顶帽	20	15	10
其他结构	15	10	8

附 8.5 混凝土容许应力按附表 8-3 采用。

混凝土的容许应力（MPa）　　　　　　　　　　　附表 8-3

序号	应 力 种 类	符号	混凝土强度等级								
			C20	C25	C30	C35	C40	C45	C50	C55	C60
1	中心受压	$[\sigma_c]$	5.4	6.8	8.0	9.4	10.8	12.0	13.4	14.8	16.0
2	弯曲受压及偏心受压	$[\sigma_b]$	6.8	8.5	10.0	11.8	13.5	15.0	16.8	18.5	20.0
3	有箍筋及斜筋时的主拉应力	$[\sigma_{tp-1}]$	1.53	1.80	1.98	2.25	2.43	2.61	2.79	2.97	3.15
4	无箍筋及斜筋时的主拉应力	$[\sigma_{tp-2}]$	0.57	0.67	0.73	0.83	0.90	0.97	1.03	1.10	1.17
5	梁部分长度中全由混凝土承受的主拉应力	$[\sigma_{tp-3}]$	0.28	0.33	0.37	0.42	0.45	0.48	0.52	0.55	0.58
6	纯剪应力	$[\tau_c]$	0.85	1.00	1.10	1.25	1.35	1.45	1.55	1.65	1.75
7	光钢筋与混凝土之间的粘结力	$[c]$	0.71	0.83	0.92	1.04	1.13	1.21	1.29	1.38	1.46
8	局部承压应力 A—计算底面积 A_c—局部承压面积	$[\sigma_{c-1}]$	$5.4\times\sqrt{\dfrac{A}{A_c}}$	$6.8\times\sqrt{\dfrac{A}{A_c}}$	$8.0\times\sqrt{\dfrac{A}{A_c}}$	$9.4\times\sqrt{\dfrac{A}{A_c}}$	$10.8\times\sqrt{\dfrac{A}{A_c}}$	$12.0\times\sqrt{\dfrac{A}{A_c}}$	$13.4\times\sqrt{\dfrac{A}{A_c}}$	$14.8\times\sqrt{\dfrac{A}{A_c}}$	$16.0\times\sqrt{\dfrac{A}{A_c}}$

注：1. 计算主力加附加力时，第 1、2 及 8 项容许应力可提高 30%；

　　2. 对厂制及工艺符合厂制条件的构件，第 1、2 及 8 项容许应力可提高 10%；

　　3. 当检算架桥机架梁产生的应力时，第 1、2 及 8 项容许应力在主力加附加力的基础上可再提高 10%；

　　4. 带肋钢筋与混凝土之间的粘结力按表列第 7 项数值的 1.5 倍采用；

　　5. 第 8 项中的计算底面积参见规范。

附 8.6 钢筋的容许应力应按下列规定采用：

1. Q235 钢筋在主力或主力加附加力作用下，容许应力 $[\sigma_s]$ 分别为 130MPa 或 160MPa。

2. HRB335 钢筋

1）母材及纵向加工（打磨）的闪光对焊接头在主力或主力加附加力作用下，容许应力 $[\sigma_s]$ 分别为 180MPa 或 230MPa。

2）未经纵向加工的闪光对焊接头在主力作用下，容许应力应按附表 8-4 采用。

HRB335 钢筋主力作用下焊接接头容许应力 $[\sigma_s]$（MPa） 附表 8-4

钢筋直径 (mm)	应力比 ρ			
	0.2	0.3	0.4	≥0.5
$d \leq 16$	175	180	180	180
$16 < d \leq 25$	150	165	180	180
$d = 28$	140	155	170	180

注：钢筋最小与最大应力比 ρ 位于表中数值之间时，容许应力可按线性内插确定。

3）未经纵向加工的闪光对焊接头在主力加附加力作用下，容许应力应按附表 8-5 采用。

HRB335 钢筋主力加附加力作用下焊接接头容许应力 $[\sigma_s]$（MPa） 附表 8-5

钢筋直径 (mm)	应力比 ρ			
	0.2	0.3	0.4	≥0.5
$d \leq 16$	230	230	230	230
$16 < d \leq 25$	195	215	230	230
$d = 28$	182	202	221	230

附 8.7 裂缝宽度容许值按附表 8-6 采用。

裂缝宽度容许值（w_f）（mm） 附表 8-6

结构构件所处环境条件			（w_f）
水下结构或 地下结构	长期处于水下或 潮湿的土壤中	无侵蚀性介质	0.25
		有侵蚀性介质	0.20
	处于水位经常反复 变动的条件下	无侵蚀性介质	0.20
		有侵蚀性介质	0.15
一般大气条件下的 地面结构	有防护措施	—	0.25
	无防护措施	—	0.20

注：表列数值为主力作用时的容许值，当主力加附加力作用时可提高 20%。

参 考 文 献

［1］ 中华人民共和国住房和城乡建设部. GB 50010—2010 混凝土结构设计规范. 北京：中国建筑工业
出版社，2010.

［2］ 中华人民共和国交通部. JTG D62—2004 公路钢筋混凝土及预应力混凝土桥涵设计规范. 北京：人
民交通出版社，2004.

［3］ 中华人民共和国铁道部. TB 10002.3—2005 铁路桥涵钢筋混凝土和预应力混凝土结构设计规范.
北京：中国铁道出版社，2005.

［4］ 中华人民共和国原建设部，国家质量监督. GB 50153—2008 工程结构可靠性设计统一标准. 北京：
中国建筑工业出版社，2008.

［5］ 中华人民共和国原建设部，国家质量监督. GB 50009—2012 建筑结构荷载规范. 北京：中国建筑
工业出版社，2012.

［6］ 中华人民共和国住房和城乡建设部. GB 50011—2010 建筑抗震设计规范. 北京：中国建筑工业出
版社，2010.

［7］ 顾祥林. 混凝土结构基本原理. 上海：同济大学出版社，2004.

［8］ 刘立新，叶燕华. 混凝土结构原理. 武汉：武汉理工大学出版社，2010.

［9］ 江见鲸，李杰. 高等混凝土结构理论. 北京：中国建筑工业出版社，2007.

［10］ 沈蒲生，梁兴文. 混凝土结构设计原理. 北京：高等教育出版社，2007.